高等数学

上册

大连理工大学数学科学学院
张宏伟 蒋志刚 王磊 编

高等教育出版社·北京

内容提要

本书共分上、下两册。上册主要内容包括函数、极限与连续，一元函数微分学及其应用，一元函数积分学及其应用，微分方程。下册主要内容包括无穷级数，向量代数与空间解析几何，多元函数微分学及其应用，多元数量值函数积分学及其应用，向量值函数的曲线积分与曲面积分。为便于读者学习，每一节后面都配有精心选取的习题，绝大部分习题都附有参考答案或提示，读者可扫描二维码获取；部分内容还设计了配套的视频，详见数字课程网站。

本书适用于高等学校非数学类理工科各专业的学生学习和使用，可作为教材或教学参考书，也可供工程技术人员参考。

图书在版编目(CIP)数据

高等数学. 上册 / 张宏伟，蒋志刚，王磊编. --北京：高等教育出版社，2021.8（2023.6重印）

ISBN 978－7－04－056711－3

Ⅰ.①高… Ⅱ.①张… ②蒋… ③王… Ⅲ.①高等数学－高等学校－教材 Ⅳ.①O13

中国版本图书馆 CIP 数据核字(2021)第 159768 号

Gaodeng Shuxue

策划编辑 于丽娜　　责任编辑 田 玲　　封面设计 张雨微　　版式设计 杜微言

插图绘制 杜晓丹　　责任校对 张 薇　　责任印制 朱 琦

出版发行	高等教育出版社	网　址	http://www.hep.edu.cn
社　址	北京市西城区德外大街 4 号		http://www.hep.com.cn
邮政编码	100120	网上订购	http://www.hepmall.com.cn
印　刷	北京宏伟双华印刷有限公司		http://www.hepmall.com
开　本	787mm×1092mm　1/16		http://www.hepmall.cn
印　张	19		
字　数	420 千字	版　次	2021 年 8 月第 1 版
购书热线	010－58581118	印　次	2023 年 6 月第 3 次印刷
咨询电话	400－810－0598	定　价	36.80 元

物 料 号 56711－00

高等数学

上册

大连理工大学数学科学学院
张宏伟 蒋志刚 王磊 编

1 计算机访问http://abook.hep.com.cn/1259961，或手机扫描二维码、下载并安装Abook应用。

2 注册并登录，进入“我的课程”。

3 输入封底数字课程账号（20位密码，刮开涂层可见），或通过Abook应用扫描封底数字课程账号二维码，完成课程绑定。

4 单击“进入课程”按钮，开始本数字课程的学习。

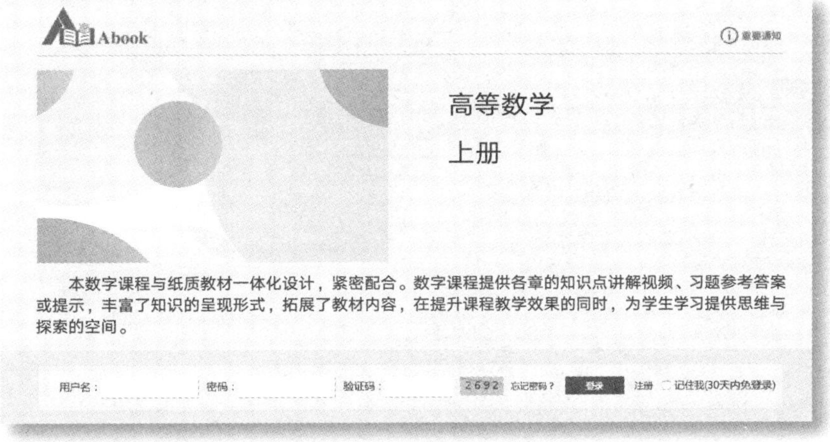

如有使用问题，请发邮件至abook@hep.com.cn。

http://abook.hep.com.cn/1259961

前言

《高等数学》(上、下册)教材的编写以体现“新工科”建设的理念,加强读者对数学基础理论、基本方法和基本技能的掌握及应用能力的培养为目的,使读者获得一元函数微积分学及其应用、多元函数微积分学及其应用、向量代数与空间解析几何、无穷级数和微分方程等方面的基本概念、理论、方法和技能,为学习后继课程奠定必要的基础。本教材力争做到将传授数学知识和培养数学素养较好地结合起来,并培养读者的逻辑思维能力、综合应用能力、科学计算能力以及创新能力。

编者依据于大连理工大学二十多年高等数学教学和教研积累的实践经验,借鉴所编著、使用的《工科微积分》(普通高等教育“十一五”国家级规划教材)和《工科数学分析》的成功经验,吸取国内外同类教材的精华,主要针对高等学校非数学类理工科大学生编写了本教材。

本教材在体系与内容的编排上,充分考虑到非数学类理工科不同专业、不同学时的授课对象的需求。一般工科专业可讲授本教材的基本内容,或根据实际需要选择适当的章节讲授,而对于数学要求较高的专业,如电子信息与电气工程、物理学、微电子与运载工程、力学等专业原则上可讲授书中带“*”号的内容。

本教材加强了具有较深远影响的基本概念、理论、方法和例题的介绍(如实数理论、极限概念、中值定理、Taylor(泰勒)公式、微元法和级数理论等),并融入一些中国元素。本教材对具有较强数值应用背景的章节(如第四章微分方程),专门介绍了常用的数值计算方法,以培养学生的数值计算能力。

正确有效地使用数学理论是培养学生解决实际问题能力的关键。适量习题训练可培养学生的运算能力、抽象思维能力和解决实际问题的能力。为此,教材在各节之后配备了(A),(B)两类习题。一般说来,(A)类题是理解和消化所学内容的基础题,(B)类题是体现对所学内容提升、扩展和综合运用有关知识来培养学生思维能力的综合题。每章末给出了部分习题参考答案或提示,供读者参考,可通过扫描二维码获取。

本教材上册第一章由闫浩编写,第二章由张宏伟编写,第三章由王磊编写,第四章由金正国编写。下册第五章由蒋志刚编写,第六章由侯中华编写,第七章由张学胜编写,第八章由金光日编写,第九章由张文龙编写。本教材的部分内容设计了配套的视频,参与录制的还有庞丽萍、杨洁、吴佳、禹芳、郭少艳、陈曦、石瑞、张仁权、郭峰、刘小雷、房祥东等.

《高等数学》(上、下册)教材的编写获得了大连理工大学“新工科”系列精品教材建设专项项目资助，并得到了大连理工大学教务处的大力支持。数学科学学院施光燕教授对本教材进行了悉心的技术指导和认真的审阅。作者要特别感谢高等教育出版社高等教育理科出版事业部的领导和编辑们，他们对本教材的编辑出版工作给予了精心指导和大力支持。由于编者水平所限，不妥之处敬请读者批评指正。

编 者

2021 年 1 月

目录

第一章　函数、极限与连续

微积分的主要研究对象是以实数为自变量的函数，极限是研究微积分的重要工具和思想方法，连续性是通过极限来描述的函数的一种基本变化性态，连续性也是函数的一种分析性质. 函数、极限与连续十分重要，它们是本章的基本内容，也是微积分的理论基础.

§1.1　集合与函数

读者在中学已经学过了集合与函数的一些基本知识，为了加深对函数概念的理解，本节将在集合与映射的基础上，进一步介绍函数的相关性质.

1.1.1　集合及其运算

集合理论是现代数学的基石. **集合**是具有某种确定性质的对象的全体，组成集合的对象称为该集合的**元素**. 一般用大写字母 $A,B,C,\cdots$ 表示集合，用小写字母 $a,b,c,\cdots$ 表示元素. 用 $a\in A$ 表示 a 是 A 的元素，读作"a 属于 A"，用 $a\notin A$ 表示 a 不是 A 的元素，读作"a 不属于 A". 含有有限个元素的集合称为**有限集**，含有无穷多个元素的集合称为**无限集**，不含任何元素的集合称为**空集**，记作 $\varnothing$. 常用的数集有自然数集 $\mathbf{N}$，正整数集 $\mathbf{N}_+$，整数集 $\mathbf{Z}$，有理数集 $\mathbf{Q}$，实数集 $\mathbf{R}$，复数集 $\mathbf{C}$，显然它们都是无限集.

组成集合的元素不仅可以是数，也可以是任何研究对象. 例如，调研某班同学的学习情况，可以将该班同学组成一个集合，每个同学就是这个集合的元素. 调研某地区人口组成分布，可以将该地区人口构成一个集合，每一个人就是该集合的元素.

集合的表示法一般有三种，分别为**列举法**、**描述法**、**Venn(维恩)图法**. 列举法是把集合的所有元素一一列举出来，写在一个花括号内. 例如方程 $x^2+2x-3=0$ 的解集可以表示为 $\{-3,1\}$. 描述法是将集合中元素 x 具有的确定性质 $P(x)$ 指明，表示为 $\{x\mid P(x)\}$. 例如方程 $x^2+2x-3=0$ 的解集也可以表示为 $\{x\mid x^2+2x-3=0\}$，又如空间中与直线 l 异面的直线的全体为 $\{m\mid m$ 与 l 异面$\}$. Venn 图法是将集合用图形表示出来，经常用矩形、圆形或椭圆形表示集合. 例如方程 $x^2+2x-3=0$ 的解集 A 可以表示为如图 1-1 所示.

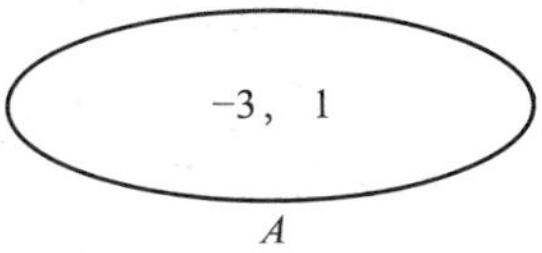

图 1-1

在研究集合与函数时，为了叙述方便，我们常会运用两个**全称量词**：

(1) $\forall$，读作：任意. (2) $\exists$，读作：存在.

下面我们讨论集合间的关系与运算.

设 A,B 是两个集合，若 $\forall x\in A$，均有 $x\in B$，则称 A 是 B 的**子集**，记作 $A\subseteq B$ 或 $B\supseteq$

A，读作“A 包含于 B”或“B 包含 A”. 显然，$A\subseteq A$，$\mathbf{N}\subseteq\mathbf{Z}\subseteq\mathbf{Q}\subseteq\mathbf{R}\subseteq\mathbf{C}$.我们规定空集是任何集合的子集.

若 A 是 B 的子集且 B 也是 A 的子集，则称 A 与 B **相等**，记作 $A=B$. 若 A 是 B 的子集，且 A 与 B 不相等，则称 A 是 B 的**真子集**，记作 $A\subset B$.

集合有四种常用的运算关系，包括交集、并集、差集、Descartes（笛卡儿）积.

设 A，B 是两个集合，由属于 A 且属于 B 的所有元素构成的集合称为 A 与 B 的**交集**（简称交），记作 $A\cap B$，即 $A\cap B=\{x\,|\,x\in A$ 且 $x\in B\}$.

由属于 A 或者属于 B 的所有元素构成的集合称为 A 与 B 的**并集**（简称并），记作 $A\cup B$，即 $A\cup B=\{x\,|\,x\in A$ 或 $x\in B\}$.

由属于 A 且不属于 B 的所有元素构成的集合称为 A 与 B 的**差集**（简称差），记作 $A\backslash B$，读作“A 挖掉 B”，即 $A\backslash B=\{x\,|\,x\in A$ 且 $x\notin B\}$.

两个集合的交、并、差用 Venn 图表示为图 1-2.

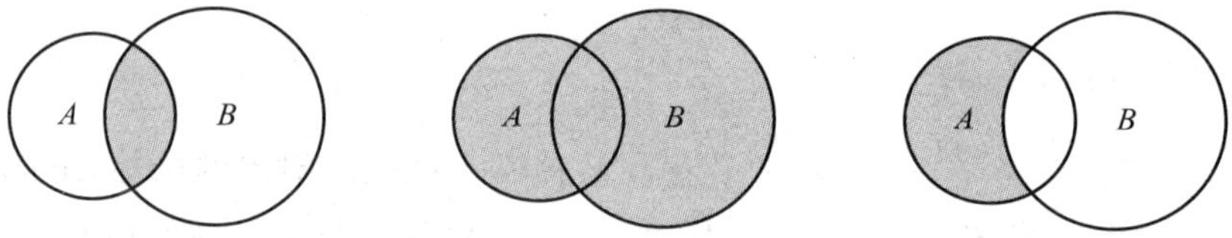

$A\cap B$　　$A\cup B$　　$A\backslash B$

图 1-2

特别地，当 $B\subseteq A$ 时，称 $A\backslash B$ 为集合 B 在集合 A 中的**补集**，也就是说补集是差集的特殊情形，例如 $\mathbf{R}\backslash\mathbf{Q}$ 表示无理数集.

在微积分里，讨论集合的运算时，经常会在某一个集合 X 中进行，此时也称 X 为**全集**. 在指明全集 X 的情况下，A 的补集 $X\backslash A$ 也表示为 A^c，显然 $(A^c)^c=A$.

集合的运算法则满足如下规律：设集合 A，B，C 是全集 X 的子集，则

(1) 交换律　$A\cup B=B\cup A$，　$A\cap B=B\cap A$.

(2) 结合律　$A\cup(B\cup C)=(A\cup B)\cup C$，　$A\cap(B\cap C)=(A\cap B)\cap C$.

(3) 分配律　$A\cup(B\cap C)=(A\cup B)\cap(A\cup C)$，　$A\cap(B\cup C)=(A\cap B)\cup(A\cap C)$.

(4) 幂等律　$A\cup A=A$，　$A\cap A=A$.

(5) 吸收律　$A\cup\varnothing=A$，　$A\cap\varnothing=\varnothing$，　$A\cup B=A\Leftrightarrow B\subseteq A\Leftrightarrow A\cap B=B$.

(6) 对偶律　$(A\cup B)^c=A^c\cap B^c$，　$(A\cap B)^c=A^c\cup B^c$.

上述结论都可以利用集合相等的定义来验证，即左边集合是右边集合的子集，右边集合也是左边集合的子集，读者可以自己练习，我们以对偶律为例.

证明　$\forall x\in(A\cup B)^c$，则 $x\notin A\cup B$，从而 $x\notin A$ 且 $x\notin B$，即 $x\in A^c$ 且 $x\in B^c$，可得 $x\in A^c\cap B^c$，所以 $(A\cup B)^c\subseteq A^c\cap B^c$.

反之，$\forall x\in A^c\cap B^c$，则 $x\in A^c$ 且 $x\in B^c$，从而 $x\notin A$ 且 $x\notin B$，即 $x\notin A\cup B$，则 $x\in(A\cup B)^c$，所以 $A^c\cap B^c\subseteq(A\cup B)^c$.

综上所述，$(A\cup B)^c=A^c\cap B^c$.

于是$(A^c\cup B^c)^c=(A^c)^c\cap(B^c)^c$，即$(A^c\cup B^c)^c=A\cap B$，所以$(A\cap B)^c=A^c\cup B^c$. □

在本小节的最后我们讨论集合的 Descartes 积.

设A,B是两个集合，由A中的任一元素x与B中的任一元素y构成的有序组为(x,y)，所有这样的有序组构成的集合称为A与B的 **Descartes 积**，记作$A\times B$，即$A\times B=\{(x,y)\mid x\in A,y\in B\}$，$n$个$A$的 Descartes 积$A\times A\times\cdots\times A$也记作$A^n$.

例如$[-1,1]\times[0,2]$表示平面中的正方形，又如$\mathbf{R}^2$表示平面直角坐标系，$\mathbf{R}^3$表示空间直角坐标系，$\mathbf{R}^n$表示n维 Euclid（欧几里得）空间，$\mathbf{Q}^2$表示平面中的有理点集.

1.1.2 实数集与确界存在定理

本节首先介绍实数集的一些重要性质.

（1）有理运算的封闭性：每一个有理数都可以写成两个整数的商，有理数与有理数的四则运算（加、减、乘、除）的结果仍为有理数.

（2）实数运算的封闭性：实数与实数的加、减、乘、除、乘方的结果仍为实数，非负实数的开方运算的结果仍为实数.

（3）实数的有序性：对任意两个实数a,b，$a<b$，$a=b$，$a>b$有且只有一个成立. 对任意三个实数a,b,c，若$a\leqslant b$，则$a+c\leqslant b+c$，且当$c\geqslant 0$时，有$ac\leqslant bc$.

（4）有理数集、无理数集在实数集中的稠密性：任意两个实数之间必存在一个有理数（或无理数），因此任意两个实数之间必存在无穷多个有理数，及无穷多个无理数，也就是无穷多个实数.

（5）实数集的完备性：每一个实数都可以在数轴上找到对应的点，每一个数轴上的点也都对应一个实数，实数集与数轴上的点一一对应，该性质也称为**实数集的连续性**（图 1－3）.

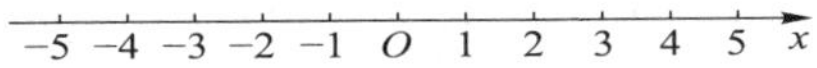

图 1－3

微积分讨论的变量都是**实变量**，即变量在实数中取值，在实数集中，区间是使用最多的一类数集，我们有如下记号：

闭区间$[a,b]=\{x\mid a\leqslant x\leqslant b\}$，　开区间$(a,b)=\{x\mid a<x<b\}$.

半开半闭区间$[a,b)=\{x\mid a\leqslant x<b\}$，　$(a,b]=\{x\mid a<x\leqslant b\}$.

无穷区间$(a,+\infty)=\{x\mid x>a\}$，　$[a,+\infty)=\{x\mid x\geqslant a\}$，

$(-\infty,a)=\{x\mid x<a\}$，　$(-\infty,a]=\{x\mid x\leqslant a\}$，　$(-\infty,+\infty)=\mathbf{R}$.

除了区间之外，邻域也是在极限理论中常用的概念. 设$a\in\mathbf{R}$，$\delta>0$.

称区间$(a-\delta,a+\delta)$为点a的 **δ 邻域**，记作$U(a,\delta)$，它表示到点a距离小于δ的实数的全体. 称$U(a,\delta)\setminus\{a\}$为点$a$的**去心 δ 邻域**，记作$\mathring{U}(a,\delta)$，即

$$\mathring{U}(a,\delta)=\{x\mid a-\delta<x<a，或\ a<x<a+\delta\}.$$

有时也称区间$(a-\delta,a)$为点a的左δ邻域，区间$(a,a+\delta)$为点a的右δ邻域.

下面考虑数集的有界性.

定义 1.1 设A为非空实数集. 若$\exists M\in\mathbf{R}$，使得$\forall x\in A$，有$x\leqslant M$，则称A有**上界**，称M为A的一个上界. 若$\exists m\in\mathbf{R}$，使得$\forall x\in A$，有$x\geqslant m$，则称A有**下界**，称m为A的一个下界.

若A既有上界又有下界，则称A**有界**. 容易证明：集合A有界当且仅当$\exists M>0$，使得$\forall x\in A$，有$|x|\leqslant M$.

若集合A不是有界的，则称A**无界**，即$\forall M>0$，$\exists x\in A$，使得$|x|>M$.

例如，区间$[0,1]$，$(-1,1]$为有界的；自然数集$\mathbf{N}$有下界，但无上界；有理数集$\mathbf{Q}$既无上界，也无下界.

例 1.1.1 证明：集合$\left\{n\sin\dfrac{n\pi}{2}\,\middle|\,n\in\mathbf{N}\right\}$无界.

无界集合的例子

证明 $\forall M>0$，取$n_M=2[M]+1$，其中$[M]$表示不超过M的最大整数，从而

$$\left|n_M\sin\frac{n_M\pi}{2}\right|=n_M>M,$$

即$\left\{n\sin\dfrac{n\pi}{2}\,\middle|\,n\in\mathbf{N}\right\}$无界. □

显然，若数集A有上界，则其上界不唯一，那么是否存在一个“最小”的上界呢？如果存在，那么这个上界就十分重要，我们首先给出定义.

定义 1.2 设A是非空实数集.若A有上界，则称A的最小上界为A的**上确界**，记为$\sup A$. 若A有下界，则称A的最大下界为A的**下确界**. 记为$\inf A$.

从定义中可以看出，一方面，上确界也是A的上界；另一方面，上确界是最小的上界，即比上确界小的实数都不再是A的上界，那么这个上界就是最小的上界，于是有

$$\xi=\sup A\Leftrightarrow\begin{cases}(1)\ \forall x\in A,x\leqslant\xi.\\(2)\ \forall\varepsilon>0,\ \exists x\in A,\text{使得 }x>\xi-\varepsilon.\end{cases}$$

读者可以自己尝试写出下确界的充要条件.

例 1.1.2 (1) 区间$[0,3]$的上确界为3，下确界为0.

(2) 区间$(-1,1)$的上确界为1，下确界为-1.

(3) 区间$(0,+\infty)$无上界，其下确界为0.

(4) 数集$\left\{0,1-\dfrac{1}{2},1-\dfrac{1}{3},\cdots,1-\dfrac{1}{n},\cdots\right\}$的上确界为1，下确界为0.

(5) $E=(0,1)\cap\mathbf{Q}^c$的上确界为1，下确界为0.

易见，如果数集A有最大值，则最大值必为上确界，反之即使数集A有上确界，也不一定有最大值，因为$\sup A$可能在A中，也可能不在A中，如果$\sup A\in A$，则$\sup A$为A的最大值.

从几何直观上，不难理解确界的存在性，但其严格的证明已经超出了工科学生学习微积

分的范畴，在有些院校数学院系的数学分析课程里会利用 Dedekind(戴德金)分割给出证明，有兴趣的读者可以自己查阅相关的教材，本教材不加证明地给出以下的定理，它也是实数系基本定理之一.

定理 1.1(确界存在定理) 有上(下)界的非空实数集必有上(下)确界.

例 1.1.3 已知函数 $f(x)$ 的定义域为 D，值域为 E，若 E 有界，证明：

$$\sup\{-f(x)\mid x\in D\}=-\inf\{f(x)\mid x\in D\}.$$

证明 因为值域 E 有界，根据确界存在定理，$\inf\{f(x)\mid x\in D\}$ 存在，设

$$\inf\{f(x)\mid x\in D\}=a.$$

所以

$$\begin{cases}(1)\ \forall x\in D, f(x)\geqslant a.\\(2)\ \forall \varepsilon>0, \exists x\in D, \text{使得 } f(x)<a+\varepsilon.\end{cases}$$

从而

$$\begin{cases}(1)\ \forall x\in D, -f(x)\leqslant -a.\\(2)\ \forall \varepsilon>0, \exists x\in D, \text{使得} -f(x)>-a-\varepsilon.\end{cases}$$

由上确界的定义，$\sup\{-f(x)\mid x\in D\}=-a$，即

$$\sup\{-f(x)\mid x\in D\}=-\inf\{f(x)\mid x\in D\}.$$

□

1.1.3 映射与函数

定义 1.3 设 X,Y 为两个非空集合. 如果按照某种对应法则 f，对于每个 $x\in X$，都存在唯一的 $y\in Y$ 与之对应，则称 f 为从 X 到 Y 的一个**映射**，记为

$$f: X\to Y \quad \text{或} \quad f: x\mapsto y=f(x), x\in X.$$

y 称为 x 在 f 下的**像**，x 称为 y 在 f 下的**原像**. X 称为 f 的**定义域**，记为 $D(f)$. 若 $A\subseteq X$，则称 $\{f(x)\mid x\in A\}$ 为 A 在 f 下的像集，记作 $f(A)$. $f(X)$ 称为 f 的**值域**，也记为 $R(f)$，显然有 $f(X)\subseteq Y$. 若 $B\subseteq Y$，则称 $\{x\mid f(x)\in B\}$ 为 B 在 f 下的**原像集**，记作 $f^{-1}(B)$，显然 $f^{-1}(B)\subseteq X$.

例如图 1-4 中，$f(X)=\{p,q,s\}$，$f^{-1}(\{q,r\})=\{c,d\}$.

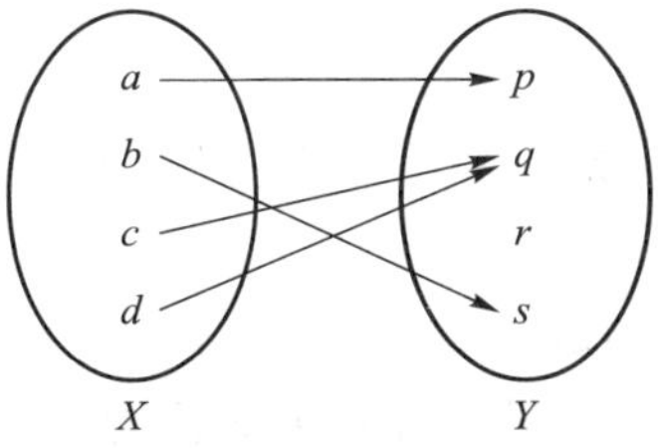

图 1-4

映射有两个基本要素，即**定义域**和**对应法则**. 如果两个映射 f,g 的定义域相同，且 $\forall x\in D(f)$，$f(x)=g(x)$，则称两个映射**相等**，记作 $f=g$.

映射的概念十分广泛，在现代数学中，几乎每一个数学分支都可以看到映射的身影. 例如微积分中的一元函数、多元函数、向量值函数，线性代数中的线性算子、线性变换，概率统计中的概率密度，泛函分析中的泛函等都是特殊的映射. 下面我们看几个具体的例子.

例 1.1.4 记 S 是某个班的学生全体，每个学生都有一个学号，于是每个学生与其学号之间的对应关系（记为 f）便可以看作 S 到自然数集 $\mathbf{N}$ 的一个映射：

$$f: S \to \mathbf{N}.$$

例 1.1.5 设 $A=\mathbf{N}_+$，$B=\{1,3,5,7,\cdots\}$，令

$$f: n \mapsto 2n-1, \quad n \in A,$$

则 f 是一个映射.

例 1.1.6 设 $A=[0,+\infty)$，$B=\mathbf{R}^3$，令

$$f: t \mapsto \begin{pmatrix} \cos t \\ \sin t \\ 2t \end{pmatrix}, \quad t \in A,$$

则 f 是一个映射，在几何上，它表示三维空间的一条螺旋线.

例 1.1.7 设 $A=\mathbf{R}^2$，$B=\mathbf{R}\times\{0\}$，令

$$f: (x,y) \mapsto (x,0), \quad (x,y)\in A,$$

则 f 是一个映射，在几何上，它表示平面 $\mathbf{R}^2$ 到 x 轴上的投影.

例 1.1.8 设集合 A 非空，且

$$f: x \mapsto x, \quad x \in A,$$

则 f 是一个映射，我们称其为**恒同映射**，记作 I_A，即 $I_A(x)=x, x\in A$.

一般地，一个集合到自身的映射在数学中也称为**变换**.

如果一个映射的定义域和值域都是非空实数集，则得到了**函数**的概念.

定义 1.4 设 X，Y 为两个非空实数集，称映射 $f: X\to Y$ 为定义在 X 上的一个**一元函数**，记为 $y=f(x)$. x 称为 f 的**自变量**，y 称为 f 的**因变量**，X 称为 f 的**定义域**，常用 $D(f)$ 表示，$f(X)=\{f(x)\mid x\in X\}$ 称为**值域**，常用 $R(f)$ 表示.

例如函数 $f(x)=\sqrt{1-x^2}+\ln(3x-1)$ 的定义域 $D(f)=\left(\frac{1}{3},1\right]$. 若定义域是数轴上的区间，则称为定义区间. 定义域有时需要考虑实际意义，例如若自变量是时间，则其应是非负实数，不加说明时，我们考虑的都是使得函数有意义的所有自变量的集合，也称为**自然定义域**.

函数的实质就是描述自变量与因变量之间的对应关系. 我们只要知道对应法则 f 以及定义域 $D(f)$，整个函数也就确定了，因此有时也简称为函数 f. 这里应当注意，一般情况下 $f(x)$ 表示一个函数，但有时 $f(x)$ 也指函数 f 在点 x 处的函数值，需要从上下文中加以区别. 函数的表示方法主要有三种：**列表法**、**图示法**和**解析法**. 列表法就是将自变量与因变量的关系列成表格，对应关系从表格中可以直接得到. 图示法是用图形的方法表示对应关系，例如气象站用仪表记录下的温度曲线表示气温随时间变化的函数关系，就是图示法. 在微积分

中我们更多地采用解析法，即用 $y=f(x)$ 的形式表示出函数间的对应关系，$y=f(x)$ 也称为**函数的解析式**，称点集 $\{(x,y)\mid y=f(x), x\in D(f)\}$ 为函数 $y=f(x)$ 的**图形**，一般图形是平面中的一条曲线（图 1－5）.

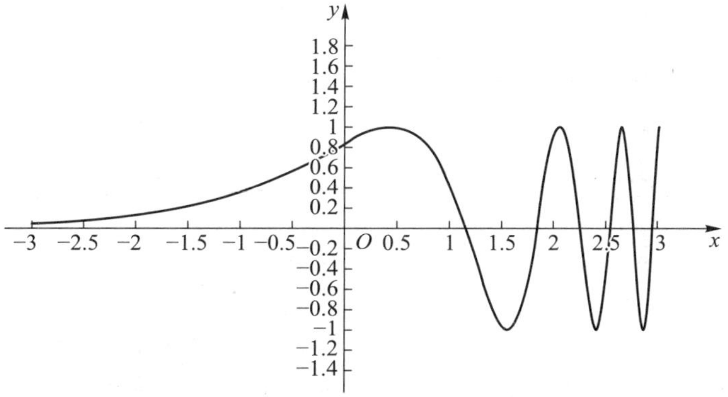

图 1－5

在中学中，我们已经学习过以下五类函数.

(1) 多项式函数：$f(x)=a_nx^n+a_{n-1}x^{n-1}+\cdots+a_1x+a_0, x\in\mathbf{R}$，其中 $a_0,a_1,\cdots,a_n$ 为 $n+1$ 个常数，称为多项式的系数.

(2) 幂函数：$f(x)=x^\alpha$，其中 α 为常数.（当 α 是正整数时，定义域是 $\mathbf{R}$；当 α 是负整数时，定义域是 $\mathbf{R}\backslash\{0\}$；$\alpha$ 也可以是分数，甚至是无理数，定义域要具体情况具体分析）.

(3) 指数函数：$f(x)=a^x, x\in\mathbf{R}$，其中底数 $a>0$，且 $a\neq1$.

(4) 对数函数：$f(x)=\log_a x, x\in(0,+\infty)$，其中底数 $a>0$，且 $a\neq1$.

当底数 $a=\mathrm{e}$ 时表示为 $f(x)=\ln x$，称为自然对数.

当底数 $a=10$ 时表示为 $f(x)=\lg x$，称为常用对数.

(5) 三角函数：正弦函数 $f(x)=\sin x, x\in\mathbf{R}$.

余弦函数 $f(x)=\cos x, x\in\mathbf{R}$.

正切函数 $f(x)=\tan x, x\in\mathbf{R}\backslash\left\{k\pi+\dfrac{\pi}{2}\,\middle|\,k\in\mathbf{Z}\right\}$.

余切函数 $f(x)=\cot x, x\in\mathbf{R}\backslash\{k\pi\mid k\in\mathbf{Z}\}$.

正割函数 $f(x)=\sec x, x\in\mathbf{R}\backslash\left\{k\pi+\dfrac{\pi}{2}\,\middle|\,k\in\mathbf{Z}\right\}$.

余割函数 $f(x)=\csc x, x\in\mathbf{R}\backslash\{k\pi\mid k\in\mathbf{Z}\}$.

下面我们再看几个常用的函数.

例 1.1.9　符号函数 $y=\operatorname{sgn}(x)=\begin{cases}1, & x>0,\\ 0, & x=0,\\ -1, & x<0.\end{cases}$ 其图形如图 1－6.

例 1.1.10　取整函数 $y=[x]$. 当 $x\in[n,n+1)$，$[x]=n$，其中 $n\in\mathbf{Z}$. 其图形（图 1－7）为

阶梯状的.

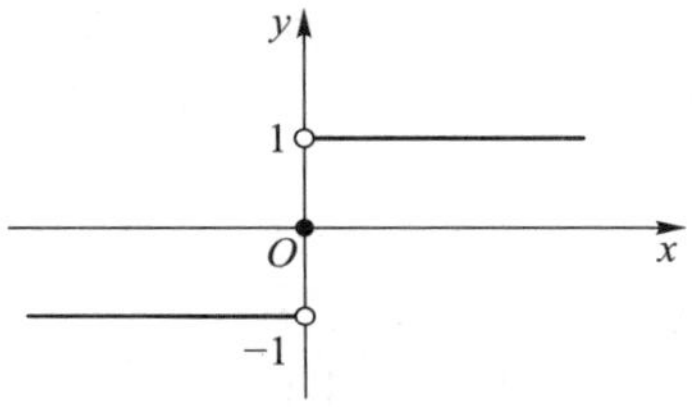

图 1-6

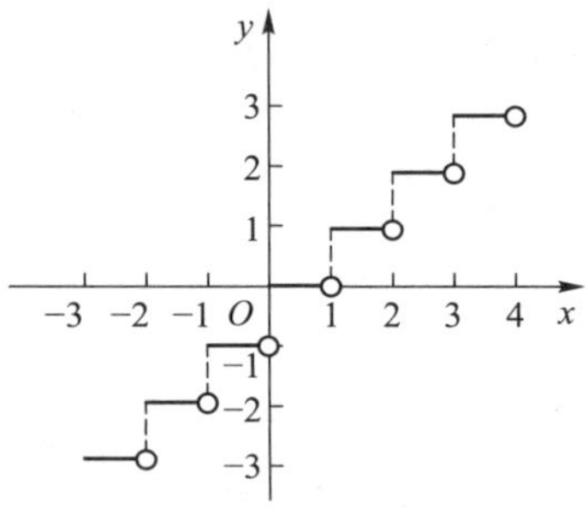

图 1-7

取整函数的符号常与方括号容易产生混淆，一般运用取整函数时应结合上下文或给出说明. 如例 1.1.9、例 1.1.10 中这样的分段表达的函数称为**分段函数**.

例 1.1.11 Dirichlet(狄利克雷)函数 $D(x)=\begin{cases}1, & x\in\mathbf{Q},\\0, & x\in\mathbf{R}\backslash\mathbf{Q}.\end{cases}$

Dirichlet 函数既“简单”又“复杂”，它的值域中只有两个数：0 和 1，但我们却无法精确画出它的图形. Dirichlet 函数在微积分中十分重要，很多重要的反例都与它有关.

当函数 f 的定义域为 $\mathbf{N}_+$ 时，函数 $y=f(n), n\in\mathbf{N}_+$ 也称为**数列**，记作 $a_n=f(n)$，例如等差数列 $a_n=2n-3$，等比数列 $a_n=\left(\frac{1}{2}\right)^n$，Fibonacci(斐波那契)数列

$$a_n=\frac{1}{\sqrt{5}}\left[\left(\frac{1+\sqrt{5}}{2}\right)^n-\left(\frac{1-\sqrt{5}}{2}\right)^n\right]$$

等.

1.1.4 函数的初等性质与运算

下面我们介绍函数的一些初等性质.

(1) 单调性.

定义 1.5 设函数 $f(x)$ 的定义域为 $D(f)$，且 $I\subseteq D(f)$，若 $\forall x_1, x_2\in I, x_1<x_2$，均有 $f(x_1)<f(x_2)$ $(f(x_1)>f(x_2))$，则称 $f(x)$ 在 I 上**单调递增**(**单调递减**).

若函数 $f(x)$ 在 $D(f)$ 上单调递增或单调递减，也称 $f(x)$ 是 $D(f)$ 上的**单调函数**. 例如函数 $y=\mathrm{e}^x$ 与 $y=x^3$ 都在 $\mathbf{R}$ 上单调递增. 函数 $y=\sin x$ 在 $\mathbf{R}$ 上不是单调函数，其在 $\left[-\frac{\pi}{2}, \frac{\pi}{2}\right]$ 上单调递增，在 $\left[\frac{\pi}{2}, \frac{3\pi}{2}\right]$ 上单调递减.

(2) 奇偶性.

定义 1.6 设函数 $f(x)$ 的定义域 $D(f)$ 关于坐标原点对称. 若 $\forall x\in D(f)$，

$$f(-x)=f(x),$$

则称 $f(x)$ 为**偶函数**. 若 $\forall x\in D(f)$,

$$f(-x)=-f(x),$$

则称 $f(x)$ 为**奇函数**.

例如函数 $y=\sec x$, $y=x^{\frac{4}{3}}$ 与 Dirichlet 函数 $y=D(x)$ 均为偶函数,而函数 $y=\tan x$, $y=x^3$ 是奇函数.

中学就讨论过,偶函数的图形关于 y 轴对称,奇函数的图形关于原点对称.

(3) 周期性.

定义 1.7 设函数 $f(x)$ 的定义域为 $D(f)$,如果存在正数 T,使得 $\forall x\in D(f)$,有 $x\pm T\in D(f)$ 且 $f(x+T)=f(x)$,则称 f 是以 T 为周期的**周期函数**.

例如 $y=\sin x$ 与 $y=\cos x$ 都是以 2π 为周期的周期函数.

例 1.1.12 函数 $y=x-[x]$ 是以 1 为周期的周期函数.

例 1.1.13 证明:Dirichlet 函数 $y=D(x)$ 是周期函数.

证明 因为对任意的正有理数 r, $\forall x\in\mathbf{R}$, $D(x+r)=D(x)$ 成立. 因此 $D(x)$ 是周期函数,每个正有理数 r 都是它的周期. □

若函数 $f(x)$ 是以正数 T 为周期的周期函数,则每个 $nT(n\in\mathbf{N}_+)$ 都是 $f(x)$ 的周期. 通常所说的函数的周期是特指函数的**最小正周期**. 例如函数 $y=\tan x$ 与 $y=\cot x$ 的最小正周期是 π. 但并不是每个周期函数都有最小正周期,例如 Dirichlet 函数 $y=D(x)$ 就没有最小正周期.

(4) 有界性.

前面我们介绍了集合的有界性,函数的有界性可以用集合的有界性来定义.

一般地,函数 $f:A\to B$ 有上(下)界是指其值域 $f(A)$ 有上(下)界. 函数 $f:A\to B$ 有界是指其值域 $f(A)$ 有界,即 $\exists M>0$,使得 $\forall x\in A$,均有 $|f(x)|\leqslant M$;如果这样的 M 不存在,就称函数 f 在 A 上无界.

例如函数 $y=\sin x$ 与 $y=\cos x$ 都在 $\mathbf{R}$ 上有界,但 $y=\mathrm{e}^x$ 在 $\mathbf{R}$ 上无界.

例 1.1.14 函数 $f(x)=\dfrac{1}{x}$ 在 $(0,+\infty)$ 上有下界,无上界,在 $(1,+\infty)$ 上有界.

前面讲过几类基本的函数后,怎样得到更为复杂的函数呢?这就需要讨论函数的运算,主要包括函数的**四则运算**与**复合运算**.

(1) 设两个函数 $f(x)$, $g(x)$ 的定义域的交集为 D,且 D 非空. 在 D 上可以定义其和函数 $f+g$,差函数 $f-g$,积函数 $f\cdot g$ 以及商函数 $\dfrac{f}{g}$,其定义如下:

$$(f\pm g)(x)=f(x)\pm g(x),\quad x\in D,$$
$$(f\cdot g)(x)=f(x)\cdot g(x),\quad x\in D,$$
$$\left(\frac{f}{g}\right)(x)=\frac{f(x)}{g(x)},\quad x\in D\ (g(x)\neq 0).$$

(2) 若函数 $y=f(u)$ 的定义域 $D(f)$ 与函数 $u=g(x)$ 的值域 $R(g)$ 的交集非空,即

$D(f)\cap R(g)\neq\varnothing$，则可以定义 f 与 g 的复合函数 $f\circ g$：

$$(f\circ g)(x)=f(g(x)).$$

复合函数 $f\circ g$ 的自变量为 x，因变量为 y，中间变量为 u. $D(f)\cap R(g)$ 为中间变量 u 的取值集合，对应到 g 的原像集 $g^{-1}(D(f)\cap R(g))$ 为 x 的取值集合，对应到 f 的像集 $f(D(f)\cap R(g))$ 为 y 的函数值集合，从而复合函数 $f\circ g$ 的定义域为 $g^{-1}(D(f)\cap R(g))$，值域为 $f(D(f)\cap R(g))$.

例 1.1.15　函数 $y=\sin \mathrm{e}^x$ 为正弦函数 $y=\sin u$ 与指数函数 $u=\mathrm{e}^x$ 的复合函数.

例 1.1.16　函数 $y=|x|$ 为幂函数 $y=\sqrt{u}$ 与 $u=x^2$ 的复合函数.

例 1.1.17　函数 $y=2^{\cos\sqrt{1+x^2}}$ 是由指数函数 $y=2^u$，余弦函数 $u=\cos v$，幂函数 $v=\sqrt{w}$，一次函数 $w=1+z$，二次函数 $z=x^2$ 构成的复合函数.

1.1.5　逆映射与反函数

根据映射 $f:X\to Y$ 的定义，对每个 $x\in X$，它在 Y 中的像 y 是唯一的，但每一个像 y 在 X 中的原像却不一定唯一，如果原像是唯一的，那么我们称 f 为**单射**. 另一方面，每个 $y\in Y$ 在 X 中也不一定存在原像，如果均存在原像，那么我们称 f 为**满射**. 下面我们讨论这几类特殊的**映射**.

定义 1.8　设 X,Y 为两个非空集合，$f:X\to Y$ 为一个映射.若 $\forall x_1,x_2\in X$，$x_1\neq x_2$，均有 $f(x_1)\neq f(x_2)$，则称 f 为**单射**；若 $\forall y\in Y$，存在 $x\in X$，使得 $y=f(x)$，则称 f 为**满射**；既是单射又是满射的映射称为**一一映射**.

从图 1-8 可知，单射不一定是满射，满射也不一定是单射，$f:X\to Y$ 是满射当且仅当 $f(X)=Y$.

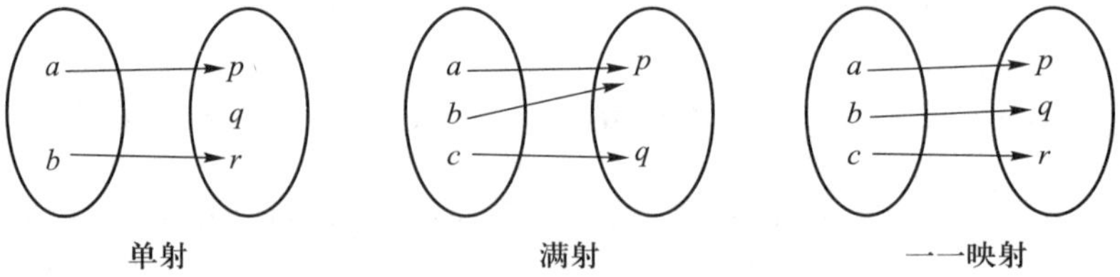

图 1-8

若 $f:X\to Y$ 是一一映射，则将对应关系反过来从 Y 到 X 也构成一个一一映射，我们把这个映射称为 f 的逆映射，记作 $f^{-1}:Y\to X$，也就是说 $y=f(x)$ 当且仅当 $x=f^{-1}(y)$.

例 1.1.18　试构造一个从 $\mathbf{N}$ 到 $\mathbf{Z}$ 的一一映射.

解　令

$$f(n)=\begin{cases}0, & n=0,\\ k, & n=2k,k\in\mathbf{N}_+,\\ -k, & n=2k-1,k\in\mathbf{N}_+,\end{cases}$$

则 f 是一个从 $\mathbf{N}$ 到 $\mathbf{Z}$ 的一一映射.

例 1.1.19 试构造一个从(0,1)到[0,1]的一一映射.

解 令

$$f(x)=\begin{cases}0, & x=\dfrac{1}{2},\\ 1, & x=\dfrac{1}{3},\\ \dfrac{1}{n-2}, & x=\dfrac{1}{n}, n\in\mathbf{N}_+, n\geqslant 4,\\ x, & \text{其他的 } x\in(0,1),\end{cases}$$

则 f 是一个从(0,1)到[0,1]的一一映射.

定义 1.9 若函数 $f:X\to Y$ 是一一映射,称其逆映射 $f^{-1}:Y\to X$ 为 f 的**反函数**.

若函数 $y=f(x)$ 具有反函数,则其反函数为 $x=f^{-1}(y)$.在 $y=f(x)$ 中,x 是自变量,y 是因变量. 在 $x=f^{-1}(y)$ 中,y 是自变量,x 是因变量. 函数 f 与 f^{-1} 的定义域与值域是互换的. 在同一个坐标系 Oxy 内,$y=f(x)$ 与 $x=f^{-1}(y)$ 表示的是同一条曲线,具有相同的图形.

在微积分中,反函数的使用习惯与中学有所不同.中学讲解反函数时需要将 x 与 y 互换,得到的结论为:在同一个坐标系 Oxy 内,$y=f(x)$ 与 $y=f^{-1}(x)$ 的图形关于直线 $y=x$ 对称. 从本质上看,函数研究的是对应关系,哪一个变量作为自变量并不十分重要. 在微积分中,后续讲解反函数求导公式时,x 与 y 不互换有其自身的优势.

在本教材中,当函数与其反函数同时出现时,我们沿用微积分中的习惯,x 与 y 不进行互换,而单独出现某一个函数的反函数 $y=f^{-1}(x)$ 时,我们使用 x 作自变量,y 作因变量.

当函数 f 单调递增(单调递减)时,$\forall y\in R(f)$,恰有一个 $x\in D(f)$ 使得 $f(x)=y$,所以 f 的反函数 f^{-1} 存在,且 f^{-1} 也是单调递增(单调递减)的. 例如指数函数 $y=a^x(a>0$ 且 $a\neq 1)$ 与对数函数 $x=\log_a y(a>0$ 且 $a\neq 1)$ 具有相同的单调性.

需要注意的是,当函数 f 具有反函数时,f 不一定是单调函数. 例如

$$f(x)=\begin{cases}x, & x\in\mathbf{Q},\\ -x, & x\in\mathbf{R}\backslash\mathbf{Q}.\end{cases}$$

显然这个函数不是单调函数,它的图形也无法明确画出来. 然而,$f(x)$ 有反函数且

$$f^{-1}(x)=f(x).$$

下面介绍一类重要的反函数,即反三角函数.

(1) 反正弦函数:称 $y=\sin x, x\in\left[-\dfrac{\pi}{2},\dfrac{\pi}{2}\right]$ 的反函数为**反正弦函数**,记作

$$x=\arcsin y,\quad y\in[-1,1].$$

(2) 反余弦函数:称 $y=\cos x, x\in[0,\pi]$ 的反函数为**反余弦函数**,记作

$$x=\arccos y,\quad y\in[-1,1].$$

(3) 反正切函数:称 $y=\tan x, x\in\left(-\dfrac{\pi}{2},\dfrac{\pi}{2}\right)$ 的反函数为**反正切函数**,记作

$$x=\arctan y,\quad y\in(-\infty,+\infty).$$

(4) 反余切函数：称 $y=\cot x, x\in(0,\pi)$ 的反函数为**反余切函数**，记作

$$x=\operatorname{arccot} y,\quad y\in(-\infty,+\infty).$$

反三角函数有如下性质：

(1) 反正弦函数 $f(x)=\arcsin x$，定义域为 $[-1,1]$，值域为 $\left[-\frac{\pi}{2},\frac{\pi}{2}\right]$. $f(x)=\arcsin x$ 是奇函数，也是单调递增函数.

(2) 反余弦函数 $f(x)=\arccos x$，定义域为 $[-1,1]$，值域为 $[0,\pi]$. $f(x)=\arccos x$ 是单调递减函数，但既不是奇函数也不是偶函数.

(3) 反正切函数 $f(x)=\arctan x$，定义域为 $(-\infty,+\infty)$，值域为 $\left(-\frac{\pi}{2},\frac{\pi}{2}\right)$. $f(x)=\arctan x$ 是奇函数，也是单调递增函数，后面章节还会讲到曲线 $f(x)=\arctan x$ 具有两条水平渐近线.

(4) 反余切函数 $f(x)=\operatorname{arccot} x$，定义域为 $(-\infty,+\infty)$，值域为 $(0,\pi)$. $f(x)=\operatorname{arccot} x$ 是单调递减函数，但既不是奇函数也不是偶函数.

反三角函数的图形如图 1-9.

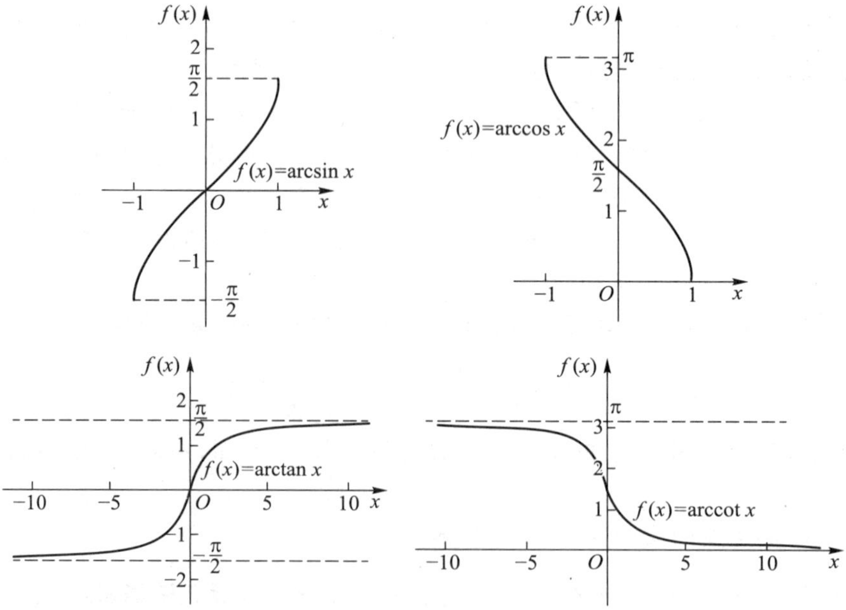

图 1-9

例 1.1.20　证明：$\arcsin x+\arccos x=\frac{\pi}{2}$.

证明　令 $\arccos x=t$，则 $\cos t=x, t\in[0,\pi]$，从而 $\sin\left(\frac{\pi}{2}-t\right)=x$ 且 $\frac{\pi}{2}-t\in\left[-\frac{\pi}{2},\frac{\pi}{2}\right]$，所以 $\frac{\pi}{2}-t=\arcsin x$，于是 $\frac{\pi}{2}-\arccos x=\arcsin x$，即 $\arcsin x+\arccos x=\frac{\pi}{2}$. □

类似还可以证明：$\arctan x+\operatorname{arccot} x=\frac{\pi}{2}$，$\arccos(-x)=\pi-\arccos x$，$\operatorname{arccot}(-x)=\pi-\operatorname{arccot} x$ 等.

1.1.6　初等函数与一些重要的非初等函数

定义 1.10　幂函数、指数函数、对数函数、三角函数、反三角函数统称为**基本初等函数**.

定义 1.11　由基本初等函数经过有限次的四则运算与复合运算得到的函数称为**初等函数**.

每个初等函数都有一个自然定义域.

例 1.1.21　设函数 $f(x)=\frac{\sqrt{1-x^2}}{\sin x}\cdot 2^x$，则其自然定义域为 $[-1,0)\cup(0,1]$.

工程领域有一类被广泛使用的函数，它们是由指数函数构成的初等函数，就是所谓的**双曲函数**，主要包括：

双曲正弦函数 $\sinh x=\frac{e^x-e^{-x}}{2}, x\in(-\infty,+\infty)$；

双曲余弦函数 $\cosh x=\frac{e^x+e^{-x}}{2}, x\in(-\infty,+\infty)$；

双曲正切函数 $\tanh x=\frac{e^x-e^{-x}}{e^x+e^{-x}}, x\in(-\infty,+\infty)$.

它们的图形如图 1－10 所示.

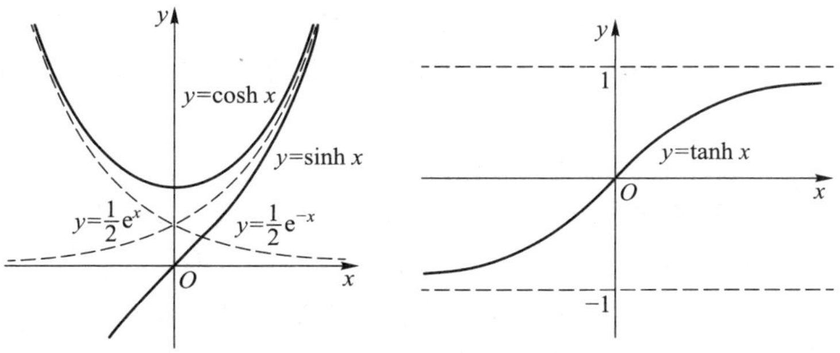

图 1－10

双曲余弦函数的图形也称为**悬链线**，它可以由后续要讲的微分方程推出，在建筑、桥梁领域已广泛使用，例如吊桥悬索的形状就是悬链线.

双曲函数有许多与三角函数类似的恒等式，请读者证明：

$$\sinh(x\pm y)=\sinh x\cosh y\pm\cosh x\sinh y,$$

$$\cosh(x\pm y)=\cosh x\cosh y\pm\sinh x\sinh y,$$

$$\cosh^2 x-\sinh^2 x=1,\quad \sinh 2x=2\sinh x\cosh x,$$

$$\cosh 2x=\cosh^2 x+\sinh^2 x,\quad \tanh x=\frac{\sinh x}{\cosh x}.$$

双曲正弦函数的反函数称为**反双曲正弦函数**，记作 $y=\operatorname{arsinh} x$. 因为 $x=\sinh y=\frac{e^y-e^{-y}}{2}$，于是 $(e^y)^2-2xe^y-1=0$，解得 $e^y=x+\sqrt{x^2+1}$，从而反双曲正弦函数的表达式为 $\operatorname{arsinh} x=\ln(x+\sqrt{x^2+1})$，$x\in(-\infty,+\infty)$.

类似地，**反双曲余弦函数**的表达式为 $\operatorname{arcosh} x=\ln(x+\sqrt{x^2-1})$，$x\in[1,+\infty)$，**反双曲正切函数**的表达式为 $\operatorname{artanh} x=\frac{1}{2}\ln\frac{1+x}{1-x}$，$x\in(-1,1)$.

下面介绍一些常用的、重要的非初等函数.

(1) 隐函数.

若函数 $y=f(x)$ 的解析式将 y 随 x 的变化关系用显式表达出来，则我们称这样的函数为**显函数**.有时，因变量 y 随自变量 x 的变化关系无法用显式来表达，例如在方程 $x^5+x^4y+e^y=1$ 中，给定 $x=1$，得到 $y+e^y=0$，因为 $y+e^y$ 关于 y 单调递增，且随着 y 的变化可以取遍 $(-\infty,+\infty)$ 的所有值，从而必存在唯一的 y_1 使得 $y_1+e^{y_1}=0$，这样 $x=1$ 与 $y=y_1$ 就对应起来. 同样地，每给定 x，表达式 $x^5+x^4y+e^y$ 关于 y 单调递增，且随着 y 的变化可以取遍 $(-\infty,+\infty)$ 的所有值，则必存在唯一的 y 使得 $x^5+x^4y+e^y=1$，这样就确定了一个函数关系 $y=y(x)$，但是其解析式无法得到，我们称这样的函数关系为**隐函数**.

(2) 参数方程确定的函数.

自变量 x 与因变量 y 的对应关系由参数方程 $\begin{cases}x=\varphi(t),\\ y=\psi(t),\end{cases}$ $t\in I$ 给出，其中 $x=\varphi(t)$ 在 I 上存在反函数 $t=\varphi^{-1}(x)$，这样代入第二个表达式就确定了 y 是 x 的函数 $y=\psi\circ\varphi^{-1}(x)$. 有的参数方程易于消去参数 t 而化为显函数，然而有的参数方程却得不到其显函数的形式，比方下面的例子.

例 1.1.22(摆线) 设半径为 a 的动圆沿 x 轴无滑动地滚动，圆周上一定点的轨迹称为摆线. 摆线又称旋轮线. **最速降线**就是一条摆线，它是著名数学家 Johann Bernoulli(约翰·伯努利)提出的公开问题的解，它开启了数学家们对变分法的研究.

用中学三角函数的知识容易推出摆线的参数方程，表达式为 $\begin{cases}x=a(t-\sin t),\\ y=a(1-\cos t),\end{cases}$ 其中常数 $a>0$，t 为参数，它的图形如图 1-11 所示.

摆线方程的推导

最速降线在生产生活中已有广泛的应用.

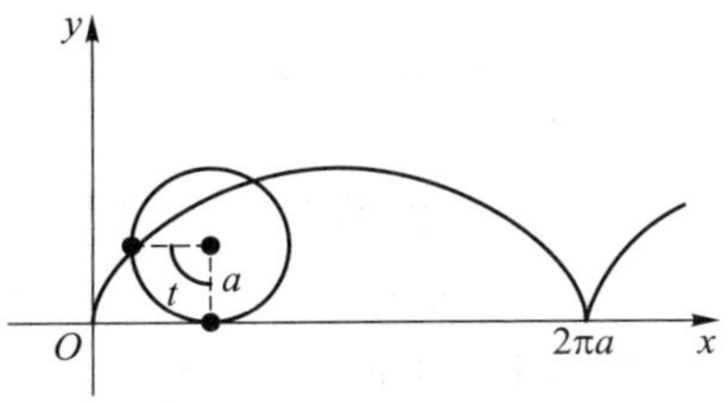

图 1-11

习题 1.1

(A)

1. 对于非空实数集 A, $\sup A$ 与 $\max A$ 有什么联系与区别?

2. 用 ε 语言叙述: a 不是数集 A 的上确界.

3. 求下列数集的确界:

(1) 有限个实数构成的集合 $\{a_1, a_2, \cdots, a_n\}$.

(2) $\{x \mid x \in \mathbf{Q}, x^2 < 2\}$.

(3) $\{x \mid x \in \mathbf{R}, x^2 - 2x - 3 < 0\}$.

(4) $\left\{x_n \,\middle|\, x_n = [1+(-1)^n]\dfrac{n+1}{n}, n \in \mathbf{N}_+\right\}$.

4. 下列各组函数中, $f(x)$ 和 $g(x)$ 是不是同一函数? 说明理由.

(1) $f(x) = \ln x^2, g(x) = 2\ln x$.　　(2) $f(x) = \sqrt{\dfrac{x-1}{x+1}}, g(x) = \dfrac{\sqrt{x-1}}{\sqrt{x+1}}$.

(3) $f(x) = x, g(x) = (\sqrt{x})^2$.

5. 求下列函数的定义域:

(1) $y = \sqrt{x^2 - 4x - 5} + \dfrac{1}{\sqrt{6-x}}$.　　(2) $y = \lg(\tan x)$.

(3) $y = \arccos(\sin x - \cos x)$.　　(4) $y = \cot(\arcsin x)$.

6. 设函数 $f(x) = \dfrac{2-3x}{1+x}$, 求 $f\left(2+\dfrac{1}{x}\right)$, $f(f(x))$ 的表达式.

7. 设函数 $f(x) = 2^x, g(x) = x\ln x$, 求 $f \circ g$ 以及 $g \circ f$.

8. 已知函数 $f(x) = \begin{cases} x+2, & x \geqslant 0, \\ 0, & x < 0, \end{cases}$ $g(x) = \begin{cases} x^2, & x \geqslant 0, \\ x, & x < 0. \end{cases}$ 求 $f \circ g$ 以及 $g \circ f$.

9. 作出下列函数的图形.

(1) $y = x^{\frac{3}{2}}$.　　(2) $y = \cos x - |\cos x|$.

(3) $y = 3\sin\left(2x + \dfrac{\pi}{3}\right)$.　　(4) $y = \arcsin|x-1|$.

(5) $y = \ln(2-x)$.　　(6) $y = \begin{cases} \mathrm{e}^{-x}, & x \geqslant 0, \\ 2^{|x-1|}, & x < 0. \end{cases}$

10. 判断下列函数的奇偶性.

(1) $y=\ln(x+\sqrt{x^2+1})$.　　(2) $y=x\dfrac{1-e^x}{1+e^x}$.

(3) Riemann(黎曼)函数 $R(x)=\begin{cases}\dfrac{1}{n}, & x=\dfrac{m}{n}，其中 m,n\in\mathbf{Z},m 与 n 互素,n>0,\\ 0, & x\in\mathbf{R}\setminus\mathbf{Q}.\end{cases}$

11. 下列哪些函数是周期函数？如果是,求出其最小正周期.

(1) $y=\cos\left(2x-\dfrac{\pi}{3}\right)$.　　(2) $y=|\tan x|$.

(3) $y=x\sin x$.　　(4) $y=\left|\ln\dfrac{1-\cos x}{1+\sin x}\right|$.

12. 设函数 $y=f(x)$的图形关于直线 $x=a$ 与 $x=b$ 对称,其中 $a\neq b$,证明:$f(x)$是周期函数.

13. 求下列函数的反函数:

(1) $y=\ln(x-1)+2$.　　(2) $y=\arcsin\dfrac{x-1}{4}$.

(3) $y=1+\cos^3 x, x\in[0,\pi]$.　　(4) $y=\sin x, x\in\left[\dfrac{\pi}{2},\dfrac{3\pi}{2}\right]$.

(5) $y=\begin{cases}1-2x^2, & x<-1,\\ x^3, & -1\leqslant x\leqslant 2,\\ 12x-16, & x>2.\end{cases}$

14. 设 $f:X\to Y,g:Y\to Z$ 都是一一映射,证明:$g\circ f:X\to Z$ 也是一一映射,并且$(g\circ f)^{-1}=f^{-1}\circ g^{-1}$.

(B)

1. 设 A,B 均为非空有界数集,且 $A\cap B$ 非空,证明:

(1) $\inf(A\cup B)=\min\{\inf A,\inf B\}$.　　(2) $\sup(A\cup B)=\max\{\sup A,\sup B\}$.

(3) $\inf(A\cap B)\geqslant\max\{\inf A,\inf B\}$.　　(4) $\sup(A\cap B)\leqslant\min\{\sup A,\sup B\}$.

2. 设 A,B 均为非空有界数集,定义 $A+B=\{x+y\mid x\in A,y\in B\}$,$AB=\{xy\mid x\in A,y\in B\}$.证明:

(1) $\inf(A+B)=\inf A+\inf B$.　　(2) $\sup(A+B)=\sup A+\sup B$.

(3) 当 $A,B\subseteq\mathbf{R}_+$ 时,有 $\inf AB=\inf A\inf B$,$\sup AB=\sup A\sup B$.

3. 设函数 $f(x)$的定义域关于原点对称.证明:$f(x)$可以表示为一个奇函数与一个偶函数的和.

4. 证明:$y=\sin|x|$,$y=\sin x^2$ 不是周期函数.

5. 设函数 $f(x)$为奇函数,且存在反函数,证明:$f^{-1}(x)$也为奇函数.

6. 证明下列恒等式:

(1) $\sinh(x\pm y)=\sinh x\cosh y\pm\cosh x\sinh y$.

(2) $\sinh x+\sinh y=2\sinh\dfrac{x+y}{2}\cosh\dfrac{x-y}{2}$.

(3) $\cosh 2x=\cosh^2 x+\sinh^2 x$.　　(4) $\sinh 2x=2\sinh x\cosh x$.

7. 设 $a,b\in\mathbf{R}$.证明:$\max\{a,b\}=\dfrac{a+b+|a-b|}{2}$,$\min\{a,b\}=\dfrac{a+b-|a-b|}{2}$.

8. 设函数 $f(x)$满足 $f\left(x+\dfrac{1}{x}\right)=x^2+\dfrac{1}{x^2}$,求 $f\left(x-\dfrac{1}{x}\right)$的表达式.

9. 设函数 $f(x)$满足 $2f(x)+f(1-x)=e^x$,求 $f(x)$的表达式.

§1.2 数列极限

数列极限深入地研究了变量间的变化关系,是微积分的重要工具和思想方法.本节我们介绍数列极限的定义、数列极限的性质、夹逼定理与单调有界收敛定理.

1.2.1 数列极限的概念

在上一节我们已经讨论过,数列可以看作定义在正整数集上的函数,也就是说对每一个正整数 n,都有一个确定的函数值 $a_n=f(n)$与之对应.以正整数 $1,2,\cdots,n,\cdots$为下标的一列实数按照下标从小到大的顺序排成一列

$$a_1,a_2,\cdots,a_n,\cdots$$

称为一个**数列**,记为$\{a_n\}$,a_n 称为数列的第 n 项或**通项**. 微积分中讨论的数列都约定为具有无穷多项的数列,不讨论有限项的数列.

我们来看几个具体的例子:

(1) $\left\{\dfrac{1}{n}\right\}$.　(2) $\left\{\dfrac{1}{2^n}\right\}$.　(3) $\left\{\dfrac{\sin n}{n}\right\}$.　(4) $\{(-1)^n\}$.　(5) $\{2n-3\}$.

考察上面几个数列的例子可以发现,当数列的下标 n 由小变大时,几个数列呈现出不同的变化状态:n 越来越大时,数列(1)、数列(2)、数列(3)的项会和实数 0 的距离“要多接近就可以有多接近”,只要下标 n 充分地大. 以数列(1)为例,如果希望$\left|\dfrac{1}{n}-0\right|<\dfrac{1}{10^6}$,只要 $n>10^6$,也就是说随着下标 n 的增大,$\dfrac{1}{n}$和实数 0 的距离要多小就可以有多小.

数列$\{a_n\}$中的项和某一个实数 A 的距离随着下标 n 的增大,呈现出“要多小就可以有多小”的变化趋势,我们称之为数列$\{a_n\}$无限趋近于 A.

值得注意的是,数列$\{a_n\}$无限趋近于 A,并不意味着$\{a_n\}$是单调趋近于 A 的,例如上面的数列(3),$\left\{\dfrac{\sin n}{n}\right\}$是“摆动地”趋于实数 0 的.

定义 1.12　$\{a_n\}$为一数列,A 为一实数,若随着 n 的增大,a_n 无限趋近于 A,则称$\{a_n\}$的极限为 A,记作$\lim\limits_{n\to\infty}a_n=A$ 或 $a_n\to A(n\to\infty)$.

数列$\{a_n\}$存在极限,我们也称$\{a_n\}$**收敛**,否则称$\{a_n\}$**发散**.

数列(4)中,$\{(-1)^n\}$虽然有无穷多项都取到了 1 和 -1,但随着下标 n 的增大,它的值没有和某一个实数保持“要多近就有多近”的趋势,第 $2n-1$ 项取到 -1,第 $2n$ 项就变成了 1,因此其不存在极限,也就是说数列$\{(-1)^n\}$发散.

数列(5)中,$2n-3$ 随着下标 n 的不断增大,其值要多大就可以有多大,虽然它不是无限趋近某一个实数,但也呈现出了一定的变化趋势,这样的数列我们称之为“无穷大量”,在后面几节再讨论.

极限思想早在我国古代就已产生. 魏晋时期数学家刘徽(约 225—约 295)用"割圆术"求圆周率 π,实际上就是将圆的周长看作它的各内接正多边形周长所构成的数列当边数无限增大时的极限. 刘徽用内接正六边形周长、内接正十二边形周长、内接正二十四边形周长等来近似圆的周长(如图 1-12),他说:"割之弥细,所失弥少,割之又割,以至于不可割,则与圆周合体而无所失矣."这正是极限思想的萌芽.刘徽得到的圆周率 π 的近似值为 3.14.

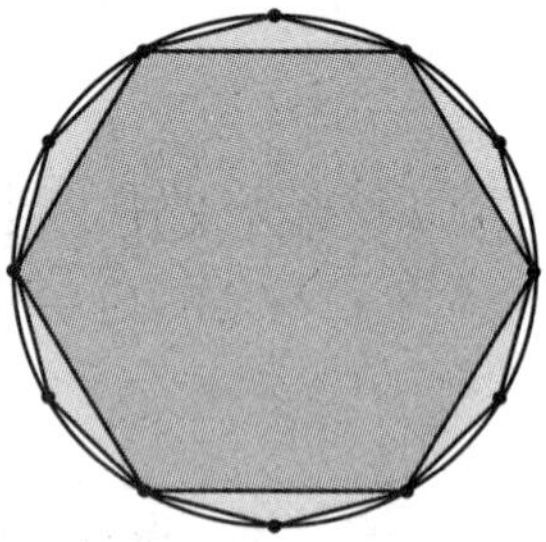

图 1-12

除刘徽外,我国著名数学家祖冲之(429—500)也曾研究过圆周率 π. 祖冲之算出圆周率 π 的真值在 3.141 592 6 和 3.141 592 7 之间,相当于精确到小数第 7 位,简化成 3.141 592 6. 祖冲之还给出圆周率 π 的两个分数形式的近似值:$\frac{22}{7}$(约率)和$\frac{355}{113}$(密率),其中密率精确到小数第 7 位. 祖冲之对圆周率数值的精确推算值,对于中国乃至世界是一个重大贡献,后人将约率用他的名字命名为"祖冲之圆周率",简称"祖率".

极限的概念如果仅仅停留在描述性阶段是非常不够的.因为上述的数列(1)—(5)较简单,所以容易通过观察看出数列的变化趋势,并求出极限.但是遇到复杂的数列就无能为力了,例如 $a_n=\left(1+\frac{1}{n}\right)^n$,用描述性定义很难判断它是否存在极限.在 Newton(牛顿)和 Leibniz(莱布尼茨)创立微积分的时候,人们对极限的概念仍然是模糊不清的,以至于微积分中出现的很多问题不能给出合理的解释,因此微积分常受到人们的攻击与怀疑.经过众多数学家百折不挠的努力,直到 19 世纪下半叶,数学家 Weierstrass(魏尔斯特拉斯)才给出了精确定义,使微积分成了一门严密的数学分支.

在描述性定义中,随着 n 的增大,a_n 无限趋近于 A 表示的意思是 a_n 和 A 的距离"要多小就可以有多小",也就是说,任意给定一个正数 ε,当 n 充分大后,a_n 充分靠后的项与 A 的距离都可以小于预先给定的正数 ε,即 $|a_n-A|<\varepsilon$,于是我们从极限的描述性定义,提炼出极限的精确定义.

定义 1.13 $\{a_n\}$为一数列,A 为一实数. 若 $\forall\varepsilon>0$, $\exists N\in\mathbf{N}_+$,使得当 $n>N$ 时,均有 $|a_n-A|<\varepsilon$,则称$\{a_n\}$的极限为 A,记作$\lim\limits_{n\to\infty}a_n=A$ 或 $a_n\to A(n\to\infty)$.

定义 1.13 也称为极限的 $\varepsilon-N$ 定义. 对这个定义我们再做几点说明:

(1) 关于ε. 这里的ε 既有确定性,也有任意性. 任意 $\varepsilon>0$,在给定之前是任意的,给哪一个正数都可以，但给定之后就是一个固定的数，我们看是否存在满足条件的正整数 N 时，ε 是固定的，不变的. 如果想取得再小一点，那就下次给定的时候取得再小一点. 我们要描述的是 a_n 和 A 的距离"要多小就可以有多小"，所以只需要对较小的正数 ε 讨论即可.

(2) 关于 N. 首先，事先给定一个正数 ε，存在一个正整数 N，它之后的项对应的值与 A 的距离小于 ε，不难看出这里的 N 的取法不是唯一的，若有一个正整数 N 是满足定义的，则比这个 N 大的正整数也都满足定义，从而 N 与 ε 之间不构成函数关系. 其次，正数 ε 每次给得不同，存在的正整数 N 也会发生变化，通常 N 会随着 ε 的变化而变化，常用 N_ε 表示它们的**依赖关系**. 下文中在不同的场合出现的这种表示方法，都表示依赖关系.

(3) "当 $n>N$ 时，均有 $|a_n-A|<\varepsilon$"，表示 N 之后的项都满足 $|a_n-A|<\varepsilon$，不能说"有无穷多项均满足 $|a_n-A|<\varepsilon$"，这两种表述显然是不等价的，前文提到的数列(4)就是很好的反例.

(4) $|a_n-A|<\varepsilon$ 也可以用邻域的语言写为 $a_n\in U(A,\varepsilon)$.用邻域的写法容易看出其几何意义.事实上，数列 $\{a_n\}$ 就是数轴上的一列点，几何上也称 $\{a_n\}$ 为点列，任给 $\varepsilon>0$，以 A 为中心、ε 为半径画一个小区间，点列 $\{a_n\}$ 中第 $N+1$ 个点起，之后所有的点都落在小区间 $(A-\varepsilon,A+\varepsilon)$ 内，也就是说在开区间 $(A-\varepsilon,A+\varepsilon)$ 之外的点至多有有限个.

(5) 用定义证明 $\{a_n\}$ 的极限为 A，不能通过求极限来说明，应当用定义 1.13 去证明，具体说来就是任给 $\varepsilon>0$，去寻找一正整数 N，要求 N 之后的项都满足 $|a_n-A|<\varepsilon$，把满足这个条件的 N 找到，证明也就结束了. 用定义证明极限需要对不等式较为熟悉.

我们看几个具体的例题.

例 1.2.1　设常数 q 满足 $0<|q|<1$，证明：$\lim\limits_{n\to\infty}q^n=0$.

证明　$\forall\varepsilon>0$，要使 $|q^n-0|<\varepsilon$，只需 $n>\log_{|q|}\varepsilon$. 取 $N=[|\log_{|q|}\varepsilon|]+1$，于是当 $n>N$ 时，有 $n>\log_{|q|}\varepsilon$，从而有 $|q^n-0|<\varepsilon$，由极限定义知，$\lim\limits_{n\to\infty}q^n=0$. □

例 1.2.2　设 $a_n=\dfrac{2n^2+n+2}{n^2-3}$，证明：$\lim\limits_{n\to\infty}a_n=2$.

证明　因为 $|a_n-2|=\left|\dfrac{n+8}{n^2-3}\right|$，所以当 $n\geqslant 8$ 时，有

$$|a_n-2|=\frac{n+8}{\frac{1}{2}n^2+\left(\frac{1}{2}n^2-3\right)}\leqslant\frac{2n}{\frac{1}{2}n^2}=\frac{4}{n}.$$

$\forall\varepsilon>0$，取 $N=\max\left\{8,\left[\dfrac{4}{\varepsilon}\right]+1\right\}$，当 $n>N$ 时，$|a_n-2|\leqslant\dfrac{4}{n}<\varepsilon$，由极限定义知，$\lim\limits_{n\to\infty}a_n=2$. □

例 1.2.3　证明：$\lim\limits_{n\to\infty}\sqrt[n]{n}=1$.

利用极限的定义
证明极限

证明　记 $a_n=\sqrt[n]{n}-1$.当 $n\geqslant 2$ 时，

$$n=(1+a_n)^n=1+C_n^1a_n+C_n^2a_n^2+\cdots+C_n^na_n^n\geqslant\frac{1}{2}n(n-1)a_n^2,$$

从而 $0<a_n\leqslant\sqrt{\dfrac{2}{n-1}}$.

$\forall\varepsilon>0$，要使 $|\sqrt[n]{n}-1|<\varepsilon$，只需 $\sqrt{\dfrac{2}{n-1}}<\varepsilon$，即 $n>\dfrac{2}{\varepsilon^2}+1$. 取

$$N=\max\left\{2,\left[\frac{2}{\varepsilon^2}+1\right]+1\right\},$$

即 $N=\left[\dfrac{2}{\varepsilon^2}\right]+2$，于是当 $n>N$ 时，有 $|\sqrt[n]{n}-1|<\varepsilon$，由极限定义得 $\lim\limits_{n\to\infty}\sqrt[n]{n}=1$. □

例 1.2.4　设 $\lim\limits_{n\to\infty}a_n=A$.证明：

(1) $\lim\limits_{n\to\infty}e^{a_n}=e^A$.

(2) 若 $a_n>0(n=1,2,\cdots)$，且 $A>0$，则 $\lim\limits_{n\to\infty}\ln a_n=\ln A$.

证明　(1) $\forall\varepsilon>0$，要使 $|e^{a_n}-e^A|<\varepsilon$，只需 $|e^{a_n-A}-1|<\varepsilon e^{-A}$，即

$$1-\varepsilon e^{-A}<e^{a_n-A}<1+\varepsilon e^{-A},$$

亦即

$$\ln(1-\varepsilon e^{-A})<a_n-A<\ln(1+\varepsilon e^{-A}).$$

不妨设 $\varepsilon<e^A$，令 $\delta=\min\{-\ln(1-\varepsilon e^{-A}),\ln(1+\varepsilon e^{-A})\}$，从而 $\delta>0$. 因为 $\lim\limits_{n\to\infty}a_n=A$，所以对上述的正数 ε，$\exists N\in\mathbf{N}_+$，使得当 $n>N$ 时，有 $|a_n-A|<\delta$.于是当 $n>N$ 时，有 $|e^{a_n}-e^A|<\varepsilon$，由极限定义得 $\lim\limits_{n\to\infty}e^{a_n}=e^A$.

(2) $\forall\varepsilon>0$，要使 $|\ln a_n-\ln A|<\varepsilon$，只需

$$-\varepsilon<\ln\frac{a_n}{A}<\varepsilon,$$

即

$$A(e^{-\varepsilon}-1)<a_n-A<A(e^{\varepsilon}-1).$$

令 $\delta=\min\{A(1-e^{-\varepsilon}),A(e^{\varepsilon}-1)\}$，显然 $\delta>0$. 由于 $\lim\limits_{n\to\infty}a_n=A$，故 $\exists N\in\mathbf{N}_+$，使得当 $n>N$ 时，有 $|a_n-A|<\delta$.于是当 $n>N$ 时，有 $|\ln a_n-\ln A|<\varepsilon$.由极限定义得

$$\lim_{n\to\infty}\ln a_n=\ln A.$$ □

例 1.2.5　求极限 $\lim\limits_{n\to\infty}\dfrac{\ln n}{n}$.

解　由例 1.2.3 知，$\lim\limits_{n\to\infty}\sqrt[n]{n}=1$.再由例 1.2.4(2)得

$$\lim_{n\to\infty}\frac{\ln n}{n}=\lim_{n\to\infty}\ln\sqrt[n]{n}=\ln 1,$$

即 $\lim\limits_{n\to\infty}\dfrac{\ln n}{n}=0$.

例 1.2.6　设 $\lim\limits_{n\to\infty}a_n=A$，$\lim\limits_{n\to\infty}b_n=B$，证明：$\lim\limits_{n\to\infty}(a_n\pm b_n)=A\pm B$.

证明　因为 $\lim\limits_{n\to\infty}a_n=A$，由极限定义，$\forall\varepsilon>0$，$\exists N_1\in\mathbf{N}_+$，使得当 $n>N_1$ 时，有

$$|a_n - A| < \frac{\varepsilon}{2}.$$

又因为$\lim\limits_{n\to\infty} b_n = B$,故对上述的$\varepsilon > 0$,$\exists N_2 \in \mathbf{N}_+$,使得当$n > N_2$时,有

$$|b_n - B| < \frac{\varepsilon}{2}.$$

取$N = \max\{N_1, N_2\}$,当$n > N$时,有

$$|(a_n \pm b_n) - (A \pm B)| \leqslant |a_n - A| + |b_n - B| < \varepsilon,$$

由极限定义得$\lim\limits_{n\to\infty}(a_n \pm b_n) = A \pm B$. □

1.2.2 数列极限的性质

性质 1(唯一性) 若数列$\{a_n\}$收敛,则它的极限是唯一的.

证明 假设$\lim\limits_{n\to\infty} a_n = A$,又有$\lim\limits_{n\to\infty} a_n = B$,由极限定义,$\forall \varepsilon > 0$,$\exists N \in \mathbf{N}_+$,使得当$n > N$时,有$|a_n - A| < \frac{\varepsilon}{2}$,$|a_n - B| < \frac{\varepsilon}{2}$. 所以,当$n > N$时,

$$|A - B| \leqslant |a_n - A| + |a_n - B| < \varepsilon,$$

即$\forall \varepsilon > 0$,有$|A - B| < \varepsilon$,从而$|A - B| \leqslant 0$,即$A = B$. □

性质 2 在收敛数列中任意添加、删去有限项,或者任意改变有限项的值,不改变该数列的收敛性与极限值.

证明 设数列$\{a_n\}$的前k项$a_1, a_2, \cdots, a_k$被改变为$b_1, b_2, \cdots, b_m$,而k项以后的所有项保持不变.记$b_{m+i} = a_{k+i}$,$i = 1, 2, \cdots$,即$\{b_n\}$为数列$\{a_n\}$改变后所得到的数列.

若数列$\{a_n\}$有极限A,则$\forall \varepsilon > 0$,$\exists N \in \mathbf{N}_+$(不妨设$N \geqslant k$),当$n > N$时,有

$$|a_n - A| < \varepsilon.$$

由于$b_{m+i} = a_{k+i}$,且

$$k + i > N \Leftrightarrow m + i > m + N - k.$$

取$N_1 = m + N - k$,当$n > N_1$时,就有$|b_n - A| < \varepsilon$,即$\{b_n\}$收敛于A.

另一方面,数列$\{a_n\}$也可看作$\{b_n\}$改变后所得到的数列,所以若$\{b_n\}$收敛,则$\{a_n\}$收敛.从而若$\{a_n\}$发散,则$\{b_n\}$必发散. □

定义 1.14 设$\{a_n\}$是一个数列,$0 < n_1 < n_2 < \cdots < n_k < \cdots$是一列自然数,称数列$\{a_{n_k}\}$为$\{a_n\}$的子数列或子列.

例如,$\{2n\}$与$\{2n-1\}$都是自然数列$\mathbf{N}$的子列.

子列的指标为k,即子列的第一项为a_{n_1},子列的第二项为a_{n_2},以此类推. n_k表示子列的第k项在原数列的位置,一般有$n_k \geqslant k$,且$n_k > n_l \Leftrightarrow k > l$.

性质 3 数列$\{a_n\}$收敛于A当且仅当它的任何子列都收敛于A.

证明 充分性. 数列$\{a_n\}$也为其自身的子列,必要性显然成立.

必要性. 设$\{a_{n_k}\}$为$\{a_n\}$的一个子列. 由于$\{a_n\}$收敛于A,$\forall \varepsilon > 0$,$\exists N \in \mathbf{N}_+$,当$n > N$

时，有$|a_n-A|<\varepsilon$. 而$n_k\geqslant k$，故当$k>N$时，有$n_k>N$，从而$|a_{n_k}-A|<\varepsilon$.即$\{a_{n_k}\}$收敛于A. □

例 1.2.7 证明：数列$\{(-1)^n\}$发散.

证明 记$a_n=(-1)^n$，则$a_{2n}=1$，$a_{2n-1}=-1$.即数列$\{(-1)^n\}$有两个子列分别收敛到1和-1. 由性质3，数列$\{(-1)^n\}$发散. □

例1.2.7说明，有界数列不一定收敛.然而我们有

性质 4(有界性) 收敛数列$\{a_n\}$必有界，即$\exists M>0$，使得$\forall n\in\mathbf{N}_+$，$|a_n|\leqslant M$.

证明 设$\{a_n\}$收敛于A. 对$\varepsilon=1$，$\exists N\in\mathbf{N}$，当$n>N$时，$|a_n-A|<1$，所以$|a_n|<|A|+1$. 取$M=\max\{|a_1|,|a_2|,\cdots,|a_N|,|A|+1\}$，从而$\forall n\in\mathbf{N}_+$，$|a_n|\leqslant M$. □

例 1.2.8 设$\lim\limits_{n\to\infty}a_n=A$，证明：$\lim\limits_{n\to\infty}a_n^2=A^2$.

证明 由于$\lim\limits_{n\to\infty}a_n=A$，根据性质4，$\exists M>0$，使得$\forall n\in\mathbf{N}_+$，$|a_n|\leqslant M$. 另一方面由极限定义，$\forall\varepsilon>0$，$\exists N\in\mathbf{N}_+$，当$n>N$时，有$|a_n-A|<\dfrac{\varepsilon}{M+|A|}$. 于是当$n>N$时，

$$|a_n^2-A^2|=|a_n+A|\cdot|a_n-A|\leqslant(M+|A|)|a_n-A|<\varepsilon,$$

所以$\lim\limits_{n\to\infty}a_n^2=A^2$. □

性质 5(保号性) 设数列$\{a_n\}$收敛于A，数列$\{b_n\}$收敛于B.

极限的保号性

(1) 若$A>B$，则$\exists N\in\mathbf{N}_+$，使得当$n>N$时，有$a_n>b_n$.

(2) 若$\exists N\in\mathbf{N}_+$，当$n>N$时，有$a_n\geqslant b_n$，则$A\geqslant B$.

证明 (1) 因为$\lim\limits_{n\to\infty}a_n=A$且$A>B$，对$\varepsilon=\dfrac{1}{2}(A-B)$，$\exists N_1\in\mathbf{N}_+$，当$n>N_1$时，有

$$a_n-A>-\varepsilon=\frac{1}{2}(B-A),$$

即

$$a_n>\frac{1}{2}(A+B).$$

同时$\lim\limits_{n\to\infty}b_n=B$，故$\exists N_2\in\mathbf{N}_+$，使得当$n>N_2$时，有

$$b_n-B<\varepsilon=\frac{1}{2}(A-B),$$

即

$$b_n<\frac{1}{2}(A+B).$$

令$N=\max\{N_1,N_2\}$，则当$n>N$时，有

$$a_n>\frac{1}{2}(A+B)>b_n.$$

(2) 假设$A<B$，由(1)知，$\exists N_1\in\mathbf{N}_+$，当$n>N_1$时$a_n<b_n$，则当$n>\max\{N_1,N\}$时，$a_n<b_n$且$a_n\geqslant b_n$，矛盾！故$A\geqslant B$. □

定理 1.2(四则运算法则) 设$\lim\limits_{n\to\infty}a_n=A$,$\lim\limits_{n\to\infty}b_n=B$,则

(1) 对任意实数 c,有$\lim\limits_{n\to\infty}(ca_n)=cA$.

(2) $\lim\limits_{n\to\infty}(a_n\pm b_n)=A\pm B$.

(3) $\lim\limits_{n\to\infty}a_nb_n=AB$.

(4) 若 $b_n\neq 0$,$B\neq 0$,则有$\lim\limits_{n\to\infty}\dfrac{a_n}{b_n}=\dfrac{A}{B}$.

证明 (1)的证明留给读者作为练习.(2)在例 1.2.6 中已给出证明.

下面证明(3)和(4).

(3) 因为$\{a_n\}$为收敛数列,所以$\exists M>0$,使得$\forall n\in\mathbf{N}_+$,$|a_n|\leqslant M$.又因为$\lim\limits_{n\to\infty}a_n=A$,$\lim\limits_{n\to\infty}b_n=B$,由极限定义,$\forall\varepsilon>0$,$\exists N\in\mathbf{N}_+$,当 $n>N$ 时,同时有

$$|a_n-A|<\frac{\varepsilon}{2(1+|B|)},\quad |b_n-B|<\frac{\varepsilon}{2M}.$$

于是当 $n>N$ 时,有

$$\begin{aligned}|a_nb_n-AB|&\leqslant|a_nb_n-a_nB|+|a_nB-AB|=|a_n|\cdot|b_n-B|+|a_nB-AB|\\&<M\frac{\varepsilon}{2M}+\frac{\varepsilon}{2(1+|B|)}|B|<\varepsilon,\end{aligned}$$

由极限定义知$\lim\limits_{n\to\infty}a_nb_n=AB$.

(4) 根据(3),只需证 $\lim\limits_{n\to\infty}\dfrac{1}{b_n}=\dfrac{1}{B}$.

由于 $B\neq 0$,由极限定义,对于 $\varepsilon_0=\dfrac{|B|}{2}$,$\exists N_1\in\mathbf{N}_+$,当 $n>N_1$ 时,有$|b_n-B|<\dfrac{|B|}{2}$,所以当 $n>N_1$ 时$|b_n|>\dfrac{|B|}{2}$,即$\left|\dfrac{1}{b_n}\right|<\dfrac{2}{|B|}$.另一方面,再由$\lim\limits_{n\to\infty}b_n=B$,$\forall\varepsilon>0$,$\exists N_2\in\mathbf{N}_+$,当 $n>N_2$ 时,有$|b_n-B|<\dfrac{B^2}{2}\varepsilon$. 从而当 $n>\max\{N_1,N_2\}$时,

$$\left|\frac{1}{b_n}-\frac{1}{B}\right|=\left|\frac{B-b_n}{Bb_n}\right|<\frac{1}{|B|}\cdot\frac{2}{|B|}\cdot\frac{B^2}{2}\varepsilon=\varepsilon,$$

即$\lim\limits_{n\to\infty}\dfrac{1}{b_n}=\dfrac{1}{B}$. □

例 1.2.9 求$\lim\limits_{n\to\infty}\dfrac{n^2-n+1}{2n^2+3n-2}$.

解 由于$\lim\limits_{n\to\infty}\dfrac{1}{n}=0$,$\lim\limits_{n\to\infty}\dfrac{1}{n^2}=0$,根据极限的四则运算法则有

$$\lim_{n\to\infty}\frac{n^2-n+1}{2n^2+3n-2}=\lim_{n\to\infty}\frac{1-\dfrac{1}{n}+\dfrac{1}{n^2}}{2+\dfrac{3}{n}-\dfrac{2}{n^2}}=\frac{1-\lim\limits_{n\to\infty}\dfrac{1}{n}+\lim\limits_{n\to\infty}\dfrac{1}{n^2}}{2+3\lim\limits_{n\to\infty}\dfrac{1}{n}-2\lim\limits_{n\to\infty}\dfrac{1}{n^2}}=\frac{1}{2}.$$

例 1.2.10　设实数 a,b 满足 $0<|a|<1,0<|b|<1$，求 $\lim\limits_{n\to+\infty}\dfrac{1+a+a^2+\cdots+a^n}{1+b+b^2+\cdots+b^n}$.

解　因为

$$1+a^2+a^2+\cdots+a^n=\frac{1-a^{n+1}}{1-a},\quad 1+b+b^2+\cdots+b^n=\frac{1-b^{n+1}}{1-b},$$

所以

$$\lim_{n\to\infty}\frac{1+a+a^2+\cdots+a^n}{1+b+b^2+\cdots+b^n}=\lim_{n\to\infty}\frac{1-b}{1-a}\cdot\frac{1-a^{n+1}}{1-b^{n+1}}=\frac{1-b}{1-a}.$$

1.2.3　夹逼定理与单调有界收敛定理

讨论了极限的定义与性质，我们来讨论极限存在的两个充分条件.

定理 1.3(夹逼定理)　设数列 $\{a_n\},\{b_n\},\{c_n\}$ 满足条件：$\exists n_0\in\mathbf{N}_+$，当 $n>n_0$ 时，有

$$a_n\leqslant b_n\leqslant c_n.$$

若 $\lim\limits_{n\to\infty}a_n=A$，$\lim\limits_{n\to\infty}c_n=A$，则 $\lim\limits_{n\to\infty}b_n=A$.

证明　由于当 $n>n_0$ 时，

$$a_n-A\leqslant b_n-A\leqslant c_n-A,$$

从而

$$|b_n-A|\leqslant\max\{|a_n-A|,|c_n-A|\}.$$

又因为 $\lim\limits_{n\to\infty}a_n=A$，$\lim\limits_{n\to\infty}c_n=A$，所以 $\forall\varepsilon>0$，$\exists N_1\in\mathbf{N}_+$，当 $n>N_1$ 时，有

$$|a_n-A|<\varepsilon,\quad |c_n-A|<\varepsilon.$$

从而当 $n>\max\{n_0,N_1\}$ 时，有 $|b_n-A|<\varepsilon$，即 $\lim\limits_{n\to\infty}b_n=A$.　□

例 1.2.11　求 $\lim\limits_{n\to\infty}(\sqrt{n+3}-\sqrt{n-1})$.

解　$\forall n\in\mathbf{N}_+$，有

$$0\leqslant\sqrt{n+3}-\sqrt{n-1}=\frac{4}{\sqrt{n+3}+\sqrt{n-1}}<\frac{4}{\sqrt{n}}.$$

因为 $\lim\limits_{n\to\infty}\dfrac{4}{\sqrt{n}}=0$，所以 $\lim\limits_{n\to\infty}(\sqrt{n+3}-\sqrt{n-1})=0$.

例 1.2.12　设常数 $a>0$，证明：$\lim\limits_{n\to\infty}\sqrt[n]{a}=1$.

证明　当 $a\geqslant1$ 时，$\forall n\geqslant a$，$1\leqslant\sqrt[n]{a}\leqslant\sqrt[n]{n}$. 又由例 1.2.3 知 $\lim\limits_{n\to\infty}\sqrt[n]{n}=1$，应用夹逼定理得 $\lim\limits_{n\to\infty}\sqrt[n]{a}=1$. 当 $0<a<1$ 时，$\dfrac{1}{a}>1$，所以

$$\lim_{n\to\infty}\sqrt[n]{a}=\lim_{n\to\infty}\frac{1}{\sqrt[n]{\dfrac{1}{a}}}=\frac{1}{1}=1.$$

□

例 1.2.13　设 $a_1,a_2,\cdots,a_m$ 是 m 个正数，求 $\lim\limits_{n\to\infty}(a_1^n+a_2^n+\cdots+a_m^n)^{\frac{1}{n}}$.

解 记 $a=\max\limits_{1\leqslant k\leqslant m}\{a_k\}$，则

$$a\leqslant(a_1^n+a_2^n+\cdots+a_m^n)^{\frac{1}{n}}\leqslant(ma^n)^{\frac{1}{n}}=am^{\frac{1}{n}}.$$

由例 1.2.12 知 $\lim\limits_{n\to\infty}m^{\frac{1}{n}}=1$，应用夹逼定理知

$$\lim_{n\to\infty}(a_1^n+a_2^n+\cdots+a_m^n)^{\frac{1}{n}}=\max_{1\leqslant k\leqslant m}\{a_k\}.$$

定义 1.15 对于数列 $\{a_n\}$，如果 $\forall n\in\mathbf{N}_+$，均有 $a_n\leqslant a_{n+1}(a_n\geqslant a_{n+1})$，则称数列 $\{a_n\}$ **单调递增(单调递减)**.单调递增的数列与单调递减的数列统称为**单调数列**.

定理 1.4(单调有界收敛定理) 单调递增(单调递减)且有上(下)界的数列必收敛，极限为数列的上(下)确界.

证明 设数列 $\{a_n\}$ 单调递增且有上界. 根据确界存在定理，$\{a_n\}$ 存在上确界，记 $A=\sup\limits_{n\geqslant1}\{a_n\}$. $\forall\varepsilon>0$，由于 $A-\varepsilon$ 不再是 $\{a_n\}$ 的上界，于是 $\exists N\in\mathbf{N}_+$，使得 $A-\varepsilon<a_N\leqslant A$. 注意到 $\{a_n\}$ 单调递增，从而当 $n>N$ 时，有 $A-\varepsilon<a_N\leqslant a_n\leqslant A$，故当 $n>N$ 时，$|a_n-A|<\varepsilon$，即 $\lim\limits_{n\to\infty}a_n=A$. □

单调有界收敛定理是实数系的一个非常重要的结论，今后将有许多应用.

重要极限 e

例 1.2.14 证明：极限 $\lim\limits_{n\to\infty}\left(1+\frac{1}{n}\right)^n$ 存在.

证明 记 $a_n=\left(1+\frac{1}{n}\right)^n$.首先证明数列 $\{a_n\}$ 单调递增. $\forall n\in\mathbf{N}_+$，由二项式定理，

$$\begin{aligned}a_n&=1+\sum_{k=1}^{n}\mathrm{C}_n^k\frac{1}{n^k}=1+\sum_{k=1}^{n}\frac{n(n-1)\cdots(n-k+1)}{k!}\cdot\frac{1}{n^k}\\&=1+\sum_{k=1}^{n}\frac{1}{k!}\left(1-\frac{1}{n}\right)\left(1-\frac{2}{n}\right)\cdots\left(1-\frac{k-1}{n}\right)\\&<1+\sum_{k=1}^{n+1}\frac{1}{k!}\left(1-\frac{1}{n+1}\right)\left(1-\frac{2}{n+1}\right)\cdots\left(1-\frac{k-1}{n+1}\right)\\&=\left(1+\frac{1}{n+1}\right)^{n+1}=a_{n+1},\end{aligned}$$

另一方面，

$$\begin{aligned}a_n&=1+\sum_{k=1}^{n}\frac{1}{k!}\left(1-\frac{1}{n}\right)\left(1-\frac{2}{n}\right)\cdots\left(1-\frac{k-1}{n}\right)\\&\leqslant1+\sum_{k=1}^{n}\frac{1}{k!}\leqslant1+1+\sum_{k=2}^{n}\frac{1}{k(k-1)}=3-\frac{1}{n}<3,\end{aligned}$$

所以数列 $\{a_n\}$ 有上界. 由定理 1.4，数列 $\{a_n\}$ 收敛，即极限 $\lim\limits_{n\to\infty}\left(1+\frac{1}{n}\right)^n$ 存在. □

极限 $\lim\limits_{n\to\infty}\left(1+\frac{1}{n}\right)^n$ 的值困扰了很多数学家，1727 年数学家 Euler(欧拉)使用字母 e 表示其值，即定义 $\mathrm{e}\xlongequal{\text{def}}\lim\limits_{n\to\infty}\left(1+\frac{1}{n}\right)^n$. 因为 $2<\left(1+\frac{1}{n}\right)^n<3$，由极限的保号性，可知 e 是介于 2 和 3

之间的实数，它就是初等数学中读者早已熟悉的自然对数的底数. 学过第二章之后可以证明：e 是一个无理数，它的近似值为 2.718 28.

例 1.2.15 证明：$\lim\limits_{n\to\infty}\sum\limits_{k=1}^{n}\frac{1}{k^2}$ 存在.

证明 令 $a_n=\sum\limits_{k=1}^{n}\frac{1}{k^2}$，显然 $\{a_n\}$ 单调递增. 又因为

$$a_n<1+\sum_{k=2}^{n}\frac{1}{k(k-1)}=2-\frac{1}{n}<2,$$

所以 $\{a_n\}$ 有上界，根据单调有界收敛定理，极限 $\lim\limits_{n\to\infty}\sum\limits_{k=1}^{n}\frac{1}{k^2}$ 存在. □

例 1.2.16 设常数 $a>1$，证明：$\lim\limits_{n\to\infty}\frac{n}{a^n}=0$.

证明 记 $x_n=\frac{n}{a^n}$，因为

$$\lim_{n\to\infty}\frac{x_{n+1}}{x_n}=\lim_{n\to\infty}\frac{1}{a}\frac{n+1}{n}=\frac{1}{a},$$

且 $\frac{1}{a}<1$，由极限的保号性，$\exists N\in\mathbf{N}_+$，当 $n>N$ 时，有 $\frac{x_{n+1}}{x_n}<1$，即 $x_{n+1}<x_n$. 又因为 $x_n>0$，于是 $\lim\limits_{n\to\infty}x_n$ 存在，设 $\lim\limits_{n\to\infty}x_n=A$，在等式 $x_{n+1}=\frac{n+1}{na}x_n$ 两边令 $n\to\infty$，得 $A=\frac{A}{a}$，解得 $A=0$，即 $\lim\limits_{n\to\infty}\frac{n}{a^n}=0$. □

例 1.2.17 设常数 $c>0$，$a_1=\sqrt{c}$，且 $a_{n+1}=\sqrt{c+a_n}$. 证明数列 $\{a_n\}$ 收敛，并求其极限值.

证明 $a_2=\sqrt{c+a_1}=\sqrt{c+\sqrt{c}}>\sqrt{c}=a_1$，假设 $a_n>a_{n-1}$，则

$$a_{n+1}=\sqrt{c+a_n}>\sqrt{c+a_{n-1}}=a_n.$$

根据数学归纳法知道，数列 $\{a_n\}$ 单调递增. 又因为

$$a_2=\sqrt{c+\sqrt{c}}<\sqrt{c+2\sqrt{c}+1}=\sqrt{c}+1 .$$

假设 $a_n<\sqrt{c}+1$，则

$$a_{n+1}=\sqrt{c+a_n}<\sqrt{c+\sqrt{c}+1}<\sqrt{c}+1.$$

再次由数学归纳法得数列 $\{a_n\}$ 有上界，根据单调有界收敛定理，$\lim\limits_{n\to\infty}a_n$ 存在. 设 $\lim\limits_{n\to\infty}a_n=A$，在等式 $a_{n+1}^2=c+a_n$ 两边令 $n\to\infty$，得 $A^2=c+A$，解得 $A=\frac{1}{2}\pm\sqrt{c+\frac{1}{4}}$. 由保号性应有 $A\geqslant 0$，所以 $\lim\limits_{n\to\infty}a_n=\frac{1}{2}+\sqrt{c+\frac{1}{4}}$. □

习题 1.2

(A)

1. 在数列极限的定义中，ε 是不是一个任意小的正数？正整数 $N=N(\varepsilon)$ 是否为 ε 的函数？

2. 下列说法中，哪些与 $\lim\limits_{n\to\infty}a_n=A$ 等价？如果等价，请证明；如果不等价，请举出反例.

(1) 对于无限多个正数 $\varepsilon>0$，$\exists N\in\mathbf{N}_+$，只要 $n\geqslant N$，就有 $|a_n-A|<\varepsilon$.

(2) $\forall\varepsilon>0$，$\exists N\in\mathbf{N}_+$，只要 $n\geqslant N$，就有 $|a_n-A|<\varepsilon$.

(3) $\forall\varepsilon\in(0,1)$，$\exists N\in\mathbf{N}_+$，只要 $n>N$，就有 $|a_n-A|<\varepsilon$.

(4) $k>0$，$\forall\varepsilon>0$，$\exists N\in\mathbf{N}_+$，只要 $n>N$，就有 $|a_n-A|<k\varepsilon$.

(5) $\forall\varepsilon>0$，$\exists N\in\mathbf{N}_+$，只要 $n>N$，就有 $|a_n-A|<\varepsilon^{\frac{2}{3}}$.

(6) $\forall k\in\mathbf{N}_+$，$\exists N_k\in\mathbf{N}_+$，只要 $n>N_k$，就有 $|a_n-A|<\dfrac{1}{2^k}$.

(7) $\exists N\in\mathbf{N}_+$，只要 $n>N$，就有 $|a_n-A|<\dfrac{1}{n}$.

(8) $\forall\varepsilon>0$，$\exists N\in\mathbf{N}_+$，只要 $n>N$，就有 $|a_n-A|<\dfrac{\varepsilon}{n}$.

(9) $\forall\varepsilon>0$，$\exists N\in\mathbf{N}_+$，只要 $n>N$，就有 $|a_n-A|<\sqrt{n}\varepsilon$.

3. 利用极限定义证明以下极限：

(1) $\lim\limits_{n\to\infty}\dfrac{2n^3-1}{n^3-n+1}=2$.　　(2) $\lim\limits_{n\to\infty}(\sqrt{n^2-1}-\sqrt{n^2+4})=0$.

(3) $\lim\limits_{n\to\infty}\dfrac{\cos n}{n}=0$.　　(4) $\lim\limits_{n\to\infty}\dfrac{n!}{n^n}=0$.

(5) $\lim\limits_{n\to\infty}\arctan n=\dfrac{\pi}{2}$.

4. 已知 $\lim\limits_{n\to\infty}a_n=A$，证明：$\lim\limits_{n\to\infty}|a_n|=|A|$. 反之何时成立？

5. 讨论以下命题是否正确，如果不正确，请举反例.

(1) 若数列 $\{2x_n-y_n\}$ 与 $\{3x_n+4y_n\}$ 都收敛，则数列 $\{x_n\}$ 与 $\{y_n\}$ 都收敛.

(2) 若数列 $\{x_n\}$ 收敛，$\{y_n\}$ 发散，则 $\{x_n+y_n\}$ 与 $\{x_ny_n\}$ 均发散.

(3) 若数列 $\{x_n\}$，$\{y_n\}$ 均发散，则 $\{x_n+y_n\}$ 与 $\{x_ny_n\}$ 均发散.

(4) 若数列 $\{x_n\}$，$\{x_ny_n\}$ 都收敛，则 $\{y_n\}$ 也收敛.

(5) 若 $\lim\limits_{n\to\infty}x_n=0$，则对任何数列 $\{y_n\}$，有 $\lim\limits_{n\to\infty}x_ny_n=0$.

(6) 若 $\lim\limits_{n\to\infty}x_ny_n=0$，则 $\lim\limits_{n\to\infty}x_n=0$ 或 $\lim\limits_{n\to\infty}y_n=0$.

6. 若数列 $\{x_n\}$，$\{y_n\}$ 满足 $x_n\leqslant A\leqslant y_n$，且 $\lim\limits_{n\to\infty}(x_n-y_n)=0$，证明：$\lim\limits_{n\to\infty}x_n=\lim\limits_{n\to\infty}y_n=A$.

7. 求下列极限：

(1) $\lim\limits_{n\to\infty}\dfrac{2n^3-2n^2-n-1}{3n^3+n^2+2}$.　　(2) $\lim\limits_{n\to\infty}\dfrac{2^n+(-1)^n}{2^{n-2}+(-1)^{n-1}}$.

(3) $\lim\limits_{n\to\infty}\dfrac{\sqrt{n}\cos n}{n+2}$.　　(4) $\lim\limits_{n\to\infty}\left[\dfrac{1}{1\cdot 2}+\dfrac{1}{2\cdot 3}+\cdots+\dfrac{1}{n(n+1)}\right]$.

(5) $\lim\limits_{n\to\infty}(\sqrt{n^2-n+1}-\sqrt{n^2+n-2})$.

(6) $\lim\limits_{n\to\infty}\left(\dfrac{1+2+\cdots+n}{n+2}-\dfrac{n}{2}\right)$.

(7) $\lim\limits_{n\to\infty}\left(1-\dfrac{1}{2^2}\right)\left(1-\dfrac{1}{3^2}\right)\cdots\left(1-\dfrac{1}{n^2}\right)$.

(8) $\lim\limits_{n\to\infty}\sum\limits_{k=n}^{2n}\dfrac{1}{k^2}$.

(9) $\lim\limits_{n\to\infty}\left(\dfrac{1}{\sqrt{n^2+1}}+\dfrac{1}{\sqrt{n^2+2}}+\cdots+\dfrac{1}{\sqrt{n^2+n}}\right)$.

(10) $\lim\limits_{n\to\infty}\sqrt{2}\sqrt[4]{2}\sqrt[8]{2}\cdots\sqrt[2^n]{2}$.

8. 证明：数列$\{x_n\}$收敛于 A 当且仅当它的两个子列$\{x_{2n}\}$，$\{x_{2n-1}\}$均收敛于 A.

9. 利用单调有界收敛定理，证明$\lim\limits_{n\to\infty}a_n$ 存在，并求极限值.

(1) $a_1=\sqrt{2}, a_{n+1}=\sqrt{2a_n}$.

(2) $a_1>0, a_{n+1}=\dfrac{1}{2}\left(a_n+\dfrac{3}{a_n}\right)$.

(3) $a_1>0, a_{n+1}=\sin a_n$.

(4) $a_1=1, a_{n+1}=1+\dfrac{a_n}{1+a_n}$.

10. 利用单调有界收敛定理，证明$\lim\limits_{n\to\infty}a_n$ 极限存在.

(1) $a_n=\left(1+\dfrac{1}{2}\right)\left(1+\dfrac{1}{2^2}\right)\cdots\left(1+\dfrac{1}{2^n}\right)$.

(2) $a_n=\left(1+\dfrac{1}{2^2}\right)\left(1+\dfrac{1}{3^2}\right)\cdots\left(1+\dfrac{1}{n^2}\right)$.

11. 设数列$\{a_n\}$单调递增，$\{b_n\}$单调递减，且$\lim\limits_{n\to\infty}(a_n-b_n)=0$，证明：$\{a_n\}$，$\{b_n\}$均收敛，且它们的极限值相等.

12. 求极限：

(1) $\lim\limits_{n\to\infty}\left(1+\dfrac{1}{n-3}\right)^{2n}$.

(2) $\lim\limits_{n\to\infty}\left(1+\dfrac{1}{2n^2}\right)^{3n^2+2n}$.

13. 求极限：

(1) $\lim\limits_{n\to\infty}\left(\dfrac{1}{n^2+1}+\dfrac{2}{n^2+2}+\cdots+\dfrac{n}{n^2+n}\right)$.

(2) $\lim\limits_{n\to\infty}\sqrt[n]{2\sin^2 n+\cos^2 n}$.

14. 证明不等式$\dfrac{1}{2}\cdot\dfrac{3}{4}\cdots\dfrac{2n-1}{2n}<\dfrac{1}{\sqrt{2n+1}}$，并求极限$\lim\limits_{n\to\infty}\dfrac{1}{2}\cdot\dfrac{3}{4}\cdots\dfrac{2n-1}{2n}$.

15. 求极限$\lim\limits_{n\to\infty}\dfrac{x^n-2}{x^n+2}$.

(B)

1. 用 $\varepsilon-N$ 语言叙述“$\{a_n\}$不收敛于 A”，并讨论下列哪些说法与“$\{a_n\}$不收敛于 A”等价：

(1) $\exists\,\varepsilon_0>0$，$\exists\,N\in\mathbf{N}_+$，只要 $n>N$，就有 $|a_n-A|\geqslant\varepsilon_0$.

(2) $\forall\,\varepsilon>0$，$\exists\,N\in\mathbf{N}_+$，只要 $n\geqslant N$，就有 $|a_n-A|\geqslant\varepsilon$.

(3) $\exists\,\varepsilon_0>0$，使得$\{a_n\}$中除有限项外，都满足 $|a_n-A|\geqslant\varepsilon_0$.

(4) $\exists\,\varepsilon_0>0$，使得$\{a_n\}$中有无穷多项满足 $|a_n-A|\geqslant\varepsilon_0$.

2. 已知$\lim\limits_{n\to\infty}a_n=A$，证明：$\lim\limits_{n\to\infty}\dfrac{a_1+a_2+\cdots+a_n}{n}=A$. 反之成立吗？

3. 已知 $a_n>0(n=1,2,\cdots)$，且$\lim\limits_{n\to\infty}a_n=A$. 证明$\lim\limits_{n\to\infty}\sqrt[n]{a_1a_2\cdots a_n}=A$，并求极限$\lim\limits_{n\to\infty}(n!)^{-\frac{1}{n}}$.

4. 已知 $a_n>0(n=1,2,\cdots)$，$\lim\limits_{n\to\infty}\dfrac{a_{n+1}}{a_n}=a$.

(1) 证明：$\lim\limits_{n\to\infty}\sqrt[n]{a_n}=a$.

(2) 若 $0<a<1$，证明：$\lim\limits_{n\to\infty}a_n=0$.

(3) 求极限 $\lim\limits_{n\to\infty}\dfrac{n}{\sqrt[n]{n!}}$.

5. 利用单调有界收敛定理证明数列 $\left\{\left(1+\dfrac{1}{n}\right)^{n+1}\right\}$ 的极限存在，并证明不等式：

$$\frac{1}{n+1}<\ln\left(1+\frac{1}{n}\right)<\frac{1}{n}.$$

6. 证明：$a_n=1+\dfrac{1}{2}+\dfrac{1}{3}+\cdots+\dfrac{1}{n}-\ln n$ 收敛.（其极限值称为 **Euler 常数**，记为 $\gamma\approx0.577\cdots$.）

7. 设数列 $\{a_n\}$，$\{b_n\}$ 满足：$a_1=a>0$，$b_1=b>0$，$a_{n+1}=\sqrt{a_nb_n}$，$b_{n+1}=\dfrac{a_n+b_n}{2}$，证明：$\{a_n\}$，$\{b_n\}$ 均收敛，且它们的极限值相等.

8. 设数列 $\{a_n\}$ 满足：$a_1=1$，$a_{n+1}=1+\dfrac{1}{a_n}$，证明：$\lim\limits_{n\to\infty}a_n$ 存在.

*§1.3 实数理论

实数理论的产生源于人类对微积分的理论基础严格化的追求，人类早期对实数的认识仅仅局限于应用，对无理数的本质是不清楚的，并没有严格的定义. 微积分诞生后，随着对变量与函数的认识逐渐清晰，出于严密化的需要，先后诞生了极限理论、实数理论. 实数理论的建立使得分析学的基础形成了一个完整的体系，标志着第二次数学危机真正意义上得到了解决.

实数理论应从实数的建立（Dedekind 分割）讲起，然后依次介绍确界存在定理、单调有界收敛定理、区间套定理、致密性定理（Bolzano（波尔查诺）-Weierstrass 定理）、Cauchy（柯西）收敛原理、聚点定理、Heine-Borel（海涅－博雷尔）有限覆盖定理，可以证明这些定理都是等价的. 作为非数学类专业的微积分教材，我们以确界存在定理为基础，略去 Dedekind 分割、聚点定理、Heine-Borel 有限覆盖定理，有兴趣的读者可以查阅相关资料.

1.3.1 区间套定理

定义 1.16 设 $\{[a_n,b_n]\}_{n=1}^{\infty}$ 是一系列的闭区间，如果满足

(1) $\forall n\in\mathbf{N}_+$，$[a_{n+1},b_{n+1}]\subseteq[a_n,b_n]$.

(2) $\lim\limits_{n\to\infty}(b_n-a_n)=0$，

则称 $\{[a_n,b_n]\}_{n=1}^{\infty}$ 为一个**闭区间套**.

定理 1.5（区间套定理） 设 $\{[a_n,b_n]\}_{n=1}^{\infty}$ 为一个闭区间套，则存在唯一的 ξ，使得 $\bigcap\limits_{n=1}^{\infty}[a_n,b_n]=\{\xi\}$，即 $\forall n\in\mathbf{N}_+$，$\xi\in[a_n,b_n]$.

证明 首先证明存在性. 因为 $\forall n\in\mathbf{N}_+$，$[a_{n+1},b_{n+1}]\subseteq[a_n,b_n]$，所以数列 $\{a_n\}$ 单调递增有上界 b_1，数列 $\{b_n\}$ 单调递减有下界 a_1，根据单调有界收敛定理，$\lim\limits_{n\to\infty}a_n$，$\lim\limits_{n\to\infty}b_n$ 存在，又因

为$\lim\limits_{n\to\infty}(b_n-a_n)=0$,所以$\lim\limits_{n\to\infty}a_n=\lim\limits_{n\to\infty}b_n$.设$\lim\limits_{n\to\infty}a_n=\xi$,则$\xi$为数列$\{a_n\}$的上确界,也为数列$\{b_n\}$的下确界,即$\forall n\in\mathbf{N}_+,\xi\in[a_n,b_n]$.

其次证明唯一性.$\forall \xi_1,\xi_2\in\bigcap\limits_{n=1}^{\infty}[a_n,b_n]$,有$\forall n\in\mathbf{N}_+,|\xi_1-\xi_2|\leqslant b_n-a_n$,因为

$$\lim_{n\to\infty}(b_n-a_n)=0,$$

所以$\xi_1=\xi_2$,从而存在唯一的ξ,使得$\bigcap\limits_{n=1}^{\infty}[a_n,b_n]=\{\xi\}$. □

例 1.3.1 已知函数$f(x)$单调递增,且$f(a)>a,f(b)<b$,证明:存在$\xi\in[a,b]$,使得$f(\xi)=\xi$.

证明 设$[a_1,b_1]=[a,b]$.考察$x_1=\dfrac{a_1+b_1}{2}$,若$f(x_1)=x_1$,则取$\xi=x_1$;若$f(x_1)>x_1$,取$[a_2,b_2]=[x_1,b_1]$;若$f(x_1)<x_1$,取$[a_2,b_2]=[a_1,x_1]$.

继续做下去,如果在有限步可以取到ξ,则题目得证,否则一直进行下去可以得到一系列闭区间$\{[a_n,b_n]\}_{n=1}^{\infty}$,满足

(1) $\forall n\in\mathbf{N}_+,[a_{n+1},b_{n+1}]\subseteq[a_n,b_n]$.

(2) $\lim\limits_{n\to\infty}(b_n-a_n)=0$.

(3) $\forall n\in\mathbf{N}_+,f(a_n)>a_n,f(b_n)<b_n$.

根据区间套定理,存在唯一的ξ,使得$\forall n\in\mathbf{N}_+,a_n\leqslant\xi\leqslant b_n$.因为函数$f(x)$单调递增,所以$f(a_n)\leqslant f(\xi)\leqslant f(b_n)$,又因为$f(a_n)>a_n,f(b_n)<b_n$,故

$$\forall n\in\mathbf{N}_+,\quad a_n\leqslant f(\xi)\leqslant b_n,$$

由ξ的唯一性可知$f(\xi)=\xi$. □

1.3.2 致密性定理(Bolzano-Weierstrass 定理)

前面讨论极限的性质时知道,收敛数列必为有界数列,反之有界数列不一定为收敛数列,但我们有

定理 1.6(致密性定理,又名 Bolzano-Weierstrass 定理) 有界数列必有收敛子列.

证明 我们利用区间套定理证明.设$\{x_n\}$为有界数列,a,b分别为其下界与上界,即$a\leqslant x_n\leqslant b(n=1,2,\cdots)$,我们的目标是证明$\{x_n\}$存在收敛的子列.

令$[a_1,b_1]=[a,b]$,则$[a_1,b_1]$包含数列$\{x_n\}$的无穷多项,将$[a_1,b_1]$二等分,则$\left[a_1,\dfrac{a_1+b_1}{2}\right],\left[\dfrac{a_1+b_1}{2},b_1\right]$中至少有一个包含数列$\{x_n\}$的无穷多项,令其为$[a_2,b_2]$.重复上面步骤一直如此做下去,可以得到一列闭区间$[a_n,b_n](n=1,2,\cdots)$,它们满足下列条件:

(1) $[a_{n+1},b_{n+1}]\subseteq[a_n,b_n]$.

(2) $b_n-a_n=\dfrac{b-a}{2^{n-1}}$.

(3) $\forall n\in\mathbf{N}_+,[a_n,b_n]$包含数列$\{x_n\}$中的无穷多项.

根据区间套定理,存在唯一的 ξ,使得 $\bigcap\limits_{n=1}^{\infty}[a_n,b_n]=\{\xi\}$.

由于每个区间 $[a_n,b_n]$ 都包含有 $\{x_n\}$ 中的无穷多项,取 $x_{n_1}\in[a_1,b_1]$,$x_{n_2}\in[a_2,b_2]$ 且 $n_2>n_1$,…,$x_{n_k}\in[a_k,b_k]$ 且 $n_k>n_{k-1}$,从而得到数列 $\{x_n\}$ 的子数列 $\{x_{n_k}\}$ 满足

$$|x_{n_k}-\xi|\leqslant b_k-a_k\leqslant\frac{b-a}{2^{k-1}},$$

由夹逼定理得 $\lim\limits_{k\to\infty}x_{n_k}=\xi$,即子数列 $\{x_{n_k}\}$ 收敛于 ξ. □

致密性定理的应用

例 1.3.2 若 $\{a_m\}$,$\{b_m\}$ 均为有界数列,则存在单调递增的正整数列 $\{n_k\}$,使得 $\{a_{n_k}\}$,$\{b_{n_k}\}$ 均收敛.

证明 因为 $\{a_m\}$ 为有界数列,根据 Bolzano-Weierstrass 定理,$\{a_m\}$ 存在收敛子列 $\{a_{m_l}\}$.因为 $\{b_{m_l}\}$ 为 $\{b_m\}$ 的子列,且 $\{b_m\}$ 有界,所以再由 Bolzano-Weierstrass 定理,$\{b_{m_l}\}$ 存在收敛子列 $\{b_{m_{l_k}}\}$. 又因为 $\{a_{m_{l_k}}\}$ 为 $\{a_{m_l}\}$ 的子列,且 $\{a_{m_l}\}$ 收敛,根据数列极限和子列极限的关系知 $\{a_{m_{l_k}}\}$ 收敛. 记 $n_k=m_{l_k}$,显然 $\{n_k\}$ 为单调递增的正整数列,且 $\{a_{n_k}\}$,$\{b_{n_k}\}$ 均收敛.

□

1.3.3 Cauchy 收敛原理

在介绍 Cauchy 收敛原理之前,我们先引入 Cauchy 列的概念.

定义 1.17 若数列 $\{x_n\}$ 满足:$\forall\varepsilon>0$,$\exists N\in\mathbf{N}_+$,使得当 $n,m>N$ 时,有 $|x_n-x_m|<\varepsilon$,则称 $\{x_n\}$ 为 Cauchy 列.

在上面的定义中,不妨设 $m>n$,令 $p=m-n$,则 $p\in\mathbf{N}_+$.从而 $\{x_n\}$ 为 Cauchy 列的定义也可以表述为

$\forall\varepsilon>0$,$\exists N\in\mathbf{N}_+$,使得当 $n>N$ 时,$\forall p\in\mathbf{N}_+$ 有 $|x_{n+p}-x_n|<\varepsilon$.

数列 $\{x_n\}$ 为 Cauchy 列表示的意思是任意给定正数 ε,无论所给的 ε 多么小,数列 $\{x_n\}$ 中充分靠后的项彼此之间的距离都可以小于 ε.不难理解,如果 $\{x_n\}$ 是收敛列,那么 $\{x_n\}$ 中充分靠后的项都和极限值充分"接近",因而它们彼此也应十分"接近",$\{x_n\}$ 应该是 Cauchy 列;反之数列 $\{x_n\}$ 是 Cauchy 列,充分靠后的项彼此之间充分"接近",如果实数轴是没有"漏洞"的(数学中称之为"完备性"),那么 $\{x_n\}$ 中充分靠后的项应该和某一个实数十分"接近",即 $\{x_n\}$ 应为收敛列,这就是我们下面要介绍的 Cauchy 收敛原理.

Cauchy 收敛原理

定理 1.7(Cauchy 收敛原理) 数列 $\{x_n\}$ 收敛的充分必要条件是 $\{x_n\}$ 为 Cauchy 列.

证明 必要性. 设数列 $\{x_n\}$ 收敛,且 $\lim\limits_{n\to\infty}x_n=A$. 由极限的定义,$\forall\varepsilon>0$,$\exists N\in\mathbf{N}_+$,当 $n>N$ 时,有 $|x_n-A|<\dfrac{\varepsilon}{2}$.于是,当 $n,m>N$ 时,

$$|x_n-x_m|\leqslant|x_n-A|+|x_m-A|<\varepsilon,$$

因此 $\{x_n\}$ 为 Cauchy 列.

充分性. 设数列 $\{x_n\}$ 为 Cauchy 列,分两步进行:(1) 证明 $\{x_n\}$ 有界.(2) 证明 $\{x_n\}$ 收敛.

(1) 对 $\varepsilon=1$，由 Cauchy 列的定义，$\exists N\in\mathbf{N}_+$，当 $n>N$ 时，有 $|x_n-x_{N+1}|<1$，于是 $|x_n|<|x_{N+1}|+1$.令 $M=\max\{|x_1|,|x_2|,\cdots,|x_N|,|x_{N+1}|+1\}$，则 $\forall n\in\mathbf{N}_+$，有 $|x_n|\leqslant M$，即 $\{x_n\}$ 有界.

(2) 由 Bolzano-Weierstrass 定理，$\{x_n\}$ 存在收敛子列 $\{x_{n_k}\}$，设 $\lim\limits_{k\to\infty}x_{n_k}=A$. 往证：$\lim\limits_{n\to\infty}x_n=A$. 因为 $\{x_n\}$ 为 Cauchy 列，所以 $\forall\varepsilon>0$，$\exists N_1\in\mathbf{N}_+$，当 $n,m>N_1$ 时，有 $|x_n-x_m|<\dfrac{\varepsilon}{2}$. 又因为 $\lim\limits_{k\to\infty}x_{n_k}=A$，对上述的 ε，$\exists K\in\mathbf{N}_+$，使得 $n_K>N_1$，且当 $k\geqslant K$ 时，有 $|x_{n_k}-A|<\dfrac{\varepsilon}{2}$.

取 $N=n_K$，当 $n>N$ 时，有

$$|x_n-A|\leqslant|x_n-x_{n_K}|+|x_{n_K}-A|<\varepsilon,$$

所以 $\lim\limits_{n\to\infty}x_n=A$. □

Cauchy 收敛原理指出，在实数系中 Cauchy 列必收敛，这称为**实数系的完备性**. 在许多情况下，用 Cauchy 收敛原理判定数列的收敛性在理论上是非常重要的.

例 1.3.3　设 $a_n=\sum\limits_{k=1}^{n}\dfrac{(-1)^k}{k}$，证明：数列 $\{a_n\}$ 收敛.

证明　$\forall p\in\mathbf{N}_+$，因为

$$\begin{aligned}|a_{n+p}-a_n|&=\left|\frac{(-1)^{n+1}}{n+1}+\frac{(-1)^{n+2}}{n+2}+\cdots+\frac{(-1)^{n+p}}{n+p}\right|\\&=\left|\frac{1}{n+1}-\frac{1}{n+2}+\cdots+\frac{(-1)^{p-1}}{n+p}\right|\leqslant\frac{1}{n+1},\end{aligned}$$

所以 $\forall\varepsilon>0$，取 $N=\left[\dfrac{1}{\varepsilon}\right]+1$，当 $n>N$ 时，$\forall p\in\mathbf{N}_+$，有 $|a_{n+p}-a_n|\leqslant\dfrac{1}{n+1}<\varepsilon$，从而 $\{a_n\}$ 为 Cauchy 列，根据 Cauchy 收敛原理知 $\{a_n\}$ 收敛. □

例 1.3.4　设 $a_n=\sum\limits_{k=1}^{n}\dfrac{1}{k}$，证明：数列 $\{a_n\}$ 发散.

证明　$\forall n\in\mathbf{N}_+$，因为

$$|a_{2n}-a_n|=\frac{1}{n+1}+\frac{1}{n+2}+\cdots+\frac{1}{2n}>\frac{n}{2n}=\frac{1}{2},$$

所以存在 $\varepsilon_0=\dfrac{1}{2}$，$\forall N\in\mathbf{N}_+$，只要 $n>N$，就有

$$|a_{2n}-a_n|\geqslant\varepsilon_0,$$

所以 $\{a_n\}$ 不是 Cauchy 列，根据 Cauchy 收敛原理知 $\{a_n\}$ 发散. □

需要指出的是，确界存在定理、单调有界收敛定理、区间套定理、致密性定理、Cauchy 收敛原理都是等价的，我们已经讨论过的内容之间的逻辑关系如下：

确界存在定理⇒单调有界收敛定理⇒区间套定理⇒致密性定理⇒Cauchy 收敛原理.

下面通过 Cauchy 收敛原理证明确界存在定理.

例 1.3.5 设非空数集 E 有上界,证明:E 存在上确界.

证明 设 b_1 为 E 的上界,a_1 不是 E 的上界,则 $a_1<b_1$,得到区间$[a_1,b_1]$. 若$\frac{a_1+b_1}{2}$是 E 的上界,则取$[a_2,b_2]=\left[a_1,\frac{a_1+b_1}{2}\right]$,否则取$[a_2,b_2]=\left[\frac{a_1+b_1}{2},b_1\right]$. 重复上面步骤,可以得到一列闭区间$\{[a_n,b_n]\}_{n=1}^{\infty}$,它们满足下列条件:

(1) $[a_{n+1},b_{n+1}]\subseteq[a_n,b_n]$.

(2) $b_n-a_n=\dfrac{b_1-a_1}{2^{n-1}}$.

(3) $\forall n\in\mathbf{N}_+$,b_n 为 E 的上界,a_n 不是 E 的上界.

由(1)和(2)知,$\forall p\in\mathbf{N}_+$,$|b_{n+p}-b_n|\leqslant b_n-a_n$. $\forall\varepsilon>0$,取 $N=\left[\left|\log_2\dfrac{b_1-a_1}{\varepsilon}\right|\right]+2$,当 $n>N$ 时,$\forall p\in\mathbf{N}_+$,有$|b_{n+p}-b_n|<\varepsilon$,即$\{b_n\}$为 Cauchy 列,由 Cauchy 收敛原理知$\{b_n\}$收敛,设$\lim\limits_{n\to\infty}b_n=\xi$,再由(2)可得,$\lim\limits_{n\to\infty}a_n=\xi$. 下证 $\xi=\sup E$.

$\forall x\in E$,由(3)知,b_n 为 E 的上界,故 $\forall n\in\mathbf{N}_+$,$x\leqslant b_n$,再由极限的保号性可得 $x\leqslant\xi$,所以 ξ 是 E 的上界. 另一方面,$\forall\varepsilon>0$,因为$\lim\limits_{n\to\infty}a_n=\xi$,由保号性,$\exists N\in\mathbf{N}_+$,使得 $a_N>\xi-\varepsilon$,又因为 a_N 不是 E 的上界,故 $\exists x_\varepsilon\in E$,使得 $x_\varepsilon>a_N$,从而 $x_\varepsilon>\xi-\varepsilon$,即 $\xi-\varepsilon$ 不是 E 的上界,所以 $\xi=\sup E$. □

习题 1.3

(A)

1. 用 $\varepsilon-N$ 语言叙述:数列$\{a_n\}$不是 Cauchy 列.

2. 利用 Cauchy 收敛原理证明下列$\lim\limits_{n\to\infty}a_n$ 存在.

(1) $a_n=\sum\limits_{k=1}^{n}\dfrac{\sin k}{2^k}$.　　(2) $a_n=\sum\limits_{k=1}^{n}\dfrac{\cos k!}{k(k+1)}$.

3. 证明下列$\lim\limits_{n\to\infty}a_n$ 不存在.

(1) $a_n=\cos\dfrac{2n\pi}{3}$.　　(2) $a_n=\sqrt[n]{1+3^{(-1)^n\cdot n}}$.　　(3) $a_n=\sum\limits_{k=1}^{n}\dfrac{1}{\sqrt{k}}$.

4. 证明:若有界数列$\{a_n\}$不收敛,则$\{a_n\}$存在两个收敛子列,分别收敛到两个不等的实数.

5. 区间套定理中可否把闭区间改为开区间? 区间长度趋于 0 的条件去掉,定理是否还成立? 请举例说明.

(B)

1. 设数列$\{a_n\}$满足:$\forall p\in\mathbf{N}_+$,有$\lim\limits_{n\to\infty}(a_{n+p}-a_n)=0$,问$\{a_n\}$是不是 Cauchy 列? 研究例子:

(1) $a_n=\sqrt{n}$.　　(2) $a_n=\ln n$.　　(3) $a_n=\sum\limits_{k=1}^{n}\dfrac{1}{k}$.

2. 设数列$\{a_n\}$满足：$|a_{n+1}-a_n|\leqslant q|a_n-a_{n-1}|$，其中$q\in(0,1)$为常数. 证明：$\{a_n\}$收敛.

3. 利用区间套定理证明单调有界收敛定理.

4. 利用Cauchy收敛原理证明单调有界收敛定理.

5. 利用单调有界收敛定理证明确界存在定理.

6.（有限覆盖定理）若闭区间$[a,b]$被一组开区间$D=\{(a_\lambda,b_\lambda)\}$覆盖，即$[a,b]\subseteq\bigcup_\lambda(a_\lambda,b_\lambda)$，则从$D$中必可选出有限个开区间$(a_1,b_1),(a_2,b_2),\cdots,(a_m,b_m)$，使得这有限个开区间也覆盖$[a,b]$.

（1）试利用区间套定理证明有限覆盖定理.

（2）试用有限覆盖定理证明Bolzano-Weierstrass定理.

§1.4 函数极限

本节我们讨论函数极限，函数极限是研究函数的重要工具之一. 从§1.2中知道，数列$\{a_n\}$的极限就是考察当正整数n无限增大时，$\{a_n\}$的变化趋势. 类似地，函数$f(x)$的极限就是考察当自变量x无限趋于某个点x_0或趋于∞时，函数值$f(x)$的变化趋势.

数列极限的下标n是正整数，是离散变化的，与数列极限不同的是，函数的自变量x是实数，是连续变化的. 数列极限只有一种极限过程，即$n\to\infty$，而函数极限有多种极限过程，自变量x既可以无限趋于点x_0，又可以趋于∞，既可以从x_0的单侧（左侧或右侧）趋于x_0，又可以从x_0的两侧趋于x_0，还可以趋于$+\infty$或$-\infty$. 然而，不同形式的函数极限在本质上是相通的，它们都具有相似的性质.

1.4.1 函数极限的概念

1. 当$x\to x_0$时的极限.

仿照数列极限的定义，我们给出$x\to x_0$时函数极限的定义.

定义1.18 设函数$f(x)$在点x_0的某个去心邻域内有定义，若存在实数A，使$\forall\varepsilon>0$，$\exists\delta>0$，当$0<|x-x_0|<\delta$时，有$|f(x)-A|<\varepsilon$，则称**函数$f(x)$在点x_0处的极限为A**，或称当x趋于x_0时，$f(x)$趋于A.记作$\lim\limits_{x\to x_0}f(x)=A$，或$f(x)\to A(x\to x_0)$.

用邻域的语言，函数极限的定义可以写成：

$$\lim_{x\to x_0}f(x)=A\Leftrightarrow\forall\varepsilon>0,\exists\delta>0,\text{当}x\in\mathring{U}(x_0,\delta)\text{时，有}f(x)\in U(A,\varepsilon).$$

定义1.18描述了当自变量x越来越趋于x_0的过程中，函数值$f(x)$的变化趋势. 从定义中可以看出，这个过程中x不等于x_0而是趋于x_0，函数$f(x)$在点x_0的极限是否存在，与函数$f(x)$在点x_0是否有定义及$f(x)$在点x_0取什么值无关.

从几何上看（图1-13），如果$\lim\limits_{x\to x_0}f(x)=A$，则对任意正数$\varepsilon$，存在点$x_0$的某个去心邻域$\mathring{U}(x_0,\delta)$，在$\mathring{U}(x_0,\delta)$内，曲线$y=f(x)$的图形夹在水平直线$y=A+\varepsilon$与$y=A-\varepsilon$之间.

下面我们讨论几个具体的例子.

例1.4.1 设x_0为一实数，证明：$\lim\limits_{x\to x_0}\cos x=\cos x_0$.

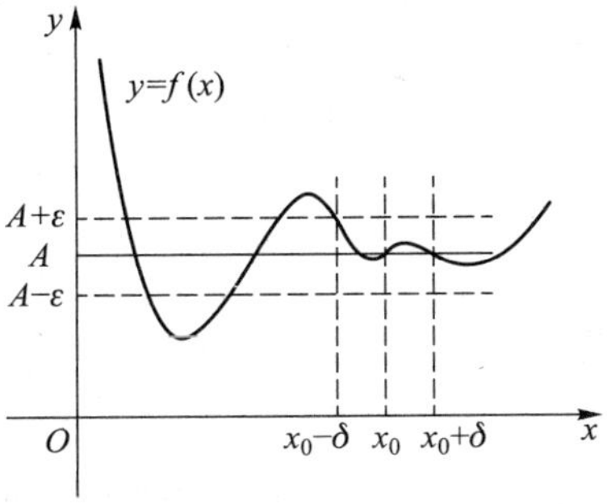

图 1-13

证明 因为

$$|\cos x-\cos x_0|=\left|2\sin\frac{x+x_0}{2}\sin\frac{x-x_0}{2}\right|\leqslant\left|2\sin\frac{x-x_0}{2}\right|\leqslant|x-x_0|,$$

所以 $\forall\varepsilon>0$,要使 $|\cos x-\cos x_0|<\varepsilon$,只需 $|x-x_0|<\varepsilon$.取 $\delta=\varepsilon$,当 $0<|x-x_0|<\delta$,有 $|\cos x-\cos x_0|<\varepsilon$,由函数极限的定义知 $\lim\limits_{x\to x_0}\cos x=\cos x_0$. □

利用本例的证明方法,不难推广证明 $\lim\limits_{x\to x_0}\sin x=\sin x_0$.

例 1.4.2 证明:$\lim\limits_{x\to 0}x\sin\dfrac{1}{x}=0$.

证明 因为 $\left|x\sin\dfrac{1}{x}-0\right|\leqslant|x|$,所以 $\forall\varepsilon>0$,取 $\delta=\varepsilon$,当 $0<|x|<\delta$ 时,有 $\left|x\sin\dfrac{1}{x}-0\right|<\varepsilon$,由函数极限的定义知,$\lim\limits_{x\to 0}x\sin\dfrac{1}{x}=0$. □

注意所给函数在 $x_0=0$ 处并无定义,但这不妨碍我们讨论函数在点 $x_0=0$ 处的极限(图 1-14).

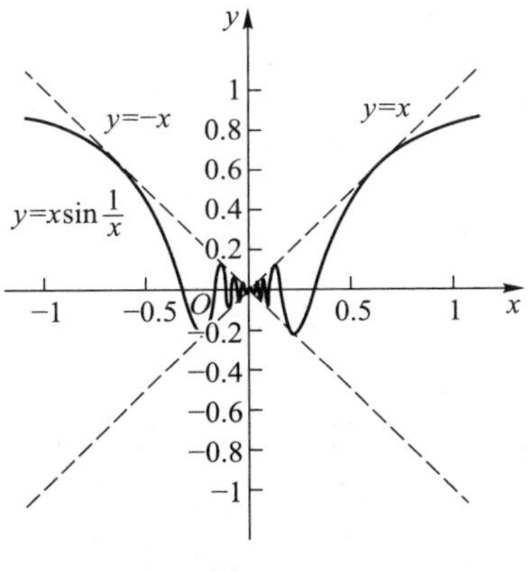

图 1-14

例 1.4.3 证明：$\lim\limits_{x\to 1}\dfrac{x^2-3x+2}{x^2-x}=-1$.

证明 不妨设 $|x-1|<\dfrac{1}{2}$，此时 $x>\dfrac{1}{2}$.于是

$$\left|\frac{x^2-3x+2}{x^2-x}-(-1)\right|=2\left|\frac{x-1}{x}\right|\leqslant 4|x-1|.$$

$\forall\varepsilon>0$，要使 $\left|\dfrac{x^2-3x+2}{x^2-x}-(-1)\right|<\varepsilon$，只需 $4|x-1|<\varepsilon$，即 $|x-1|<\dfrac{\varepsilon}{4}$，又因为 $|x-1|<\dfrac{1}{2}$，所以取 $\delta=\min\left\{\dfrac{\varepsilon}{4},\dfrac{1}{2}\right\}$，当 $0<|x-1|<\delta$ 时，有 $\left|\dfrac{x^2-3x+2}{x^2-x}-(-1)\right|<\varepsilon$，因此 $\lim\limits_{x\to 1}\dfrac{x^2-3x+2}{x^2-x}=-1$. □

函数极限的定义中，$x\to x_0$ 时 x 可以从 x_0 的两侧趋于 x_0，如果限制自变量 x 只能在 x_0 的一侧变化，就得到“单侧极限”的概念.

定义 1.19 (1) 设函数 f 在点 x_0 的右邻域内有定义，若存在实数 A，使 $\forall\varepsilon>0$，$\exists\delta>0$，当 $0<x-x_0<\delta$ 时，有 $|f(x)-A|<\varepsilon$，则称 $f(x)$ 在点 x_0 的**右极限**为 A，或称当 x 趋于 x_0^+ 时，$f(x)$ 趋于 A，记作 $\lim\limits_{x\to x_0^+}f(x)=A$，或 $f(x)\to A(x\to x_0^+)$.

(2) 设函数 f 在点 x_0 的左邻域内有定义，若存在实数 A，使 $\forall\varepsilon>0$，$\exists\delta>0$，当 $0<x_0-x<\delta$ 时，有 $|f(x)-A|<\varepsilon$，则称 $f(x)$ 在点 x_0 的**左极限**为 A，或称当 x 趋于 x_0^- 时，$f(x)$ 趋于 A，记作 $\lim\limits_{x\to x_0^-}f(x)=A$，或 $f(x)\to A(x\to x_0^-)$.

习惯上，也用 $f(x_0-0)$，$f(x_0+0)$ 表示点 x_0 处的左、右极限，即

$$f(x_0+0)=\lim_{x\to x_0^+}f(x),\quad f(x_0-0)=\lim_{x\to x_0^-}f(x),$$

左极限、右极限统称为**单侧极限**.

由上述定义不难得到：

定理 1.8(函数极限存在的充要条件) 设函数 $f(x)$ 在点 x_0 的某个去心邻域内有定义，则 $\lim\limits_{x\to x_0}f(x)=A$ 的充要条件是 $\lim\limits_{x\to x_0^+}f(x)=A$，且 $\lim\limits_{x\to x_0^-}f(x)=A$.

证明 必要性显然，只证充分性.

因为 $\lim\limits_{x\to x_0^+}f(x)=A$，所以 $\forall\varepsilon>0$，$\exists\delta_1>0$，当 $0<x-x_0<\delta_1$ 时，有 $|f(x)-A|<\varepsilon$.又因为 $\lim\limits_{x\to x_0^-}f(x)=A$，对上述 $\varepsilon>0$，$\exists\delta_2>0$，当 $0<x_0-x<\delta_2$ 时，有 $|f(x)-A|<\varepsilon$.取 $\delta=\min\{\delta_1,\delta_2\}$，则当 $0<|x-x_0|<\delta$ 时，有 $|f(x)-A|<\varepsilon$，从而 $\lim\limits_{x\to x_0}f(x)=A$. □

例 1.4.4 证明：$\lim\limits_{x\to 0}\operatorname{sgn}(x)$ 不存在.

证明 因为

$$\operatorname{sgn}(x)=\begin{cases}1, & x>0,\\ 0, & x=0,\\ -1, & x<0,\end{cases}$$

所以 $\lim\limits_{x\to0^-}\operatorname{sgn}(x)=-1$，$\lim\limits_{x\to0^+}\operatorname{sgn}(x)=1$，由定理 1.8 知$\lim\limits_{x\to0}\operatorname{sgn}(x)$不存在. □

例 1.4.5 设函数 $f(x)$在区间(a,b)内单调，证明：$\forall x_0\in(a,b)$，$\lim\limits_{x\to x_0^+}f(x)$，$\lim\limits_{x\to x_0^-}f(x)$均存在.

证明 不妨设 $f(x)$在(a,b)内单调递增，则当 $x\in(a,x_0)$时，$f(x)<f(x_0)$.设 $E_{x_0}=\{f(x)\mid x\in(a,x_0)\}$，则 E_{x_0} 非空有上界，由确界存在定理，$\sup E_{x_0}$ 存在，记 $\sup E_{x_0}=A$.

由确界的定义，$\forall\varepsilon>0$，$\exists x_1\in(a,x_0)$，使 $f(x_1)>A-\varepsilon$.取 $\delta_{x_0}=x_0-x_1$，当 $0<x_0-x<\delta_{x_0}$时，有 $x_1<x<x_0$，因为 $f(x)$在(a,b)内单调递增，所以 $f(x_1)<f(x)$，从而

$$A-\varepsilon<f(x_1)<f(x)\leqslant A,$$

即$|f(x)-A|<\varepsilon$，即 $\lim\limits_{x\to x_0^-}f(x)=A$，所以 $\lim\limits_{x\to x_0^-}f(x)$存在，同理可证 $\lim\limits_{x\to x_0^+}f(x)$存在. □

2. 当 $x\to\infty$时的极限.

仿照数列极限的定义，我们给出 $x\to\infty$时函数极限的定义.

定义 1.20 (1) 设函数 $f(x)$在$(-\infty,-a)\cup(a,+\infty)$内有定义，其中 a 为某一正实数. 若存在实数 A，使$\forall\varepsilon>0$，$\exists M>a$，当$|x|>M$ 时，有$|f(x)-A|<\varepsilon$，则称当 $x\to\infty$时，$f(x)$存在极限 A.记作$\lim\limits_{x\to\infty}f(x)=A$.

(2) 设 f 在$(a,+\infty)$(或$(-\infty,-a)$)内有定义，其中 a 为某一正实数. 若存在实数 A，使$\forall\varepsilon>0$，$\exists M>a$，当 $x>M$(或 $x<-M$)时，有$|f(x)-A|<\varepsilon$，则称当 $x\to+\infty$(或 $x\to-\infty$) 时，$f(x)$存在极限 A. 记作 $\lim\limits_{x\to+\infty}f(x)=A$(或 $\lim\limits_{x\to-\infty}f(x)=A$).

仿照定理 1.8 的证明过程及定义 1.20，不难得到：

定理 1.9(函数极限存在的充要条件) $\lim\limits_{x\to\infty}f(x)=A$ 的充要条件是 $\lim\limits_{x\to+\infty}f(x)=A$，且 $\lim\limits_{x\to-\infty}f(x)=A$.

从几何上看(图 1-15)，如果 $\lim\limits_{x\to+\infty}f(x)=A$，则对任意正数 ε，存在 $M>0$，在区间$(M,+\infty)$内，曲线 $y=f(x)$的图形夹在水平直线 $y=A+\varepsilon$ 与 $y=A-\varepsilon$ 之间.

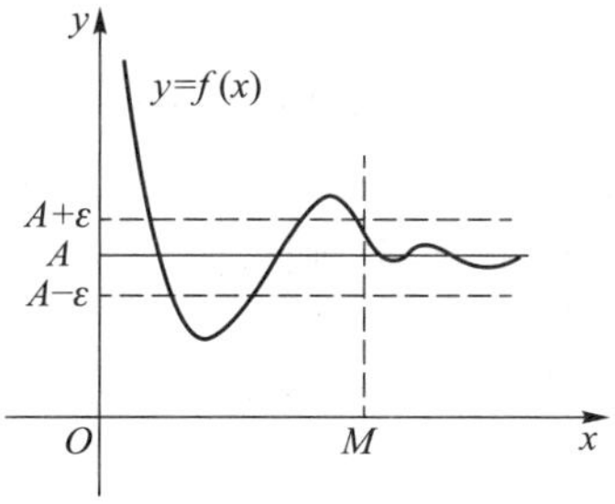

图 1-15

例 1.4.6 设常数 $a\in(0,1)$，证明：$\lim\limits_{x\to+\infty}a^x=0$.

证明 $\forall\varepsilon>0$，不妨设 $\varepsilon\in(0,1)$，要使$|a^x-0|<\varepsilon$，只需 $x>\log_a\varepsilon$. 取 $M=\log_a\varepsilon$，当 $x>$

M 时,有 $|a^x-0|<\varepsilon$,由函数极限的定义,有 $\lim\limits_{x\to+\infty} a^x=0$. □

例 1.4.7 证明:$\lim\limits_{x\to-\infty}\arctan x=-\dfrac{\pi}{2}$.

证明 $\forall\varepsilon>0$,不妨设 $\varepsilon<\dfrac{\pi}{2}$,要使 $\left|\arctan x-\left(-\dfrac{\pi}{2}\right)\right|<\varepsilon$,只需 $\arctan x+\dfrac{\pi}{2}<\varepsilon$,即 $\arctan x<\varepsilon-\dfrac{\pi}{2}$,$x<-\tan\left(\dfrac{\pi}{2}-\varepsilon\right)$,$x<-\cot\varepsilon$. 取 $M=\cot\varepsilon$,当 $x<-M$ 时,有 $\left|\arctan x-\left(-\dfrac{\pi}{2}\right)\right|<\varepsilon$,根据函数极限的定义,有 $\lim\limits_{x\to-\infty}\arctan x=-\dfrac{\pi}{2}$. □

类似可以证明 $\lim\limits_{x\to+\infty}\arctan x=\dfrac{\pi}{2}$.

例 1.4.8 证明:$\lim\limits_{x\to\infty}\sqrt{\dfrac{x^2+1}{x^2-1}}=1$.

证明 注意到

$$\left|\sqrt{\frac{x^2+1}{x^2-1}}-1\right|=\frac{\sqrt{x^2+1}-\sqrt{x^2-1}}{\sqrt{x^2-1}}=\frac{2}{\sqrt{x^2-1}(\sqrt{x^2+1}+\sqrt{x^2-1})}<\frac{2}{x^2-1},$$

不妨设 $|x|>\sqrt{2}$,从而有

$$\left|\sqrt{\frac{x^2+1}{x^2-1}}-1\right|<\frac{2}{|x|}.$$

$\forall\varepsilon>0$,取 $M=\max\left\{\sqrt{2},\dfrac{2}{\varepsilon}\right\}$,当 $|x|>M$ 时,有 $\left|\sqrt{\dfrac{x^2+1}{x^2-1}}-1\right|<\varepsilon$,由函数极限的定义,有 $\lim\limits_{x\to\infty}\sqrt{\dfrac{x^2+1}{x^2-1}}=1$. □

1.4.2 函数极限的性质

在上一小节中我们给出了函数极限的六种形式,本小节中我们将讨论函数极限的性质,为叙述方便,主要考虑 $x\to x_0$ 的情形,在其他极限过程下,函数极限具有类似的结论.

性质 1(唯一性) 若极限 $\lim\limits_{x\to x_0}f(x)$ 存在,则极限值是唯一的.

性质 2(局部有界性) 若 $\lim\limits_{x\to x_0}f(x)$ 存在,则存在 $\delta>0$,及 $M>0$,当 $x\in\mathring{U}(x_0,\delta)$ 时,有 $|f(x)|<M$.

性质 1 与性质 2 可仿照数列极限的情形证明,我们留给读者完成.

性质 3(局部保号性) 设 $\lim\limits_{x\to x_0}f(x)=A$,$\lim\limits_{x\to x_0}g(x)=B$.

(1) 若 $A>B$,则存在 $\delta>0$,当 $x\in\mathring{U}(x_0,\delta)$ 时,有 $f(x)>g(x)$.

(2) 若存在 $\rho>0$,使得当 $x\in\mathring{U}(x_0,\rho)$ 时,有 $f(x)\geqslant g(x)$,则 $A\geqslant B$.

证明　(1) 由于 $\lim\limits_{x\to x_0} f(x)=A$，对 $\varepsilon=\frac{1}{2}(A-B)$，$\exists\,\delta_1>0$，当 $x\in \mathring{U}(x_0,\delta_1)$ 时，有 $|f(x)-A|<\frac{1}{2}(A-B)$，从而 $f(x)>\frac{1}{2}(A+B)$. 又因为 $\lim\limits_{x\to x_0} g(x)=B$，对上述的 ε，$\exists\,\delta_2>0$，当 $x\in \mathring{U}(x_0,\delta_2)$ 时，有 $|g(x)-B|<\frac{1}{2}(A-B)$，从而 $g(x)<\frac{1}{2}(A+B)$. 取 $\delta=\min\{\delta_1,\delta_2\}$，则当 $x\in \mathring{U}(x_0,\delta)$ 时，有 $f(x)>g(x)$.

(2) 假设 $A<B$，由(1)知，存在 $\delta>0$，使得当 $x\in \mathring{U}(x_0,\delta)$ 时，有 $g(x)>f(x)$，与已知矛盾.故 $A\geqslant B$.

若在性质 3 中取 $g(x)\equiv B$，则当 $\lim\limits_{x\to x_0} f(x)=A>B$ 时，存在 $\delta>0$，使得 $x\in \mathring{U}(x_0,\delta)$，有 $f(x)>B$. 反之，若存在 $\rho>0$，使得当 $x\in \mathring{U}(x_0,\rho)$ 时，$f(x)\geqslant B$，则 $A\geqslant B$. □

与数列情形完全类似，函数极限也有四则运算法则与夹逼定理，它们的证明留给读者练习.

定理 1.10（四则运算法则）　若 $\lim\limits_{x\to x_0} f(x)=A$，$\lim\limits_{x\to x_0} g(x)=B$，则

(1) 对任意实数 c，$\lim\limits_{x\to x_0}[cf(x)]=cA$.

(2) $\lim\limits_{x\to x_0}[f(x)+g(x)]=A+B$.

(3) $\lim\limits_{x\to x_0} f(x)g(x)=AB$.

(4) 当 $B\neq 0$ 时，$\lim\limits_{x\to x_0}\dfrac{f(x)}{g(x)}=\dfrac{A}{B}$.

例 1.4.9　设 $x_0\neq k\pi+\frac{\pi}{2}$，$k\in\mathbf{Z}$，求 $\lim\limits_{x\to x_0}\tan x$.

解　$\lim\limits_{x\to x_0}\tan x=\lim\limits_{x\to x_0}\dfrac{\sin x}{\cos x}=\dfrac{\sin x_0}{\cos x_0}=\tan x_0$.

类似地，当 $x_0\neq k\pi+\frac{\pi}{2}$，$k\in\mathbf{Z}$ 时，有 $\lim\limits_{x\to x_0}\sec x=\sec x_0$，当 $x_0\neq k\pi$，$k\in\mathbf{Z}$ 时，有

$$\lim_{x\to x_0}\cot x=\cot x_0,\quad \lim_{x\to x_0}\csc x=\csc x_0.$$

定理 1.11（夹逼定理）　设函数 $f(x)$，$g(x)$，$h(x)$ 在点 x_0 的某去心邻域内有定义，且在该邻域内满足 $f(x)\leqslant g(x)\leqslant h(x)$.若 $\lim\limits_{x\to x_0} f(x)=A$，$\lim\limits_{x\to x_0} h(x)=A$，则 $\lim\limits_{x\to x_0} g(x)=A$.

性质 1、性质 2、性质 3 与定理 1.10、定理 1.11 的极限过程 $x\to x_0$ 可以换成其他五种极限过程的任一种，其证明也是完全类似的.

例 1.4.10（两个重要极限之一）　证明：$\lim\limits_{x\to 0}\dfrac{\sin x}{x}=1$.

两个重要极限之一

证明　如图 1-16 所示，当 $x\in\left(0,\frac{\pi}{2}\right)$ 时，

$$\triangle OAC\text{ 的面积} < \text{扇形 } OAC\text{ 的面积} < \triangle OAB\text{ 的面积},$$

即

$$\frac{1}{2}\cdot 1\cdot \sin x < \frac{1}{2}\cdot 1^2\cdot x < \frac{1}{2}\cdot 1\cdot \tan x,$$

所以当 $x\in\left(0,\frac{\pi}{2}\right)$时，$\sin x<x<\tan x$，由此可得 $\cos x<\dfrac{\sin x}{x}<1$.

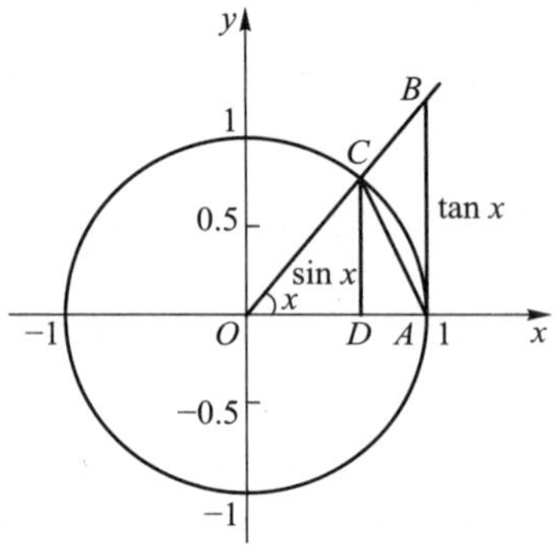

图 1－16

又因为 $y=\cos x$，$y=\dfrac{\sin x}{x}$，$y=1$ 均为偶函数，所以

$$\cos x < \frac{\sin x}{x} < 1,\quad x\in\left(-\frac{\pi}{2},0\right)\cup\left(0,\frac{\pi}{2}\right).$$

由$\lim\limits_{x\to 0}\cos x=1$(例 1.4.1)，根据夹逼定理得$\lim\limits_{x\to 0}\dfrac{\sin x}{x}=1$. □

例 1.4.11(两个重要极限之二) 证明：$\lim\limits_{x\to\infty}\left(1+\dfrac{1}{x}\right)^x=\mathrm{e}$.

证明 先证明 $\lim\limits_{x\to+\infty}\left(1+\dfrac{1}{x}\right)^x=\mathrm{e}$. 当 $x\geqslant 1$ 时，

$$\left(1+\frac{1}{[x]+1}\right)^{[x]}\leqslant\left(1+\frac{1}{x}\right)^x\leqslant\left(1+\frac{1}{[x]}\right)^{[x]+1}.$$

因为$\lim\limits_{n\to\infty}\left(1+\dfrac{1}{n}\right)^n=\mathrm{e}$，所以 $\lim\limits_{x\to+\infty}\left(1+\dfrac{1}{[x]}\right)^{[x]}=\mathrm{e}$，从而

$$\lim_{x\to+\infty}\left(1+\frac{1}{[x]}\right)^{[x]+1}=\lim_{x\to+\infty}\left(1+\frac{1}{[x]}\right)^{[x]}\cdot\left(1+\frac{1}{[x]}\right)=\mathrm{e}\times 1=\mathrm{e},$$

且

$$\lim_{x\to+\infty}\left(1+\frac{1}{[x]+1}\right)^{[x]}=\lim_{x\to+\infty}\left(1+\frac{1}{[x]+1}\right)^{[x]+1}\cdot\left(1+\frac{1}{[x]+1}\right)^{-1}=\mathrm{e},$$

由夹逼定理得 $\lim\limits_{x\to+\infty}\left(1+\dfrac{1}{x}\right)^x=\mathrm{e}$.

下面证明 $\lim\limits_{x\to-\infty}\left(1+\frac{1}{x}\right)^{x}=\mathrm{e}$.

$$\left(1+\frac{1}{x}\right)^{x}=\left(1-\frac{1}{-x}\right)^{-(-x)}=\left(\frac{-x}{-x-1}\right)^{-x}=\left(1+\frac{1}{-x-1}\right)^{-x-1}\cdot\left(1+\frac{1}{-x-1}\right)$$
$$=\left(1+\frac{1}{-x-1}\right)^{-x-1}\cdot\left(1+\frac{1}{-x-1}\right).$$

因为 $\lim\limits_{t\to+\infty}\left(1+\frac{1}{t}\right)^{t}=\mathrm{e}$，所以 $\forall\varepsilon>0$，$\exists M>0$，当 $t>M$ 时，有 $\left|\left(1+\frac{1}{t}\right)^{t}-\mathrm{e}\right|<\varepsilon$，于是，当 $x<-(M+1)$ 时，有 $-x-1>M$，从而 $\left|\left(1+\frac{1}{-x-1}\right)^{-x-1}-\mathrm{e}\right|<\varepsilon$，即

$$\lim_{x\to-\infty}\left(1+\frac{1}{-x-1}\right)^{-x-1}=\mathrm{e}.$$

又因为 $\lim\limits_{x\to-\infty}\left(1+\frac{1}{-x-1}\right)=1$，根据极限的四则运算法则，有 $\lim\limits_{x\to-\infty}\left(1+\frac{1}{x}\right)^{x}=\mathrm{e}$.

根据定理 1.9，有 $\lim\limits_{x\to\infty}\left(1+\frac{1}{x}\right)^{x}=\mathrm{e}$. □

例 1.4.12 已知常数 $a>1$，证明：

(1) $\lim\limits_{x\to+\infty}\frac{x}{a^{x}}=0$.　　(2) $\lim\limits_{x\to+\infty}\frac{\log_a x}{x}=0$.

证明 (1) 根据例 1.2.16，有 $\lim\limits_{n\to\infty}\frac{n}{a^{n}}=0$，所以 $\lim\limits_{x\to+\infty}\frac{[x]}{a^{[x]}}=0$.

当 $x\geqslant1$ 时，有 $0<\frac{x}{a^{x}}\leqslant2\cdot\frac{[x]}{a^{[x]}}$，由夹逼定理推出 $\lim\limits_{x\to+\infty}\frac{x}{a^{x}}=0$.

(2) 由例 1.2.5，$\lim\limits_{n\to\infty}\frac{\ln n}{n}=0$，于是 $\lim\limits_{x\to+\infty}\frac{\ln[x]}{[x]}=0$.

当 $x\geqslant1$ 时，

$$0<\frac{\ln x}{x}\leqslant\frac{\ln 2+\ln[x]}{x}\leqslant\frac{\ln 2}{x}+\frac{\ln[x]}{[x]},$$

从而由夹逼定理可得 $\lim\limits_{x\to+\infty}\frac{\ln x}{x}=0$，进而得 $\lim\limits_{x\to+\infty}\frac{\log_a x}{x}=\frac{1}{\ln a}\lim\limits_{x\to+\infty}\frac{\ln x}{x}=0$. □

在本小节的最后，我们讨论复合函数的极限.

定理 1.12(复合函数的极限) 若 $\lim\limits_{x\to x_0}g(x)=u_0$，$\lim\limits_{u\to u_0}f(u)=A$，且当 $x\neq x_0$ 时，$g(x)\neq u_0$，则 $\lim\limits_{x\to x_0}f(g(x))=A$.

证明 因为 $\lim\limits_{u\to u_0}f(u)=A$，所以 $\forall\varepsilon>0$，$\exists\delta_1>0$，当 $0<|u-u_0|<\delta_1$ 时，有

$$|f(u)-A|<\varepsilon.$$

又 $\lim\limits_{x\to x_0}g(x)=u_0$，对上述的 $\delta_1>0$，存在 $\exists\delta>0$，当 $0<|x-x_0|<\delta$ 时，有

$$|g(x)-u_0|<\delta_1.$$

由于当 $x\neq x_0$ 时，$g(x)\neq u_0$，故当 $0<|x-x_0|<\delta$ 时，$0<|g(x)-u_0|<\delta_1$，所以当 $0<|x-x_0|<\delta$ 时，$|f(g(x))-A|<\varepsilon$，所以 $\lim\limits_{x\to x_0}f(g(x))=A$. □

从定理的证明过程中可以看出，当 $0<|u-u_0|<\delta_1$ 时，有 $|f(g(x))-A|<\varepsilon$，所以要想得到 $|f(u)-A|<\varepsilon$ 这个结论，只要满足 $0<|g(x)-u_0|<\delta_1$ 即可，所以本定理中"当 $x\neq x_0$ 时，$g(x)\neq u_0$"这个条件是必不可少的！如果没有这个条件，很容易就举出相应的反例，请读者思考.

在极限 $\lim\limits_{u\to u_0}f(u)=A$ 中，函数 $f(u)$ 在 $u=u_0$ 处可以没有定义，但如果函数 $f(u)$ 在 $u=u_0$ 处有定义，且 $\lim\limits_{u\to u_0}f(u)=f(u_0)$，条件"当 $x\neq x_0$ 时，$g(x)\neq u_0$"就可以去掉，我们有如下的定理：

定理 1.13(复合函数的极限) 若 $\lim\limits_{x\to x_0}g(x)=u_0$，$\lim\limits_{u\to u_0}f(u)=f(u_0)$，则

$$\lim_{x\to x_0}f(g(x))=f(u_0).$$

证明 因为 $\lim\limits_{u\to u_0}f(u)=A$，所以 $\forall\varepsilon>0$，$\exists\delta_1>0$，当 $0<|u-u_0|<\delta_1$ 时，有

$$|f(u)-f(u_0)|<\varepsilon. \tag{1.4.1}$$

因为 $u=u_0$ 时，不等式(1.4.1)也成立，所以当 $|u-u_0|<\delta_1$ 时，有 $|f(u)-f(u_0)|<\varepsilon$.

又 $\lim\limits_{x\to x_0}g(x)=u_0$，对上述的 $\delta_1>0$，存在 $\exists\delta>0$，当 $0<|x-x_0|<\delta$ 时，有

$$|g(x)-u_0|<\delta_1,$$

从而 $|f(g(x))-f(u_0)|<\varepsilon$，所以 $\lim\limits_{x\to x_0}f(g(x))=f(u_0)$. □

对于其他极限过程下的函数极限，均有对应的复合函数的极限运算法则，这里不再赘述. 复合函数的极限运算法则为我们求极限时的变量代换提供了理论基础.

例 1.4.13 求下列极限：

(1) $\lim\limits_{x\to 0}\dfrac{1-\cos x}{x^2}$.　　(2) $\lim\limits_{x\to 0}\dfrac{\sin(\tan x)}{\sin x}$.

(3) $\lim\limits_{x\to 0}\sin(2x+1)$.

解 (1)

$$\lim_{x\to 0}\frac{1-\cos x}{x^2}=\lim_{x\to 0}\frac{2\sin^2\dfrac{x}{2}}{x^2}=\frac{1}{2}\lim_{x\to 0}\left(\frac{\sin\dfrac{x}{2}}{\dfrac{x}{2}}\right)^2,$$

因为 x 不等于 0 而趋于 0 时，函数 $t=\dfrac{x}{2}$ 也不等于 0 而趋于 0，所以根据定理 1.12 知

$$\lim_{x\to 0}\frac{1-\cos x}{x^2}=\frac{1}{2}\lim_{x\to 0}\left(\frac{\sin\dfrac{x}{2}}{\dfrac{x}{2}}\right)^2=\frac{1}{2}.$$

(2)

$$\lim_{x\to 0}\frac{\sin(\tan x)}{\sin x}=\lim_{x\to 0}\frac{\sin(\tan x)}{\tan x}\cdot\frac{1}{\cos x}.$$

因为 x 不等于 0 而趋于 0 时，函数 $t=\tan x$ 也不等于 0 而趋于 0，所以根据定理 1.12 知 $\lim\limits_{x\to 0}\dfrac{\sin(\tan x)}{\tan x}=\lim\limits_{t\to 0}\dfrac{\sin t}{t}=1$，又 $\lim\limits_{x\to 0}\dfrac{1}{\cos x}=1$，所以 $\lim\limits_{x\to 0}\dfrac{\sin(\tan x)}{\sin x}=1$.

(3) 因为 $\lim\limits_{x\to 0}(2x+1)=1$，且 $\lim\limits_{u\to 1}\sin u=\sin 1$，所以根据定理 1.13 知

$$\lim_{x\to 0}\sin(2x+1)=\sin 1.$$

在后面的例题中，我们不再赘述定理 1.12、定理 1.13 的应用过程，而直接写出极限结果.

例 1.4.14 求极限 $\lim\limits_{t\to 0}(1+t)^{\frac{1}{t}}$.

解 令 $x=\dfrac{1}{t}$，从而 $\lim\limits_{t\to 0}(1+t)^{\frac{1}{t}}=\lim\limits_{x\to\infty}\left(1+\dfrac{1}{x}\right)^{x}=\mathrm{e}$.

下面讨论的极限十分重要，它们在后面几节中有重要的应用.

例 1.4.15 求下列极限：

(1) $\lim\limits_{x\to 0}\dfrac{\arcsin x}{x}$.　　(2) $\lim\limits_{x\to 0}\dfrac{\tan x}{x}$.

(3) $\lim\limits_{x\to 0}\dfrac{\arctan x}{x}$.

解 (1) 令 $t=\arcsin x$，则 $x=\sin t$，于是 $x\to 0$ 时，有 $t\to 0$（这个结论需要用到 § 1.6 的反函数连续性定理，后面补充证明），于是

$$\lim_{x\to 0}\frac{\arcsin x}{x}=\lim_{t\to 0}\frac{t}{\sin t}=1.$$

(2) $\lim\limits_{x\to 0}\dfrac{\tan x}{x}=\lim\limits_{x\to 0}\dfrac{\sin x}{x}\cdot\dfrac{1}{\cos x}=1\times 1=1$.

(3) 令 $t=\arctan x$，则 $x=\tan t$，于是 $x\to 0$ 时，有 $t\to 0$（这个结论也需要用到反函数连续性定理），于是

$$\lim_{x\to 0}\frac{\arctan x}{x}=\lim_{t\to 0}\frac{t}{\tan t}=1.$$

1.4.3 函数极限的存在准则

与数列极限类似，在本小节我们讨论函数极限存在的两个准则：归结原则与 Cauchy 收敛原理.

归结原则也称为 Heine 定理，讨论的是数列极限与函数极限的关系.

定理 1.14（归结原则） $\lim\limits_{x\to x_0}f(x)=A\Leftrightarrow$ 在点 x_0 的去心邻域内，任意一个收敛于 x_0 的点列 $\{x_n\}$，均有 $\lim\limits_{n\to\infty}f(x_n)=A$.

证明 必要性. 因为 $\lim\limits_{x\to x_0}f(x)=A$，所以 $\forall\varepsilon>0$，$\exists\delta>0$，当 $0<|x-x_0|<\delta$ 时，$|f(x)-A|<\varepsilon$.

又因为 $\lim\limits_{n\to\infty}x_n=x_0$，对上述的 $\delta>0$，$\exists N\in\mathbf{N}_+$，当 $n>N$ 时，$|x_n-x_0|<\delta$. 因为 $\{x_n\}$ 在点 x_0 的去心邻域内，故 $x_n\neq x_0$，从而当 $n>N$ 时，$0<|x_n-x_0|<\delta$，于是 $|f(x_n)-A|<\varepsilon$，

根据数列极限的定义,有$\lim\limits_{n\to\infty}f(x_n)=A$.

充分性. 假设 $\lim\limits_{x\to x_0}f(x)\neq A$,于是 $\exists\varepsilon_0>0$, $\forall\delta>0$, $\exists x_\delta$: $0<|x_\delta-x_0|<\delta$,但 $|f(x_\delta)-A|\geqslant\varepsilon_0$.

对 $\delta=1$, $\exists x_1$: $0<|x_1-x_0|<1$,但 $|f(x_1)-A|\geqslant\varepsilon_0$,

对 $\delta=\dfrac{1}{2}$, $\exists x_2$: $0<|x_2-x_0|<\dfrac{1}{2}$,但 $|f(x_2)-A|\geqslant\varepsilon_0$,…,

对 $\delta=\dfrac{1}{n}$, $\exists x_n$: $0<|x_n-x_0|<\dfrac{1}{n}$,但 $|f(x_n)-A|\geqslant\varepsilon_0$,….

于是我们得到点 x_0 的去心邻域内,收敛于 x_0 的点列$\{x_n\}$,但$\lim\limits_{n\to\infty}f(x_n)\neq A$,矛盾,故

$$\lim_{x\to x_0}f(x)=A.$$ □

定理 1.14 常用于证明函数极限是否存在.

例 1.4.16　证明:$\lim\limits_{x\to 0}\sin\dfrac{1}{x}$不存在.

证明　取 $x_n=\dfrac{1}{2n\pi}$, $y_n=\dfrac{1}{2n\pi+\dfrac{\pi}{2}}$,于是$\lim\limits_{x\to\infty}x_n=0$, $\lim\limits_{n\to\infty}y_n=0$,但

$$\lim_{n\to\infty}\sin\frac{1}{x_n}=\lim_{n\to\infty}\sin(2n\pi)=0,\quad \lim_{n\to\infty}\sin\frac{1}{y_n}=\lim_{n\to\infty}\sin\left(2n\pi+\frac{\pi}{2}\right)=1,$$

于是由定理 1.14 可知,$\lim\limits_{x\to 0}\sin\dfrac{1}{x}$不存在. □

由图 1-17 可以看出,当 $x\to 0$ 时,曲线 $y=\sin\dfrac{1}{x}$在 $y=-1$ 和 $y=1$ 之间振荡,不趋于任何数.

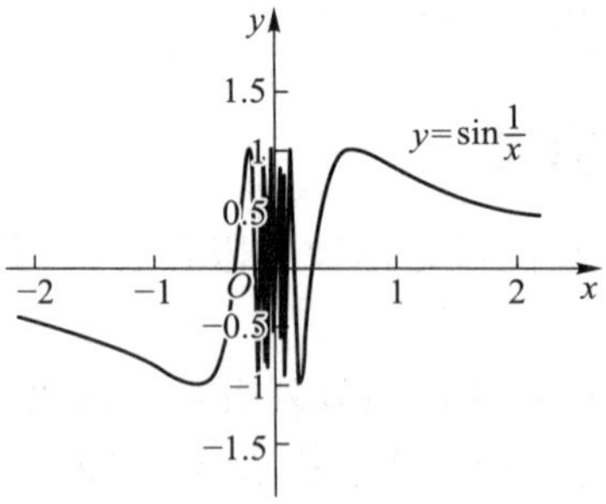

图 1-17

例 1.4.17　证明:对任意实数 x_0, $\lim\limits_{x\to x_0}D(x)$不存在.

证明　在点 x_0 的去心邻域内,取$\{x_n\}\subseteq\mathbf{Q}$, $\{y_n\}\subseteq\mathbf{R}\setminus\mathbf{Q}$,且$\lim\limits_{n\to\infty}x_n=x_0$, $\lim\limits_{n\to\infty}y_n=x_0$,但

$$\lim_{n\to\infty}D(x_n)=\lim_{n\to\infty}1=1,\quad \lim_{n\to\infty}D(y_n)=\lim_{n\to\infty}0=0,$$

于是由定理 1.14 可知，$\lim\limits_{x\to x_0} D(x)$不存在. □

例 1.4.18 证明：$\lim\limits_{x\to x_0} \mathrm{e}^x=\mathrm{e}^{x_0}$.

证明 根据例 1.2.4，任取点 x_0 的去心邻域内的数列$\{x_n\}$，且$\lim\limits_{n\to\infty} x_n=x_0$，均有$\lim\limits_{n\to\infty}\mathrm{e}^{x_n}=\mathrm{e}^{x_0}$，根据定理 1.14 可得$\lim\limits_{x\to x_0}\mathrm{e}^x=\mathrm{e}^{x_0}$. □

例 1.4.19 证明：$\lim\limits_{x\to x_0}\ln x=\ln x_0\,(x_0>0)$.

证明 根据例 1.2.4，任取点 x_0 的去心邻域内的数列$\{x_n\}\,(x_n>0)$，且$\lim\limits_{n\to\infty} x_n=x_0$，均有$\lim\limits_{n\to\infty}\ln x_n=\ln x_0$，根据定理 1.14 可得$\lim\limits_{x\to x_0}\ln x=\ln x_0$. □

例 1.4.20 设$\lim\limits_{x\to x_0} u(x)=a>0$，且$\lim\limits_{x\to x_0} v(x)=b$，证明：$\lim\limits_{x\to x_0} u(x)^{v(x)}=a^b$.

证明 由例 1.4.19 知，$\lim\limits_{x\to a}\ln x=\ln a$. 应用定理 1.13 有

$$\lim_{x\to x_0}\ln u(x)=\ln a,$$

于是$\lim\limits_{x\to x_0} v(x)\cdot\ln u(x)=b\cdot\ln a$.

再由例 1.4.18，$\lim\limits_{u\to u_0}\mathrm{e}^u=\mathrm{e}^{u_0}$，应用定理 1.13 有

$$\lim_{x\to x_0} u(x)^{v(x)}=\lim_{x\to x_0}\mathrm{e}^{v(x)\cdot\ln u(x)}=\mathrm{e}^{b\cdot\ln a}=a^b.$$ □

例 1.4.20 给出了幂指函数求极限的规则，不难看出，极限过程 $x\to x_0$ 也可以换成其他五种极限过程的任一种，根据例 1.4.20，我们还可以考虑下面的例子.

例 1.4.21 设常数 $\alpha\neq 0$，$x_0>0$，求极限$\lim\limits_{x\to x_0} x^\alpha$.

解 $\lim\limits_{x\to x_0} x^\alpha=\lim\limits_{x\to x_0}\mathrm{e}^{\alpha\ln x}=\mathrm{e}^{\alpha\ln x_0}=x_0^\alpha$.

例 1.4.22 设常数 $a\neq 0$，求极限 $\lim\limits_{x\to+\infty}\left(\dfrac{x+a}{x-a}\right)^x$.

利用重要极限求极限

解 由于$\left(\dfrac{x+a}{x-a}\right)^x=\left[\left(1+\dfrac{2a}{x-a}\right)^{\frac{x-a}{2a}}\right]^{\frac{2ax}{x-a}}$，且

$$\lim_{x\to+\infty}\left(1+\frac{2a}{x-a}\right)^{\frac{x-a}{2a}}=\mathrm{e},\quad \lim_{x\to+\infty}\frac{2ax}{x-a}=2a,$$

于是 $\lim\limits_{x\to+\infty}\left(\dfrac{x+a}{x-a}\right)^x=\mathrm{e}^{2a}$.

例 1.4.23 求极限$\lim\limits_{x\to 0}(\cos x)^{\frac{1}{x^2}}$.

解 因为$(\cos x)^{\frac{1}{x^2}}=\left(1-2\sin^2\dfrac{x}{2}\right)^{\frac{-1}{2\sin^2\frac{x}{2}}\cdot\frac{2\sin^2\frac{x}{2}}{-x^2}}$，且

$$\lim_{x\to 0}\left(1-2\sin^2\frac{x}{2}\right)^{\frac{-1}{2\sin^2\frac{x}{2}}}=\mathrm{e},\quad \lim_{x\to 0}\frac{2\sin^2\frac{x}{2}}{-x^2}=-\frac{1}{2},$$

所以$\lim\limits_{x\to 0}(\cos x)^{\frac{1}{x^2}}=\mathrm{e}^{-\frac{1}{2}}$.

下面讨论的极限十分重要,它们在后面几节中有重要的应用.

例 1.4.24 设常数 $a>0$ 且 $a\neq1$,$\alpha\neq0$.求下列极限:

(1) $\lim\limits_{x\to0}\dfrac{\log_a(1+x)}{x}$. (2) $\lim\limits_{x\to0}\dfrac{a^x-1}{x}$.

(3) $\lim\limits_{x\to0}\dfrac{(1+x)^\alpha-1}{x}$.

解 (1) $\lim\limits_{x\to0}\dfrac{\log_a(1+x)}{x}=\lim\limits_{x\to0}\dfrac{\ln(1+x)^{\frac{1}{x}}}{\ln a}=\dfrac{\ln e}{\ln a}=\dfrac{1}{\ln a}$,特别地,$\lim\limits_{x\to0}\dfrac{\ln(1+x)}{x}=1$.

(2) 令 $t=a^x-1$,则 $x=\log_a(1+t)$,且当 $x\to0$ 时,有 $t\to0$,于是

$$\lim_{x\to0}\frac{a^x-1}{x}=\lim_{t\to0}\frac{t}{\log_a(1+t)}=\ln a.$$

特别地,$\lim\limits_{x\to0}\dfrac{e^x-1}{x}=1$.

(3) 令 $t=\alpha\ln(1+x)$,则当 $x\to0$ 时,有 $t\to0$,于是由(1),(2)可得

$$\lim_{x\to0}\frac{(1+x)^\alpha-1}{x}=\lim_{x\to0}\frac{e^{\alpha\ln(1+x)}-1}{x}=\lim_{x\to0}\frac{e^{\alpha\ln(1+x)}-1}{\alpha\ln(1+x)}\cdot\frac{\alpha\ln(1+x)}{x}=\alpha.$$

最后我们讨论 Cauchy 收敛原理.

定理 1.15(Cauchy 收敛原理) $\lim\limits_{x\to x_0}f(x)$存在$\Leftrightarrow\forall\varepsilon>0$,$\exists\delta>0$,当 $x_1,x_2\in\mathring{U}(x_0,\delta)$ 时,有$|f(x_1)-f(x_2)|<\varepsilon$.

证明 必要性. 因为$\lim\limits_{x\to x_0}f(x)$存在,设$\lim\limits_{x\to x_0}f(x)=A$,所以$\forall\varepsilon>0$,$\exists\delta>0$,当 $x\in\mathring{U}(x_0,\delta)$ 时,$|f(x)-A|<\dfrac{\varepsilon}{2}$,于是当 $x_1,x_2\in\mathring{U}(x_0,\delta)$时,

$$|f(x_1)-f(x_2)|\leqslant|f(x_1)-A|+|f(x_2)-A|<\varepsilon.$$

充分性. 已知$\forall\varepsilon>0$,$\exists\delta>0$,当 $x_1,x_2\in\mathring{U}(x_0,\delta)$时,有$|f(x_1)-f(x_2)|<\varepsilon$.

设$\{x_n\}$为点 x_0 的去心邻域内收敛于 x_0 的点列,于是对上述的 $\delta>0$,$\exists N\in\mathbf{N}_+$,当 $n>N$ 时,有 $0<|x_n-x_0|<\delta$,即 $x_n\in\mathring{U}(x_0,\delta)$. 因此当 $m,n>N$ 时,$x_m,x_n\in\mathring{U}(x_0,\delta)$,从而$|f(x_m)-f(x_n)|<\varepsilon$. 于是$\{f(x_n)\}$为 Cauchy 列,根据数列极限的 Cauchy 收敛原理,$\{f(x_n)\}$收敛,$\lim\limits_{n\to\infty}f(x_n)=B$.

下面说明极限值 B 不依赖数列$\{x_n\}$的选取.

设$\{y_n\}$也为点 x_0 的去心邻域内收敛于 x_0 的点列,根据上面的论断,$\{f(y_n)\}$收敛,设$\lim\limits_{n\to\infty}f(y_n)=C$,只需证明 $B=C$ 即可.

设数列$\{z_n\}$满足 $z_{2n-1}=x_n$,$z_{2n}=y_n$,则数列$\{z_n\}$为点 x_0 的去心邻域内收敛于 x_0 的点列,于是$\{f(z_n)\}$收敛,从而$\lim\limits_{n\to\infty}f(z_{2n})=\lim\limits_{n\to\infty}f(z_{2n-1})$,故 $B=C$.

也就是说,存在实数 B,对于点 x_0 的去心邻域内任意一个收敛于 x_0 的点列$\{x_n\}$,均有$\lim\limits_{n\to\infty}f(x_n)=B$,根据定理 1.14,有$\lim\limits_{x\to x_0}f(x)=B$,即$\lim\limits_{x\to x_0}f(x)$存在. □

将定理 1.14、定理 1.15 的极限过程 $x \to x_0$ 换成其他极限过程的任何一种，结论仍然成立，读者学完本章 § 1.5 无穷大量后，可以尝试写出对应的结论，并证明它们，本小节不再赘述.

习题 1.4

(A)

1. 用 ε 语言分别叙述 $\lim\limits_{x \to x_0} f(x) \neq A$ 与 $\lim\limits_{x \to +\infty} f(x) \neq A$.

2. 用函数极限的定义证明下列极限：

(1) $\lim\limits_{x \to 2} \sqrt{x^2+5} = 3$.

(2) $\lim\limits_{x \to 3} \dfrac{x-3}{x^2-9} = \dfrac{1}{6}$.

(3) $\lim\limits_{x \to 1^+} \dfrac{x-1}{\sqrt{x^2-1}} = 0$.

(4) $\lim\limits_{x \to 0^-} \mathrm{e}^{-\frac{1}{x}} = 0$.

(5) $\lim\limits_{x \to -\infty} (x + \sqrt{x^2-a}) = 0$.

(6) $\lim\limits_{x \to +\infty} (\sin\sqrt{x+1} - \sin\sqrt{x}) = 0$.

(7) $\lim\limits_{x \to x_0} \cos\dfrac{1}{x} = \cos\dfrac{1}{x_0}$ $(x_0 \neq 0)$.

3. 设 $\lim\limits_{x \to x_0} f(x) = A$，证明：$\lim\limits_{x \to x_0} |f(x)| = |A|$.

4. 讨论下列函数在点 $x_0 = 0$ 处的极限是否存在.

(1) $f(x) = \dfrac{|x|}{x}$.

(2) $f(x) = \begin{cases} 2x, & x > 0, \\ a\sin x + b\cos x, & x < 0. \end{cases}$

5. 设 $\lim\limits_{x \to x_0} f(x) = A$，证明：

(1) $\lim\limits_{x \to x_0} f^2(x) = A^2$.

(2) $\lim\limits_{x \to x_0} \sqrt[3]{f(x)} = \sqrt[3]{A}$.

6. 求下列极限：

(1) $\lim\limits_{x \to 2} (3x-5)$.

(2) $\lim\limits_{x \to \frac{\pi}{2}} \dfrac{\sin x}{x}$.

(3) $\lim\limits_{x \to 2} \dfrac{x^2-2x}{x^2-3x+2}$.

(4) $\lim\limits_{x \to 1^-} \dfrac{\sqrt{(x-1)^2}}{x-1}$.

(5) $\lim\limits_{x \to -\infty} \dfrac{1-x-4x^3}{1+x^2+2x^3}$.

(6) $\lim\limits_{x \to \infty} \dfrac{x - \arctan x}{x + \arctan x}$.

(7) $\lim\limits_{h \to 0} \dfrac{(x+h)^3 - x^3}{h}$.

(8) $\lim\limits_{x \to +\infty} \left(\sqrt{x+\sqrt{x}} - \sqrt{x-\sqrt{x}}\right)$.

(9) $\lim\limits_{x \to 0} \dfrac{\sqrt{x^2+p^2}-p}{\sqrt{x^2+q^2}-q}$ $(p, q > 0)$.

(10) $\lim\limits_{x \to 0} \dfrac{\sqrt{1+x} - \sqrt{1-x}}{x}$.

(11) $\lim\limits_{x \to 0} x\left[\dfrac{1}{x}\right]$.

(12) $\lim\limits_{x \to 2^-} \dfrac{[x]^2+4}{x^2+4}$.

7. 求下列极限：

(1) $\lim\limits_{x \to 0} (1+3\tan x)^{\cot x}$.

(2) $\lim\limits_{x \to 1} (2x-1)^{\frac{1}{x-1}}$.

(3) $\lim\limits_{x \to 0} (2\sin x + \cos x)^{\frac{1}{x}}$.

(4) $\lim\limits_{n \to \infty} 2^n \sin\dfrac{\pi}{2^n}$.

8. 确定 a,b 的值,使下列各式成立.

(1) $\lim\limits_{x\to-\infty}(\sqrt{x^2-x+1}-ax-b)=0.$　　(2) $\lim\limits_{x\to+\infty}\left(\dfrac{x^2+1}{x+1}-ax-b\right)=0.$

(B)

1. 求下列极限:

(1) $\lim\limits_{x\to1}\dfrac{x^m-1}{x-1}\ (m\in\mathbf{N}_+).$　　(2) $\lim\limits_{x\to1}\dfrac{x^m-1}{x^n-1}\ (m,n\in\mathbf{N}_+).$

(3) $\lim\limits_{x\to1}\dfrac{x+x^2+\cdots+x^n-n}{x-1}.$　　(4) $\lim\limits_{x\to0}\dfrac{(1+x)^{\frac{1}{m}}-1}{x}\ (m\in\mathbf{N}_+).$

(5) $\lim\limits_{x\to0}\dfrac{(1+mx)^n-(1+nx)^m}{x^2}\ (m,n\in\mathbf{N}_+).$　　(6) $\lim\limits_{x\to0}\dfrac{(1+nx)^{\frac{1}{m}}-(1+mx)^{\frac{1}{n}}}{x}\ (m,n\in\mathbf{N}_+).$

2. 设 $f(x)$ 为 $(-\infty,+\infty)$ 上的周期函数,若 $\lim\limits_{x\to\infty}f(x)=0$,则 $f(x)\equiv0$.

3. 试举出一个函数 $f(x)$,它只在一点处存在极限,在其余点处都没有极限.

4. 若 $\forall x\in(-1,1)$,有 $\left|\sum\limits_{k=1}^{n}a_k\sin kx\right|\leqslant|\sin x|$,证明:$\left|\sum\limits_{k=1}^{n}ka_k\right|\leqslant1.$

§1.5 无穷小量与无穷大量

本节我们介绍极限概念中两个重要的量:无穷小量与无穷大量,它们的引入是为了语言表达上的简洁,也为计算极限带来了方便.

1.5.1 无穷小量的概念与性质

定义 1.21 若 $\lim\limits_{x\to x_0}f(x)=0$,则称函数 $f(x)$ 为当 $x\to x_0$ 时的**无穷小量**,记作

$$f(x)=o(1)(x\to x_0).$$

对于其他极限过程,包括数列极限都可以定义无穷小量,本节我们仅以 $x\to x_0$ 的情形为例.

无穷小量指的是某一个极限过程下,极限等于 0 的量,也就是说一个量是不是无穷小量,要依赖其极限过程,例如 $f(x)=\sin x$ 是当 $x\to0$ 时的无穷小量,但不是当 $x\to\dfrac{\pi}{2}$ 时的无穷小量. 显然 $f(x)\equiv0$ 是某一极限过程下的无穷小量,但反之不成立. 某些初学者将无穷小量认为是"很小很小的正数",或将无穷小量认为是数字 0,都是不对的. 定义中 $o(1)$ 是一个形式的记号. 根据无穷小量的定义,不难得到如下的结论.

定理 1.16 $\lim\limits_{x\to x_0}f(x)=A$ 当且仅当 $f(x)=A+o(1)(x\to x_0)$.

证明 $\lim\limits_{x\to x_0}f(x)=A$ 当且仅当 $\lim\limits_{x\to x_0}[f(x)-A]=0$,而 $\lim\limits_{x\to x_0}[f(x)-A]=0$ 当且仅当 $f(x)-A=o(1)(x\to x_0)$,于是 $\lim\limits_{x\to x_0}f(x)=A$ 当且仅当 $f(x)=A+o(1)(x\to x_0)$. □

根据极限的四则运算法则,我们可以得到

定理 1.17

$$o(1)+o(1)=o(1)(x\to x_0),$$
$$o(1)-o(1)=o(1)(x\to x_0),$$
$$o(1)\cdot o(1)=o(1)(x\to x_0).$$

定理 1.17 中的符号都是形式的记号，根据定理 1.17，我们还可以得到在同一个极限过程下，有限个无穷小量的加法、减法、乘法均为无穷小量，但除法运算就不一定了，例如 $\lim\limits_{x\to 0}\dfrac{\sin x}{x}=1$，$\lim\limits_{x\to 0}\dfrac{x\cdot\sin x}{x}=0$，也就是说两个无穷小量的商等于多少是未定的，我们也称这样的极限形式为未定式.

例 1.5.1 设函数 $f(x)=o(1)(x\to x_0)$，函数 $g(x)$ 在点 x_0 的去心邻域内有界，证明：

$$f(x)\cdot g(x)=o(1)(x\to x_0).$$

证明 因为函数 $g(x)$ 在点 x_0 的去心邻域内有界，存在 $M>0$ 及 $\delta>0$，当 $0<|x-x_0|<\delta$ 时，$|g(x)|\leqslant M$，于是

$$|f(x)\cdot g(x)|\leqslant M|f(x)|.$$

因为 $f(x)=o(1)(x\to x_0)$，在上述不等式两边令 $x\to x_0$，由夹逼定理，有 $\lim\limits_{x\to x_0}f(x)\cdot g(x)=0$，即 $f(x)\cdot g(x)=o(1)(x\to x_0)$. □

例 1.5.1 的结论也经常被称为有界变量乘无穷小量仍为无穷小量.

1.5.2 无穷小量的比较与等价无穷小替换

容易看出，函数 $f(x)=1-\cos x$ 与 $g(x)=x$ 都是当 $x\to 0^+$ 时的无穷小量，因为

$$\lim_{x\to 0^+}\frac{f(x)}{g(x)}=\lim_{x\to 0^+}\frac{1-\cos x}{x^2}\cdot x=\frac{1}{2}\times 0=0 \quad (\text{例 } 1.4.13),$$

由保号性，$\exists\,\delta>0$，当 $0<x<\delta$ 时，$\dfrac{f(x)}{g(x)}<1$，即 $f(x)<g(x)$，这表明 $f(x)$，$g(x)$ 趋于 0 的“速度”有差别，为了描述这一事实，我们引入下面的概念.

定义 1.22 设函数 $f(x)$ 与 $g(x)$ 为当 $x\to x_0$ 时的无穷小量，且在点 x_0 的去心邻域内，$g(x)\neq 0$.

(1) 若 $\lim\limits_{x\to x_0}\dfrac{f(x)}{g(x)}=0$，则称当 $x\to x_0$ 时，$f(x)$ 是比 $g(x)$ **高阶的无穷小量**，$g(x)$ 是比 $f(x)$ **低阶的无穷小量**，记作 $f(x)=o(g(x))(x\to x_0)$.

(2) 若 $\lim\limits_{x\to x_0}\dfrac{f(x)}{g(x)}=c$，且 $c\neq 0$，则称当 $x\to x_0$ 时，$f(x)$ 是与 $g(x)$ **同阶的无穷小量**. 特别地，若 $c=1$，则称当 $x\to x_0$ 时，$f(x)$ 与 $g(x)$ 是**等价无穷小量**，记作

$$f(x)\sim g(x)(x\to x_0).$$

(3) 若 $\exists\,k\in\mathbf{N}_+$，使得 $\lim\limits_{x\to x_0}\dfrac{f(x)}{(x-x_0)^k}=c$，且 $c\neq 0$，则称当 $x\to x_0$ 时，$f(x)$ 是 k 阶无穷小量.

定义 1.22 中的极限过程 $x\to x_0$ 也可以换成极限过程：$x\to x_0^{\pm}$，$x\to\infty$ 及 $x\to\pm\infty$.对单

侧极限过程 $x \to x_0^{\pm}$，也可以考虑 $k>0$ 但 k 不是整数时的 k 阶无穷小量：

若 $\lim\limits_{x \to x_0^{\pm}} \dfrac{f(x)}{|x-x_0|^k}=c$，且 $c \neq 0$，则称当 $x \to x_0^{\pm}$ 时，$f(x)$ 是 k 阶无穷小量.

根据例 1.4.12，若常数 $a>1$，则 $\lim\limits_{x \to +\infty} \dfrac{x}{a^x}=0$，于是有 $\lim\limits_{x \to +\infty} \dfrac{a^{-x}}{\dfrac{1}{x}}=0$，从而

$$a^{-x}=o\left(\frac{1}{x}\right)(x \to +\infty),$$

类似地，$\dfrac{1}{x}=o\left(\dfrac{1}{\log_a x}\right)(x \to +\infty)$.

值得注意的是，无穷小量阶的比较首先讨论的对象是两个无穷小量，如果不是无穷小量，就不能进行阶的比较.另外，并不是任何两个无穷小量都可以比较阶，例如 $\lim\limits_{x \to 0} x=0$，$\lim\limits_{x \to 0} x \sin \dfrac{1}{x}=0$，但是 $\lim\limits_{x \to 0} \dfrac{x \sin \dfrac{1}{x}}{x}=\lim\limits_{x \to 0} \sin \dfrac{1}{x}$ 不存在.

下面我们列出几个常用的等价无穷小量.

设常数 $\alpha \neq 0$，$a>0$ 且 $a \neq 1$.根据例 1.4.13、例 1.4.15 和例 1.4.24，我们有

$$\lim_{x \to 0} \frac{\sin x}{x}=1, \quad \lim_{x \to 0} \frac{\arcsin x}{x}=1, \quad \lim_{x \to 0} \frac{\tan x}{x}=1, \quad \lim_{x \to 0} \frac{\arctan x}{x}=1,$$

$$\lim_{x \to 0} \frac{1-\cos x}{\frac{1}{2} x^2}=1, \quad \lim_{x \to 0} \frac{a^x-1}{x \ln a}=1, \quad \lim_{x \to 0} \frac{\log_a(1+x)}{\frac{x}{\ln a}}=1, \quad \lim_{x \to 0} \frac{(1+x)^\alpha-1}{\alpha x}=1,$$

于是当 $x \to 0$ 时，$\sin x \sim x$，$\arcsin x \sim x$，$\tan x \sim x$，$\arctan x \sim x$，$1-\cos x \sim \dfrac{1}{2} x^2$，$a^x-1 \sim x \ln a$，$e^x-1 \sim x$，$\log_a(1+x) \sim \dfrac{x}{\ln a}$，$\ln(1+x) \sim x$，$(1+x)^\alpha-1 \sim \alpha x$.

等价无穷小量在极限的运算中十分常见，我们有如下的定理：

定理 1.18(等价无穷小替换) 若当 $x \to x_0$ 时，$f(x)$ 与 $f_1(x)$ 是等价无穷小量，$g(x)$ 与 $g_1(x)$ 是等价无穷小量，且在点 x_0 的去心邻域内，$f_1(x) \neq 0$，$g_1(x) \neq 0$，且 $\lim\limits_{x \to x_0} \dfrac{f_1(x)}{g_1(x)}$ 存在或为无穷，则

$$\lim_{x \to x_0} \frac{f(x)}{g(x)}=\lim_{x \to x_0} \frac{f_1(x)}{g_1(x)}.$$

证明 由已知 $\lim\limits_{x \to x_0} \dfrac{g(x)}{g_1(x)}=1$ 及保号性可知，在点 x_0 的去心邻域内 $g(x) \neq 0$.于是

$$\lim_{x \to x_0} \frac{f(x)}{g(x)}=\lim_{x \to x_0} \frac{f(x)}{f_1(x)} \cdot \frac{f_1(x)}{g_1(x)} \cdot \frac{g_1(x)}{g(x)}.$$

因为当 $x \to x_0$ 时，$f(x)$ 与 $f_1(x)$ 是等价无穷小量，$g(x)$ 与 $g_1(x)$ 是等价无穷小量，所

以 $\lim\limits_{x\to x_0}\dfrac{f(x)}{f_1(x)}=1$，$\lim\limits_{x\to x_0}\dfrac{g_1(x)}{g(x)}=1$，于是 $\lim\limits_{x\to x_0}\dfrac{f(x)}{g(x)}=\lim\limits_{x\to x_0}\dfrac{f_1(x)}{g_1(x)}$. □

直观上看，计算 $\lim\limits_{x\to x_0}\dfrac{f(x)}{g(x)}$ 时，直接将分子、分母分别替换成它们各自的等价无穷小量，这样就可以使计算得到简化.

例 1.5.2　求下列极限.

利用等价无穷小替换求极限

(1) $\lim\limits_{x\to 0}\dfrac{\sin 3x}{\arctan 5x}$.　　(2) $\lim\limits_{x\to 0}\dfrac{\sqrt{1+2x^4}-1}{1-\cos x^2}$.

(3) $\lim\limits_{x\to 0}\dfrac{1-\cos(1-\cos x)}{(e^{x^2}-1)\cdot\ln(1+x^2)}$.

解　(1) $\lim\limits_{x\to 0}\dfrac{\sin 3x}{\arctan 5x}=\lim\limits_{x\to 0}\dfrac{3x}{5x}=\dfrac{3}{5}$.

(2) $\lim\limits_{x\to 0}\dfrac{\sqrt{1+2x^4}-1}{1-\cos x^2}=\lim\limits_{x\to 0}\dfrac{\dfrac{1}{2}\cdot 2x^4}{\dfrac{1}{2}(x^2)^2}=2$.

(3) $\lim\limits_{x\to 0}\dfrac{1-\cos(1-\cos x)}{(e^{x^2}-1)\cdot\ln(1+x^2)}=\lim\limits_{x\to 0}\dfrac{\dfrac{1}{2}(1-\cos x)^2}{x^2\cdot x^2}=\lim\limits_{x\to 0}\dfrac{\dfrac{1}{2}\cdot\dfrac{1}{2}x^2\cdot\dfrac{1}{2}x^2}{x^2\cdot x^2}=\dfrac{1}{8}$.

在使用等价无穷小替换时，要注意两点：

(1) 从定理 1.18 的证明过程中可以看出，等价无穷小替换的量要在极限点的去心邻域内不等于 0，否则无法作除法. 下面的做法是典型的错误：

$$\lim_{x\to 0}\frac{\sin\left(x^2\sin\dfrac{1}{x}\right)}{x}=\lim_{x\to 0}\frac{x^2\sin\dfrac{1}{x}}{x}=\lim_{x\to 0}x\sin\frac{1}{x}=0.$$

错误的原因是：当 $x\to 0$ 时，$x^2\sin\dfrac{1}{x}$ 等价替换了 $\sin\left(x^2\sin\dfrac{1}{x}\right)$，但是 $x\to 0$ 的过程中 $x^2\sin\dfrac{1}{x}$ 是有可能等于 0 的，请读者思考正确的过程.

(2) 从定理 1.18 的证明过程中还可以看出，等价无穷小替换在乘除运算中可以使用，幂指运算中不能使用，加减运算中要依据情况使用. 例如以下两种做法都是正确的：

$$\lim_{x\to 0}\frac{e^x-e^{-x}}{x}=\lim_{x\to 0}\left(\frac{e^x-1}{x}-\frac{e^{-x}-1}{x}\right)=\lim_{x\to 0}\frac{e^x-1}{x}-\lim_{x\to 0}\frac{e^{-x}-1}{x}=1-(-1)=2,$$

$$\lim_{x\to 0}\frac{e^x-e^{-x}}{x}=\lim_{x\to 0}\frac{e^{-x}(e^{2x}-1)}{x}=\lim_{x\to 0}\frac{2x}{x}=2.$$

又例如 $\lim\limits_{x\to 0}\dfrac{\tan x-\sin x}{x^3}=\lim\limits_{x\to 0}\dfrac{\tan x}{x}\cdot\dfrac{1-\cos x}{x^2}=\dfrac{1}{2}$ 是正确的，但做法 $\lim\limits_{x\to 0}\dfrac{\tan x-\sin x}{x^3}=\lim\limits_{x\to 0}\dfrac{x-x}{x^3}=0$ 是错误的.

在加减运算中,什么情况下可以使用等价无穷小替换呢?我们留给读者思考.

1.5.3　无穷大量

以上两小节我们讨论的都是极限存在的情形,本小节讨论极限不存在的特殊情形,也就是无穷大量.

定义 1.23　(1)设$\{a_n\}$是一个数列.若$\forall M>0$,$\exists N\in\mathbf{N}_+$,当$n>N$时,有$|a_n|>M$,则称数列$\{a_n\}$为当$n\to\infty$时的无穷大量,记作$\lim\limits_{n\to\infty}a_n=\infty$,或$a_n\to\infty(n\to\infty)$.

(2) 设$\{a_n\}$是一个数列.若$\forall M>0$,$\exists N\in\mathbf{N}_+$,当$n>N$时,有$a_n>M$(或$a_n<-M$),则称数列$\{a_n\}$为当$n\to\infty$时的正无穷大量(或负无穷大量),记作$\lim\limits_{n\to\infty}a_n=+\infty$(或$\lim\limits_{n\to\infty}a_n=-\infty$),也记作$a_n\to+\infty(n\to\infty)$(或$a_n\to-\infty(n\to\infty)$).

(3) 设函数$f(x)$在点x_0的某个去心邻域内有定义.若$\forall M>0$,$\exists\delta>0$,当$x\in\mathring{U}(x_0,\delta)$时,有$|f(x)|>M$,则称$f(x)$为当$x\to x_0$时的**无穷大量**,记作$\lim\limits_{x\to x_0}f(x)=\infty$,或$f(x)\to\infty$ $(x\to x_0)$.

对于极限过程:$x\to x_0^{\pm}$,$x\to\infty$及$x\to\pm\infty$,同样可以定义无穷大量、正无穷大量、负无穷大量.读者可以尝试写出这些定义.

需要强调的是,无穷大量是极限不存在的特殊情况,尽管我们仍然记作$\lim\limits_{x\to x_0}f(x)=\infty$,这里只是借用了极限的符号.

定理 1.19　无穷大量的倒数为无穷小量,非零的无穷小量的倒数为无穷大量.

证明　以$x\to x_0$的情况为例.

若$\lim\limits_{x\to x_0}f(x)=\infty$,则$\forall\varepsilon>0$,对$M=\dfrac{1}{\varepsilon}$,$\exists\delta>0$,当$x\in\mathring{U}(x_0,\delta)$时,有$|f(x)|>\dfrac{1}{\varepsilon}$,从而$\left|\dfrac{1}{f(x)}-0\right|<\varepsilon$,所以$\lim\limits_{x\to x_0}\dfrac{1}{f(x)}=0$.

若$\lim\limits_{x\to x_0}g(x)=0$,且在点$x_0$的去心邻域内$g(x)\neq0$,则$\forall M>0$,对$\varepsilon=\dfrac{1}{M}$,$\exists\delta>0$,当$x\in\mathring{U}(x_0,\delta)$时,有$|g(x)|<\dfrac{1}{M}$,又$g(x)\neq0$,所以$\left|\dfrac{1}{g(x)}\right|>M$,即$\lim\limits_{x\to x_0}\dfrac{1}{g(x)}=\infty$.　□

无穷大量的证明过程和数列极限、函数极限的证明是十分类似的,在本小节中不再一一举例.特别强调的是,一个函数是不是无穷大量,一定要指明其极限过程.

例 1.5.3　函数$f(x)=\ln x$是当$x\to0^+$时的负无穷大量,是当$x\to+\infty$时的正无穷大量,也是当$x\to1$时的无穷小量.

例 1.5.4　函数$f(x)=\mathrm{e}^x$是当$x\to+\infty$时的正无穷大量,是当$x\to-\infty$时的无穷小量.

例 1.5.5　函数$f(x)=\dfrac{1}{x}$是当$x\to\infty$时的无穷小量,是当$x\to0^+$时的正无穷大量,也是当$x\to0^-$时的负无穷大量.

习题 1.5

(A)

1. 一个函数是不是无穷小(大)量是否依赖于极限过程？是否一定要指明极限过程？

2. 当 $x\to0^+$ 时，确定下列无穷小量的阶，并按照阶从低到高排列出来.

$$\sin x^2,\quad 2\sqrt{x}+x^3,\quad e^{x^3}-1,\quad \ln\left(1+x^{\frac{2}{3}}\right),\quad \sin(\tan x),\quad 1-\cos x^2,\quad \sqrt{x}-\sqrt[4]{x}.$$

3. 当 $x\to0$ 时，$f(x)=o(x^m)$，$g(x)=o(x^n)$，其中 m,n 为正整数，且 $m>n$. 证明：

(1) $f(x)+g(x)=o(x^n)$. (2) $f(x)g(x)=o(x^{m+n})$.

4. 用定义证明下列数列为无穷大量.

(1) $a_n=\ln n$. (2) $a_n=(-1)^n n!$.

5. 举出满足下列条件的数列：

(1) 无界数列，但是不趋于无穷.

(2) 有界数列，但不收敛.

(3) 发散数列，但含有若干收敛子列.

6. 数列 $\{a_n\}$，$\{b_n\}$ 满足：$\exists N\in\mathbf{N}_+$，当 $n>N$ 时，$a_n\geqslant b_n$. 若 $\lim\limits_{n\to\infty}a_n=-\infty$，证明：$\lim\limits_{n\to\infty}b_n=-\infty$.

7. 设 $\lim\limits_{n\to\infty}a_n=\infty$，数列 $\{b_n\}$ 有界，证明：$\lim\limits_{n\to\infty}(a_n+b_n)=\infty$.

8. 设 $\lim\limits_{x\to x_0}f(x)=+\infty$，$\lim\limits_{x\to x_0}g(x)=A>0$，证明：$\lim\limits_{x\to x_0}f(x)g(x)=+\infty$.

9. 求下列极限：

(1) $\lim\limits_{x\to0}\dfrac{\sin(\tan x)}{\tan(\sin x)}$. (2) $\lim\limits_{x\to0}\dfrac{e^{x^2}-1}{\cos x-1}$.

(3) $\lim\limits_{x\to0^+}\dfrac{\sqrt{1+\sqrt{x}}-1}{\sin\sqrt{x}}$. (4) $\lim\limits_{x\to0}\dfrac{a^{\sin x}-1}{x}$ $(a>0$，且 $a\neq1)$.

(5) $\lim\limits_{x\to0}\dfrac{1-\sqrt{\cos kx^2}}{x^4}$ $(k\neq0)$. (6) $\lim\limits_{x\to0}\dfrac{\arcsin\dfrac{x}{\sqrt{1-x^2}}}{\ln(1-x)}$.

(7) $\lim\limits_{x\to\infty}x\left(e^{\sin\frac{1}{x}}-1\right)$. (8) $\lim\limits_{x\to0}\dfrac{\sqrt{1+\tan x}-\sqrt{1-\tan x}}{e^x-1}$.

(9) $\lim\limits_{x\to0}\dfrac{e^x-e^{\tan x}}{x-\tan x}$. (10) $\lim\limits_{x\to1}(1-x)^2e^{\frac{1}{x-1}}$.

10. 求下列极限：

(1) $\lim\limits_{x\to0}\dfrac{\sin x^3}{\sin^3 6x}$. (2) $\lim\limits_{x\to\frac{\pi}{2}}\dfrac{\cos x}{x-\dfrac{\pi}{2}}$.

(3) $\lim\limits_{x\to9}\dfrac{\sin^2 x-\sin^2 9}{x-9}$. (4) $\lim\limits_{x\to\frac{\pi}{4}}\dfrac{\sin x-\cos x}{\cos 2x}$.

(5) $\lim\limits_{x\to0}\dfrac{\sin 4x}{\sqrt{x+2}-\sqrt{2}}$. (6) $\lim\limits_{x\to1}(1-x)\tan\dfrac{\pi x}{2}$.

(7) $\lim\limits_{x\to\infty}\dfrac{3x^2\sin\dfrac{1}{x}+2\sin x}{x}$.

11. 设常数 $a>0$,且 $a\neq1$,确定 p 的值,使极限 $\lim\limits_{x\to+\infty}x^p\left(a^{\frac{1}{x}}-a^{\frac{1}{x+1}}\right)$ 存在.

(B)

1. 在某种极限过程下,分别考虑以下的量是不是无穷小量或无穷大量,并举例说明.

(1) 恒等于零的函数.

(2) 两个无穷小量之和.

(3) 两个无穷小量之积.

(4) 两个无穷大量之和.

(5) 两个无穷大量之积.

(6) 一个无穷小量与一个无穷大量之和.

(7) 一个无穷小量与一个无穷大量之积.

(8) 无穷多个无穷小量之和.

(9) 无穷多个无穷小量之积.

2. 在某种极限过程下,考虑以下问题,并举例说明.

(1) 是否存在与零函数同阶的无穷小量?

(2) 所有的无穷小量中,是否有阶数最高(最低)的无穷小量?

(3) 是否任意两个无穷小量都可以比较阶?

3. 证明:数列 $\{a_n\}$ 是无穷大量当且仅当其任意子列 $\{a_{n_k}\}$ 也是无穷大量.

4. 证明:$\lim\limits_{x\to\infty}f(x)=\infty$ 当且仅当任意一个趋于 ∞ 的点列 $\{x_n\}$,均有 $\lim\limits_{n\to\infty}f(x_n)=\infty$.

5. 求下列极限:

(1) $\lim\limits_{n\to\infty}\sin(\pi\sqrt{n^2+1})$.

(2) $\lim\limits_{n\to\infty}\sin^2(\pi\sqrt{n^2+n})$.

(3) $\lim\limits_{x\to0}\dfrac{1-\cos x\cos 2x\cdots\cos nx}{x^2}$.

(4) $\lim\limits_{n\to\infty}\cos\dfrac{x}{2}\cos\dfrac{x}{4}\cdots\cos\dfrac{x}{2^n}$.

(5) $\lim\limits_{x\to+\infty}x\left(\dfrac{\pi}{2}-\arctan x\right)$.

(6) $\lim\limits_{x\to1}\left(\dfrac{m}{1-x^m}-\dfrac{n}{1-x^n}\right)\quad(m,n\in\mathbf{N}_+)$.

(7) $\lim\limits_{x\to1}\dfrac{\sqrt[m]{x}-1}{\sqrt[n]{x}-1}\quad(m,n\in\mathbf{N}_+)$.

(8) $\lim\limits_{n\to\infty}\left(1+\dfrac{x+x^2+\cdots+x^n}{n}\right)^n\quad(|x|<1)$.

§1.6 函数的连续性

连续函数是微积分的主要研究对象之一.本节我们利用函数的极限讨论函数的连续与间断的概念、连续函数的基本性质、初等函数的连续性、闭区间上连续函数的性质以及函数的一致连续性.

1.6.1 函数的连续与间断

自然界中的变化可以分为渐变和突变. 例如正常情况下,气温随时间的变化是渐变的,即在很短的时间间隔内，气温的变化会很小．而当寒潮来袭时，气温会骤降，短时间内气温出现突变．在数学上，这种渐变与突变我们用连续与间断来刻画．

定义 1.24　设函数 $f(x)$ 在点 x_0 的某个邻域内有定义，当自变量从 x_0 变化到 x 时，对应的函数值从 $f(x_0)$ 变化到 $f(x)$，称 $\Delta x=x-x_0$ 为自变量的增量，$\Delta y=f(x)-f(x_0)$ 为因变量的增量．若 $\lim\limits_{\Delta x\to 0}\Delta y=0$，则称函数 $f(x)$ 在点 x_0 处连续．

易知函数 $f(x)$ 在点 x_0 处连续当且仅当 $\lim\limits_{x\to x_0}f(x)=f(x_0)$．

函数 $f(x)$ 在点 x_0 处连续的 $\varepsilon-\delta$ 语言为 $\forall\varepsilon>0$，$\exists\delta>0$，当 $x\in U(x_0,\delta)$ 时，有 $|f(x)-f(x_0)|<\varepsilon$．由定义 1.24，函数在一点连续的定义蕴含两个要点：

(1) 函数 $f(x)$ 在点 x_0 及其附近有定义．

(2) 极限 $\lim\limits_{x\to x_0}f(x)$ 存在且与 $f(x_0)$ 相等．

根据例 1.4.1、例 1.4.9、例 1.4.18、例 1.4.19 和例 1.4.21 可得

例 1.6.1　函数 $y=\sin x$，$y=\cos x$，$y=\tan x$，$y=\cot x$，$y=\sec x$，$y=\csc x$ 在各自的定义域内的每点处均连续．

例 1.6.2　设常数 $\alpha\neq 0$，$a>0$ 且 $a\neq 1$．函数 $y=x^{\alpha}$，$y=a^{x}$，$y=\log_a x$ 在各自的定义域内的每点处均连续．

类似于函数的单侧极限，也可以考虑函数的单侧连续性．

定义 1.25　若 $\lim\limits_{x\to x_0^-}f(x)=f(x_0)$，则称函数 $f(x)$ 在点 x_0 处**左连续**．若 $\lim\limits_{x\to x_0^+}f(x)=f(x_0)$，则称函数 $f(x)$ 在点 x_0 处**右连续**．

由定理 1.8 不难得到：

定理 1.20　函数 $f(x)$ 在点 x_0 处连续的充要条件是函数 $f(x)$ 在点 x_0 处既左连续又右连续．

例 1.6.3　函数 $f(x)=\begin{cases}\dfrac{\sin x}{x}, & x<0,\\ 1, & x=0,\\ (1+x)^{\frac{1}{x}}, & x>0\end{cases}$ 在 $x=0$ 处是左连续的，不是右连续的，在 $x\neq 0$ 的点处均连续．

例 1.6.4　证明：函数 $f(x)=[x]$ 在整数点处是右连续的，不是左连续的．

证明　设 $n\in\mathbf{Z}$，则 $\lim\limits_{x\to n^+}f(x)=\lim\limits_{x\to n^+}n=n$，又 $f(n)=n$，所以函数 $f(x)$ 在 $x=n$ 处右连续，$\lim\limits_{x\to n^-}f(x)=\lim\limits_{x\to n^-}n-1=n-1$，于是函数 $f(x)$ 在 $x=n$ 处不是左连续的．　□

定义 1.26　若函数 $f(x)$ 在区间 (a,b) 内每点处均连续，则称 $f(x)$ 在 (a,b) 内**连续**．若函数 $f(x)$ 在 (a,b) 内连续，且在点 a 处右连续，点 b 处左连续，则称 $f(x)$ 在区间 $[a,b]$ 上连续．

区间 (a,b) 内连续函数的全体构成的集合记作 $C(a,b)$，区间 $[a,b]$ 内连续函数的全体构成的集合记作 $C[a,b]$．

下面我们讨论间断的概念．

定义 1.27　若函数 $f(x)$ 在点 x_0 的某去心邻域内有定义，且在点 x_0 处不连续，则称函数 $f(x)$ 在点 x_0 处**间断**.

定义 1.28　设函数 $f(x)$ 在点 x_0 处间断.若 $\lim\limits_{x\to x_0^-}f(x)$，$\lim\limits_{x\to x_0^+}f(x)$ 均存在，则称点 x_0 为函数 $f(x)$ 的**第一类间断点**，否则称点 x_0 为函数 $f(x)$ 的**第二类间断点**.

第一类间断点又分为跳跃型和可去型.设点 x_0 为函数 $f(x)$ 的第一类间断点，我们有：

(1) 若 $\lim\limits_{x\to x_0^-}f(x)\neq\lim\limits_{x\to x_0^+}f(x)$，则称点 x_0 为函数 $f(x)$ 的**跳跃间断点**.

(2) 若函数 $f(x)$ 在点 x_0 处有定义但 $\lim\limits_{x\to x_0}f(x)\neq f(x_0)$，或者函数 $f(x)$ 在点 x_0 处没有定义，则称点 x_0 为函数 $f(x)$ 的**可去间断点**.

“可去”的意思是如果我们重新定义 $f(x)$ 在点 x_0 处的值，即 $f(x_0)\xlongequal{\text{def}}\lim\limits_{x\to x_0}f(x)$，这样点 x_0 就成为函数 $f(x)$ 的一个连续点，也就是说可去间断点处可以通过补充或修改函数在该点的定义，使得函数在该点连续.

例 1.6.5　点 $x_0=0$ 是函数 $f(x)=\dfrac{\sin x}{x}$ 与 $g(x)=x\sin\dfrac{1}{x}$ 的可去间断点.

例 1.6.6　证明：点 $x_0=0$ 是函数 $f(x)=\arctan\dfrac{1}{x}$ 的跳跃间断点.

证明　因为 $\lim\limits_{x\to 0+}f(x)=\lim\limits_{x\to 0+}\arctan\dfrac{1}{x}=\dfrac{\pi}{2}$，$\lim\limits_{x\to 0-}f(x)=\lim\limits_{x\to 0-}\arctan\dfrac{1}{x}=-\dfrac{\pi}{2}$，所以点 $x_0=0$ 是函数 $f(x)=\arctan\dfrac{1}{x}$ 的跳跃间断点.　□

例 1.6.7　设函数 $f(x)$ 在区间 (a,b) 内单调，证明：如果 $f(x)$ 有间断点，那么间断点一定是第一类的.

证明　根据例 1.4.5，函数 $f(x)$ 在区间 (a,b) 内单调，则 $\forall x_0\in(a,b)$，$\lim\limits_{x\to x_0^+}f(x)$，$\lim\limits_{x\to x_0^-}f(x)$ 均存在，从而如果 $x_0\in(a,b)$ 为 $f(x)$ 的间断点，那么 $x=x_0$ 是第一类的.　□

第二类间断点的分类比较复杂，这里仅介绍两类特殊的情形.若 $\lim\limits_{x\to x_0}f(x)=\infty$，则称点 x_0 为函数 $f(x)$ 的**无穷间断点**. 函数 $y=\sin\dfrac{1}{x}$ 在点 $x=0$ 处左、右极限均不存在，其图形在 $y=1$ 与 $y=-1$ 之间往复振荡，这样类型的第二类间断点我们也称为**振荡间断点**.

例 1.6.8　证明：点 $x_0=0$ 是函数 $f(x)=\mathrm{e}^{\frac{1}{x}}$ 的第二类间断点.

证明　因为 $\lim\limits_{x\to 0+}\mathrm{e}^{\frac{1}{x}}=\infty$，所以点 $x_0=0$ 是函数 $f(x)=\mathrm{e}^{\frac{1}{x}}$ 的第二类间断点.　□

下面讨论函数的四则运算与复合运算在一点处的连续性. 根据函数极限的四则运算法则（定理 1.10）和复合函数的极限运算法则（定理 1.13），可以分别得到如下的定理.

定理 1.21　设函数 $f(x)$，$g(x)$ 均在点 x_0 处连续，则

(1) 函数 $cf(x)$（c 为常数），$f(x)\pm g(x)$，$f(x)g(x)$ 在点 x_0 处连续.

(2) 当 $g(x_0)\neq 0$ 时，$\dfrac{f(x)}{g(x)}$在点 x_0 处连续.

定理 1.22 设函数 $g(x)$在点 $x=x_0$ 处连续，函数 $f(u)$在点 $u=g(x_0)$处连续，则复合函数$(f\circ g)(x)$在点 x_0 处连续.

1.6.2 闭区间上连续函数的性质

本小节我们讨论闭区间上连续函数的性质，包括零点存在定理(介值定理)、反函数连续性定理、有界性定理与最大值最小值定理.

定理 1.23(零点存在定理) 设函数 $f(x)\in C[a,b]$，$f(a)f(b)<0$，则 $\exists\xi\in(a,b)$，使得 $f(\xi)=0$.

零点存在定理

证明 不妨设 $f(a)<0.f(b)>0$. 设$[a_1,b_1]=[a,b]$，则 $f(a_1)<0$，$f(b_1)>0$.

考察 $x_1=\dfrac{a_1+b_1}{2}$，若 $f(x_1)=0$，则取 $\xi=x_1$；若 $f(x_1)<0$，则取$[a_2,b_2]=[x_1,b_1]$；若 $f(x_1)>0$，则取$[a_2,b_2]=[a_1,x_1]$.

继续做下去，如果在有限步可以取到 ξ，则定理得证，否则一直进行下去可以得到一系列闭区间$\{[a_n,b_n]\}_{n=1}^{\infty}$，满足：

(1) $\forall n\in\mathbf{N}_+$，$[a_{n+1},b_{n+1}]\subseteq[a_n,b_n]$.

(2) $\lim\limits_{n\to\infty}(b_n-a_n)=0$.

(3) $\forall n\in\mathbf{N}_+$，$f(a_n)<0$，$f(b_n)>0$.

根据区间套定理，存在唯一的 $\xi\in(a,b)$，使得 $\forall n\in\mathbf{N}_+$，$a_n\leqslant\xi\leqslant b_n$.又因为$\lim\limits_{n\to\infty}(b_n-a_n)=0$，易得$\lim\limits_{n\to\infty}a_n=\lim\limits_{n\to\infty}b_n=\xi$.

因为函数 $f(x)$在点 ξ 处连续，因此$\lim\limits_{x\to\xi}f(x)=f(\xi)$. 又$\lim\limits_{n\to\infty}a_n=\xi$，根据归结原则，有$\lim\limits_{n\to\infty}f(a_n)=f(\xi)$. 因为$\forall n\in\mathbf{N}_+$，$f(a_n)<0$，由极限的保号性，有 $f(\xi)\leqslant 0$，同理 $f(\xi)\geqslant 0$，于是$f(\xi)=0$. □

很多读者在初等数学阶段就已经很熟悉零点存在定理，但其严格的证明需要用到实数理论，在证明的过程中容易提炼出“二分法”求根的思想与方法.

定理 1.24(介值定理) 设函数 $f(x)\in C[a,b]$，且 $f(a)\neq f(b)$，则对介于 $f(a)$与 $f(b)$之间的任何一个实数 c，$\exists\xi\in(a,b)$，使得 $f(\xi)=c$.

证明 令 $F(x)=f(x)-c$，则 $F(x)\in C[a,b]$，且

$$F(a)\cdot F(b)=[f(a)-c]\cdot[f(b)-c]<0,$$

由零点存在定理知，$\exists\xi\in(a,b)$，使得 $F(\xi)=0$，即 $f(\xi)=c$. □

我们利用零点存在定理证明了介值定理，如果介值定理中的 c 为 0，就回到了零点存在定理，所以零点存在定理与介值定理是等价的.

例 1.6.9 设 m 为正奇数，$a_1,a_2,\cdots,a_m$ 为实数.证明：多项式

$$f(x)=x^m+a_1x^{m-1}+\cdots+a_{m-1}x+a_m$$

至少有一个零点.

证明　因为 $f(x)=x^m\left(1+\frac{a_1}{x}+\cdots+\frac{a_{m-1}}{x^{m-1}}+\frac{a_m}{x^m}\right)$，所以

$$\lim_{x\to-\infty}f(x)=-\infty,\quad \lim_{x\to+\infty}f(x)=+\infty,$$

故 $\exists M>0$，使得 $f(-M)<0$ 且 $f(M)>0$. 由零点存在定理知 $\exists\xi\in(-M,M)\subseteq(-\infty,+\infty)$，使得 $f(\xi)=0$. □

例 1.6.10(不动点定理)　设函数 $f(x)\in C[a,b]$，其值域 $R(f)\subseteq[a,b]$，证明：$\exists\xi\in[a,b]$，使得 $f(\xi)=\xi$.

证明　令 $F(x)=f(x)-x$，则 $F(x)\in C[a,b]$，且

$$F(a)\cdot F(b)=[f(a)-a]\cdot[f(b)-b].$$

因为 $R(f)\subseteq[a,b]$，所以 $f(a)\geqslant a$，$f(b)\leqslant b$，故 $F(a)\cdot F(b)\leqslant 0$，由零点存在定理知，$\exists\xi\in[a,b]$，使得 $F(\xi)=0$，即 $f(\xi)=\xi$. □

在实际生活中很容易能找到不动点定理对应的例子，例如龙卷风的风眼.

下面我们介绍反函数连续性定理. 为了叙述方便，本小节用 $\langle a,b\rangle$ 表示以 a 为左端点、b 为右端点的开区间，或闭区间，或半开半闭区间.

引理 1.1　设函数 $f(x)\in C\langle a,b\rangle$，则 $f(x)$ 的值域 $R(f)$ 构成一个区间.

证明　要证明 $R(f)$ 构成一个区间，只需证 $\forall y_1,y_2\in R(f)$，且 $y_1<y_2$，有 $[y_1,y_2]\subseteq R(f)$.

由于 $R(f)$ 是 f 的值域，故 $\exists x_1,x_2\in\langle a,b\rangle$ 使得 $f(x_1)=y_1$，$f(x_2)=y_2$. 又因为 $\langle a,b\rangle$ 也是一个区间，所以 $[x_1,x_2]\subseteq\langle a,b\rangle$（或 $[x_2,x_1]\subseteq\langle a,b\rangle$），于是 $f(x)\in C[x_1,x_2]$（或 $f(x)\in C[x_2,x_1]$），由介值定理，区间 $[y_1,y_2]$ 中每个点都在 $f(x)$ 的值域内，即 $[y_1,y_2]\subseteq R(f)$，所以 $R(f)$ 构成一个区间. □

显然，引理 1.1 的逆命题是不成立的，但如果加上条件“函数 $f(x)$ 单调”，那么逆命题就是成立的.

引理 1.2　设函数 $f(x)$ 在 $\langle a,b\rangle$ 上单调，且值域 $R(f)$ 构成一个区间，则 $f(x)\in C\langle a,b\rangle$.

证明　以 $f(x)$ 在 $\langle a,b\rangle$ 上单调递增为例，用反证法证明.

假设 $f(x)$ 在 $\langle a,b\rangle$ 上不连续，$x_0\in\langle a,b\rangle$ 为其间断点，不妨设 $x_0\in(a,b)$，根据例 1.6.7 可知，点 x_0 为函数 $f(x)$ 的第一类间断点，即 $\lim\limits_{x\to x_0^-}f(x)$，$\lim\limits_{x\to x_0^+}f(x)$ 均存在，设 $\lim\limits_{x\to x_0^-}f(x)=A$，$\lim\limits_{x\to x_0^+}f(x)=B$.

因为 $f(x)$ 在 $\langle a,b\rangle$ 上单调递增，所以当 $a<u<x_0<v<b$ 时，有

$$f(u)<f(x_0)<f(v),$$

令 $u\to x_0^-$，$v\to x_0^+$，可得 $A\leqslant f(x_0)\leqslant B$. 因为点 x_0 为函数 $f(x)$ 的第一类间断点，于是 A,B 至少有一个不等于 $f(x_0)$，不妨设 $f(x_0)\neq B$.

当 $a<x<x_0$ 时，$f(x)<f(x_0)$；当 $x_0<x<b$ 时，取 v 满足：$x_0<v<x$，从而 $f(v)<f(x)$，令 $v\to x_0^+$，有 $f(x)\geqslant B$，从而区间 $(f(x_0),B)$ 不在值域 $R(f)$ 中，这与 $R(f)$ 构成一个

区间的条件矛盾！因此 $f(x)\in C\langle a,b\rangle$. □

有了以上两个引理,我们可以证明反函数连续性定理.

定理 1.25(反函数连续性定理) 设函数 $y=f(x)$在$\langle a,b\rangle$上单调、连续,其值域为 J,则其反函数 $x=f^{-1}(y)$在 J 上连续.

证明 由于 $f(x)$在$\langle a,b\rangle$上连续,根据引理 1.1 有,$f(x)$的值域 J 构成一个区间.因为函数 $y=f(x)$在$\langle a,b\rangle$上单调,故其反函数 $x=f^{-1}(y)$在 J 上单调,又因为其值域$\langle a,b\rangle$是一个区间,根据引理 1.2 知,$x=f^{-1}(y)$为 J 上的连续函数. □

根据例 1.6.1,结合定理 1.25,我们可以得到：

例 1.6.11 反三角函数 $y=\arcsin x$,$y=\arccos x$,$y=\arctan x$,$y=\operatorname{arccot} x$ 在其各自定义域内的每点处都是连续的.

到此为止,我们就完整地证明了所有的基本初等函数都是它们各自定义域上的连续函数. 根据定义 1.11,初等函数都是由基本初等函数通过有限次四则运算与复合运算而得到的,应用定理 1.21. 定理 1.22 可得：

定理 1.26 每一个初等函数均为其定义区间上的连续函数.

定理 1.26 指明的是定义区间,而不是定义域,这是因为我们不考虑函数在定义域上的“孤立点”处的连续性. 如果对定义域内的某一个点,其某个去心邻域内没有定义域的其他点,那么这个点就是定义域的孤立点.

在本小节最后,我们介绍有界性定理与最大值最小值定理.

定理 1.27 (有界性定理) 设函数 $f(x)\in C[a,b]$,则 $f(x)$在$[a,b]$上有界.

证明 假设 $f(x)$在$[a,b]$上无界,则 $\forall n\in\mathbf{N}_+$,$\exists x_n\in[a,b]$,$|f(x_n)|>n$,即 $\lim\limits_{n\to\infty}f(x_n)=\infty$.由$\{x_n\}\subseteq[a,b]$,得$\{x_n\}$有界,由 Bolzano-Weierstrass 定理,$\{x_n\}$存在收敛子列$\{x_{n_k}\}$,设$\lim\limits_{k\to\infty}x_{n_k}=\xi$,由极限的保号性知 $\xi\in[a,b]$.

因为$\{f(x_{n_k})\}$是$\{f(x_n)\}$的子列,所以$\lim\limits_{k\to\infty}f(x_{n_k})=\infty$.

由于 $f(x)\in C[a,b]$,所以$\lim\limits_{x\to\xi}f(x)=f(\xi)$,又因为$\lim\limits_{k\to\infty}x_{x_k}=\xi$,根据归结原则,有 $\lim\limits_{k\to\infty}f(x_{n_k})=f(\xi)$,矛盾! □

证明了闭区间上连续函数的有界性之后,我们要进一步说明闭区间上连续函数的最大值、最小值的存在性.

定理 1.28(最大值最小值定理) 设函数 $f(x)\in C[a,b]$,则$\exists\xi,\eta\in[a,b]$,使得

$$f(\xi)\leqslant f(x)\leqslant f(\eta),\quad x\in[a,b].$$

证明 这里只证明最小值的存在性,同理可证最大值的存在性.

因为函数 $f(x)\in C[a,b]$,由定理 1.27 知,$f(x)$在$[a,b]$上有界,根据确界存在定理,其下确界存在,设 $m=\inf\limits_{a\leqslant x\leqslant b}\{f(x)\}$. 由下确界的定义,$\forall n\in\mathbf{N}_+$,$\exists x_n\in[a,b]$,使得

$$m\leqslant f(x_n)<m+\frac{1}{n},$$

由此可知$\lim\limits_{n\to\infty}f(x_n)=m$.由$\{x_n\}\subseteq[a,b]$,得$\{x_n\}$有界,由 Bolzano-Weierstrass 定理,$\{x_n\}$存

在收敛子列 $\{x_{n_k}\}$，设 $\lim\limits_{k\to\infty} x_{n_k}=\xi$，由极限的保号性知 $\xi\in[a,b]$.

因为 $\{f(x_{n_k})\}$ 是 $\{f(x_n)\}$ 的子列，所以 $\lim\limits_{k\to\infty} f(x_{n_k})=m$.

由于 $f(x)\in C[a,b]$，所以 $\lim\limits_{x\to\xi} f(x)=f(\xi)$，又因为 $\lim\limits_{k\to\infty} x_{n_k}=\xi$，根据归结原则，有 $\lim\limits_{k\to\infty} f(x_{n_k})=f(\xi)$. 由极限的唯一性，有 $f(\xi)=m$，即 $f(\xi)=\inf\limits_{a\leqslant x\leqslant b}\{f(x)\}$，所以 $f(\xi)$ 是 $f(x)$ 在 $[a,b]$ 上的最小值. □

证明最大值最小值定理之后，有界性定理自然就没有实际的用途了，但读者要明确其中的逻辑关系，我们是先证明了有界性定理，再进一步证明了最大值最小值定理，这其中的逻辑次序是不可改变的.

例 1.6.12　设函数 $f(x)\in C[a,b]$，$x_1,x_2,\cdots,x_n\in[a,b]$ 为 n 个实数. 证明：$\exists\,\theta\in[a,b]$，使得

$$f(\theta)=\frac{f(x_1)+f(x_2)+\cdots+f(x_n)}{n}.$$

证明　因为函数 $f(x)\in C[a,b]$，所以 $\exists\,\xi,\eta\in[a,b]$，使得

$$f(\xi)\leqslant f(x)\leqslant f(\eta),\quad x\in[a,b],$$

又 $x_1,x_2,\cdots,x_n\in[a,b]$，于是 $f(\xi)\leqslant\dfrac{f(x_1)+f(x_2)+\cdots+f(x_n)}{n}\leqslant f(\eta)$，根据介值定理，$\exists\,\theta\in[a,b]$，使得

$$f(\theta)=\frac{f(x_1)+f(x_2)+\cdots+f(x_n)}{n}.$$ □

*1.6.3　函数的一致连续性

前面我们讨论了函数在一个区间上的连续性. 例如，函数 $f(x)$ 在区间 I 上连续，就是指函数 $f(x)$ 在 I 的每个点 x_0 处连续（端点处为单侧连续），即

$$\forall\,x_0\in I,\quad \lim_{x\to x_0} f(x)=f(x_0),$$

也就是说，

$$\forall\,x_0\in I,\forall\,\varepsilon>0,\exists\,\delta>0,\text{当}\,|x-x_0|<\delta\,\text{时，有}\,|f(x)-f(x_0)|<\varepsilon.$$

从定义中看出，这里的 δ 通常依赖 x_0 与 ε，且取法不唯一，为了叙述方便，我们假定这里所讨论的 δ 是满足上述不等式中“最大的”，即 $\forall\,x_0\in I$，$\forall\,\varepsilon>0$，取

$$\delta_{x_0,\varepsilon}=\sup\{\delta\mid \text{当}\,|x-x_0|<\delta\,\text{时，有}\,|f(x)-f(x_0)|<\varepsilon\}.$$

对于点 x_0 来说，$\delta_{x_0,\varepsilon}$ 相当于一个“标准”，只要 x 与 x_0 的距离小于 $\delta_{x_0,\varepsilon}$，$f(x)$ 与 $f(x_0)$ 的距离就小于 ε. 但对于区间 I 中不同的点 x_0，其标准 $\delta_{x_0,\varepsilon}$ 一般不同，甚至随着 x_0 的变化，其标准可能会变得越来越“严格”，例如函数 $f(x)=\dfrac{1}{x}$. 如图 1-18，函数 $f(x)=\dfrac{1}{x}$ 在 $(0,+\infty)$ 内连续，于是 $\forall\,x_0\in(0,+\infty)$，$\forall\,\varepsilon>0$，不妨设 $\varepsilon<\dfrac{1}{x_0}$，要使 $\left|\dfrac{1}{x}-\dfrac{1}{x_0}\right|<\varepsilon$，只需 $\dfrac{1-x_0\varepsilon}{x_0}<\dfrac{1}{x}<\dfrac{1+x_0\varepsilon}{x_0}$，即 $\dfrac{x_0}{1+x_0\varepsilon}<x<\dfrac{x_0}{1-x_0\varepsilon}$，也就是说，使得 $\left|\dfrac{1}{x}-\dfrac{1}{x_0}\right|<\varepsilon$ 的 x 构成的区

间长度为$\dfrac{x_0}{1-x_0\varepsilon}-\dfrac{x_0}{1+x_0\varepsilon}=\dfrac{2x_0^2\varepsilon}{1-x_0^2\varepsilon^2}$，这就意味着即使取相同的 ε，对于不同的点 x_0，取到的 $\delta_{x_0,\varepsilon}$ 也会不同，当 x_0 越接近 0 时，所取到的 $\delta_{x_0,\varepsilon}$ 会越小，也就是说使不等式 $\left|\dfrac{1}{x}-\dfrac{1}{x_0}\right|<\varepsilon$ 成立的标准越“苛刻”.

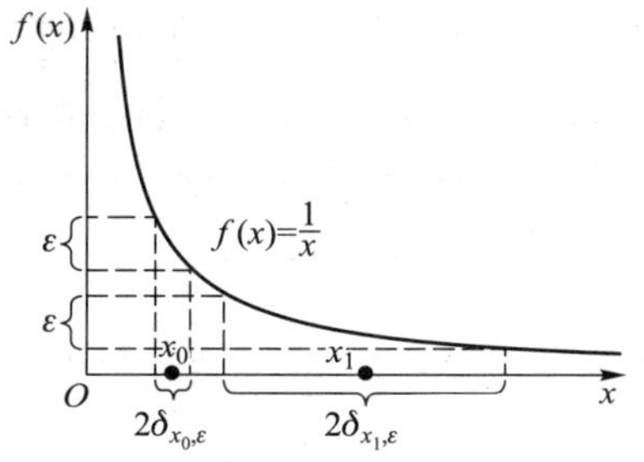

图 1－18

我们讨论的连续函数中是否有这样一类连续函数，对于不同的点，能够找到一个相同的 δ_ε，也就是找到一个不依赖于 x_0 的 δ_ε，它们对每个点的连续性都有一个公共的标准？这就是本小节要讨论的函数的一致连续性.

这里的“一致”是“公平性”的体现，我们在生活中也有许多“一致”的例子. 例如大学本科阶段的课程以 60 分为及格就是“一致”的体现，不论哪位同学，只要期末总评成绩大于或等于 60 分，就及格，这个及格线对所有同学是一致的，如果根据不同的同学设置不同的及格线，那么及格线就是不一致的，就会导致不同同学的及格标准可能会越来越苛刻.

下面我们给出一致连续的定义.

定义 1.29　设函数 $f(x)$ 在区间 I 上有定义. 若 $\forall\varepsilon>0$，$\exists\delta_\varepsilon>0$，使得 $\forall x,y\in I$，只要 $|x-y|<\delta_\varepsilon$，就有 $|f(x)-f(y)|<\varepsilon$，则称 $f(x)$ 在区间 I 上**一致连续**.

函数 $f(x)$ 在区间 I 上一致连续反映的是 $f(x)$ 在区间 I 上的一个整体性质.

一致连续的例子

例 1.6.13　证明：函数 $f(x)=\cos x$ 在 $(-\infty,+\infty)$ 上一致连续.

证明　$\forall x,y\in(-\infty,+\infty)$，有

$$|\cos x-\cos y|=\left|2\sin\frac{x+y}{2}\sin\frac{x-y}{2}\right|\leqslant 2\left|\sin\frac{x-y}{2}\right|\leqslant|x-y|.$$

$\forall\varepsilon>0$，取 $\delta=\varepsilon$，$\forall x,y\in(-\infty,+\infty)$，只要 $|x-y|<\delta$，就有 $|\cos x-\cos y|<\varepsilon$，所以函数 $f(x)=\cos x$ 在 $(-\infty,+\infty)$ 上一致连续. □

由一致连续的定义我们容易知道，函数 $f(x)$ 在区间 I 上**一致连续**，则 $f(x)$ 在区间 I 上连续，但反之不一定成立，也就是说一致连续性质比连续性质对函数的要求“高”，那么除了定义，如何判断函数的一致连续性呢？下面我们给出判断函数在某一区间上一致连续的充要条件.

定理 1.29(一致连续的充要条件) 函数 $f(x)$ 在区间 I 上一致连续当且仅当对任意两个数列 $\{x_n\},\{y_n\}\subseteq I$，当 $\lim\limits_{n\to\infty}(x_n-y_n)=0$ 时，均有 $\lim\limits_{n\to\infty}[f(x_n)-f(y_n)]=0$.

证明 必要性.因为函数 $f(x)$ 在区间 I 上一致连续，所以 $\forall\varepsilon>0$，$\exists\delta_\varepsilon>0$，使得 $\forall x,y\in I$，只要 $|x-y|<\delta_\varepsilon$，就有 $|f(x)-f(y)|<\varepsilon$.

任意两个数列 $\{x_n\},\{y_n\}\subseteq I$，若 $\lim\limits_{n\to\infty}(x_n-y_n)=0$，则对上述的 $\delta_\varepsilon>0$，$\exists N\in\mathbf{N}_+$，当 $n>N$ 时，$|x_n-y_n|<\delta_\varepsilon$，从而 $|f(x_n)-f(y_n)|<\varepsilon$，于是 $\lim\limits_{n\to\infty}[f(x_n)-f(y_n)]=0$.

充分性. 采用反证法.假设函数 $f(x)$ 在区间 I 上非一致连续，则 $\exists\varepsilon_0>0$，$\forall\delta>0$，$\exists x_\delta, y_\delta\in I$，虽然 $|x_\delta-y_\delta|<\delta$，但是 $|f(x_\delta)-f(y_\delta)|\geqslant\varepsilon_0$.

对 $\delta=1$，$\exists x_1,y_1\in I$，虽然 $|x_1-y_1|<1$，但是 $|f(x_1)-f(y_1)|\geqslant\varepsilon_0$；

对 $\delta=\dfrac{1}{2}$，$\exists x_2,y_2\in I$，虽然 $|x_2-y_2|<\dfrac{1}{2}$，但是 $|f(x_2)-f(y_2)|\geqslant\varepsilon_0$；…；

对 $\delta=\dfrac{1}{n}$，$\exists x_n,y_n\in I$，虽然 $|x_n-y_n|<\dfrac{1}{n}$，但是 $|f(x_n)-f(y_n)|\geqslant\varepsilon_0$；….

于是我们得到了两个数列 $\{x_n\},\{y_n\}\subseteq I$，且 $\lim\limits_{n\to\infty}(x_n-y_n)=0$，但是 $\lim\limits_{n\to\infty}[f(x_n)-f(y_n)]\neq 0$，与已知矛盾！故函数 $f(x)$ 在区间 I 上一致连续. □

例 1.6.14 证明：函数 $f(x)=\sin\dfrac{1}{x}$ 在 $(0,1)$ 上非一致连续.

证明 取 $x_n=\dfrac{1}{2n\pi+\dfrac{\pi}{2}}$，$y_n=\dfrac{1}{2n\pi}$，则 $x_n,y_n\in(0,1)$，且 $\lim\limits_{n\to\infty}(x_n-y_n)=0$. 但是 $\lim\limits_{n\to\infty}[f(x_n)-f(y_n)]=\lim\limits_{n\to\infty}\left(\sin\dfrac{1}{x_n}-\sin\dfrac{1}{y_n}\right)=1$，根据定理 1.29，函数 $f(x)=\sin\dfrac{1}{x}$ 在 $(0,1)$ 上非一致连续. □

讨论函数的一致连续性时要指明区间，例如函数 $f(x)=x^2$ 在任何有界区间上都是一致连续的，但是在 $(-\infty,+\infty)$ 上却是非一致连续的，读者可以尝试证明.

对于定义在闭区间上的连续函数，其连续性与一致连续性是等价的，这就是下面的定理.

定理 1.30(Cantor(康托尔)定理) 若函数 $f(x)$ 在 $[a,b]$ 上连续，则 $f(x)$ 在 $[a,b]$ 上一致连续.

证明 假设函数 $f(x)$ 在 $[a,b]$ 上非一致连续，根据定理 1.29，$\exists\varepsilon_0>0$，及两个数列 $\{x_n\},\{y_n\}\subseteq[a,b]$，$|x_n-y_n|<\dfrac{1}{n}$，但是 $|f(x_n)-f(y_n)|\geqslant\varepsilon_0$.

由于 $\{x_n\},\{y_n\}$ 有界，根据例 1.3.2 可知，$\{x_n\},\{y_n\}$ 存在收敛子列 $\{x_{n_k}\},\{y_{n_k}\}$，设 $\lim\limits_{k\to\infty}x_{n_k}=x_0$，则 $x_0\in[a,b]$，又 $|x_{n_k}-y_{n_k}|<\dfrac{1}{n_k}\leqslant\dfrac{1}{k}$，于是 $\lim\limits_{k\to\infty}(x_{n_k}-y_{n_k})=0$，从而

$$\lim_{k\to\infty}y_{n_k}=x_0.$$

又因为函数 $f(x)$ 在 $[a,b]$ 上连续，所以 $\lim\limits_{x\to x_0}f(x)=f(x_0)$，根据归结原则，有

$$\lim_{k\to\infty}f(x_{n_k})=f(x_0),\quad \lim_{k\to\infty}f(y_{n_k})=f(x_0),$$

从而 $\lim\limits_{k\to\infty}[f(x_{n_k})-f(y_{n_k})]=0$，与 $|f(x_{n_k})-f(y_{n_k})|\geqslant\varepsilon_0$ 矛盾！于是 $f(x)$ 在 $[a,b]$ 上一致连续. □

例 1.6.15 设函数 $f(x)\in C[a,+\infty)$，且 $\lim\limits_{x\to+\infty}f(x)$ 存在. 证明：$f(x)$ 在 $[a,+\infty)$ 上一致连续.

证明 由于 $\lim\limits_{x\to+\infty}f(x)$ 存在，根据 Cauchy 收敛原理，$\forall\varepsilon>0$，$\exists M\geqslant a$，使得当 $x,y\in[M,+\infty)$ 时，有 $|f(x)-f(y)|<\varepsilon$.

另一方面，函数 $f(x)$ 在区间 $[a,M+1]$ 上连续，由定理 1.30 知，$f(x)$ 在区间 $[a,M+1]$ 上一致连续，故对上述的 $\varepsilon>0$，$\exists\delta_1>0$，$\forall x,y\in[a,M+1]$，只要 $|x-y|<\delta_1$，就有

$$|f(x)-f(y)|<\varepsilon.$$

取 $\delta=\min\{1,\delta_1\}$，$\forall x,y\in[a,+\infty)$，当 $|x-y|<\delta$ 时，要么 $x,y\in[a,M+1]$，要么 $x,y\in[M,+\infty)$，两种情况下均有 $|f(x)-f(y)|<\varepsilon$，故 $f(x)$ 在 $[a,+\infty)$ 上一致连续. □

习题 1.6

(A)

1. 思考下列问题，并说明原因.

(1) 若函数 $f(x)$ 在点 x_0 处连续，$f(x)$ 是否在点 x_0 的邻域内有定义？

(2) 若函数 $f(x)$ 在点 x_0 处连续，$f(x)$ 是否在点 x_0 的邻域内连续？

(3) 若函数 $f(x)$，$g(x)$ 在点 x_0 处均不连续，$f(x)+g(x)$，$f(x)g(x)$ 在点 x_0 处是否也不连续？

2. 研究下列函数在点 $x_0=0$ 处的连续性：

(1) $f(x)=\begin{cases}e^{-\frac{1}{x^2}}, & x\neq0,\\ 0, & x=0.\end{cases}$　　(2) $f(x)=\begin{cases}\dfrac{\sin x}{|x|}, & x\neq0,\\ 1, & x=0.\end{cases}$

(3) $f(x)=\operatorname{sgn}(\sin x)$.　　(4) $f(x)=\begin{cases}|x|^{\alpha}\sin\dfrac{1}{x}, & x\neq0,\\ 0, & x=0.\end{cases}$

3. 确定常数 a，使得下列函数 $f(x)$ 在 $(-\infty,+\infty)$ 上连续.

(1) $f(x)=\begin{cases}\dfrac{\sqrt{1+x^2}-\sqrt{1-x^2}}{x^2}, & x<0,\\ 3x+a, & x\geqslant0.\end{cases}$　　(2) $f(x)=\begin{cases}x+a, & x\leqslant0,\\ \dfrac{\ln(1+x)}{x}, & x>0.\end{cases}$

4. 指出下列函数的间断点及其类型：

(1) $f(x)=\begin{cases}x+\dfrac{1}{x}, & x\neq0,\\ 0, & x=0.\end{cases}$　　(2) $f(x)=[\,|\sin x|\,]$.

(3) $f(x)=\operatorname{sgn}(|x|)$.

5. 设函数 $f(x)$ 在点 x_0 处连续，证明：$|f(x)|$，$f^2(x)$ 也在点 x_0 处连续.反之成立吗？

6. 设函数 $f(x)\in C[0,2a]$，且 $f(0)=f(2a)$. 证明：$\exists\xi\in[0,a]$使得 $f(\xi)=f(\xi+a)$.

7. 设 $a_{2m}<0$，证明：实系数多项式 $x^{2m}+a_1x^{2m-1}+\cdots+a_{2m-1}x+a_{2m}$ 至少有两个零点.

8. 设 $a<b<c$，证明：函数 $f(x)=\dfrac{1}{x-a}+\dfrac{1}{x-b}+\dfrac{1}{x-c}$在区间$(a,c)$内恰有两个零点.

9. 设 $f(x)\in C[a,b)$，且 $\lim\limits_{x\to b^-}f(x)$存在，证明：$f(x)$在$[a,b)$上有界.

10. 设函数 $f(x)\in C(-\infty,+\infty)$，且$\lim\limits_{x\to\infty}f(x)=+\infty$，证明：$f(x)$在$(-\infty,+\infty)$上有最小值.

11. 证明下列函数在给定区间上一致连续.

(1) $f(x)=x^2,\ x\in(1,3)$.　　(2) $f(x)=\ln x,\ x\in(2,+\infty)$.

(3) $f(x)=\sin x,\ x\in(-\infty,+\infty)$.　　(4) $f(x)=\sqrt{x},\ x\in[0,+\infty)$.

12. 若函数 $f(x)$在$[a,b]$上一致连续，且在$[b,c]$上一致连续，证明：$f(x)$在$[a,c]$上一致连续.

13. 若函数 $f(x),g(x)$在 I 上一致连续，k_1k_2 为常数. 证明：$k_1f(x)+k_2g(x)$在 I 上一致连续.

14. 证明下列函数在给定区间上非一致连续.

(1) $f(x)=x^2,\ x\in[0,+\infty)$.　　(2) $f(x)=\ln x,\ x\in(0,+\infty)$.

(3) $f(x)=\sin x^2,\ x\in(-\infty,+\infty)$.　　(4) $f(x)=x\sin x,\ x\in(-\infty,+\infty)$.

15. 已知函数 $f(x),g(x)$在区间 I 上一致连续，且 $f(x),g(x)$有界，证明：$f(x)g(x)$在 I 上一致连续.

(B)

1. 设函数 $f(x)=\lim\limits_{n\to\infty}\dfrac{x^{2n+1}+1}{x^{2n+1}-x^{n+1}+x}$，求 $f(x)$的间断点.

2. 若连续函数在有理点处的函数值为 0，证明：此函数恒为 0.

3. 设函数 $f(x)\in C[0,1]$，且 $f(0)=f(1)$.试证：

(1) $\exists\xi\in[0,1]$，使得 $f(\xi)=f\left(\xi+\dfrac{1}{2}\right)$.

(2) $\forall n\in\mathbf{N}_+$，$\exists\xi\in[0,1]$，使得 $f(\xi)=f\left(\xi+\dfrac{1}{n}\right)$.

4. 设函数 $f(x)$在$(0,+\infty)$上有定义，且 $f(x^2)=f(x)$. 若 $f(x)$在 $x=1$ 处连续，证明：$f(x)$恒为常数.

5. 设函数 $f(x)$在区间 I 上满足 $\exists L>0,\forall x,y\in I,|f(x)-f(y)|\leqslant L|x-y|$.

(1) 证明：$f(x)$在 I 上一致连续.

(2) 若 $L\in(0,1)$，且 $a_1\in\mathbf{R}$，$a_{n+1}=f(a_n)$，证明：$\{a_n\}$收敛，且其极限值为函数 $f(x)$唯一的不动点.

6. 讨论函数 $f(x)=\begin{cases}\dfrac{x(x+2)}{\sin\pi x}, & x<0,\\ \dfrac{\sin x}{x^2-1}, & x\geqslant 0\end{cases}$ 的连续性.

7. 已知函数 $f(x)=\lim\limits_{n\to\infty}\dfrac{x^{2n-1}+ax^2+bx}{x^{2n}+1}$为$(-\infty,+\infty)$上的连续函数，求常数 a,b.

8. 试举出一个函数 $f(x)$，它只在 $x=0,1,2$ 三点连续，其余的点均为第二类间断点.

9. 若函数 $f(x)$在$[a,b]$上连续，并且存在反函数，证明：$f(x)$在$[a,b]$上单调.

10. 证明：不存在$(-\infty,+\infty)$上的连续函数 $f(x)$，使得 $f(f(x))=\mathrm{e}^{-x}$.

11. 已知函数 $f(x)\in C(a,b)$.

(1) 证明：$f(x)$在(a,b)上一致连续当且仅当$\lim\limits_{x\to a^+} f(x)$，$\lim\limits_{x\to b^-} f(x)$均存在.

(2) 利用(1)证明：函数$y=\dfrac{\sin x}{x}$在$(0,1)$上一致连续.

(3) 若函数$f(x)$在(a,b)上一致连续，证明：$f(x)$在(a,b)上有界.

12. 设n为正整数，证明：$f(x)=x^{\frac{1}{n}}$在$[0,+\infty)$上一致连续.

13. 若函数$f(x)$在区间I上一致连续，$g(u)$在(a,b)上一致连续，且$\forall x\in I$，有$f(x)\in(a,b)$. 证明：$g(f(x))$在区间I上一致连续.

14. 已知函数$f(x)$在$[0,+\infty)$上连续.

(1) 若$\lim\limits_{x\to+\infty}[f(x)-x]=0$，证明：$f(x)$在$[0,+\infty)$上一致连续.

(2) 若$\lim\limits_{x\to+\infty}[f(x)-x^2]=0$，证明：$f(x)$在$[0,+\infty)$上非一致连续.

第一章部分习题参考答案或提示

第二章　一元函数微分学及其应用

数学中研究导数、微分及其应用的部分称为微分学，研究不定积分、定积分及其应用的部分称为积分学，微分学与积分学统称为微积分学.微积分学是高等数学最基本和最重要的组成部分，是现代数学许多分支的基础，是人类认识客观世界、探索宇宙奥秘乃至人类自身的典型数学工具之一. 微分学是微积分学的重要组成部分，其内容包括：两个基本概念（导数和微分）及两套运算法则，几个基本定理（中值定理和 Taylor（泰勒）公式）与微分学的应用.

§2.1　导数的概念

导数是微积分学中的一个基本概念. 导数（高阶导数）概念可以用来描述物理学、化学等自然科学中的许多基本量. 这样，导数（高阶导数）概念的引入就使得物理学、化学等自然科学中基本量之间的某些定性规律具有定量的表现形式，从而能够深刻地揭示出各种量的内在规律和特性. 因此导数概念有着广泛的实际应用.

2.1.1　引例

导数的概念

引例 1　瞬时速度

设

$$s=s(t)$$

为一物体的变速运动方程. 为了求该物体在任一时刻 t_0 的速度，取此 t_0 稍后的时刻 $t_0+\Delta t$. 这时，该物体从时刻 t_0 到时刻 $t_0+\Delta t$ 的 Δt 时间内所走的路程是

$$\Delta s=s(t_0+\Delta t)-s(t_0),$$

所以，在 Δt 时间内该物体的平均速度是

$$\frac{\Delta s}{\Delta t}=\frac{s(t_0+\Delta t)-s(t_0)}{\Delta t}.$$

容易理解，当 Δt 很小时，从 t_0 到 $t_0+\Delta t$ 这段时间内的运动可以近似看成是匀速运动. 因此，Δt 越小，上述平均速度越接近 t_0 时刻的瞬时速度. 依此，我们自然定义该物体在 t_0 时刻的瞬时速度 $v(t_0)$ 为

$$v(t_0)=\lim_{\Delta t\to 0}\frac{\Delta s}{\Delta t}=\lim_{\Delta t\to 0}\frac{s(t_0+\Delta t)-s(t_0)}{\Delta t}.$$

引例 2　非均匀杆的线密度

设 L 为一物质分布不均匀的非均匀杆. 如图 2-1 所示，取杆的轴线为 x 轴，它的左端点为原点，杆所在的半轴为正半轴，右端点的坐标为 l.于是若用函数

$$m=m(x),\quad 0\leqslant x\leqslant l$$

表示分布在原点到点 x 一段杆上的质量，则欲求非均匀杆在某点 x_0 处的线密度，我们在 x_0 邻近取一点 $x_0+\Delta x$. 容易看出，量

$$\frac{\Delta m}{\Delta x}=\frac{m(x_0+\Delta x)-m(x_0)}{\Delta x}$$

是非均匀杆从 x_0 到 $x_0+\Delta x$ 一段的平均线密度，因而我们自然定义非均匀杆在点 x_0 处的线密度为

$$\rho(x_0)=\lim_{\Delta x\to 0}\frac{\Delta m}{\Delta x}=\lim_{\Delta x\to 0}\frac{m(x_0+\Delta x)-x(x_0)}{\Delta x}.$$

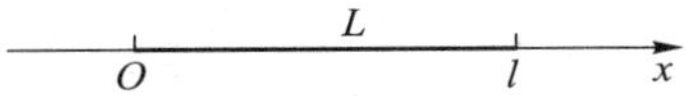

图 2-1

引例 3　平面曲线的切线斜率

设曲线 C 为一条连续的平面曲线，其方程为 $y=f(x)$. 点 M 是曲线 C 上的一个定点，它的坐标为(x_0,y_0)(图 2-2).在点 M 近旁任取 C 上的一点 N，它的坐标为$(x_0+\Delta x,y_0+\Delta y)$，于是割线 MN 的斜率为

$$k_{MN}=\tan\varphi=\frac{\Delta y}{\Delta x}=\frac{f(x_0+\Delta x)-f(x_0)}{\Delta x}.$$

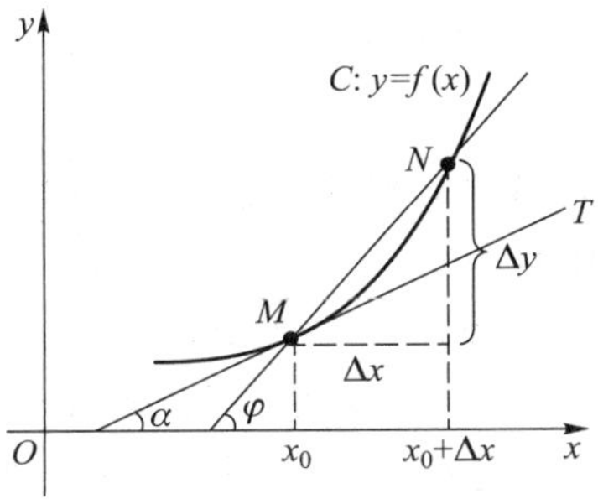

图 2-2

当点 N 沿曲线 C 趋于点 M，即 $\Delta x\to 0$ 时，如果上式极限存在，设其为 k，即

$$k=\tan\alpha=\lim_{\Delta x\to 0}\tan\varphi=\lim_{\Delta x\to 0}\frac{\Delta y}{\Delta x}=\lim_{\Delta x\to 0}\frac{f(x_0+\Delta x)-f(x_0)}{\Delta x},$$

k 就是曲线 C 在点 M 处的切线 MT 的**斜率**.

上述三个引例，一个是**变速运动的速度**问题，一个是非均匀**分布的密度**问题，还有一个是**平面曲线的切线斜率**问题. 它们各自的具体含义并不相同，但是具有相同的数学表示形式，都可归结为考虑函数增量与自变量增量之比在自变量增量趋于零时的极限，也就是函数对自变量的变化率. 抛开这些量的具体意义，我们抽象出数量关系上的共同特点，就得到导数的概念.

2.1.2 导数的定义

定义 2.1 设函数 $y=f(x)$在点 x_0 的某个邻域内有定义，当自变量 x 在 x_0 处有增量 Δx 时，相应的函数增量为 Δy. 如果差商的极限

$$\lim_{\Delta x\to 0}\frac{\Delta y}{\Delta x}=\lim_{\Delta x\to 0}\frac{f(x_0+\Delta x)-f(x_0)}{\Delta x} \tag{2.1.1}$$

存在，我们就说函数 $y=f(x)$在点 x_0 处可导. 而这个极限值就叫做函数 $y=f(x)$在点 x_0 处的**导数**(或**微商**、**变化率**)，并且记为 $f'(x_0)$，即

$$f'(x_0)=\lim_{\Delta x\to 0}\frac{f(x_0+\Delta x)-f(x_0)}{\Delta x}. \tag{2.1.2}$$

导数的记号除了 $f'(x_0)$外，还有 $y'(x_0)$，$y'|_{x=x_0}$，$\left.\frac{\mathrm{d}y}{\mathrm{d}x}\right|_{x=x_0}$和$\left.\frac{\mathrm{d}f(x)}{\mathrm{d}x}\right|_{x=x_0}$等.

在(2.1.2)式中，若记 $x=x_0+\Delta x$(自然有 $\Delta x=x-x_0$)，则函数 $y=f(x)$在点 x_0 处的导数也可以写成

$$f'(x_0)=\lim_{x\to x_0}\frac{f(x)-f(x_0)}{x-x_0}. \tag{2.1.3}$$

导数的定义也可采取不同的表达形式，例如，在(2.1.2)式中，令 $t=\Delta x$，则

$$f'(x_0)=\lim_{t\to 0}\frac{f(x_0+t)-f(x_0)}{t}.$$

如果极限式(2.1.2)不存在，则称函数 $y=f(x)$在点 x_0 处**不可导**，称 x_0 为 $y=f(x)$的**不可导点**.

注 在学习数学的过程中，凭借直观去学习运算是容易的；但要学习分析和论证，明白为什么可以那样去运算，就比较困难了.

导数的计算法则涉及微分学的基础. 大约在 1671 年，Newton 在研究导数时，称变化的量为**流量**，称变化率为**流数**(即导数). 举例来说，为求函数 $x=t^2$ 的导数，按流数术(即求导数的方法)，先给 t 添加一个流量(无穷小增量)0，相应地，x 便从 t^2 变为$(t+0)^2$，故 x 获得的流量为$(t+0)^2-t^2=2t\cdot 0+0^2$，计算两者的比值：

$$\frac{(t+0)^2-t^2}{0}=\frac{2t\cdot 0+0^2}{0}=2t+0,$$

最后，再在所得结果中把 0 项舍掉. 这样便得到 Newton 所说的“最终比”(ultimate ratio)：

$$\dot{x}=2t.$$

显然，这就是 x 关于 t 的导数. 如采用 Leibniz 的记法，也可写成$\frac{\mathrm{d}x}{\mathrm{d}t}=2t$.

对此，首先发难的是 18 世纪著名的英国主教 G. Berkeley(伯克莱). 他在 1734 年出版的《分析学家》一书中，对 Newton 的流数术进行了一系列责难. 其核心问题就是要否定求导逻辑的合理性.

Berkeley 的责难是这样的：首先要问上述算法中的增量 0 究竟是非零量还是真正的零，

如果是非零量，则 $2t+0$ 式中的 0 就不能舍掉；如果是真正的零，则 $(t+0)^2$ 与 t^2 无异，即 $(t+0)^2=t^2$，因而所求比值变为无意义的 $\frac{0}{0}$."总之，不论怎样看，Newton 的流数算法是不合逻辑的."这就是历史上著名的"Berkeley 悖论". 当年，Berkeley 还把 Newton 的流数讥之为"消逝量的鬼魂".

采用如今一般教科书中的记法，Newton 的算法相当于取极限

$$\lim_{\Delta t\to 0}\frac{(t+\Delta t)^2-t^2}{\Delta t}=\lim_{\Delta t\to 0}\frac{2t\cdot\Delta t+(\Delta t)^2}{\Delta t}=\lim_{\Delta t\to 0}(2t+\Delta t)=2t.$$

这里应该指出，Newton 本人的概念和思路其实是十分清晰的：他以物质运动(包括时间流逝)的连续变化量为直观背景，把增量 0 看成是一个流量(即变数)，它可以从非零变化到真正的零，从而得到他所要求的最终比. 所谓最终比，即包含比值(变量)随着变化而最终达到极限的意思(注意，由于 Newton 的流数概念常以力学为背景，故变量的变化过程总能达到极限). 所以，Newton 的头脑里不仅有了变量概念，而且还有让变量变化到最终状态时的"极限"概念.

由上所论，可见 Berkeley 悖论之所以出现，并不是由于推理上的粗心大意，而恰恰是因为 Berkeley 根本上缺乏变量、极限的观念，以致只能从初等数学的形式演算上去考虑问题.

如果函数 $y=f(x)$ 在开区间 $I=(a,b)$ 内的每点处都可导，则称函数 $f(x)$ 在开区间 I 内**可导**.

设函数 $y=f(x)$ 在开区间 I 内可导，则对 I 内每一点 x，都有一个导数值 $f'(x)$ 与之对应，因此，$f'(x)$ 也是 x 的函数，称其为 $f(x)$ 的**导函数**，记作

$$y'(x),f'(x),\frac{\mathrm{d}y}{\mathrm{d}x}\text{或}\frac{\mathrm{d}f(x)}{\mathrm{d}x}.$$

根据导数的定义求导，一般包含以下三个步骤：

(1) 求函数的增量：$\Delta y=f(x+\Delta x)-f(x)$.

(2) 求两增量的比值：$\frac{\Delta y}{\Delta x}=\frac{f(x+\Delta x)-f(x)}{\Delta x}$.

(3) 求极限：$\lim\limits_{\Delta x\to 0}\frac{\Delta y}{\Delta x}$.

例 2.1.1　证明任意常数 C 的导数都是零：$\frac{\mathrm{d}C}{\mathrm{d}x}=0$.

证明　因为 $y=C$，则差商

$$\frac{\Delta y}{\Delta x}=\frac{f(x+\Delta x)-f(x)}{\Delta x}=\frac{C-C}{\Delta x}=0,$$

所以

$$\frac{\mathrm{d}C}{\mathrm{d}x}=\lim_{\Delta x\to 0}\frac{\Delta y}{\Delta x}=0.$$ □

例 2.1.2　设 n 为正整数，证明：$\frac{\mathrm{d}(x^n)}{\mathrm{d}x}=nx^{n-1}$.

证明　$y=x^n$，当 $\Delta x\neq 0$ 时，由二项式定理有

$$\frac{\Delta y}{\Delta x}=\frac{(x+\Delta x)^n-x^n}{\Delta x}=\frac{C_n^0x^n+C_n^1x^{n-1}\Delta x+C_n^2x^{n-2}(\Delta x)^2+\cdots+C_n^n(\Delta x)^n-x^n}{\Delta x}$$

$$=\frac{x^n+nx^{n-1}\Delta x+\dfrac{n(n-1)}{2!}x^{n-2}(\Delta x)^2+\cdots+(\Delta x)^n-x^n}{\Delta x}$$

$$=nx^{n-1}+\frac{n(n-1)}{2}x^{n-2}\Delta x+\cdots+(\Delta x)^{n-1},$$

于是，令 $\Delta x\to 0$，取极限，根据极限的四则运算法则以及连续函数的性质，得到

$$\frac{\mathrm{d}y}{\mathrm{d}x}=\frac{\mathrm{d}(x^n)}{\mathrm{d}x}=\lim_{\Delta x\to 0}\frac{\Delta y}{\Delta x}=nx^{n-1}.$$ □

例 2.1.3　证明：$\dfrac{\mathrm{d}(\sin x)}{\mathrm{d}x}=\cos x$，$\dfrac{\mathrm{d}(\cos x)}{\mathrm{d}x}=-\sin x$.

证明　$y=\sin x$，则 $\Delta y=\sin(x+\Delta x)-\sin x=2\cos\left(x+\dfrac{\Delta x}{2}\right)\sin\dfrac{\Delta x}{2}$，即有

$$\frac{\Delta y}{\Delta x}=\cos\left(x+\frac{\Delta x}{2}\right)\cdot\frac{\sin\dfrac{\Delta x}{2}}{\dfrac{\Delta x}{2}},$$

根据极限的四则运算法则以及连续函数的性质，得到

$$\frac{\mathrm{d}y}{\mathrm{d}x}=\frac{\mathrm{d}(\sin x)}{\mathrm{d}x}=\lim_{\Delta x\to 0}\frac{\Delta y}{\Delta x}=\lim_{\Delta x\to 0}\left[\cos\left(x+\frac{\Delta x}{2}\right)\cdot\frac{\sin\dfrac{\Delta x}{2}}{\dfrac{\Delta x}{2}}\right]$$

$$=\lim_{\Delta x\to 0}\cos\left(x+\frac{\Delta x}{2}\right)\cdot\lim_{\Delta x\to 0}\frac{\sin\dfrac{\Delta x}{2}}{\dfrac{\Delta x}{2}}=\cos x\cdot 1=\cos x.$$

此处我们用到了 $\cos x$ 的连续性（因而$\lim\limits_{\Delta x\to 0}\cos\left(x+\dfrac{\Delta x}{2}\right)=\cos x$）和$\lim\limits_{\Delta x\to 0}\dfrac{\sin\dfrac{\Delta x}{2}}{\dfrac{\Delta x}{2}}=1$.

同理可以推出$\dfrac{\mathrm{d}(\cos x)}{\mathrm{d}x}=-\sin x$.建议读者作为练习. □

例 2.1.4　设 $a>0$，且 $a\neq 1$. 证明：对数函数 $f(x)=\log_a x$ 在任意点 $x>0$ 处有导数，并且 $f'(x)=\dfrac{1}{x\ln a}$.

证明　取 $|\Delta x|>0$ 充分小，以使 $x+\Delta x>0$.注意到

$$\Delta y=f(x+\Delta x)-f(x)=\log_a(x+\Delta x)-\log_a x=\log_a\left(1+\frac{\Delta x}{x}\right),$$

根据极限的四则运算法则以及连续函数的性质，得到

$$f'(x)=\lim_{\Delta x\to 0}\frac{\Delta y}{\Delta x}=\lim_{\Delta x\to 0}\left[\frac{1}{\Delta x}\log_a\left(1+\frac{\Delta x}{x}\right)\right]=\lim_{\Delta x\to 0}\left[\frac{1}{x}\log_a\left(1+\frac{\Delta x}{x}\right)^{\frac{x}{\Delta x}}\right]$$

$$=\frac{1}{x}\left[\lim_{\Delta x\to 0}\log_a\left(1+\frac{\Delta x}{x}\right)^{\frac{x}{\Delta x}}\right]=\frac{1}{x}\log_a \mathrm{e}=\frac{1}{x\ln a}.$$

上式用到了重要极限 $\lim\limits_{\alpha\to 0}(1+\alpha)^{\frac{1}{\alpha}}=\mathrm{e}$. □

2.1.3　导数的几何意义

根据导数的定义及引例 3 可知，当函数 $y=f(x)$ 在点 x_0 可导时，导数 $f'(x_0)$ 就是曲线 $y=f(x)$ 在点 $M(x_0,y_0)$ 处的切线斜率，即

$$f'(x_0)=\tan\alpha,$$

其中 α 是曲线在 $M(x_0,y_0)$ 处的切线的倾斜角（见图 2-2）.

由此可得曲线 $y=f(x)$ 在 $M(x_0,y_0)$ 处的切线方程为

$$y-y_0=f'(x_0)(x-x_0).$$

过切点 $M(x_0,y_0)$ 同切线垂直的直线叫做曲线 $y=f(x)$ 在 $M(x_0,y_0)$ 处的法线. 如果 $f'(x_0)\neq 0$，则法线的斜率为 $-\dfrac{1}{f'(x_0)}$，从而**法线方程**为

$$y-y_0=-\frac{1}{f'(x_0)}(x-x_0).$$

当 $f'(x_0)=0$ 时，$\alpha=0$，此时曲线 $y=f(x)$ 在 $M(x_0,y_0)$ 处的切线为一水平切线（平行于 x 轴）. 一般地，如果函数 $f(x)$ 在一点可导，则曲线 $y=f(x)$ 在该点处一定存在切线，反之，曲线 $y=f(x)$ 在一点处存在切线，函数 $f(x)$ 在该点却不一定可导. 例如当 $\alpha=\pm\dfrac{\pi}{2}$ 时，$\lim\limits_{\Delta x\to 0}\dfrac{\Delta y}{\Delta x}=\pm\infty$，即 $f'(x_0)$ 不存在，但此时曲线 $y=f(x)$ 在该点处的切线为一铅直切线（垂直于 x 轴）.

例 2.1.5　求曲线 $y=x^3$ 在点 $(1,1)$ 处的切线方程及法线方程.

解　由导数的几何意义可知，曲线 $y=x^3$ 在点 $(1,1)$ 处的切线的斜率 k_1 和法线的斜率 k_2 分别是

$$k_1=f'(1)=3x^2\big|_{x=1}=3,\quad k_2=-\frac{1}{k_1}=-\frac{1}{3},$$

故切线方程为

$$y-1=3(x-1).$$

法线方程为

$$y-1=-\frac{1}{3}(x-1).$$

2.1.4　导数存在的充要条件

根据导数的定义，导数存在就是差商的极限存在，而极限存在等价于左、右极限存在且相等．因此我们有如下的等价关系：

$f'(x_0)$存在的充要条件是

$$\lim_{\Delta x\to 0^+}\frac{f(x_0+\Delta x)-f(x_0)}{\Delta x},\quad \lim_{\Delta x\to 0^-}\frac{f(x_0+\Delta x)-f(x_0)}{\Delta x}$$

存在且相等．我们称前者为 $f(x)$在点 x_0 处的**右导数**，后者为**左导数**，分别记成

极限、连续及可导关系的例子

$$f'_+(x_0)=\lim_{\Delta x\to 0^+}\frac{f(x_0+\Delta x)-f(x_0)}{\Delta x},\quad f'_-(x_0)=\lim_{\Delta x\to 0^-}\frac{f(x_0+\Delta x)-f(x_0)}{\Delta x}.$$

例 2.1.6　研究函数

$$y=|x|$$

在点 $x=0$ 的可导性．

解　因为

$$f'_+(0)=\lim_{\Delta x\to 0^+}\frac{|0+\Delta x|-|0|}{\Delta x}=\lim_{\Delta x\to 0^+}\frac{\Delta x}{\Delta x}=1,$$

$$f'_-(0)=\lim_{\Delta x\to 0^-}\frac{|0+\Delta x|-|0|}{\Delta x}=\lim_{\Delta x\to 0^-}\frac{-\Delta x}{\Delta x}=-1,$$

即 $y=|x|$在点 $x=0$ 的左、右导数都存在，但不相等，所以它在点 $x=0$ 处不可导．这一点从 $y=|x|$的图形(图 2-3)上看是十分明显的．

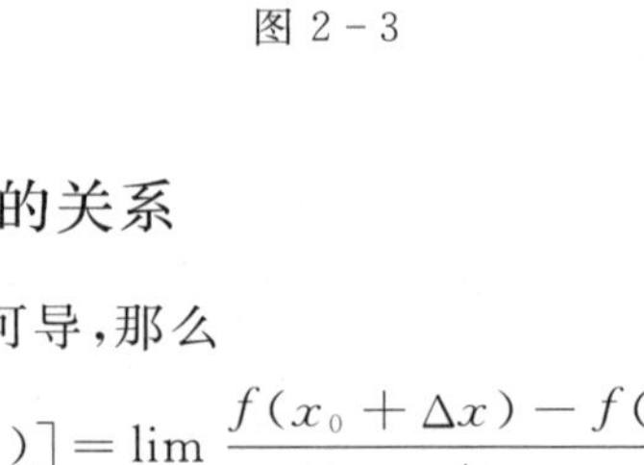

图 2-3

2.1.5　连续性与可导性的关系

如果函数 $f(x)$在点 x_0 处可导，那么

$$\lim_{\Delta x\to 0}[f(x_0+\Delta x)-f(x_0)]=\lim_{\Delta x\to 0}\frac{f(x_0+\Delta x)-f(x_0)}{\Delta x}\Delta x=f'(x_0)\cdot 0=0,$$

便可推出 $\lim\limits_{\Delta x\to 0}f(x_0+\Delta x)=f(x_0)$，即点 x_0 是 $f(x)$的连续点，由此即知，**区间上的可导函数必定是连续函数**．由例 2.1.6 可以看出，逆命题不成立，即**连续函数不一定是可导函数**，所以

可导函数是连续函数类中具有更好性质的一类函数.

在微积分理论尚不完善的时候,人们普遍认为连续函数除个别点外都是可导点. 1872 年德国数学家 Weierstrass 构造出一个处处连续但处处不可导的例子,这与人们基于直观的普遍认识大相径庭,从而震惊了数学界和思想界,这就促使人们在微积分研究中,由依赖于直观转向理性思维,大大推进了完善微积分逻辑基础的工作.

注　一般情况下,即使 $f(x)$ 在点 x_0 处可导,$|f(x)|$ 在点 x_0 处也不一定可导.

例如,$f(x)=x$ 在点 0 处可导,但 $|f(x)|=|x|$ 在点 0 处不可导. 反之,若 $|f(x)|$ 在点 x_0 处可导,一般也不能推得 $f(x)$ 在点 x_0 处可导. 例如

导数定义与某些极限的关系

$$f(x)=\begin{cases}1, & x\text{ 为有理数},\\ -1, & x\text{ 为无理数},\end{cases}$$

$|f(x)|\equiv 1$ 在点 0 处可导,但 $f(x)$ 在点 0 处不连续,因而不可导. 此外还有下面的结论:

例 2.1.7　证明:若 $|f(x)|$ 在点 x_0 处可导,$f(x)$ 在点 x_0 处连续,则 $f(x)$ 在点 x_0 处也可导.

证明　若 $f(x_0)\neq 0$,由连续函数的局部保号性,存在邻域 $U(x_0)$,$f(x)$ 在 $U(x_0)$ 中保持定号,而当 $x\in U(x_0)$ 时,必有 $|f(x)|=f(x)$ 或 $|f(x)|=-f(x)$. 于是 $|f(x)|$ 在点 x_0 处可导,即为 $f(x)$ 在点 x_0 处可导.

若 $f(x_0)=0$,则函数 $|f(x)|$ 在 $x=x_0$ 处的左导数

$$\lim_{\Delta x\to 0^-}\frac{|f(x_0+\Delta x)|-|f(x_0)|}{\Delta x}=\lim_{\Delta x\to 0^-}\frac{|f(x_0+\Delta x)|}{\Delta x}\leqslant 0,$$

而函数 $|f(x)|$ 在 $x=x_0$ 处的右导数

$$\lim_{\Delta x\to 0^+}\frac{|f(x_0+\Delta x)|-|f(x_0)|}{\Delta x}=\lim_{\Delta x\to 0^+}\frac{|f(x_0+\Delta x)|}{\Delta x}\geqslant 0,$$

所以

$$\left.\frac{\mathrm{d}|f(x)|}{\mathrm{d}x}\right|_{x=x_0}=0,$$

即

$$\lim_{\Delta x\to 0}\frac{|f(x_0+\Delta x)|-|f(x_0)|}{\Delta x}=0,$$

因为 $f(x_0)=0$,所以

$$\lim_{\Delta x\to 0}\frac{|f(x_0+\Delta x)-f(x_0)|}{\Delta x}=0\Rightarrow\lim_{\Delta x\to 0}\frac{f(x_0+\Delta x)-f(x_0)}{\Delta x}=0,$$

于是 $f'(x_0)=0$. □

习题 2.1

(A)

1. 思考题：

(1) 若函数 $f(x)$在点 x_0 处可导，试问 $f'(x_0)$与$[f(x_0)]'$有何区别？

(2) 函数的导数、左导数、右导数有什么区别和联系？

(3) 试问函数 $f(x)$在点 x_0 处不可导通常有几种情形？

(4) 函数 $f(x)$在第一类间断点处能否同时存在左导数和右导数？

2. 如果 $f'(x_0)$存在，证明：

$$f'(x_0)=\lim_{h\to 0}\frac{f(x_0+h)-f(x_0-h)}{2h}.$$

3. 求下列曲线在指定点处的切线方程：

(1) $y=x^4$，在点$(1,1)$.　　(2) $y=1+\sin x$，在点$\left(\frac{\pi}{6},\frac{3}{2}\right)$.

4. 将一物体向上抛，其运动方程是

$$s=12t-\frac{1}{2}gt^2\quad(g\text{ 是重力加速度},t\text{ 是时间}),$$

求 $t=1$ s 末的瞬时速度和到达最高点所需要的时间.

5. 设函数 $g(x)$在点 a 处连续，证明函数

$$f(x)=(x-a)g(x)$$

在点 a 处可导，并求 $f'(a)$.

6. 设函数 $f(x)=[x+1]\sin([x+1]\pi)$，求其在点 $x=0$ 处的左、右导数.

7. 若抛物线 $y=ax^2+bx+c$ 与 x 轴相切，证明：a,b,c 满足 $b^2=4ac$.

(B)

1. 确定常数 A 和 B 使

$$f(x)=\begin{cases}x^2, & x\leqslant 1,\\ Ax+B, & x>1\end{cases}$$

在点 $x=1$ 处可导.

2. 设函数 $f(x)$在原点可导且 $f(0)=0$，证明：函数

$$g(x)=\begin{cases}\dfrac{f(x)}{x}, & x\neq 0,\\ f'(0), & x=0\end{cases}$$

在点 $x=0$ 处连续.

3. 讨论下列函数在给定点处的连续性和可导性：

(1) $f(x)=\begin{cases}\sqrt{|x|}\sin\dfrac{1}{x^2}, & x\neq 0,\\ 0, & x=0,\end{cases}$ 在点 $x=0$.

(2) $f(x)=\begin{cases}x^2, & x\text{ 为有理数},\\ -x^2, & x\text{ 为无理数},\end{cases}$ 在点 $x=0$.

(3) $f(x)=\mathrm{e}^{|x-a|}$，在 $x=a$ 点.

(4) $f(x)=\begin{cases} x\arctan\dfrac{1}{x}, & x\neq 0, \\ 0, & x=0, \end{cases}$ 在点 $x=0$.

4. 证明函数 $f(x)=x|x|$ 处处可导，并求其导数.

5. 若 $f(x)$ 在点 a 处可导且 $f(a)\neq 0$，证明 $|f(x)|$ 在点 a 处也可导，并求 $\left.\dfrac{\mathrm{d}|f(x)|}{\mathrm{d}x}\right|_{x=a}$.

6. 若 $f(x)$ 是 $(-\infty,+\infty)$ 上的可导奇函数，证明：$f'(x)$ 是 $(-\infty,+\infty)$ 上的偶函数.

7. 设 $f(x)$ 在 $[a,b]$ 上连续，且 $f(a)=f(b)=0$，$f'_+(a)\cdot f'_-(b)>0$. 试证：在 (a,b) 内至少有一点 c，使 $f(c)=0$.

8. $f(x)$ 在点 $x=a$ 的邻域内可导，而 $\alpha_n<a<\beta_n\ (n=1,2,\cdots)$，$\alpha_n\to a$，$\beta_n\to a\ (n\to\infty)$，证明：

$$\lim_{n\to\infty}\frac{f(\beta_n)-f(\alpha_n)}{\beta_n-\alpha_n}=f'(a).$$

9. 设 f 是定义在 $\mathbf{R}$ 上的函数，且对任何 $x_1,x_2\in\mathbf{R}$，都有 $f(x_1+x_2)=f(x_1)\cdot f(x_2)$. 若 $f'(0)=1$，证明：对任何 $x\in\mathbf{R}$，都有 $f'(x)=f(x)$.

§2.2 求导法则

从定义出发，可以计算若干简单函数的导数，但假如每算一个函数的导数，都要这样原原本本地做一遍，是很麻烦的事.下面介绍的所谓求导法则，能将比较复杂的求导问题化成比较简单的求导问题.

函数四则运算的求导法则

2.2.1 导数的四则运算

法则 2.1 若 $u(x)$ 和 $v(x)$ 可导，则 $u(x)\pm v(x)$ 可导，并且

$$[u(x)\pm v(x)]'=u'(x)\pm v'(x). \tag{2.2.1}$$

法则 2.2 若 $u(x)$ 和 $v(x)$ 可导，则 $u(x)v(x)$ 可导，并且

$$[u(x)v(x)]'=u'(x)v(x)+u(x)v'(x). \tag{2.2.2}$$

因为常数的导函数为零，所以当 $v(x)\equiv c$（常数）时，有

$$[cu(x)]'=cu'(x). \tag{2.2.3}$$

法则 2.3 若 $u(x)$ 和 $v(x)$ 可导，则 $\dfrac{u(x)}{v(x)}$ 在 $v(x)\neq 0$ 的点处可导，并且

$$\left[\frac{u(x)}{v(x)}\right]'=\frac{u'(x)v(x)-u(x)v'(x)}{v^2(x)}. \tag{2.2.4}$$

证明 在此只证明法则 2.3，法则 2.1 和法则 2.2 请读者自己证明.

设 $f(x)=\dfrac{u(x)}{v(x)}\ (v(x)\neq 0)$，则

$$f'(x)=\lim_{\Delta x\to 0}\frac{f(x+\Delta x)-f(x)}{\Delta x}=\lim_{\Delta x\to 0}\frac{\dfrac{u(x+\Delta x)}{v(x+\Delta x)}-\dfrac{u(x)}{v(x)}}{\Delta x}$$

$$=\lim_{\Delta x\to 0}\frac{u(x+\Delta x)v(x)-u(x)v(x+\Delta x)}{v(x+\Delta x)v(x)\Delta x}$$

$$=\lim_{\Delta x\to 0}\frac{[u(x+\Delta x)-u(x)]v(x)-u(x)[v(x+\Delta x)-v(x)]}{v(x+\Delta x)v(x)\Delta x}$$

$$=\lim_{\Delta x\to 0}\frac{1}{v(x+\Delta x)v(x)}\cdot$$

$$\lim_{\Delta x\to 0}\left[\frac{u(x+\Delta x)-u(x)}{\Delta x}v(x)-u(x)\frac{v(x+\Delta x)-v(x)}{\Delta x}\right]$$

$$=\frac{u'(x)v(x)-u(x)v'(x)}{v^2(x)}.$$

从而所证结论成立. □

特别地,当 $u(x)\equiv 1$ 时,$u'(x)\equiv 0$,故

$$\left[\frac{1}{v(x)}\right]'=-\frac{v'(x)}{v^2(x)}.$$

注　法则 2.1、法则 2.2 均可推广到有限多个函数运算的情形,例如,设 $u=u(x)$,$v=v(x)$,$w=w(x)$ 均可导,则有

$$(u+v-w)'=u'+v'-w',$$

$$(uvw)'=[(uv)w]'=(uv)'w+(uv)w'=(u'v+uv')w+uvw',$$

即

$$(uvw)'=u'vw+uv'w+uvw'.$$

例 2.2.1　计算多项式 $a_nx^n+a_{n-1}x^{n-1}+\cdots+a_1x+a_0$ 的导数.

解　$(a_nx^n+a_{n-1}x^{n-1}+\cdots+a_1x+a_0)'=(a_nx^n)'+(a_{n-1}x^{n-1})'+\cdots+(a_1x)'+(a_0)'$

$$=a_n(x^n)'+a_{n-1}(x^{n-1})'+\cdots+a_1x'$$

$$=na_nx^{n-1}+(n-1)a_{n-1}x^{n-2}+\cdots+a_1.$$

例 2.2.2　应用法则 2.3,计算如下正切函数和正割函数的导数.

(1) $y=\tan x$.　　　(2) $y=\sec x$.

解　(1) $(\tan x)'=\left(\dfrac{\sin x}{\cos x}\right)'=\dfrac{(\sin x)'\cdot\cos x-\sin x\cdot(\cos x)'}{\cos^2 x}=\dfrac{\cos^2 x+\sin^2 x}{\cos^2 x}$

$$=\frac{1}{\cos^2 x}=\sec^2 x.$$

(2) $(\sec x)'=\left(\dfrac{1}{\cos x}\right)'=\dfrac{(1)'\cdot\cos x-1\cdot(\cos x)'}{\cos^2 x}=\dfrac{-(-\sin x)}{\cos^2 x}$

$$=\frac{1}{\cos x}\cdot\tan x=\sec x\tan x.$$

同理,还可求得余切函数和余割函数的导数:

$$(\cot x)'=-\csc^2 x,\quad (\csc x)'=-\csc x\cot x.$$

2.2.2　反函数的求导法则

直观上很明显,如果函数 $x=\varphi(y)$ 是单调增加(或单调减少)和连续的,则其反函数 $y=$

$f(x)$也是单调增加(或单调减少)和连续的. 而且在同一个直角坐标系中,函数 $y=f(x)$和反函数 $x=\varphi(y)$的图形是同一条曲线,因此,同一点处,曲线 $y=f(x)$的切线与曲线 $x=\varphi(y)$的切线重合,并且它同 x 轴的夹角 α 和它同 y 轴的夹角 β 互为余角(如图 2-4),即 $\alpha+\beta=\frac{\pi}{2}$. 所以,

$$\tan\alpha\cdot\tan\beta=1.$$

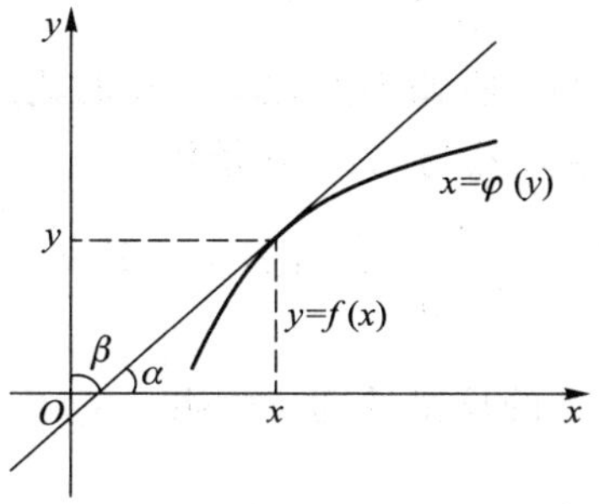

图 2-4

又由

$$f'(x)=\tan\alpha,\quad \varphi'(y)=\tan\beta,$$

得

$$f'(x)=\frac{1}{\varphi'(y)}\quad(\text{当 }\varphi'(y)\neq 0\text{ 时}),$$

即反函数的导数等于原来函数的导数之倒数. 这一几何结果可以陈述为

法则 2.4　如果 $x=\varphi(y)$在 I_y 上单调增加(或单调减少)并且是可导的,且 $\varphi'(y)\neq 0$,则 $x=\varphi(y)$的反函数 $y=f(x)$在 I_x 上单调增加(或单调减少)、可导,并且

$$f'(x)=\left.\frac{1}{\varphi'(y)}\right|_{y=f(x)}.\tag{2.2.5}$$

证明　令 $\Delta y=f(x+\Delta x)-f(x)$,因

$$y=f(x),\quad y+\Delta y=f(x+\Delta x),\quad x=\varphi(f(x)),\quad x+\Delta x=\varphi(f(x+\Delta x)),$$

从而

$$\varphi(y+\Delta y)-\varphi(y)=\varphi(f(x+\Delta x))-\varphi(f(x))=x+\Delta x-x=\Delta x,$$

故由

$$\frac{\Delta y}{\Delta x}=\frac{1}{\frac{\Delta x}{\Delta y}},$$

得到

$$\frac{f(x+\Delta x)-f(x)}{\Delta x}=\frac{1}{\frac{\varphi(y+\Delta y)-\varphi(y)}{\Delta y}}.$$

因为 $x=\varphi(y)$ 连续(可导必连续),它的反函数 $y=f(x)$ 也连续,故当 $\Delta x\to 0$ 时,有 $\Delta y\to 0$,因此

$$f'(x)=\lim_{\Delta x\to 0}\frac{f(x+\Delta x)-f(x)}{\Delta x}=\lim_{\Delta y\to 0}\frac{1}{\dfrac{\varphi(y+\Delta y)-\varphi(y)}{\Delta y}}$$

$$=\frac{1}{\lim\limits_{\Delta y\to 0}\dfrac{\varphi(y+\Delta y)-\varphi(y)}{\Delta y}}=\frac{1}{\varphi'(y)}.$$ □

注 当 $\Delta x\neq 0$ 时,必有 $\Delta y\neq 0$. 假如不然,$\Delta y=0$,也就是 $f(x+\Delta x)=f(x)=y$,则必有 $\varphi(y)=x$ 及 $\varphi(y)=x+\Delta x$,这显然与 $\Delta x\neq 0$ 矛盾.

例 2.2.3 证明:$(\arcsin x)'=\dfrac{1}{\sqrt{1-x^2}}$, $(\arccos x)'=-\dfrac{1}{\sqrt{1-x^2}}$ $(x\neq\pm 1)$.

证明 因为函数 $y=\arcsin x$ 的反函数为 $x=\sin y$,$y\in\left(-\dfrac{\pi}{2},\dfrac{\pi}{2}\right)$,又

$$\frac{\mathrm{d}x}{\mathrm{d}y}=\cos y=\sqrt{1-\sin^2 y},$$

所以有

$$y'=(\arcsin x)'=\left.\frac{1}{\dfrac{\mathrm{d}x}{\mathrm{d}y}}\right|_{y=\arcsin x}=\left.\frac{1}{\sqrt{1-\sin^2 y}}\right|_{y=\arcsin x}=\frac{1}{\sqrt{1-x^2}}.$$

同理可得

$$(\arccos x)'=-\frac{1}{\sqrt{1-x^2}}.$$ □

例 2.2.4 证明:$(\arctan x)'=\dfrac{1}{1+x^2}$, $(\operatorname{arccot} x)'=-\dfrac{1}{1+x^2}$.

证明 因为函数 $y=\arctan x$ 的反函数为 $x=\tan y$,$y\in\left(-\dfrac{\pi}{2},\dfrac{\pi}{2}\right)$,又

$$\frac{\mathrm{d}x}{\mathrm{d}y}=(\tan y)'=\frac{1}{\cos^2 y},$$

所以有

$$y'=(\arctan x)'=\frac{1}{(\tan y)'}=\frac{1}{\dfrac{1}{\cos^2 y}}=\cos^2 y=\left.\frac{1}{1+\tan^2 y}\right|_{y=\arctan x}=\frac{1}{1+x^2}.$$

同理可得

$$(\operatorname{arccot} x)'=-\frac{1}{1+x^2}.$$ □

例 2.2.5 证明:$(a^x)'=a^x\ln a\,(a>0$ 且 $a\neq 1)$, $(\mathrm{e}^x)'=\mathrm{e}^x$.

证明 因为 $y=a^x$ 的反函数为 $x=\log_a y\,(y>0)$,注意到例 2.1.4,所以

$$(a^x)'=\frac{1}{(\log_a y)'}=\frac{1}{\dfrac{1}{y\ln a}}=y\ln a=a^x\ln a.$$

特别地，$(\mathrm{e}^x)'=\mathrm{e}^x$，即指数函数 $y=\mathrm{e}^x$ 的导函数等于函数本身. □

2.2.3 复合函数的求导法则

法则 2.5(链式法则) 设函数 $u=\varphi(x)$ 在点 x 处可导，函数 $y=f(u)$ 在点 $u=\varphi(x)$ 处可导，且复合运算 $f(\varphi(x))$ 有意义，则复合函数 $y=f(\varphi(x))$ 在点 x 处可导，且

复合函数的求导法则的另一种证明

$$\frac{\mathrm{d}y}{\mathrm{d}x}=\frac{\mathrm{d}y}{\mathrm{d}u}\cdot\frac{\mathrm{d}u}{\mathrm{d}x},$$

或

$$[f(\varphi(x))]'=f'(\varphi(x))\cdot\varphi'(x). \tag{2.2.6}$$

证明 构造函数

$$\psi(\Delta u)=\begin{cases}\dfrac{f(u+\Delta u)-f(u)}{\Delta u}, & \Delta u\neq 0,\\ f'(u), & \Delta u=0,\end{cases}$$

那么

$$\lim_{\Delta u\to 0}\psi(\Delta u)=\lim_{\Delta u\to 0}\frac{f(u+\Delta u)-f(u)}{\Delta u}=f'(u)=\psi(0),$$

即 $\psi(\Delta u)$ 在点 $\Delta u=0$ 处连续. 记 $u=\varphi(x)$，$\Delta u=\varphi(x+\Delta x)-\varphi(x)$. 则

$$\frac{f(\varphi(x+\Delta x))-f(\varphi(x))}{\Delta x}=\psi(\Delta u)\cdot\frac{\varphi(x+\Delta x)-\varphi(x)}{\Delta x}. \tag{2.2.7}$$

这是因为当 $\varphi(x+\Delta x)=\varphi(x)$ 时，上式两边均为 0；当 $\varphi(x+\Delta x)\neq\varphi(x)$ 时，上式为

$$\frac{f(\varphi(x+\Delta x))-f(\varphi(x))}{\Delta x}=\frac{f(\varphi(x+\Delta x))-f(\varphi(x))}{\varphi(x+\Delta x)-\varphi(x)}\cdot\frac{\varphi(x+\Delta x)-\varphi(x)}{\Delta x},$$

当然成立. 现在(2.2.7)式的两边令 $\Delta x\to 0$，注意到 $\Delta x\to 0$ 时，$\Delta u\to 0$，取极限得

$$\lim_{\Delta x\to 0}\frac{f(\varphi(x+\Delta x))-f(\varphi(x))}{\Delta x}=\lim_{\Delta x\to 0}\psi(\Delta u)\cdot\lim_{\Delta x\to 0}\frac{\varphi(x+\Delta x)-\varphi(x)}{\Delta x}.$$

由于

$$\lim_{\Delta x\to 0}\psi(\Delta u)=\psi(0)=f'(u),$$

所以

$$[f(\varphi(x))]'=f'(\varphi(x))\cdot\varphi'(x),$$

或

$$\frac{\mathrm{d}y}{\mathrm{d}x}=\frac{\mathrm{d}y}{\mathrm{d}u}\cdot\frac{\mathrm{d}u}{\mathrm{d}x}.$$ □

这就是说，**复合函数的导数等于因变量对中间变量的导数乘中间变量对自变量的导数**，即 y 对 x 的导数等于 y 对中间变量 u 的导数乘中间变量 u 对 x 的导数. 注意(2.2.6)式中的

左端$[f(\varphi(x))]'$是$f(\varphi(x))$作为x的函数而对x求导，右端中$f'(\varphi(x))$则是将$y=f(u)$关于u求导后，把$u=\varphi(x)$代入而得的，千万不能混淆.

例如$y=f(2x)$，$f'(2x)$并不表示函数$f(2x)$对x的导数，因为$f(2x)$对x的导数比$f'(2x)$多出一个$2x$的导数的因子. 事实上，$y=f(2x)$可写成$y=f(u)$，$u=2x$，由复合函数的求导法则，

$$\frac{\mathrm{d}y}{\mathrm{d}x}=\frac{\mathrm{d}y}{\mathrm{d}u}\frac{\mathrm{d}u}{\mathrm{d}x}=f'(u)\cdot 2=2f'(2x).$$

即$[f(2x)]'\neq f'(2x)$.

必须强调指出：链式法则在导数的计算中是十分重要的，仅仅弄懂还很不够，务必做到熟练运用. 能否熟练运用链式法则，是衡量导数计算的基本训练能否过硬的一个重要标志.

例 2.2.6 求$y=(a+bx^3)^6$的导数，其中a,b为常数.

我们可以先将$y=(a+bx^3)^6$展开成多项式，然后运用多项式的导数公式(例 2.2.1).但这样做既复杂，又容易出错.

解 如果将$y=(a+bx^3)^6$看成$y=u^6$和$u=a+bx^3$的复合函数，用链式法则，算起来则很简单：

$$\begin{aligned}\frac{\mathrm{d}y}{\mathrm{d}x}&=\frac{\mathrm{d}y}{\mathrm{d}u}\frac{\mathrm{d}u}{\mathrm{d}x}=\frac{\mathrm{d}(u^6)}{\mathrm{d}u}\cdot\frac{\mathrm{d}(a+bx^3)}{\mathrm{d}x}\\&=6u^5\cdot 3bx^2=6(a+bx^3)^5\cdot 3bx^2=18bx^2(a+bx^3)^5.\end{aligned}$$

例 2.2.7 求$y=\sin x^2$的导数.

解 函数$y=\sin x^2$的导数不用链式法则是不好算的，用链式法则来求会十分容易.

将$y=\sin x^2$看成$y=\sin u$和$u=x^2$的复合函数，则

$$\frac{\mathrm{d}y}{\mathrm{d}x}=\frac{\mathrm{d}y}{\mathrm{d}u}\frac{\mathrm{d}u}{\mathrm{d}x}=\frac{\mathrm{d}(\sin u)}{\mathrm{d}u}\cdot\frac{\mathrm{d}(x^2)}{\mathrm{d}x}=\cos u\cdot 2x=2x\cos x^2.$$

例 2.2.8 求$y=2^{\sin x}$的导数.

解 将$y=2^{\sin x}$看成$y=2^u$和$u=\sin x$的复合函数，则

$$\frac{\mathrm{d}y}{\mathrm{d}x}=\frac{\mathrm{d}y}{\mathrm{d}u}\frac{\mathrm{d}u}{\mathrm{d}x}=\frac{\mathrm{d}(2^u)}{\mathrm{d}u}\cdot\frac{\mathrm{d}(\sin x)}{\mathrm{d}x}=2^u\ln 2\cdot\cos x=\ln 2\cdot\cos x\cdot 2^{\sin x}.$$

例 2.2.9 求$y=x^\mu$(μ为任一实数，$x>0$)的导数.

解 我们曾就$\mu=n$(整数)证明过公式$y'=nx^{n-1}$. 现将$y=x^\mu$改写成$y=\mathrm{e}^{\mu\ln x}$(因为对任何$x>0$，有$x=\mathrm{e}^{\ln x}$，故$x^\mu=(\mathrm{e}^{\ln x})^\mu=\mathrm{e}^{\mu\ln x}$，因而可以看成$y=\mathrm{e}^u$和$u=\mu\ln x$的复合函数，得

$$\frac{\mathrm{d}y}{\mathrm{d}x}=\frac{\mathrm{d}y}{\mathrm{d}u}\frac{\mathrm{d}u}{\mathrm{d}x}=\frac{\mathrm{d}(\mathrm{e}^u)}{\mathrm{d}u}\cdot\frac{\mathrm{d}(\mu\ln x)}{\mathrm{d}x}=\mathrm{e}^u\cdot\mu\cdot\frac{1}{x}=\frac{\mu}{x}\cdot\mathrm{e}^{\mu\ln x}=\frac{\mu}{x}\cdot x^\mu=\mu x^{\mu-1}.$$

例 2.2.10 证明：$(\ln|x|)'=\dfrac{1}{x}\ (x\neq 0)$.

证明 在$(0,+\infty)$上是已知公式. 在$(-\infty,0)$上，令$t=-x$，$y=\ln|x|$可以看成$y=\ln t$和$t=-x$的复合函数，则

$$\frac{\mathrm{d}(\ln|x|)}{\mathrm{d}x}=\frac{\mathrm{d}(\ln t)}{\mathrm{d}t}\frac{\mathrm{d}t}{\mathrm{d}x}=\frac{1}{t}\cdot(-1)=\frac{1}{-t}=\frac{1}{x}. \qquad \square$$

从以上例子看出，应用复合函数的求导法则时，首先要分析所给函数可看作由哪些函数复合而成，或者说，所给函数能分解成哪些函数的复合，如果所给函数能分解成比较简单的函数的复合，而这些简单函数的导数我们已经会求，那么应用复合函数的求导法则就可以求所给函数的导数了.

上述链式法则可推广到由三个或更多的环节组成的复合函数，如果

复合函数求导的实例

$$y=f(u),\quad u=\varphi(v),\quad v=\psi(x),$$

即 $y=f(\varphi(\psi(x)))$，则 y 关于自变量 x 的导数是

$$\frac{\mathrm{d}y}{\mathrm{d}x}=\frac{\mathrm{d}y}{\mathrm{d}u}\cdot\frac{\mathrm{d}u}{\mathrm{d}v}\cdot\frac{\mathrm{d}v}{\mathrm{d}x} \text{ 或 } y'=f'(\varphi(\psi(x)))\varphi'(\psi(x))\psi'(x).$$

在具体操作的时候，只需像“剥竹笋”那样，一层一层地把“皮”剥下，无须再设置一些中间变量，只要做到“胸中有数”，便能实现求导.

例 2.2.11 求 $y=\tan(\ln(1+x^2))$ 的导数.

解 将 $y=\tan(\ln(1+x^2))$ 看成 $y=\tan u, u=\ln v$ 和 $v=1+x^2$ 的复合函数，则

$$\frac{\mathrm{d}y}{\mathrm{d}x}=\frac{\mathrm{d}y}{\mathrm{d}u}\cdot\frac{\mathrm{d}u}{\mathrm{d}v}\cdot\frac{\mathrm{d}v}{\mathrm{d}x}=\frac{1}{\cos^2 u}\cdot\frac{1}{v}\cdot 2x=\frac{1}{\cos^2(\ln(1+x^2))}\cdot\frac{1}{1+x^2}\cdot 2x$$

$$=\frac{2x}{(1+x^2)\cdot\cos^2(\ln(1+x^2))}.$$

例 2.2.12 求 $y=\sqrt{x+\sqrt{x+\sqrt{x}}}$ 的导数.

解

$$y'=\frac{1}{2\sqrt{x+\sqrt{x+\sqrt{x}}}}(x+\sqrt{x+\sqrt{x}})'$$

$$=\frac{1}{2\sqrt{x+\sqrt{x+\sqrt{x}}}}\left[1+\frac{1}{2\sqrt{x+\sqrt{x}}}(x+\sqrt{x})'\right]$$

$$=\frac{1}{2\sqrt{x+\sqrt{x+\sqrt{x}}}}\left[1+\frac{1}{2\sqrt{x+\sqrt{x}}}\left(1+\frac{1}{2\sqrt{x}}\right)\right]$$

$$=\frac{4\sqrt{x^2+x\sqrt{x}}+2\sqrt{x}+1}{8\sqrt{x+\sqrt{x+\sqrt{x}}}\cdot\sqrt{x^2+x\sqrt{x}}}.$$

幂指函数求导法：幂指函数是指形如 $f(x)=u(x)^{v(x)}$ 的函数，在它的定义域上 $u(x)>0$. 将 $f(x)$ 改写成

幂指函数求导法及实例

$$f(x)=\mathrm{e}^{\ln f(x)}=\mathrm{e}^{v(x)\ln u(x)},$$

再利用复合函数求导法中的指数、对数求导法解之.

$$f'(x)=\mathrm{e}^{v\ln u}(v\ln u)'=\mathrm{e}^{v\ln u}\left(v'\ln u+\frac{v}{u}u'\right),$$

即

$$f'(x)=f(x)\left[v'(x)\ln u(x)+\frac{v(x)}{u(x)}u'(x)\right].$$

对于多个函数相乘(除)的求导,若 $y=f(x)$ 为恒取正值的可导函数,由

$$[\ln f(x)]'=\frac{f'(x)}{f(x)},$$

可推出 $f'(x)=f(x)[\ln f(x)]'$,若 $f(x)=f_1(x)f_2(x)\cdots f_n(x)$,则有

$$\begin{aligned}[f_1(x)f_2(x)\cdots f_n(x)]'&=f_1(x)f_2(x)\cdots f_n(x)\left[\sum_{i=1}^{n}\ln f_i(x)\right]'\\&=f_1(x)f_2(x)\cdots f_n(x)\left[\sum_{i=1}^{n}\frac{f_i'(x)}{f_i(x)}\right],\end{aligned}$$

即

$$\begin{aligned}&[f_1(x)f_2(x)\cdots f_n(x)]'\\=&f_1'(x)f_2(x)\cdots f_n(x)+f_1(x)f_2'(x)\cdots f_n(x)+\cdots+f_1(x)f_2(x)\cdots f_n'(x).\end{aligned}$$

例 2.2.13 求 $y=x^x$ 的导数.

解法 1 利用对数求导法,等式两边取对数为 $\ln y=x\ln x$.两边关于 x 求导,有

$$\frac{y'}{y}=\ln x+x\cdot\frac{1}{x}=\ln x+1,\quad y'=y(\ln x+1)=x^x(\ln x+1).$$

解法 2 $y=x^x=\mathrm{e}^{x\ln x}$ 看成 $y=\mathrm{e}^u$ 和 $u=x\ln x$ 的复合函数,则

$$y'=\frac{\mathrm{d}y}{\mathrm{d}u}\cdot\frac{\mathrm{d}u}{\mathrm{d}x}=\frac{\mathrm{d}(\mathrm{e}^u)}{\mathrm{d}u}\cdot\frac{\mathrm{d}(x\ln x)}{\mathrm{d}x}=\mathrm{e}^u(1+\ln x)=\mathrm{e}^{x\ln x}(1+\ln x)=x^x(1+\ln x).$$

例 2.2.14 求 $y=|(x-1)^2(x+1)^3|$ 的导数.

解 为了去掉函数中的绝对值号,把 y 改写成如下分段函数:

$$y=\begin{cases}(x-1)^2(x+1)^3, & x\geqslant -1,\\-(x-1)^2(x+1)^3, & x<-1.\end{cases}$$

由求导的四则运算法则,先求出 $x\neq -1$ 处的导数:

$$y'=\begin{cases}(x-1)(x+1)^2(5x-1), & x>-1,\\-(x-1)(x+1)^2(5x-1), & x<-1.\end{cases}$$

再按导数定义求 $x_0=-1$ 处的左、右导数,

$$\begin{aligned}y_+'(-1)&=\lim_{\Delta x\to 0^+}\frac{f(-1+\Delta x)-f(-1)}{\Delta x}=\lim_{\Delta x\to 0^+}\frac{(2-\Delta x)^2(\Delta x)^3-0}{\Delta x}\\&=\lim_{\Delta x\to 0^+}[(2-\Delta x)^2(\Delta x)^2]=0,\\y_-'(-1)&=\lim_{\Delta x\to 0^-}\frac{f(-1+\Delta x)-f(-1)}{\Delta x}=\lim_{\Delta x\to 0^-}\frac{-(2-\Delta x)^2(\Delta x)^3-0}{\Delta x}\\&=-\lim_{\Delta x\to 0^-}[(2-\Delta x)^2(\Delta x)^2]=0.\end{aligned}$$

这就得到

$$y'=\begin{cases}(x-1)(x+1)^2(5x-1), & x\geqslant -1,\\ -(x-1)(x+1)^2(5x-1), & x<-1.\end{cases}$$

2.2.4　基本初等函数的导数公式

我们已经推出所有基本初等函数的导数公式，有：

(1) $\dfrac{\mathrm{d}C}{\mathrm{d}x}=0$ (C 为常数).

(2) $\dfrac{\mathrm{d}}{\mathrm{d}x}x^{\alpha}=\alpha x^{\alpha-1}$ (α 为任一实数).

(3) $\dfrac{\mathrm{d}}{\mathrm{d}x}\sin x=\cos x$.

(4) $\dfrac{\mathrm{d}}{\mathrm{d}x}\cos x=-\sin x$.

(5) $\dfrac{\mathrm{d}}{\mathrm{d}x}\log_a x=\dfrac{1}{x\ln a}$ ($a>0,a\neq 1$).

(6) $\dfrac{\mathrm{d}}{\mathrm{d}x}\ln x=\dfrac{1}{x}$.

(7) $\dfrac{\mathrm{d}}{\mathrm{d}x}a^x=a^x\ln a$ ($a>0,a\neq 1$).

(8) $\dfrac{\mathrm{d}}{\mathrm{d}x}\mathrm{e}^x=\mathrm{e}^x$.

(9) $\dfrac{\mathrm{d}}{\mathrm{d}x}\tan x=\dfrac{1}{\cos^2 x}=\sec^2 x$.

(10) $\dfrac{\mathrm{d}}{\mathrm{d}x}\cot x=-\dfrac{1}{\sin^2 x}=-\csc^2 x$.

(11) $\dfrac{\mathrm{d}}{\mathrm{d}x}\sec x=\sec x\tan x$.

(12) $\dfrac{\mathrm{d}}{\mathrm{d}x}\csc x=-\csc x\cot x$.

(13) $\dfrac{\mathrm{d}}{\mathrm{d}x}\arcsin x=\dfrac{1}{\sqrt{1-x^2}}$.

(14) $\dfrac{\mathrm{d}}{\mathrm{d}x}\arccos x=-\dfrac{1}{\sqrt{1-x^2}}$.

(15) $\dfrac{\mathrm{d}}{\mathrm{d}x}\arctan x=\dfrac{1}{1+x^2}$.

(16) $\dfrac{\mathrm{d}}{\mathrm{d}x}\mathrm{arccot}\, x=-\dfrac{1}{1+x^2}$.

初等函数是从基本初等函数出发，经有限多次的四则运算以及复合运算而得到的函数. 有了上面这些公式，根据本节中所介绍的求导法则，我们也就会计算任何初等函数的导数了.

习题 2.2

(A)

1. 记号 $f'(g(x))$ 与 $[f(g(x))]'$ 有何区别?

2. 设 $f(x)=\varphi(x)+\psi(x)$，$g(x)=\varphi(x)\cdot\psi(x)$，若 $f(x)$ 或 $g(x)$ 在点 x_0 处可导，则 $\varphi(x)$，$\psi(x)$ 中至少有一个在点 x_0 处可导. 上述论断是否正确?

3. 求下列函数的导数：

(1) $y=3x+x^2$.

(2) $y=x^2\sin x$.

(3) $y=3^x+x^3$.

(4) $y=5x\cdot\arcsin x$.

(5) $y=\dfrac{\ln x}{x}$.

(6) $y=x\mathrm{e}^x\cdot\arctan x$.

(7) $y=x\ln x\sin x$.

(8) $y=\dfrac{\mathrm{e}^x}{2}\sin x-\sqrt{2}$.

(9) $y=\dfrac{\sin x}{1+\cos x}$.

(10) $y=\dfrac{ax+b}{cx+d}$ $(c\neq 0)$.

4. 求下列函数的导数:

(1) $y=\dfrac{1}{(1+x)^2}$.

(2) $y=\dfrac{x}{1+x^2}$.

(3) $y=x\sqrt{1+x^2}$.

(4) $y=\dfrac{6x}{\sqrt{a^2+x^2}}$.

(5) $y=\sqrt[5]{\dfrac{1+x^5}{1-x^5}}$.

(6) $y=a^x e^x+\sqrt[3]{x}\sin x$ $(a>0$ 且 $a\neq 1)$.

(7) $y=\ln\dfrac{\sqrt{1+x^2}}{\sqrt[3]{x-2}}$.

(8) $y=\dfrac{1}{1+x+x^2}$.

(9) $y=x^{2x}+(2x)^x$.

(10) $y=(\cos x)^{\sin x}$.

5. 求函数 $f(x)=\begin{cases}2x, & 0<x\leqslant 1,\\ x^2+1, & 1<x<2\end{cases}$ 的导数.

6. 应用求导数的四则运算及反函数公式,求下列双曲函数与反双曲函数的导数.

(1) $y=\sinh x$.

(2) $y=\tanh x$.

(3) $y=\operatorname{arsinh} x$.

(4) $y=\operatorname{artanh} x$.

7. 已知 $f(u)$可导,求函数 $y=\ln(f(\sec x))$的导数.

8. 设 $f(x)$可导,求下列函数的导数:

(1) $y=f(x^3)$.

(2) $y=f(e^x)e^{f(x)}$.

(3) $y=x\cdot f\left(\dfrac{1}{x}\right)$.

(4) $y=f(f(x))$.

9. 试求下列函数的导数:

(1) $y=\operatorname{artanh} x-\operatorname{arcoth}\dfrac{1}{x}$.

(2) $y=\operatorname{arsinh}(\tan x)$.

(3) 反双曲余切函数 $\operatorname{arcoth} x=\dfrac{1}{2}\ln\dfrac{x+1}{x-1}$.

(B)

1. 试证明:

(1) 可导偶函数的导数是奇函数.

(2) 可导周期函数的导数是周期函数.

2. 求下列函数的导数:

(1) $y=x^{a^x}+a^{x^x}+x^{x^x}$ $(a>0$ 且 $a\neq 1)$.

(2) $y=\dfrac{x}{2}\sqrt{x^2+a^2}+\dfrac{a^2}{2}\ln(x+\sqrt{x^2+a^2})$.

(3) $y=x^{a^a}+a^{x^a}+a^{a^x}$ $(a>0$ 且 $a\neq 1)$.

(4) $y=\dfrac{2}{\sqrt{a^2-b^2}}\arctan\left(\sqrt{\dfrac{a-b}{a+b}}\tan\dfrac{x}{2}\right)$ $(a>b\geqslant 0)$.

(5) $y=\sin(e^x\ln x)$.

(6) $y=e^{\sin(\ln x)+\cos x}$.

(7) $y=x^{2x}+(2x)^{\sqrt{x}}$.

(8) $y=\ln(\cos^2 x+\sqrt{1+\cos^4 x})$.

3. 求函数 $y=|1-2x|\sin(2\pi x)$的导数.

§2.3　相关变化率

设 $x=x(t)$ 和 $y=y(t)$ 都是可导函数，变量 x 与 y 之间存在某种关系，从而变化率 $\frac{\mathrm{d}x}{\mathrm{d}t}$ 与 $\frac{\mathrm{d}y}{\mathrm{d}t}$ 之间也存在一定关系. 这两个相互依赖的变化率称为**相关变化率**. 相关变化率问题就是研究这两个变化率之间的关系，以便从其中一个变化率求出另一个变化率.

例 2.3.1　一气球从距离观察员 500 m 处的地面铅直上升，其速率为 140 m/min. 当气球的高度为 500 m 时，观察员视线的仰角增加率是多少？

解　设气球上升 t min 后，其高度为 h，观察员的仰角为 α，则 $\tan\alpha=\frac{h}{500}$，其中 α 及 h 都与 t 存在函数关系. 上式两边对 t 求导，得

$$\sec^2\alpha\cdot\frac{\mathrm{d}\alpha}{\mathrm{d}t}=\frac{1}{500}\cdot\frac{\mathrm{d}h}{\mathrm{d}t}.$$

已知 $\frac{\mathrm{d}h}{\mathrm{d}t}=140$ m/min，又当 $h=500$ m 时，$\tan\alpha=1$，$\sec^2\alpha=2$. 代入上式得 $2\frac{\mathrm{d}\alpha}{\mathrm{d}t}=\frac{1}{500}\cdot 140$，所以 $\frac{\mathrm{d}\alpha}{\mathrm{d}t}=\frac{70}{500}=0.14$(rad/min)，即观察员视线的仰角增加率为 0.14rad/min.

例 2.3.2　甲飞机以 3 km/min 的速度向东飞行，乙飞机在海拔高度低于甲飞机 4 km 的空中以 2 km/min 的速度向南飞行.在某一时刻乙飞机处于甲飞机的正下方. 问 1 min 后两飞机相离的速率是多少？

解　甲、乙两飞机的相对位置 P_1，P_2 如图 2-5 所示. 设

$$x=|O_1P_1|,\quad y=|O_2P_2|,\quad w=|O_2P_1|,\quad z=|P_1P_2|,$$

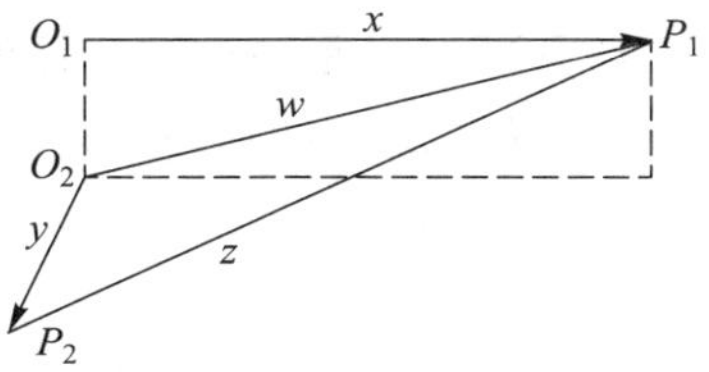

图 2-5

从而

$$w^2=x^2+4^2,$$

$$z=\sqrt{w^2+y^2}=\sqrt{x^2+y^2+4^2}.$$

所求速率为 $\frac{\mathrm{d}z}{\mathrm{d}t}$，注意到 $\frac{\mathrm{d}x}{\mathrm{d}t}=3$，$\frac{\mathrm{d}y}{\mathrm{d}t}=2$，于是 1 min 后，$x=3$，$y=2$，

$$\frac{dz}{dt}=\frac{x\frac{dx}{dt}+y\frac{dy}{dt}}{\sqrt{x^2+y^2+4^2}}=\frac{3\cdot 3+2\cdot 2}{\sqrt{3^2+2^2+4^2}}=\frac{13}{\sqrt{29}}\approx 2.414(\text{km/min}).$$

习题 2.3

(A)

1. 一个长方形的长 x 以 2 cm/s 的速度增加，宽 y 以 1 cm/s 的速度增加，当 $x=12$ cm，$y=5$ cm 时，求长方形的对角线的增加速度.

2. 在正午 12 时，一艘轮船从某定点出发向正北方向行驶，其航速为 10 km/h，另一艘轮船在下午 1 时从同一地点出发，向北偏东 60°方向行驶，其航速为 15 km/h. 试求下午 3 时两船相离的速率.

3. 一梯子长 5 m，它的一端沿直立墙下滑，另一端在地面上移动，假设其速率为 0.3 m/s. 当其下端距离墙 1.4 m 时，问上端向下移动的速率是多少？

4. 以 5 m^3/min 的速度向气球充气，若气球保持球形，求半径为 0.5 m 时半径的增长率.

(B)

1. 有一底半径为 R cm，高为 h cm 的正圆锥容器，现以 A cm^3/s 的速率向容器中注水. 试求当容器水位等于锥高的一半时，水面的上升速度和水面面积对时间的变化率.

§ 2.4 函数的微分

在许多情况下，人们需要考察和估算函数的增量 Δy，特别是当自变量的增量 Δx 很小时. 计算函数的增量，原则上讲，就是将自变量的两值代入函数，然后相减，一般说来没有什么好窍门. 对于较复杂的函数，$\Delta y=f(x+\Delta x)-f(x)$是一个更复杂的表达式，不易求出其值. 但是，当自变量的增量很小，并且需要的只是 Δy 的估计值时，有时是有简便估算法的.

所谓函数 $y=f(x)$的导数 $f'(x)$就是函数的增量 $\Delta y=f(x+\Delta x)-f(x)$与自变量的增量 Δx 之比$\frac{\Delta y}{\Delta x}$当 $\Delta x\to 0$ 时的极限：

$$f'(x)=\lim_{\Delta x\to 0}\frac{\Delta y}{\Delta x}=\lim_{\Delta x\to 0}\frac{f(x+\Delta x)-f(x)}{\Delta x}.$$

由此推知

$$\frac{f(x+\Delta x)-f(x)}{\Delta x}-f'(x)$$

当 $\Delta x\to 0$ 时是一个无穷小量，或者说，当 $\Delta x\to 0$ 时，

$$f(x+\Delta x)-f(x)=f'(x)\Delta x+o(\Delta x).$$

此式的左边是函数 $f(x)$在点 x 处的一个增量，右边是两项的和，其中第一项是自变量增量 Δx 的线性函数，第二项当 $\Delta x\to 0$ 时是比 Δx 高阶的无穷小量. 当 $f'(x)\neq 0$ 时，上式右边的

第一项是与 Δx 同阶的无穷小量. 与第二项相比,它占有更重的分量,或者说起着主要的作用,这一性质是 $f(x)$ 在点 x 处可导的条件之下得出的.

考察一个例子:正方形的面积 S 是边长 x 的函数:$S=x^2$,当边长有一个增量 Δx 时,面积 S 相应地有一个增量

$$\Delta S=(x+\Delta x)^2-x^2=2x\Delta x+(\Delta x)^2,$$

它包含两部分:第一部分 $2x\Delta x$ 是 Δx 的线性函数(即图 2-6 中两个阴影矩形的面积之和),而第二部分 $(\Delta x)^2$ 当 $\Delta x\to 0$ 时是比 Δx 高阶的无穷小量:

$$(\Delta x)^2=o(\Delta x)\quad(\Delta x\to 0),$$

因此,当 Δx 很小时,面积的增量 ΔS 可以近似地用 $2x\Delta x$ 来代替,相差的仅仅是一个比 Δx 高阶的无穷小量.

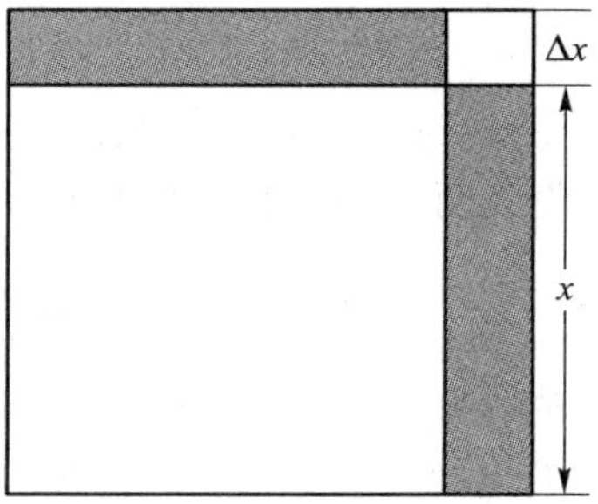

图 2-6

对于一般情形,当自变量 x 有一个增量 Δx 时,函数 $y=f(x)$ 相应的增量

$$\Delta y=f(x+\Delta x)-f(x)$$

是否也可以分成类似的两个部分呢?

微分的概念与几何意义

2.4.1　微分的概念

定义 2.2　设函数 $y=f(x)$ 在某区间 I 内有定义,x_0 及 $x_0+\Delta x\in I$,如果函数 $y=f(x)$ 的增量 $\Delta y=f(x_0+\Delta x)-f(x_0)$ 可表示为

$$\Delta y=A\cdot\Delta x+o(\Delta x),$$

其中 A 是与 Δx 无关的常数,则称函数 $y=f(x)$ 在点 x_0 处**可微**,并且称 $A\cdot\Delta x$ 为函数 $y=f(x)$ 在点 x_0 处相应于自变量的增量 Δx 的微分,记作 $\mathrm{d}y$,即

$$\mathrm{d}y=A\cdot\Delta x.$$

根据微分定义,我们来考虑两个问题:首先,对于微分 $\mathrm{d}y=A\cdot\Delta x$ 表达式中的 A,只能知道它与 Δx 无关,而不清楚 A 究竟是什么量;其次,满足什么条件的函数才是可微的? 下面的定理将给出答案.

定理 2.1　函数 $y=f(x)$ 在点 x_0 处可微的充要条件是函数 $y=f(x)$ 在点 x_0 处可导,并且 $A=f'(x_0)$,即有

$$\mathrm{d}y=f'(x_0)\Delta x. \tag{2.4.1}$$

证明 必要性. 设函数 $y=f(x)$在点 x_0 处可微,即有

$$\Delta y=A\cdot\Delta x+o(\Delta x),$$

等式两边除以 Δx,得$\dfrac{\Delta y}{\Delta x}=A+\dfrac{o(\Delta x)}{\Delta x}$,于是,

$$f'(x_0)=\lim_{\Delta x\to 0}\frac{\Delta y}{\Delta x}=A+\lim_{\Delta x\to 0}\frac{o(\Delta x)}{\Delta x}=A,$$

函数 $y=f(x)$在点 x_0 处可导,并且 $A=f'(x_0)$.

充分性. 当 $y=f(x)$在点 x_0 处可导时,有$\lim\limits_{\Delta x\to 0}\dfrac{\Delta y}{\Delta x}=f'(x_0)$,由函数的极限与无穷小量的关系得

$$\frac{\Delta y}{\Delta x}=f'(x_0)+\varepsilon,$$

其中 ε 是当 $\Delta x\to 0$ 时的无穷小量. 进一步有

$$\Delta y=f'(x_0)\Delta x+\varepsilon\Delta x. \tag{2.4.2}$$

这样函数 $y=f(x)$的增量 Δy 分成了两部分:第一部分 $f'(x_0)\Delta x$ 是 Δx 的线性函数,而对第二部分 $\varepsilon\Delta x$,由于 ε 随 $\Delta x\to 0$ 而趋于 0,则$\dfrac{\varepsilon\Delta x}{\Delta x}=\varepsilon\to 0(\Delta x\to 0)$,故 $\varepsilon\Delta x$ 是比 Δx 高阶的无穷小量. 因此,(2.4.2)式也可以写成

$$\Delta y=f'(x_0)\Delta x+o(\Delta x)\quad(\Delta x\to 0), \tag{2.4.3}$$

且 $f'(x_0)$与 Δx 无关. 如果 $f'(x_0)\neq 0$,则当 Δx 很小时,$f'(x_0)\Delta x$ 是 Δy 的主要部分,由微分的定义知,函数 $y=f(x)$在点 x_0 处可微. □

微分具有如下特点:

(1) 当 $f'(x_0)$不为零时,微分 $\mathrm{d}y$ 是函数的增量 Δy 的主要部分. 因而,当自变量的增量 Δx 很小时,可以用微分 $\mathrm{d}y$ 来近似地代替函数的增量 Δy;由于它是 Δx 的线性函数,因此是很容易计算的. 一般说来,Δy 依赖于 Δx 的情况常常很复杂,对于给定的 x 和 Δx,计算 Δy 的精确值通常很困难,而计算 Δy 的近似值 $\mathrm{d}y$ 有时就比较简单.

(2) 因为函数 $y=x$ 的导数恒等于 1,这时,$\mathrm{d}x=x'\Delta x=\Delta x$,即表明对于任何 x 来说,其增量与微分相等:$\Delta x=\mathrm{d}x$. 因此,我们可以在任何函数的微分表达式(2.4.1)中,用 $\mathrm{d}x$ 代替 Δx,于是有

$$\mathrm{d}y=f'(x_0)\mathrm{d}x,$$

微分表达式(2.4.3)可写成

$$\Delta y=f'(x_0)\mathrm{d}x+o(\Delta x)=\mathrm{d}y+o(\Delta x),$$

进一步有

$$\Delta y-\mathrm{d}y=o(\Delta x).$$

即 $\Delta y-\mathrm{d}y$ 是比自变量的增量 Δx 更高阶的无穷小量.

(3) 当 $f'(x_0)\neq 0$ 时,$\mathrm{d}y$ 与 Δy 是等价无穷小量,事实上

$$\frac{\Delta y}{\mathrm{d}y}=\frac{\mathrm{d}y+o(\Delta x)}{\mathrm{d}y}=1+\frac{o(\Delta x)}{f'(x_0)\Delta x}\to 1\quad(\Delta x\to 0).$$

函数 $y=f(x)$ 在任意点 x 处的微分，称为函数的微分，记为 $\mathrm{d}y$ 或 $\mathrm{d}f(x)$，即有

$$\mathrm{d}y=f'(x)\mathrm{d}x.$$

前面我们曾经用 $\frac{\mathrm{d}y}{\mathrm{d}x}$ 来表示导数，但一直是作为一个记号来用，其中的 $\mathrm{d}y$ 与 $\mathrm{d}x$ 不允许拆开. 引进微分的概念后，$\frac{\mathrm{d}y}{\mathrm{d}x}$ 就不只是导数的一种记号了，它表示函数的微分与自变量的微分之商，所以我们又称导数为**微商**.

(4) 如果把自变量的增量直接写成 $x-x_0$，那么(2.4.3)式成为

$$f(x)=f(x_0)+f'(x_0)(x-x_0)+o(x-x_0)\quad(x\to x_0),\tag{2.4.4}$$

这个式子也可作为 $f(x)$ 在点 x_0 处可微的定义. (2.4.4)式为我们提供了这样的数值应用：当 $|x-x_0|$ 充分小时，

$$f(x)\approx f(x_0)+f'(x_0)(x-x_0),\tag{2.4.5}$$

即函数值 $f(x)$ 可近似地由(2.4.5)式右边 x 的线性函数来代替.

由于 $y=f(x_0)+f'(x_0)(x-x_0)$ 是在点 $(x_0,f(x_0))$ 处曲线 $y=f(x)$ 的切线方程，这表明在这一点的附近，曲线 $y=f(x)$ 可以用直线(即该点处的切线)来代替.

2.4.2 微分的几何意义

现在来看微分的几何意义. 作曲线 $y=f(x)$ 的图形，以及曲线在 $(x_0,f(x_0))$ 处的切线(图 2-7). 图中字母的意义如下：

$P_0(x_0,f(x_0))$，曲线上的固定点；

$P(x_0+\Delta x,f(x_0+\Delta x))$，曲线上与点 P_0 邻近的点；

$Q(x_0+\Delta x,f(x_0))$；

$T(x_0+\Delta x,f(x_0)+f'(x_0)\Delta x)$，曲线在点 P_0 处的切线与直线 $x=x_0+\Delta x$ 的交点.

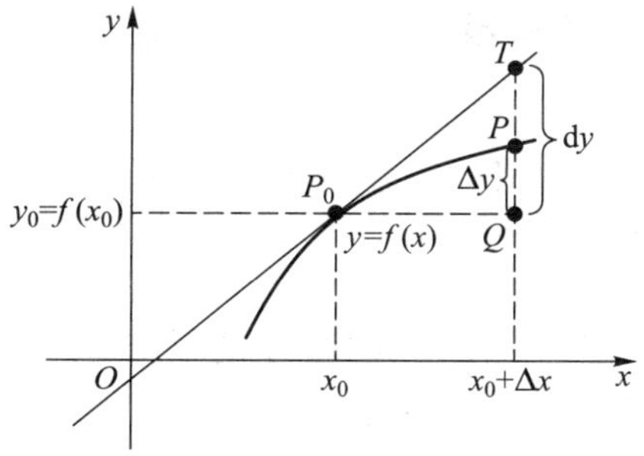

图 2-7

由此可知

$$QT=f'(x_0)\Delta x=\mathrm{d}y,$$

这里 QT 是带符号的线段，此式表明函数在一点处的微分 $\mathrm{d}y$，等于它在该点处“切线函数”的增量. 由于当 $|\Delta x|$ 很小时，$|\Delta y-\mathrm{d}y|$ 比 $|\Delta x|$ 要小得多，因此，在点 P_0 的邻近处，我们可

以用切线段 P_0T 近似代替曲线段 P_0P.

2.4.3 微分的运算法则

因为函数 $y=f(x)$在任一点的微分 $\mathrm{d}y=f'(x)\mathrm{d}x$ 和导数只差一个因子 $\mathrm{d}x$,所以只要会求导数,也就会求微分. 求导数有什么法则,求微分也就有相应的法则.

1. 基本初等函数的微分公式

(1) $\mathrm{d}(C)=0$ (C 为常数).

(2) $\mathrm{d}(x^{\mu})=\mu x^{\mu-1}\mathrm{d}x$ (μ 为任一实数).

(3) $\mathrm{d}(\sin x)=\cos x\mathrm{d}x$.

(4) $\mathrm{d}(\cos x)=-\sin x\mathrm{d}x$.

(5) $\mathrm{d}(\tan x)=\sec^2 x\mathrm{d}x$.

(6) $\mathrm{d}(\cot x)=-\csc^2 x\mathrm{d}x$.

(7) $\mathrm{d}(\sec x)=\sec x\tan x\mathrm{d}x$.

(8) $\mathrm{d}(\csc x)=-\csc x\cot x\mathrm{d}x$.

(9) $\mathrm{d}(a^x)=a^x\ln a\mathrm{d}x$ ($a>0,a\neq1$).

(10) $\mathrm{d}(\mathrm{e}^x)=\mathrm{e}^x\mathrm{d}x$.

(11) $\mathrm{d}(\log_a x)=\dfrac{1}{x\ln a}\mathrm{d}x$ ($a>0,a\neq1$).

(12) $\mathrm{d}(\ln x)=\dfrac{1}{x}\mathrm{d}x$.

(13) $\mathrm{d}(\arcsin x)=\dfrac{1}{\sqrt{1-x^2}}\mathrm{d}x$.

(14) $\mathrm{d}(\arccos x)=-\dfrac{1}{\sqrt{1-x^2}}\mathrm{d}x$.

(15) $\mathrm{d}(\arctan x)=\dfrac{1}{1+x^2}\mathrm{d}x$.

(16) $\mathrm{d}(\mathrm{arccot}\, x)=-\dfrac{1}{1+x^2}\mathrm{d}x$.

2. 函数的微分的四则运算法则

设函数 $u=u(x),v=v(x)$均可微,那么 $u\pm v,uv,\dfrac{u}{v}$可微,且

(1) $\mathrm{d}(Cu)=C\mathrm{d}u$ (C 为常数).

(2) $\mathrm{d}(u\pm v)=\mathrm{d}u\pm\mathrm{d}v$.

(3) $\mathrm{d}(uv)=v\mathrm{d}u+u\mathrm{d}v$.

(4) $\mathrm{d}\left(\dfrac{u}{v}\right)=\dfrac{v\mathrm{d}u-u\mathrm{d}v}{v^2}$ ($v\neq0$).

3. 微分的形式不变性

设 $y=f(u),u=\varphi(x)$都是可微函数,并且复合运算 $y=f(\varphi(x))$有意义,则复合函数 $y=f(\varphi(x))$的微分为

$$\mathrm{d}y=[f(\varphi(x))]'\mathrm{d}x=f'(\varphi(x))\varphi'(x)\mathrm{d}x,$$

把 $u=\varphi(x),\mathrm{d}u=\varphi'(x)\mathrm{d}x$ 代入上式,有

$$\mathrm{d}y=f'(u)\mathrm{d}u.$$

另一方面,若 u 是自变量,则函数 $y=f(u)$的微分是

$$\mathrm{d}y=f'(u)\mathrm{d}u.$$

一阶微分的形式不变性

这说明:不论 u 是自变量,还是中间变量,函数 $y=f(u)$的一阶微分形式都是一样的.这叫做可微函数的**一阶微分的形式不变性**. 但导数是不具有这种性质的:当 u 是自变量时,函数 $y=f(u)$的导数是 $f'(u)$;而当 u 是中间变量 $u=\varphi(x)$时,导数就变成了 $f'(\varphi(x))\varphi'(x)$. 因此,谈到导数时我们总要指明是对哪一个变量的导数,而谈到微分时,则无须指明是对哪一个变量的微分.

应用一阶微分的形式不变性求复合函数的导数将带来很大的方便.

例 2.4.1 求下列函数的微分：

(1) $y=2x^{\frac{5}{2}}-3x^{\frac{2}{3}}+6x^{-1}-5$. (2) $y=e^x\ln x$.

(3) $y=\dfrac{x+3}{x^2+3}$. (4) $y=e^{\sin^2 x}$.

解 (1) $dy=d(2x^{\frac{5}{2}}-3x^{\frac{2}{3}}+6x^{-1}-5)=d(2x^{\frac{5}{2}})-d(3x^{\frac{2}{3}})+d(6x^{-1})-d(5)$

$$=2\times\frac{5}{2}x^{\frac{3}{2}}dx-3\times\frac{2}{3}x^{-\frac{1}{3}}dx+6\times(-1)x^{-2}dx$$

$$=(5x^{\frac{3}{2}}-2x^{-\frac{1}{3}}-6x^{-2})dx.$$

(2) $dy=d(e^x\ln x)=\ln x\,d(e^x)+e^x d(\ln x)=\ln x\cdot e^x dx+e^x\ \dfrac{1}{x}dx$

$$=e^x\left(\ln x+\frac{1}{x}\right)dx.$$

(3) $dy=d\left(\dfrac{x+3}{x^2+3}\right)=\dfrac{(x^2+3)d(x+3)-(x+3)d(x^2+3)}{(x^2+3)^2}$

$$=\frac{(x^2+3)dx-(x+3)\cdot 2x\,dx}{(x^2+3)^2}=\frac{3-6x-x^2}{(x^2+3)^2}dx.$$

(4) 对函数 $y=e^{\sin^2 x}$ 多次应用一阶微分的形式不变性，得

$$dy=d(e^{\sin^2 x})=e^{\sin^2 x}d(\sin^2 x)=e^{\sin^2 x}\cdot 2\sin x\,d(\sin x)$$

$$=e^{\sin^2 x}\cdot 2\sin x\cdot\cos x\,dx=e^{\sin^2 x}\sin 2x\,dx.$$

例 2.4.2 已知 $y=x^3-x$，计算在 $x=2$ 处，当 Δx 分别等于 1，0.1，0.01 时的 Δy 和 dy.

解 $\Delta y=[(2+\Delta x)^3-(2+\Delta x)]-(2^3-2)=11\Delta x+6(\Delta x)^2+(\Delta x)^3$，

$$dy=\left.\frac{d(x^3-x)}{dx}\right|_{x=2}\cdot\Delta x=11\Delta x.$$

分别取 $\Delta x=1,0.1,0.01$，得

$\Delta y=11+6+1=18$， $dy=11$；

$\Delta y=11\times 0.1+6\times 0.01+0.001=1.161$， $dy=1.1$；

$\Delta y=11\times 0.01+6\times 0.000\,1+0.000\,001=0.110\,601$， $dy=0.11$.

2.4.4 微分在近似计算中的应用

由

$$\Delta y=f(x_0+\Delta x)-f(x_0)\approx f'(x_0)\Delta x,$$

得

$$f(x_0+\Delta x)\approx f(x_0)+f'(x_0)\Delta x. \tag{2.4.6}$$

在这里，只要选好 x_0，使得

(1) $f(x_0)$，$f'(x_0)$容易计算.

(2) Δx 适当小，

依据近似等式(2.4.6)，就能算出 $f(x_0+\Delta x)$的近似值.

例 2.4.3 当 x 充分小时，求函数

$$f(x)=\sqrt[n]{1+x}$$

近似值的计算公式.

解 容易看出函数在 $x_0=0$ 时的函数值和导数值都是容易计算的：

$$f(x)=\sqrt[n]{1+x},\quad f(0)=1,\quad f'(x)=\frac{1}{n}\frac{\sqrt[n]{1+x}}{1+x},\quad f'(0)=\frac{1}{n},$$

因此，当 $x=\Delta x$ 充分小时，依据(2.4.6)式，有

$$\sqrt[n]{1+x}=f(0+x)\approx f(0)+f'(0)x=1+\frac{1}{n}x.$$

现在取 $x=0.001, n=2$，就得到

$$\sqrt{1+x}\approx 1+\frac{1}{2}\times 0.001=1.000\ 5.$$

由可微性也可得到下列在 $x_0=0$ 时的近似公式：

$$\sin x\approx x,\quad \tan x\approx x,\quad \mathrm{e}^x\approx 1+x,\quad \ln(1+x)\approx x.$$

例 2.4.4 利用微分计算 $\sin 30°30'$ 的近似值.

解 要利用微分计算函数的近似值，必须找到 $f(x)$，x_0 与 Δx.

将 $30°30'$ 化为弧度，$30°30'=\frac{\pi}{6}+\frac{\pi}{360}$. 函数为 $f(x)=\sin x$，$x_0=\frac{\pi}{6}$，$\Delta x=\frac{\pi}{360}$，由(2.4.6)式，

$$\begin{aligned}\sin 30°30'&=\sin\left(\frac{\pi}{6}+\frac{\pi}{360}\right)\approx\sin\frac{\pi}{6}+\cos\frac{\pi}{6}\cdot\frac{\pi}{360}\\&=\frac{1}{2}+\frac{\sqrt{3}}{2}\cdot\frac{\pi}{360}\approx 0.500\ 0+0.007\ 6\\&=0.507\ 6.\end{aligned}$$

误差估计：

若某量的准确值为 A，它的近似值为 a，则称 $|A-a|$ 为 a 的**绝对误差**(简称**误差**)，称 $\left|\frac{A-a}{a}\right|$ 为 a 的**相对误差**.

在实际问题中，因为准确值 A 往往无法知道，所以绝对误差和相对误差是不知道的，但若已知用 a 作为准确值 A 的近似值时，存在实数 $\eta>0$，使得不等式 $|A-a|\leqslant\eta$ 成立，则称 η 为近似值 a 的**绝对误差界**，而称 $\frac{\eta}{|a|}$ 为近似值 a 的**相对误差界**. 实际中所考虑近似值的误差都是它的绝对误差界和相对误差界.

现设量 x 是可以直接测量的，对于 $y=f(x)$ 而言，如果测量 x 时产生的误差是 Δx，由此就引出函数 y 的误差 Δy.

当 $|\Delta x|\leqslant\eta$ 时，有

$$|\Delta y|\approx|f'(x_0)||\Delta x|\leqslant|f'(x_0)|\eta,$$

这样，用实际测量的 x 值算出 $f(x)$ 来代替准确值 $f(x+\Delta x)$ 时，可用 $|f'(x_0)|\eta$ 作为 $f(x)$ 的近似值的绝对误差界，而 $\left|\dfrac{f'(x_0)}{f(x_0)}\right|\cdot\eta$ 作为它的相对误差界.

例 2.4.5　多次测量一根圆钢，测得其直径平均值为 $D=50$ mm，绝对误差的平均值为 0.04 mm，试计算其截面积，并估计其误差.

解　截面的圆面积 $S=\dfrac{\pi D^2}{4}$，故截面积为

$$S=\frac{\pi}{4}\times 50^2\approx 1\ 963.5(\text{mm}^2).$$

S 的绝对误差界

$$\Delta S\approx\left|\frac{\pi}{2}D\cdot\Delta D\right|=\frac{\pi}{2}\times 50\times 0.04\approx 3.14(\text{mm}^2),$$

相对误差界

$$\frac{\Delta S}{S}\approx\frac{\left|\dfrac{\pi}{2}D\cdot\Delta D\right|}{\dfrac{\pi}{4}D^2}=\frac{1}{625}=0.16\%.$$

习题 2.4

(A)

1. 说明函数的微商、微分和增量的关系.
2. 什么叫做一阶微分的形式不变性？
3. 将适当的函数填入下列括号内：

(1) d(　)$=\sin x\,\mathrm{d}x$.　　(2) d(　)$=\dfrac{1}{\sqrt{x}}\mathrm{d}x$.

(3) d(　)$=\cos 3x\,\mathrm{d}x$.　　(4) d(　)$=2\mathrm{e}^{-2x}\mathrm{d}x$.

(5) d(　)$=\dfrac{1}{1+x}\mathrm{d}x$.　　(6) $\mathrm{d}(\cos x^2)=($　$)\mathrm{d}(\sqrt{x})$.

4. 求下列函数的微分：

(1) $y=uv$.　　(2) $y=\dfrac{w}{\sqrt{u^2+v^2}}$.

(3) $y=uv^w$（其中 u,v,w 均为 x 的可微函数）.

5. 设单摆的周期 T 按下式计算：

$$T=2\pi\sqrt{\frac{l}{g}},$$

其中 l 为摆长（按 m 计），$g=9.8\ \text{m/s}^2$ 为重力加速度. 为了使周期增大 0.05 s，原摆长 $l=0.2$ m 约需变化多少？

6. 半径为 10 cm 的金属圆片加热后，其半径伸长了 0.05 cm，问圆片的面积增大了多少？

(B)

1. 求下列函数的微分：

(1) $y=\dfrac{1}{2a}\ln\dfrac{x-a}{x+a}$.　　(2) $y=\dfrac{1}{x}+2\sqrt{x}$.

(3) $y=\mathrm{e}^{-x}\sin(\ln x)+\dfrac{x}{\sqrt{x^2+1}}$.　　(4) $y=\ln(x+\sqrt{x^2+x})+\arctan\dfrac{x}{2}$.

(5) $y=x^{\sqrt{x}}+\sin x^2$.　　(6) $y=\sin^2 x\cos x$.

2. 计算下列各量的近似值：

(1) $\cos 60°30'$.　　(2) $\sqrt[3]{996}$.

(3) $\arcsin 0.500\ 2$.　　(4) $\dfrac{\sqrt{2.03^2-1}}{\sqrt{2.03^2+1}}$.

§2.5 高阶导数与高阶微分

2.5.1 高阶导数的概念

高阶导数

我们知道速度 v 是位置函数 s 对时间变量 t 的导数，即 $v=\dfrac{\mathrm{d}s}{\mathrm{d}t}$ 或 $v=s'$，而加速度 a 是速度 v 的变化率，即速度 v 对时间变量 t 的导数：$a=\dfrac{\mathrm{d}v}{\mathrm{d}t}=\dfrac{\mathrm{d}}{\mathrm{d}t}\left(\dfrac{\mathrm{d}s}{\mathrm{d}t}\right)$ 或 $a=(s')'$，这种导数的导数称为 s 对 t 的二阶导数.

一般地，如果函数 $y=f(x)$ 的导数 $y'=f'(x)$ 仍然是 x 的函数，并且对 x 可导，则我们称 $y'=f'(x)$ 的导数为 $y=f(x)$ 的二阶导数，记作 y'' 或 $\dfrac{\mathrm{d}^2y}{\mathrm{d}x^2}$，即 $y''=(y')'$ 或 $\dfrac{\mathrm{d}^2y}{\mathrm{d}x^2}=\dfrac{\mathrm{d}}{\mathrm{d}x}\left(\dfrac{\mathrm{d}y}{\mathrm{d}x}\right)$，相应地，把 $y=f(x)$ 的导数 $y'=f'(x)$ 称为函数 $y=f(x)$ 的一阶导数.

类似地，二阶导数的导数叫做三阶导数，三阶导数的导数叫做四阶导数，…，一般地，$n-1$ 阶导数的导数叫做 n 阶导数，分别记作 y'''，$y^{(4)}$，…，$y^{(n)}$ 或 $\dfrac{\mathrm{d}^3y}{\mathrm{d}x^3}$，$\dfrac{\mathrm{d}^4y}{\mathrm{d}x^4}$，…，$\dfrac{\mathrm{d}^ny}{\mathrm{d}x^n}$. 若函数 $y=f(x)$ 具有 n 阶导数，也说 $f(x)$ 为 n 阶可导. 二阶和二阶以上的导数称为**高阶导数**. 求高阶导数就是把所给函数逐阶求导，利用前面学过的导数公式和求导法则就可以求出高阶导数.

例 2.5.1　$y=2x^3+4x^2-7x+9$，求 y''.

解　$y'=6x^2+8x-7$，$y''=12x+8$.

例 2.5.2　$y=x\sin x$，求 y'''.

解　$y'=\sin x+x\cos x$，

$y''=\cos x+\cos x-x\sin x=2\cos x-x\sin x$，

$y'''=-2\sin x-(\sin x+x\cos x)=-3\sin x-x\cos x$.

例 2.5.3 若 $f''(x)$存在,求下列函数的二阶导数 y'':

(1) $y=f(x^2)$. (2) $y=f(\ln x)$.

(3) $y=\mathrm{e}^{f(x)}$.

解 (1) $y'=[f(x^2)]'=f'(x^2)\cdot 2x$,

$$y''=[f'(x^2)\cdot 2x]'=2f'(x^2)+2x[f'(x^2)]'$$
$$=2f'(x^2)+2x[f''(x^2)\cdot 2x]=2f'(x^2)+4x^2f''(x^2).$$

(2) $y'=[f(\ln x)]'=f'(\ln x)\cdot\dfrac{1}{x}$,

$$y''=\left[f'(\ln x)\cdot\frac{1}{x}\right]'=f''(\ln x)\cdot\frac{1}{x^2}-\frac{1}{x^2}f'(\ln x)$$
$$=\frac{1}{x^2}[f''(\ln x)-f'(\ln x)].$$

(3) $y'=[\mathrm{e}^{f(x)}]'=\mathrm{e}^{f(x)}\cdot f'(x)$,

$$y''=[\mathrm{e}^{f(x)}\cdot f'(x)]'=\mathrm{e}^{f(x)}\cdot[f'(x)]^2+\mathrm{e}^{f(x)}\cdot f''(x)$$
$$=\mathrm{e}^{f(x)}\{[f'(x)]^2+f''(x)\}.$$

例 2.5.4 定义函数

$$f(x)=\begin{cases}x^4\sin\dfrac{1}{x}, & x\neq 0,\\ 0, & x=0,\end{cases}$$

求 $x=0$ 处可达到的最高阶的导数.

解 欲求 $f''(x)$须先求 $f'(x)$. 当 $x\neq 0$ 时,$f'(x)$可用公式计算,即

$$f'(x)=\left(x^4\sin\frac{1}{x}\right)'=4x^3\sin\frac{1}{x}-x^2\cos\frac{1}{x},$$

但 $f'(0)$只能由导数的定义来计算,即

$$f'(0)=\lim_{x\to 0}\frac{f(x)-f(0)}{x}=\lim_{x\to 0}\frac{x^4\sin\dfrac{1}{x}}{x}=\lim_{x\to 0}\left(x^3\sin\frac{1}{x}\right)=0.$$

因此

$$f'(x)=\begin{cases}4x^3\sin\dfrac{1}{x}-x^2\cos\dfrac{1}{x}, & x\neq 0,\\ 0, & x=0,\end{cases}$$

当 $x\neq 0$ 时,有

$$f''(x)=\left(4x^3\sin\frac{1}{x}-x^2\cos\frac{1}{x}\right)'=12x^2\sin\frac{1}{x}-6x\cos\frac{1}{x}-\sin\frac{1}{x},$$

再由导数的定义,有

$$f''(0)=\lim_{x\to 0}\frac{f'(x)-f'(0)}{x}=\lim_{x\to 0}\frac{4x^3\sin\dfrac{1}{x}-x^2\cos\dfrac{1}{x}}{x}$$

$$=\lim_{x\to 0}\left(4x^2\sin\frac{1}{x}-x\cos\frac{1}{x}\right)=0,$$

从而

$$f''(x)=\begin{cases}12x^2\sin\dfrac{1}{x}-6x\cos\dfrac{1}{x}-\sin\dfrac{1}{x}, & x\neq 0,\\ 0, & x=0,\end{cases}$$

请注意,对任何 $n\in\mathbf{N}_+$,$f^{(n)}(x)$对 $x\neq 0$ 都是存在的,但是 $f'''(0)$已不存在.故 $f(x)$具有最高二阶导数.

例 2.5.5 证明:函数 $y=\sqrt{2x-x^2}$满足关系式 $y^3y''+1=0$.

证明 对 $y=\sqrt{2x-x^2}$求导,得

$$y'=\frac{2-2x}{2\sqrt{2x-x^2}}=\frac{1-x}{\sqrt{2x-x^2}},$$

进一步,

$$y''=\frac{-\sqrt{2x-x^2}-(1-x)\dfrac{2-2x}{2\sqrt{2x-x^2}}}{2x-x^2}=\frac{-2x+x^2-(1-x)^2}{(2x-x^2)\sqrt{2x-x^2}}$$

$$=-\frac{1}{(2x-x^2)^{\frac{3}{2}}}=-\frac{1}{y^3},$$

即有 $y^3y''+1=0$. □

例 2.5.6 求指数函数 $y=a^x(a>0,a\neq 1)$的 n 阶导数.

解 $y'=a^x\ln a$,$y''=a^x(\ln a)^2$,$y'''=a^x(\ln a)^3$,一般地,可得

$$y^{(n)}=a^x(\ln a)^n.$$

即

$$(a^x)^{(n)}=a^x(\ln a)^n.$$

特别地,当 $a=\mathrm{e}$ 时,有$(\mathrm{e}^x)^{(n)}=\mathrm{e}^x$.

例 2.5.7 求正弦函数与余弦函数的 n 阶导数.

解 $y=\sin x$,

$$y'=\cos x=\sin\left(x+\frac{\pi}{2}\right),$$

$$y''=\left[\sin\left(x+\frac{\pi}{2}\right)\right]'=\cos\left(x+\frac{\pi}{2}\right)=\sin\left(x+\frac{\pi}{2}+\frac{\pi}{2}\right)=\sin\left(x+2\cdot\frac{\pi}{2}\right),$$

$$y'''=\left[\sin\left(x+2\cdot\frac{\pi}{2}\right)\right]'=\cos\left(x+2\cdot\frac{\pi}{2}\right)=\sin\left(x+3\cdot\frac{\pi}{2}\right),$$

一般地,可得

$$y^{(n)}=\sin\left(x+n\cdot\frac{\pi}{2}\right),$$

即

$$(\sin x)^{(n)}=\sin\left(x+n\cdot\frac{\pi}{2}\right),$$

类似地，可得

$$(\cos x)^{(n)}=\cos\left(x+n\cdot\frac{\pi}{2}\right).$$

例 2.5.8　求对数函数 $\ln(1+x)$ 的 n 阶导数.

解　$y'=\frac{1}{1+x}, y''=-\frac{1}{(1+x)^2}, y'''=\frac{1\times 2}{(1+x)^3}, y^{(4)}=-\frac{1\times 2\times 3}{(1+x)^4},\cdots$，一般地，可得

$$y^{(n)}=(-1)^{n-1}\frac{(n-1)!}{(1+x)^n},$$

即

$$[\ln(1+x)]^{(n)}=(-1)^{n-1}\frac{(n-1)!}{(1+x)^n}.$$

例 2.5.9　求函数 $y=\frac{1}{x^2+2x-3}$ 的 n 阶导数.

解　$y=\frac{1}{x^2+2x-3}=\frac{1}{4}\left(\frac{1}{x-1}-\frac{1}{x+3}\right)$，而

$$\left(\frac{1}{x-1}\right)^{(n)}=\frac{(-1)^n n!}{(x-1)^{n+1}},\left(\frac{1}{x+3}\right)^{(n)}=\frac{(-1)^n n!}{(x+3)^{n+1}}.$$

故

$$\begin{aligned}\left(\frac{1}{x^2+2x-3}\right)^{(n)}&=\frac{1}{4}\left[\left(\frac{1}{x-1}\right)^{(n)}-\left(\frac{1}{x+3}\right)^{(n)}\right]\\&=\frac{(-1)^n n!}{4}\left[\frac{1}{(x-1)^{n+1}}-\frac{1}{(x+3)^{n+1}}\right].\end{aligned}$$

例 2.5.10　求幂函数 $y=x^\mu$（μ 为实数）的 n 阶导数.

解　$y'=\mu x^{\mu-1}, y''=\mu(\mu-1)x^{\mu-2}, y'''=\mu(\mu-1)(\mu-2)x^{\mu-3}$，一般地，可得

$$(x^\mu)^{(n)}=\mu(\mu-1)(\mu-2)\cdots(\mu-n+1)x^{\mu-n}.$$

特别地，当 μ 为正整数 n 时，有

$$(x^n)^{(n)}=n!,\quad (x^n)^{(n+m)}=0\quad (m\text{ 为正整数}).$$

2.5.2　Leibniz 公式

对 n 阶导数，显然有下列公式：

$$[u(x)\pm v(x)]^{(n)}=[u(x)]^{(n)}\pm[v(x)]^{(n)},\quad [C\cdot u(x)]^{(n)}=C\cdot[u(x)]^{(n)},$$

这里 C 是任意的常数.

下面我们来计算两个函数乘积的 n 阶导数 $(u\cdot v)^{(n)}$. 首先

$$(u\cdot v)'=u'\cdot v+u\cdot v',$$

$$(u\cdot v)''=(u'\cdot v)'+(u\cdot v')'=u''\cdot v+u'\cdot v'+u'\cdot v'+u\cdot v'',$$

即

$$(u \cdot v)'' = u'' \cdot v + 2u' \cdot v' + u \cdot v'',$$

进一步,可得出

$$(u \cdot v)''' = u''' \cdot v + 3u'' \cdot v' + 3u' \cdot v'' + u \cdot v''',$$

这与 Newton 二项式定理十分相似. 事实上,我们有:

定理 2.2(Leibniz 公式) 设函数 u 与 v 在区间 I 上都有 n 阶导数,那么乘积 uv 在区间 I 上也有 n 阶导数,并且

$$(uv)^{(n)} = \sum_{m=0}^{n} \mathrm{C}_n^m u^{(n-m)} v^{(m)}, \tag{2.5.1}$$

这里 $u^{(0)} = u, v^{(0)} = v$,组合数 $\mathrm{C}_n^m = \dfrac{n!}{m!\,(n-m)!}(m = 0,1,2,\cdots,n)$.

证明 我们把欲证的等式的右边改写为下面代数上对称的形式:

$$\sum_{i+j=n} \frac{n!}{i!\,j!} u^{(i)} v^{(j)},$$

这里的和式是对所有满足 $i+j=n$ 的有序非负整数对 (i,j) 来求,所以共有 $n+1$ 个加项. 这种"对称化"的处理,将给计算带来方便.

我们对 n 来进行归纳,当 $n=1$ 时,命题显然成立,即

$$(uv)^{(1)} = \sum_{i+j=1} u^{(i)} v^{(j)} = u^{(1)} v^{(0)} + u^{(0)} v^{(1)} = u'v + uv'.$$

现在假设 $k \geqslant 1$ 时,有

$$(uv)^{(k)} = \sum_{i+j=k} \frac{k!}{i!\,j!} u^{(i)} v^{(j)}.$$

在上式的两边再求一次导数,得到

$$\begin{aligned}(uv)^{(k+1)} &= \sum_{i+j=k} \frac{k!}{i!\,j!} [u^{(i)} v^{(j)}]' = \sum_{i+j=k} \frac{k!}{i!\,j!} [u^{(i+1)} v^{(j)} + u^{(i)} v^{(j+1)}] \\ &= \sum_{i+j=k} \frac{k!}{i!\,j!} u^{(i+1)} v^{(j)} + \sum_{i+j=k} \frac{k!}{i!\,j!} u^{(i)} v^{(j+1)}.\end{aligned}$$

在最后的和式中,令 $l = j+1$,于是 $j = l-1$,且 $i+l = i+j+1 = k+1$. 因此,这个和式变为

$$\sum_{i+l=k+1} \frac{k!}{i!\,(l-1)!} u^{(i)} v^{(l)},$$

再把 l 换为 j,得到

$$\sum_{i+j=k+1} \frac{k!}{i!\,(j-1)!} u^{(i)} v^{(j)}.$$

对称地,有

$$\sum_{i+j=k} \frac{k!}{i!\,j!} u^{(i+1)} v^{(j)} = \sum_{i+j=k+1} \frac{k!}{(i-1)!\,j!} u^{(i)} v^{(j)}.$$

从而有

$$(uv)^{(k+1)} = \sum_{i+j=k+1} k! \left[\frac{1}{(i-1)!\,j!} + \frac{1}{i!\,(j-1)!}\right] u^{(i)} v^{(j)} = \sum_{i+j=k+1} k! \frac{i+j}{i!\,j!} u^{(i)} v^{(j)}$$

$$= \sum_{i+j=k+1} k!\ \frac{k+1}{i!\ j!} u^{(i)} v^{(j)} = \sum_{i+j=k+1} \frac{(k+1)!}{i!\ j!} u^{(i)} v^{(j)}.$$

这就完成了归纳证明. □

例 2.5.11 $y = x^2 \sin x$，求 $y^{(50)}$.

解 设 $u = \sin x$，$v = x^2$，则

$$u^{(k)} = (\sin x)^{(k)} = \sin\left(x + k \cdot \frac{\pi}{2}\right) \quad (k = 1, 2, \cdots, 50),$$

$$v' = 2x, \quad v'' = 2, \quad v^{(k)} = 0 \quad (k = 3, 4, \cdots, 50).$$

代入 Leibniz 公式，得

$$y^{(50)} = (x^2 \sin x)^{(50)} = x^2 (\sin x)^{(50)} + C_{50}^1 \cdot (\sin x)^{(49)} (x^2)' + C_{50}^2 \cdot (\sin x)^{(48)} (x^2)'',$$

等式只需写到这些项，因为 x^2 的三阶及三阶以上的导数恒等于零.由于

$$(\sin x)^{(48)} = \sin(x + 24\pi) = \sin x,$$

$$(\sin x)^{(49)} = \sin\left(24\pi + \left(\frac{\pi}{2} + x\right)\right) = \sin\left(\frac{\pi}{2} + x\right) = \cos x,$$

$$(\sin x)^{(50)} = \sin(x + 25\pi) = -\sin x,$$

故

$$\begin{aligned} y^{(50)} &= -x^2 \sin x + 2x \cdot 50 \cdot \cos x + 50 \cdot 49 \cdot \sin x \\ &= (2\,450 - x^2) \sin x + 100 x \cos x. \end{aligned}$$

例 2.5.12 $y = x \mathrm{e}^{-x}$，求 $y^{(n)}$.

解 设 $u = \mathrm{e}^{-x}$，$v = x$，则

$$u^{(k)} = (-1)^k \mathrm{e}^{-x} \quad (k = 1, 2, \cdots, n),$$

$$v' = 1, \quad v^{(k)} = 0 \quad (k = 2, 3, \cdots, n),$$

代入 Leibniz 公式，得

$$y^{(n)} = (-1)^n x \mathrm{e}^{-x} + (-1)^{n-1} n \mathrm{e}^{-x} = (-1)^{n-1} (n - x) \mathrm{e}^{-x}.$$

综上所述，得到常用函数的 n 阶导数公式：

(1) $(a^x)^{(n)} = a^x (\ln a)^n \ (a > 0, a \neq 1)$，特别地，$(\mathrm{e}^x)^{(n)} = \mathrm{e}^x$.

(2) $(\sin x)^{(n)} = \sin\left(x + n \cdot \dfrac{\pi}{2}\right)$.

(3) $(\cos x)^{(n)} = \cos\left(x + n \cdot \dfrac{\pi}{2}\right)$.

(4) $(x^m)^{(n)} = m(m-1)\cdots(m-n+1) x^{m-n} \ (m \geqslant n)$.

(5) $[\ln(1+x)]^{(n)} = \dfrac{(-1)^{n-1}(n-1)!}{(1+x)^n}$.

(6) $\left(\dfrac{1}{x+a}\right)^{(n)} = \dfrac{(-1)^n n!}{(x+a)^{n+1}}$.

2.5.3 高阶微分

设 $y = f(x)$ 可微，则 $\mathrm{d}y = f'(x)\mathrm{d}x$ 仍是 x 的函数，如果 $f'(x)$ 仍可微，则可计算 $\mathrm{d}y$ 的

微分，记为 $d^2y=d(dy)$. 称 d^2y 为 $y=f(x)$的二阶微分. 如果 $f''(x)$仍可微，那么还可计算 $y=f(x)$的三阶微分，y 的三阶微分 $d[d(dy)]$记为 $d^3y,\cdots$，y 的 n 阶微分记为 d^ny. 二阶和二阶以上的微分统称为**高阶微分**.

因为自变量的微分 dx 不依赖于 x. 所以对 x 微分时，dx 应当看成常量. 于是，我们可以得到各阶微分与各阶导数之间极简单的关系：

$$dy=f'(x)dx,\quad d^2y=d[f'(x)dx]=[f'(x)dx]'dx=f''(x)dx^2,$$

这里 dx 看作一个常量①.又

$$d^3y=d(d^2y)=d[f''(x)(dx)^2]=[f''(x)(dx)^2]'dx=f'''(x)(dx)^3,$$

即

$$d^3y=f'''(x)dx^3.$$

一般来说，如果 $y=f(x)$在 x 处有 n 阶导数，那么有

$$d^ny=f^{(n)}(x)dx^n.$$

于是得到通常的导数的表达式：

$$\frac{d^2y}{dx^2}=f''(x),\quad \frac{d^3y}{dx^3}=f'''(x),\quad \cdots,\quad \frac{d^ny}{dx^n}=f^{(n)}(x).$$

值得指出的是，复合函数的高阶微分不再具有“微分的形式不变性”，所以形式不变性是一阶微分独有的性质.

例如 $y=e^u,u=x^3$，由此得复合函数 $y=e^{x^3}$，所以 $dy=3x^2e^{x^3}dx$，且

$$d^2y=(3x^2e^{x^3}dx)'dx=(6x+9x^4)e^{x^3}dx^2,$$

而 $e^udu^2=9x^4e^{x^3}dx^2$，显然，$d^2y\neq e^udu^2$.

一般来说，设 $y=f(u),u=\varphi(x)$，由一阶微分的形式不变性，得

$$dy=f'(u)du,$$

由于这时 u 和 du 都是 x 的函数，所以

$$\begin{aligned}d^2y&=d[f'(u)du]=d[f'(u)]\cdot du+f'(u)d(du)\\&=f''(u)du^2+f'(u)d^2u.\end{aligned}$$

与 u 是自变量的情形相比较，多了 $f'(u)d^2u$ 这一项，因而高阶微分不具有形式不变性.

习题 2.5

(A)

1. 记号 $d^2u,du^2,d(u^2)$这三者有何区别？
2. 求下列函数的二阶导数：

(1) $y=e^{2x-1}$.　　(2) $y=e^{-x}\sin x$.

(3) $y=\sqrt{a^2-x^2}$.　　(4) $y=\ln(1-x^2)$.

---

① dx^2 及下面的 $dx^3,dx^4,\cdots,dx^n$ 都表示 dx 的乘方，亦即$(dx)^2,(dx)^3,\cdots,(dx)^n$，它们表示的不是 x 乘方的微分，即不是 $d(x^2),d(x^3),\cdots,d(x^n)$.

(5) $y=\frac{e^x}{x}$.　　(6) $y=\ln(\cos x)$.

(7) $y=\frac{1-x}{1+x}$.　　(8) $y=2^x+e^{-2x}-\ln x$.

(9) $y=\ln(x+\sqrt{1+x^2})$.

3. 验证函数 $y=e^t\sin t$ 满足关系式：$y''-2y'+2y=0$.

4. 已知物体的运动规律为 $s=A\sin\omega t$（A,ω 是常数），求物体运动的加速度，并验证：

$$s''+\omega^2 s=0.$$

5. 设抛物线 $y=ax^2+bx+c$ 与曲线 $y=e^x$ 在点(0,1)处相交，且在交点处有相同的一阶、二阶导数，试确定 a,b,c 的值.

6. 求下列函数的 n 阶导数：

(1) $y=x^n+x^{n-1}+\cdots+x+1$.　　(2) $y=\frac{\ln x}{x}$.

(3) $y=\cos^2 x$.　　(4) $y=\frac{x^2}{x^2-2x-3}$.

(5) $y=\frac{x^n}{1+x}$.　　(6) $y=\frac{1-x}{1+x}$.

(B)

1. 求下列函数的二阶导数：

(1) $y=(\ln x)^2$.　　(2) $y=x\sin^2 x$.

(3) $y=\frac{x^2+\sqrt{x}+2}{x}$.　　(4) $y=x\arctan\sqrt{x}$.

2. 求 $y=x^5-2x^3+3x+1$ 的三阶微分.

3. $y=\sin u, u=\sqrt{x}$，求 y 的二阶微分.

4. 定义函数

$$f(x)=\begin{cases}2x-1, & x\leqslant 1,\\ x^2, & x>1,\end{cases}$$

求其二阶导数.

5. 设 $f_n(x)=x^{n-1}e^{\frac{1}{x}}$，求证：$f_n^{(n)}(x)=\frac{(-1)^n}{x^{n+1}}e^{\frac{1}{x}}$.

6. 设 $f_n(x)=x^n\ln x\,(n\in\mathbf{N}_+)$，求极限

$$\lim_{n\to\infty}\frac{f_n^{(n)}\left(\frac{1}{n}\right)}{n!}.$$

7. 设 $f(x)=(x-a)^n\varphi(x)$，其中函数 $\varphi(x)$ 在点 a 附近有 $n-1$ 阶连续导函数，证明 $f(x)$ 在点 a 处存在 n 阶导数，并求 $f^{(n)}(a)$.

§ 2.6 隐函数及由参数方程所确定的函数的求导法则

2.6.1 隐函数的求导法则

用解析式描述 y 对于 x 的函数关系，可用两种不同的方式. 一种是形如 $y=f(x)$ 的描述方式，称之为**显函数**，初等函数都可以用显函数表示，如 $y=\sin x$，$y=\ln(x-5)+\mathrm{e}^{-x}$. 但是有些函数不是以显函数方式表示的，例如方程

$$y^5+2y^3+3y+2x-x^3=0,$$

对于任意给定的一个 x，都有 y 与之对应，从而确定了 y 是 x 的函数. 这种由一个含 x，y 的方程 $F(x,y)=0$ 所确定的函数称为**隐函数**. 关于隐函数的概念，我们曾在 § 1.1 中加以叙述. 现在的问题是：怎样求隐函数的导数？

有时隐函数可以通过解方程的方式将函数解出来，如解 $x+y^3-1=0$ 得 $y=\sqrt[3]{1-x}$. 将一个隐函数化成显函数称为隐函数的显式化. 但并不是所有的隐函数都能显式化，即使能够显式化，通常将它显式化也是很难的.

在实际应用中我们可能需要计算隐函数的导数，下面通过一些例子，说明在已知隐函数方程，并且隐函数 n 阶可导的情况下，如何求隐函数的 n 阶导数的方法. 这个方法就是直接从确定的隐函数方程出发，将方程看成复合函数的恒等式，再对恒等式两边同时求导数.

例 2.6.1 已知函数 $y=y(x)$ 由方程 $\mathrm{e}^{xy}+\sin(x+y)=0$ 确定，求 $\dfrac{\mathrm{d}y}{\mathrm{d}x}$.

解 设想把方程 $\mathrm{e}^{xy}+\sin(x+y)=0$ 确定的函数 $y=y(x)$ 代入此方程，则得到恒等式

$$\mathrm{e}^{xy(x)}+\sin(x+y(x))=0.$$

将此恒等式两边同时对 x 求导，得

$$\mathrm{e}^{xy(x)}[xy(x)]'+\cos(x+y(x))\cdot[x+y(x)]'=0,$$

即

$$\mathrm{e}^{xy}(y+xy')+\cos(x+y)\cdot(1+y')=0,$$

由此解得

$$\frac{\mathrm{d}y}{\mathrm{d}x}=y'=-\frac{y\mathrm{e}^{xy}+\cos(x+y)}{x\mathrm{e}^{xy}+\cos(x+y)}.$$

可见，求隐函数导数时，只要记住 x 是自变量，y 是关于 x 的函数，将方程两边对 x 求导，就得到一个含有导数 $\dfrac{\mathrm{d}y}{\mathrm{d}x}$ 的方程，从中解出 $\dfrac{\mathrm{d}y}{\mathrm{d}x}$ 即可. 需要注意的是，隐函数导数的表达式中一般同时含有变量 x 和 y，这与显函数导数的表达式不同.

例 2.6.2 已知方程 $y^5+2y^3+3y+2x-x^3=0$ 确定 $y=y(x)$，求 $\left.\dfrac{\mathrm{d}y}{\mathrm{d}x}\right|_{x=0}$.

解 在所给方程的两边同时对 x 求导，得

$$5y^4y'+6y^2y'+3y'+2-3x^2=0,$$

于是

$$\frac{\mathrm{d}y}{\mathrm{d}x}=y'=\frac{3x^2-2}{5y^4+6y^2+3}.$$

将 $x=0$ 代入原方程得 $y^5+2y^3+3y=0$，由此得到唯一解 $y=0$，即当 $x=0$ 时，$y=0$，因此

$$\left.\frac{\mathrm{d}y}{\mathrm{d}x}\right|_{x=0}=\left.\frac{3x^2-2}{5y^4+6y^2+3}\right|_{x=0}=-\frac{2}{3}.$$

例 2.6.3　已知方程 $\mathrm{e}^y+xy=0$，求 $\dfrac{\mathrm{d}^2y}{\mathrm{d}x^2}$.

解　应用一阶微分的形式不变性，于方程两边求微分，有

$$\mathrm{d}(\mathrm{e}^y+xy)=\mathrm{e}^y\mathrm{d}y+x\mathrm{d}y+y\mathrm{d}x=0,$$

由此推出

$$\frac{\mathrm{d}y}{\mathrm{d}x}=-\frac{y}{\mathrm{e}^y+x}=\frac{y}{x(y-1)},\tag{2.6.1}$$

两边再对 x 求导数，得到

$$\frac{\mathrm{d}^2y}{\mathrm{d}x^2}=\frac{y'x(y-1)-y(y-1+xy')}{x^2(y-1)^2}=\frac{y-y^2-xy'}{x^2(y-1)^2},$$

将(2.6.1)式的结果代入上式，有

$$\frac{\mathrm{d}^2y}{\mathrm{d}x^2}=\frac{y-y^2-\dfrac{xy}{x(y-1)}}{x^2(y-1)^2}=\frac{y(1-y)(y-1)-y}{x^2(y-1)^3}=\frac{y(2y-y^2-2)}{x^2(y-1)^3}.$$

例 2.6.4　设 $x^y=y^x$（$x>0$ 且 $x\neq1$，$y>0$ 且 $y\neq1$），求 $\dfrac{\mathrm{d}y}{\mathrm{d}x}$.

解　在 $x^y=y^x$ 两边取对数，得

$$y\ln x=x\ln y,$$

上式两边同时求微分，得

$$\mathrm{d}(y\ln x)=\mathrm{d}(x\ln y),$$

进一步有

$$\ln x\mathrm{d}y+y\mathrm{d}(\ln x)=\ln y\mathrm{d}x+x\mathrm{d}(\ln y),$$

从而得

$$\ln x\mathrm{d}y+\frac{y}{x}\mathrm{d}x=\ln y\mathrm{d}x+\frac{x}{y}\mathrm{d}y,$$

$$\left(\ln x-\frac{x}{y}\right)\mathrm{d}y=\left(\ln y-\frac{y}{x}\right)\mathrm{d}x,$$

于是

$$\frac{\mathrm{d}y}{\mathrm{d}x}=\frac{y(x\ln y-y)}{x(y\ln x-x)}.$$

例 2.6.5　设方程 $\ln\sqrt{x^2+y^2}=\arctan\dfrac{y}{x}$ 确定了 y 是 x 的一个隐函数，求 y''.

解　原方程即为$\frac{1}{2}\ln(x^2+y^2)=\arctan\frac{y}{x}$，两边对自变量 x 求导，得

$$\frac{1}{2}\cdot\frac{1}{x^2+y^2}(x^2+y^2)'=\frac{1}{1+\left(\frac{y}{x}\right)^2}\cdot\left(\frac{y}{x}\right)',$$

即得

$$\frac{1}{2}\cdot\frac{1}{x^2+y^2}(2x+2yy')=\frac{1}{1+\left(\frac{y}{x}\right)^2}\cdot\frac{y'x-y}{x^2},$$

整理后得

$$y'=\frac{x+y}{x-y}.$$

于是

$$\begin{aligned}y''&=\frac{(x+y)'\cdot(x-y)-(x+y)\cdot(x-y)'}{(x-y)^2}\\&=\frac{(1+y')(x-y)-(x+y)(1-y')}{(x-y)^2}=\frac{2xy'-2y}{(x-y)^2}.\end{aligned}$$

以 $y'=\frac{x+y}{x-y}$代入上式，得 $y''=\frac{2(x^2+y^2)}{(x-y)^3}$.

2.6.2　由参数方程所确定的函数的求导法则

由参数方程所确定的函数的求导实例

由解析几何知道，有些曲线使用所谓的参数方程表示会更方便，例如椭圆$\frac{x^2}{a^2}+\frac{y^2}{b^2}=1$ 的参数方程为$\begin{cases}x=a\cos t,\\y=b\sin t\end{cases}(0\leqslant t\leqslant 2\pi)$，这里 x 与 y 的关系是通过参数 t 建立的.

一般地，若参数方程

$$\begin{cases}x=\varphi(t),\\y=\psi(t)\end{cases}\tag{2.6.2}$$

确定了 y 与 x 之间的函数关系，则称此方程所表示的函数关系为由参数方程(2.6.2)所确定的函数，那么如何求由参数方程所确定的函数的导数呢？

假设 $x=\varphi(t)$，$y=\psi(t)$都可导，且 $\varphi'(t)\neq 0$，$x=\varphi(t)$有单调的反函数 $t=\varphi^{-1}(x)$，则参数方程(2.6.2)所确定的函数可以看成是由函数 $y=\psi(t)$及 $t=\varphi^{-1}(x)$复合而成的函数，由复合函数及反函数的求导法则，就有

$$\frac{\mathrm{d}y}{\mathrm{d}x}=\frac{\mathrm{d}y}{\mathrm{d}t}\cdot\frac{\mathrm{d}t}{\mathrm{d}x}=\frac{\mathrm{d}y}{\mathrm{d}t}\cdot\frac{1}{\frac{\mathrm{d}x}{\mathrm{d}t}}=\frac{\psi'(t)}{\varphi'(t)},$$

即

$$\frac{\mathrm{d}y}{\mathrm{d}x}=\frac{\psi'(t)}{\varphi'(t)},\tag{2.6.3}$$

也可以写成$\dfrac{\mathrm{d}y}{\mathrm{d}x}=\dfrac{\frac{\mathrm{d}y}{\mathrm{d}t}}{\frac{\mathrm{d}x}{\mathrm{d}t}}$.

如果 $x=\varphi(t)$，$y=\psi(t)$还是二阶可导的，那么从(2.6.3)式又可得到函数的二阶导数公式

$$\frac{\mathrm{d}^2y}{\mathrm{d}x^2}=\frac{\mathrm{d}}{\mathrm{d}x}\left(\frac{\mathrm{d}y}{\mathrm{d}x}\right)=\frac{\mathrm{d}}{\mathrm{d}t}\left(\frac{\psi'(t)}{\varphi'(t)}\right)\cdot\frac{\mathrm{d}t}{\mathrm{d}x}=\frac{\psi''(t)\varphi'(t)-\psi'(t)\varphi''(t)}{\varphi'^2(t)}\cdot\frac{1}{\varphi'(t)},$$

即

$$\frac{\mathrm{d}^2y}{\mathrm{d}x^2}=\frac{\psi''(t)\varphi'(t)-\psi'(t)\varphi''(t)}{\varphi'^3(t)}.$$

例 2.6.6　证明：星形线(图 2-8)$\begin{cases}x=a\cos^3t,\\y=a\sin^3t\end{cases}$ $(a>0)$的切线(除坐标轴外)被坐标轴所截的线段为定长.

证明　曲线上对应于参数 t 的点 M 的坐标为$(a\cos^3t,a\sin^3t)$，曲线在点 M 处的切线的斜率为

$$\frac{\mathrm{d}y}{\mathrm{d}x}=\frac{3a\sin^2t\cos t}{-3a\cos^2t\sin t}=-\tan t,$$

故切线为 $y-a\sin^3t=-\tan t(x-a\cos^3t)$.

令 $y=0$，解得切线在 x 轴上的截距为

$$x(t)=a\cos^3t+a\sin^2t\cos t=a\cos t.$$

令 $x=0$，解得切线在 y 轴上的截距为

$$y(t)=a\sin^3t+a\cos^2t\sin t=a\sin t.$$

故所求切线被坐标轴所截的线段长度为

$$\sqrt{x^2(t)+y^2(t)}=\sqrt{a^2\cos^2t+a^2\sin^2t}=a(\text{常数}).$$ □

例 2.6.7　计算由摆线(图 2-9)的参数方程$\begin{cases}x=a(t-\sin t),\\y=a(1-\cos t)\end{cases}$所确定的函数 $y=y(x)$

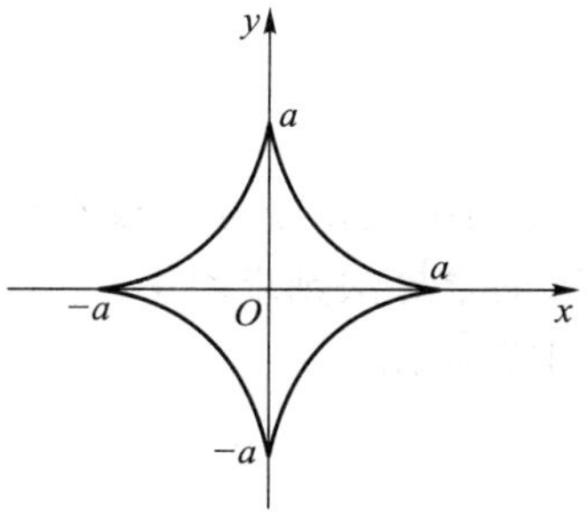

图 2-8

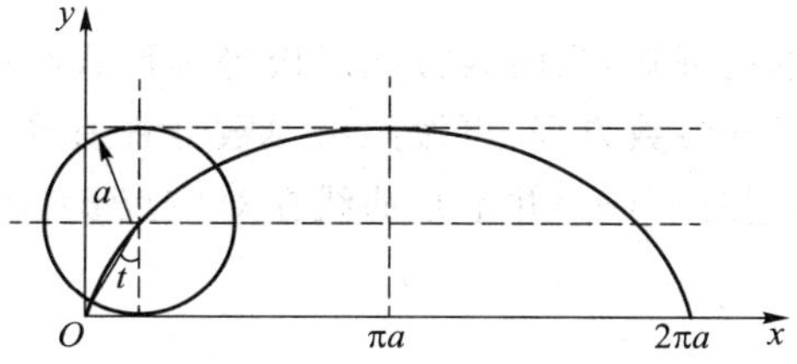

图 2-9

的二阶导数.

解 $\dfrac{dy}{dx}=\dfrac{\frac{dy}{dt}}{\frac{dx}{dt}}=\dfrac{a\sin t}{a(1-\cos t)}=\dfrac{\sin t}{1-\cos t}=\cot\dfrac{t}{2}\ (t\neq 2n\pi,n\in\mathbf{Z})$,

$$\frac{d^2y}{dx^2}=\frac{d}{dt}\left(\cot\frac{t}{2}\right)\cdot\frac{1}{\frac{dx}{dt}}=-\frac{1}{2\sin^2\frac{t}{2}}\cdot\frac{1}{a(1-\cos t)}$$

$$=-\frac{1}{a(1-\cos t)^2}\quad (t\neq 2n\pi,n\in\mathbf{Z}).$$

2.6.3 由极坐标方程所确定的函数的求导法则

当曲线的方程以极坐标形式 $r=r(\theta)$ 给出时,我们可以使用下列方式来求导数.

例 2.6.8 求三叶玫瑰线 $r=a\sin 3\theta$ 在对应 $\theta=\dfrac{\pi}{4}$ 的点处的切线方程.

解 利用直角坐标与极坐标之间的关系,将给出的极坐标方程化为参数方程

$$\begin{cases}x=r\cos\theta=a\sin 3\theta\cos\theta,\\ y=r\sin\theta=a\sin 3\theta\sin\theta,\end{cases}$$

于是

$$\frac{dy}{dx}=\frac{\frac{dy}{d\theta}}{\frac{dx}{d\theta}}=\frac{3a\cos 3\theta\sin\theta+a\sin 3\theta\cos\theta}{3a\cos 3\theta\cos\theta-a\sin 3\theta\sin\theta},$$

故

$$\left.\frac{dy}{dx}\right|_{\theta=\frac{\pi}{4}}=\frac{1}{2}.$$

又切点坐标为$\left(a\sin\dfrac{3\pi}{4}\cos\dfrac{\pi}{4},a\sin\dfrac{3\pi}{4}\sin\dfrac{\pi}{4}\right)$,即$\left(\dfrac{a}{2},\dfrac{a}{2}\right)$.从而得切线方程

$$y-\frac{a}{2}=\frac{1}{2}\left(x-\frac{a}{2}\right),$$

即

$$x-2y+\frac{a}{2}=0.$$

通过本例可知,当曲线方程以极坐标形式给出时,可先利用直角坐标与极坐标之间的关系写出曲线的参数方程,再按照由参数方程所确定的函数的求导法则求斜率.

注意:这时 $r'(\theta_0)$ 并不是曲线在对应点 $\theta=\theta_0$ 处的切线斜率.

习题 2.6

(A)

1. 在下列各题中，求$\dfrac{dy}{dx}$.

(1) $xy^3-2x^2y=xy+1$.　　(2) $e^{xy}+y\ln x=\sin x$.

(3) $y=\left(1+\dfrac{1}{x}\right)^x$.　　(4) $xy=e^{x+y}$.

(5) $(\cos x)^y=(\sin y)^x$.

2. 在下列各题中，求$\dfrac{dy}{dx}$，$\dfrac{d^2y}{dx^2}$.

(1) $\begin{cases}x=2t-t^2,\\ y=3t-t^3.\end{cases}$　　(2) $\begin{cases}x=\sin^2 t,\\ y=\cos^2 t.\end{cases}$

(3) $\begin{cases}x=3e^{-t},\\ y=2e^t.\end{cases}$　　(4) $\begin{cases}x=\ln(1+t^2),\\ y=t-\arctan t.\end{cases}$

(5) $\begin{cases}x=\sqrt{1+t},\\ y=\sqrt{1-t}.\end{cases}$　　(6) $xy+\ln y=1$.

3. 设$\begin{cases}x=e^t\cos t,\\ y=e^t\sin t,\end{cases}$验证：

(1) $\dfrac{dy}{dx}=\dfrac{x+y}{x-y}$.　　(2) $\dfrac{d^2y}{dx^2}=2\dfrac{x^2+y^2}{(x-y)^3}$.

(3) $\dfrac{d^2y}{dx^2}(x-y)^2=2\left(x\dfrac{dy}{dx}-y\right)$.

(B)

1. 求下列方程所确定的曲线在指定点处的切线方程：

(1) $\begin{cases}x=\dfrac{3t}{1+t^2},\\ y=\dfrac{3t^3}{1+t^2},\end{cases}$在 $t=2$ 处.　　(2) $r=a(1+\cos\theta)$，在 $\theta=\dfrac{\pi}{3}$处.

(3) $xy+\ln y=1$，在$(1,1)$处.

2. 设 $y=\dfrac{x^2(1-x^2)\sqrt[3]{1+x}}{\sqrt{1+x^2}}$，求 y'.

3. 证明：曲线 $xy=1$ 上任一点处的切线，与两坐标轴所围成的三角形的面积为一常数.

4. 证明：曲线$\sqrt{x}+\sqrt{y}=\sqrt{a}$上任一点处的切线，截两个坐标轴的截距之和为 a.

§ 2.7　微分中值定理

微分中值定理是高等数学中的重要定理，是微分学的理论基础，使微分学得到广泛的应用.

2.7.1 明显的几何事实

设图 2-10(或图 2-11)是在$[a,b]$上连续、(a,b)内可微的函数 $y=f(x)$的图形,我们先从几何图形上来分析.

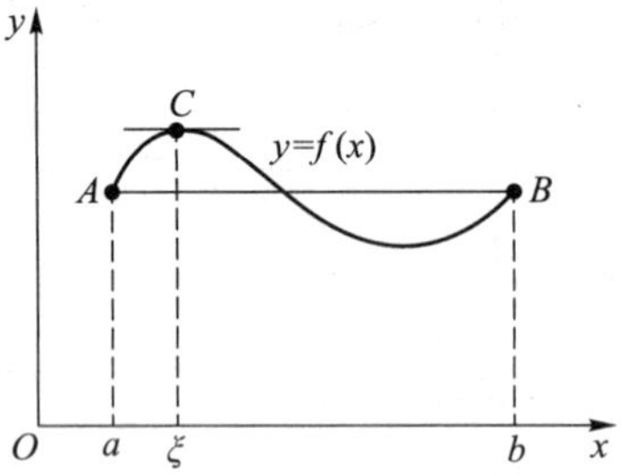

图 2-10

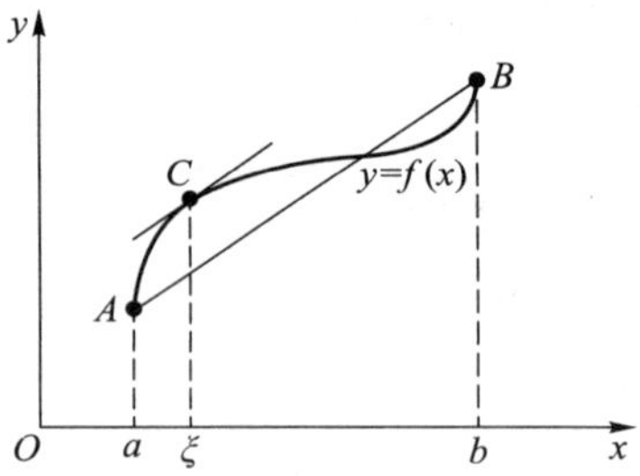

图 2-11

(1) 在图 2-10 中,曲线 $y=f(x)$满足处处具有不垂直于 x 轴的切线(即处处可微),并且两个端点 $A(a,f(a))$与 $B(b,f(b))$的纵坐标相等($f(a)=f(b)$). 则在该曲线上至少存在一点 C,使得曲线在点 C 处的切线平行于弦 AB,也就是平行于 x 轴. 这条切线的斜率为零.

设 C 的横坐标为 ξ,由导数的几何意义知 $f'(\xi)=0$.

(2) 在图 2-11 中,如果连续曲线 $y=f(x)$的弧 $\overset{\frown}{AB}$ 上除端点外处处具有不垂直于 x 轴的切线,那么该弧上至少存在一点 C(C 的横坐标为 ξ),使得曲线在点 C 处的切线平行于弦 AB.而弦 AB 的斜率为$\dfrac{f(b)-f(a)}{b-a}$,由导数的几何意义知

$$f'(\xi)=\frac{f(b)-f(a)}{b-a}.$$

把上述几何事实中的条件和结论抽象出来,便得到 Rolle(罗尔)定理和 Lagrange(拉格朗日)中值定理.

2.7.2 Rolle 定理

定理 2.3(Rolle 定理) 如果函数 $f(x)$满足

(1) 在闭区间$[a,b]$上连续.

(2) 在开区间(a,b)内可导.

(3) 在区间端点处的函数值相等,即 $f(a)=f(b)$,

Rolle 定理

那么在(a,b)内至少存在一点 ξ,使得 $f'(\xi)=0$.

证明 因为 $f(x)$在闭区间$[a,b]$上连续,所以它能够取得最大值 M 与最小值 m,这样,只有两种情形:

(1) $M=m$. 这时 $f(x)$在区间$[a,b]$上必然取相同的数值 M：$f(x)=M$. 由此，$\forall x\in(a,b)$，有 $f'(x)=0$. 因此，任取 $\xi\in(a,b)$，有 $f'(\xi)=0$.

(2) $M>m$. 因为 $f(a)=f(b)$，所以 M 和 m 中至少有一个不等于 $f(x)$在区间$[a,b]$的端点处的函数值. 为确定起见，不妨设 $M\neq f(a)$（$m\neq f(a)$类似），那么必定在开区间(a,b)内存在一点 ξ 使 $f(\xi)=M$. 因此，$\forall x\in(a,b)$，有 $f(x)\leqslant f(\xi)$.

不妨设 $\xi+\Delta x\in U(\xi)$，则有 $f(\xi+\Delta x)\leqslant f(\xi)$. 从而当 $\Delta x>0$ 时，$\dfrac{f(\xi+\Delta x)-f(\xi)}{\Delta x}\leqslant 0$；当 $\Delta x<0$ 时，$\dfrac{f(\xi+\Delta x)-f(\xi)}{\Delta x}\geqslant 0$.

根据函数 $f(x)$在点 ξ 处可导的条件及极限的保号性，便得到

$$f'(\xi)=f'_+(\xi)=\lim_{\Delta x\to 0^+}\frac{f(\xi+\Delta x)-f(\xi)}{\Delta x}\leqslant 0,$$

$$f'(\xi)=f'_-(\xi)=\lim_{\Delta x\to 0^-}\frac{f(\xi+\Delta x)-f(\xi)}{\Delta x}\geqslant 0,$$

所以必有 $f'(\xi)=0$. □

Rolle 定理的条件是缺一不可的. Rolle 定理是微分学的基本定理，它的一个重要应用是讨论函数方程的根.

例 2.7.1 验证 Rolle 定理对函数 $f(x)=\ln(\sin x)$在区间$\left[\dfrac{\pi}{6},\dfrac{5\pi}{6}\right]$上的正确性.

证明 显然函数 $f(x)=\ln(\sin x)$在区间$\left[\dfrac{\pi}{6},\dfrac{5\pi}{6}\right]$上连续，在区间$\left(\dfrac{\pi}{6},\dfrac{5\pi}{6}\right)$上可导，而 $f\left(\dfrac{\pi}{6}\right)=\ln\left(\sin\dfrac{\pi}{6}\right)=-\ln 2$，$f\left(\dfrac{5\pi}{6}\right)=\ln\left(\sin\dfrac{5\pi}{6}\right)=-\ln 2$，因此 $f(x)$在$\left[\dfrac{\pi}{6},\dfrac{5\pi}{6}\right]$上满足 Rolle 定理的全部条件，由 $f'(x)=\dfrac{\cos x}{\sin x}$，显然，我们取 $\xi=\dfrac{\pi}{2}\in\left(\dfrac{\pi}{6},\dfrac{5\pi}{6}\right)$，便有

$$f'(\xi)=0.$$

Rolle 定理对函数 $f(x)=\ln(\sin x)$在区间$\left[\dfrac{\pi}{6},\dfrac{5\pi}{6}\right]$上是正确的. □

例 2.7.2 不求导数，判别函数 $f(x)=x(2x-1)(x-2)$的导数方程（即 $f'(x)=0$）有几个实根，以及它们所在范围.

解 由于 $f(x)$为多项式函数，故 $f(x)$在$\left[0,\dfrac{1}{2}\right]$，$\left[\dfrac{1}{2},2\right]$上连续，在$\left(0,\dfrac{1}{2}\right)$，$\left(\dfrac{1}{2},2\right)$内可导，且 $f(0)=f\left(\dfrac{1}{2}\right)=f(2)=0$，即函数 $f(x)$在$\left[0,\dfrac{1}{2}\right]$和$\left[\dfrac{1}{2},2\right]$上满足 Rolle 定理的条件.

由 Rolle 定理，在$\left(0,\dfrac{1}{2}\right)$内至少存在一点 ξ_1，使得 $f'(\xi_1)=0$，即 ξ_1 为 $f'(x)=0$ 的一个实根. 在$\left(\dfrac{1}{2},2\right)$内至少存在一点 ξ_2，使得 $f'(\xi_2)=0$，即 ξ_2 为 $f'(x)=0$ 的一个实根. 又

$f'(x)=0$ 为二次方程，至多有两个实根. 故 $f'(x)=0$ 有两个实根，它们分别在 $\left(0,\frac{1}{2}\right)$ 及 $\left(\frac{1}{2},2\right)$ 内.

例 2.7.3 设函数 $f(x)$ 与 $g(x)$ 在 $[a,b]$ 上连续，在 (a,b) 内可导，并且 $g(a)=1, g(b)=0$，证明：必存在一点 $\xi\in(a,b)$，使得

$$f'(\xi)=g'(\xi)[f(a)-f(b)].$$

证明 引入函数

$$\varphi(x)=f(x)-\{g(x)f(a)+[1-g(x)]f(b)\},$$

易见 $\varphi(x)$ 在 $[a,b]$ 上连续，在 (a,b) 内可导. 直接计算，可得

$$\varphi(a)=f(a)-\{g(a)f(a)+[1-g(a)]f(b)\}=f(a)-f(a)=0,$$

$$\varphi(b)=f(b)-\{g(b)f(a)+[1-g(b)]f(b)\}=f(b)-f(b)=0,$$

因此函数 $\varphi(x)$ 在 $[a,b]$ 上满足 Rolle 定理的条件，从而存在一点 $\xi\in(a,b)$，使得 $\varphi'(\xi)=0$. 由

$$\varphi'(x)=f'(x)-[g'(x)f(a)-g'(x)f(b)]=f'(x)-g'(x)[f(a)-f(b)],$$

将 ξ 代入上式，得到

$$\varphi'(\xi)=f'(\xi)-g'(\xi)[f(a)-f(b)]=0,$$

即

$$f'(\xi)=g'(\xi)[f(a)-f(b)].$$ □

Rolle 定理给出了点 ξ 的存在性及其取值范围，但并未给出 ξ 的确切位置. 尽管如此，Rolle 定理还是有着广泛的应用.

2.7.3 Lagrange 中值定理

Lagrange 中值定理

定理 2.4（Lagrange 中值定理） 如果函数 $f(x)$ 在闭区间 $[a,b]$ 上连续，在开区间 (a,b) 内可导，那么在 (a,b) 内至少存在一点 ξ，使得

$$f'(\xi)=\frac{f(b)-f(a)}{b-a}. \tag{2.7.1}$$

证明 只需在例 2.7.3 中，取

$$g(x)=\frac{b-x}{b-a}\quad(a\leqslant x\leqslant b),$$

$g(x)$ 满足 $g(a)=1, g(b)=0$，且 $g'(x)=-\frac{1}{b-a}$，即有在 (a,b) 内至少存在一点 ξ，使得

$$f'(\xi)=g'(\xi)[f(a)-f(b)]=-\frac{f(a)-f(b)}{b-a}=\frac{f(b)-f(a)}{b-a}.$$ □

定理 2.4 的证明也可引入辅助函数

$$F(x)=f(x)-\left[f(a)+\frac{f(b)-f(a)}{b-a}(x-a)\right],$$

或

$$G(x)=f(x)-\frac{f(b)-f(a)}{b-a}x$$

来证明,读者可自行验证.

在一元函数微分学中,这是一个十分重要的定理.很显然,如果在 Lagrange 中值定理中,加上条件 $f(a)=f(b)$,那么结论就变成了

$$f'(\xi)=0 \quad (a<\xi<b).$$

所以 Rolle 定理是 Lagrange 中值定理的特例.

Lagrange 中值定理的运动学意义:设 $f(x)$是质点的运动规律函数,质点在时间区间$[a,b]$上走过的路程是 $f(b)-f(a)$,那么$\frac{f(b)-f(a)}{b-a}$代表质点在$[a,b]$上的平均速度. Lagrange 中值定理表明,在(a,b)内存在这样的时刻 ξ,质点在 ξ 时的瞬时速度 $f'(\xi)$恰好就是它在$[a,b]$上的平均速度.

Lagrange 中值定理的表达有以下的等价形式:

(1) $f(b)-f(a)=f'(\xi)(b-a)$.　　(2.7.2)

(2) 如果令 $a=x,b=x+\Delta x$,则公式就成为

$$f(x+\Delta x)-f(x)=f'(\xi)\Delta x, \tag{2.7.3}$$

这里 ξ 介于 x 与 $x+\Delta x$ 之间.

公式(2.7.3)表明,当自变量取得有限增量 Δx 时,有相应的函数有限增量 Δy 的精确表达式.我们称公式(2.7.3)为**有限增量公式**,定理 2.4 也称为**有限增量定理**,它在微分学中占有重要地位,有时也称它为微分中值定理.

(3) 若记 $\theta=\frac{\xi-x}{\Delta x}$,其中 $0<\theta<1,\xi=x+\theta\Delta x$,于是有限增量公式(2.7.3)可以写成

$$f(x+\Delta x)-f(x)=f'(x+\theta\Delta x)\Delta x.$$

与 Rolle 定理类似,Lagrange 中值定理的条件也是缺一不可的.Lagrange 中值定理有着很多的应用.

推论 2.1　如果函数 $f(x)$在$[a,b]$上连续,在(a,b)内可导,则函数 $f(x)$在$[a,b]$上为常数的充要条件是 $f'(x)=0$ 在(a,b)内成立.

证明　必要性显然. 只需证明充分性.设 $f'(x)=0$ 在(a,b)内成立. 任取两点 $x_1,x_2\in[a,b]$,且 $x_1<x_2$,那么由 Lagrange 中值定理可知,存在 $x_1<\xi<x_2$,使得

$$f(x_2)-f(x_1)=f'(\xi)(x_2-x_1).$$

由于 $f'(\xi)=0,x_2-x_1>0$,故 $f(x_2)=f(x_1)$,即函数 $f(x)$在$[a,b]$上的任何两点取相等的值,所以 $f(x)$在区间$[a,b]$上为常数. □

由推论 2.1 还可以得出一个十分有用的推论.

推论 2.2　若两函数 $f(x)$及 $g(x)$在(a,b)内满足 $f'(x)=g'(x)$,则在(a,b)内,

$$f(x)=g(x)+C \quad (C\text{ 为常数}).$$

要证明推论 2.2,只需将推论 2.1 应用于函数 $f(x)-g(x)$即可.

例 2.7.4　证明：当 $x\in(-\infty,1)$时，

$$\arctan\frac{1+x}{1-x}-\arctan x=\frac{\pi}{4}.$$

证明　对任意的正数 $M>0$，在区间$(-M,1)$内同时考虑下列函数：

$$f(x)=\arctan\frac{1+x}{1-x},\quad g(x)=\arctan x.$$

求导运算表明

$$f'(x)=\frac{1}{1+\left(\frac{1+x}{1-x}\right)^2}\cdot\frac{(1-x)+(1+x)}{(1-x)^2}=\frac{1}{1+x^2}=g'(x)$$

对 $x\in(-M,1)$成立．因此 $f(x)-g(x)$在所讨论的区间中是一个常数．由于 $0\in(-M,1)$且 $f(0)-g(0)=\frac{\pi}{4}$，故 $f(x)=g(x)+\frac{\pi}{4}$在$(-M,1)$内成立，因为 M 是任意的正数，所以该等式在$(-\infty,1)$内成立．□

例 2.7.5　证明：当 $x>0$ 时，$\frac{x}{1+x}<\ln(1+x)<x$.

证明　设 $f(x)=\ln(1+x)$，显然 $f(x)$在区间$[0,x]$上满足 Lagrange 中值定理的条件，应有

$$f(x)-f(0)=f'(\xi)(x-0),\quad 0<\xi<x.$$

由于 $f(0)=0$，$f'(x)=\frac{1}{1+x}$，因此上式即为 $\ln(1+x)=\frac{x}{1+\xi}$. 又由 $0<\xi<x$，有$\frac{x}{1+x}<\frac{x}{1+\xi}<x$，即$\frac{x}{1+x}<\ln(1+x)<x$.□

例 2.7.6　设 $f(x)$在$[0,1]$上可导，且 $0<f(x)<1$，$f'(x)\neq 1(0<x<1)$，证明：在$(0,1)$内函数 $f(x)$有唯一的不动点，即方程 $f(x)=x$ 有唯一实根．

证明　令 $F(x)=f(x)-x$，$F(x)$在$[0,1]$上连续，且 $F(0)=f(0)-0=f(0)>0$，$F(1)=f(1)-1<0$，因此 $F(0)\cdot F(1)<0$，由零点存在定理，在$(0,1)$内存在一点 x_0，使 $F(x_0)=0$，即 $f(x_0)=x_0$.

如果还存在 $x_1(x_1\neq x_0)$，使 $f(x_1)=x_1$，又 $f(x_0)=x_0$，不妨设 $0<x_0<x_1<1$. 则 $F(x)$在$[x_0,x_1]$上满足 Rolle 定理的条件，故在(x_0,x_1)内至少存在一点 ξ，使得

$$F'(\xi)=f'(\xi)-1=0,$$

从而 $f'(\xi)=1$，与所给条件 $f'(x)\neq 1(0<x<1)$矛盾，所以仅有一点 x_0 使得 $f(x_0)=x_0$.

□

例 2.7.7　设函数 $f(x)$在$[a,b]$上连续，在(a,b)内二阶可导，且 $f(b)=f(a)=0$，存在点 c，使得 $f(c)>0(a<c<b)$. 证明：存在点 $\xi\in(a,b)$，使得 $f''(\xi)<0$.

证明　显然 $f(x)$在闭区间$[a,c]$，$[c,b]$上均满足 Lagrange 中值定理的条件，所以存在点 $\xi_1\in(a,c)$，$\xi_2\in(c,b)$，使得

$$f'(\xi_1)=\frac{f(c)-f(a)}{c-a}=\frac{f(c)}{c-a}>0,\quad a<\xi_1<c,$$

$$f'(\xi_2)=\frac{f(b)-f(c)}{b-c}=-\frac{f(c)}{b-c}<0,\quad c<\xi_2<b.$$

根据假设条件，$f'(x)$在$[\xi_1,\xi_2]$上连续，在(ξ_1,ξ_2)内可导，由 Lagrange 中值定理，存在点 $\xi\in(\xi_1,\xi_2)\subset(a,b)$，使得

$$f''(\xi)=\frac{f'(\xi_2)-f'(\xi_1)}{\xi_2-\xi_1}<0.$$ □

2.7.4 Cauchy 中值定理

Cauchy 中值定理

现在，我们来推导最后一个微分中值定理.

定理 2.5(Cauchy 中值定理) 设函数 $f(x)$和 $F(x)$在区间$[a,b]$上连续，在区间(a,b)内可导，且当 $x\in(a,b)$时，$F'(x)\neq 0$，这时必存在一点 $\xi\in(a,b)$，使得

$$\frac{f(b)-f(a)}{F(b)-F(a)}=\frac{f'(\xi)}{F'(\xi)}. \tag{2.7.4}$$

证明 条件中当 $x\in(a,b)$时，$F'(x)\neq 0$，就保证了条件 $F(b)\neq F(a)$成立. 这是因为若 $F(b)=F(a)$，那么由 Rolle 定理，存在 $\xi\in(a,b)$，使得 $F'(\xi)=0$，这与在(a,b)内 $F'(x)\neq 0$ 矛盾. 现在我们只需在例 2.7.3 中取

$$g(x)=\frac{F(b)-F(x)}{F(b)-F(a)}\quad (a\leqslant x\leqslant b),$$

立即得证. □

若在(2.7.4)式中，取 $F(x)=x$，则 Cauchy 中值定理就退化为 Lagrange 中值定理.可见 Cauchy 中值定理是 Lagrange 中值定理的推广.

对于定理 2.5 也可以做辅助函数

$$\varphi(x)=f(x)-f(a)-\frac{f(b)-f(a)}{F(b)-F(a)}[F(x)-F(a)],$$

再利用 Rolle 定理来证明，读者可自行验证.

例 2.7.8 设 $f(x)$在$[a,b]$上连续，在(a,b)内可导$(0<a<b)$，证明：方程

$$f(b)-f(a)=\left(\ln\frac{b}{a}\right)\cdot x\cdot f'(x)$$

在(a,b)内至少有一个根.

证明 将方程变形为$\dfrac{f(b)-f(a)}{\ln b-\ln a}=\dfrac{f'(x)}{\dfrac{1}{x}}$，则启发我们用 Cauchy 中值定理来证明.

因为 $f(x)$和 $g(x)=\ln x$ 在$[a,b]$上满足 Cauchy 中值定理的条件，所以必存在一点 $\xi\in(a,b)$，使得

$$\frac{f(b)-f(a)}{\ln b-\ln a}=\frac{f'(\xi)}{(\ln x)'|_{x=\xi}}=\frac{f'(\xi)}{\dfrac{1}{\xi}},\quad a<\xi<b,$$

整理后得

$$f(b)-f(a)=\left(\ln\frac{b}{a}\right)\cdot\xi\cdot f'(\xi),$$

即方程 $f(b)-f(a)=\left(\ln\frac{b}{a}\right)\cdot x\cdot f'(x)$在$(a,b)$内至少有一个根. □

例 2.7.9　设函数 $f(x)$在 $x=a$ 处具有二阶连续导数,证明:

$$\lim_{h\to 0}\frac{f(a+h)+f(a-h)-2f(a)}{h^2}=f''(a).$$

证明　我们用微分中值定理来证明.

设 $F(x)=f(a+x)+f(a-x)$,则 $F(0)=2f(a)$,则有

$$\frac{f(a+h)+f(a-h)-2f(a)}{h^2}=\frac{F(h)-F(0)}{h^2-0^2},$$

先证 $h>0$ 的情形. 因为 $F(x)$和 $G(x)=x^2$ 在$[0,h]$上满足 Cauchy 中值定理的条件,所以

$$\frac{f(a+h)+f(a-h)-2f(a)}{h^2}=\frac{f'(a+\xi)-f'(a-\xi)}{2\xi},\quad 0<\xi<h.$$

再对 $f'(x)$在$[a-\xi,a+\xi]$上应用 Lagrange 中值定理,即

$$f'(a+\xi)-f'(a-\xi)=2\xi\cdot f''(\eta),\quad a-\xi<\eta<a+\xi,$$

$$\frac{f(a+h)+f(a-h)-2f(a)}{h^2}=f''(\eta),$$

从而

$$\lim_{h\to 0^+}\frac{f(a+h)+f(a-h)-2f(a)}{h^2}=\lim_{h\to 0^+}f''(\eta)=f''(a).$$

同理可证 $h<0$ 的情形有

$$\lim_{h\to 0^-}\frac{f(a+h)+f(a-h)-2f(a)}{h^2}=f''(a).$$

总之,

$$\lim_{h\to 0}\frac{f(a+h)+f(a-h)-2f(a)}{h^2}=f''(a).$$ □

从 Rolle 定理、Lagrange 中值定理和 Cauchy 中值定理的应用方面看:

应用微分中值定理的实例

(1) Rolle 定理除了在推导另外两个微分中值定理时所起的关键作用外,在利用方程 $f(x)=0$ 的根的情况讨论方程 $f'(x)=0$ 的根的分布情况时也有重要作用.

(2) Lagrange 中值定理在后面利用导函数的性质讨论函数的单调性方面具有特殊的作用.

(3) Cauchy 中值定理利用导数的比来讨论两个函数 $f(x)$与 $F(x)$的增量比的性质,其典型应用是讨论不定式极限.

在补充了 $f(x)$,$F(x)$在点 x_0 处的函数值 $f(x_0)=F(x_0)=0$ 之后,利用

$$\frac{f(x)}{F(x)}=\frac{f(x)-f(x_0)}{F(x)-F(x_0)}=\frac{f'(\xi)}{F'(\xi)}\quad(\xi \text{ 介于 } x_0 \text{ 与 } x \text{ 之间}),$$

使函数值之比可以用导数之比来表示，而不定式极限的基本思想就是利用导数之比的极限来替代函数值之比的极限.

习题 2.7

(A)

1. 证明(Fermat(费马)定理)：设函数 $f(x)$在点 x_0 的某邻域 $U(x_0)$内有定义，并且在 x_0 处可导. 如果对任意的 $x\in U(x_0)$，有 $f(x)\leqslant f(x_0)$(或 $f(x)\geqslant f(x_0)$)，那么 $f'(x_0)=0$.

2. 举例说明 Rolle 定理成立的条件缺一不可，否则，定理的结论就可能不成立.

3. 证明：对任意的实数 c，方程 $x^3-3x+c=0$ 在区间$[0,1]$上无相异的根.

4. 验证 Lagrange 中值定理对函数 $f(x)=4x^3-5x^2+x-2$ 在区间$[0,1]$上的正确性.

5. 验证函数 $f(x)=x^3+1$ 和 $g(x)=x^2$ 在区间$[1,2]$上满足 Cauchy 中值定理的条件，并求出在$(1,2)$内满足 Cauchy 中值定理的 ξ.

6. 若 $a_0,a_1,\cdots,a_n$ 是满足 $a_0+\frac{a_1}{2}+\frac{a_2}{3}+\cdots+\frac{a_n}{n+1}=0$ 的实数，证明：方程 $a_0+a_1x+a_2x^2+\cdots+a_nx^n=0$ 在$(0,1)$内至少有一个实根.

7. 如果函数 $y=f(x)$的导数 $f'(x)$在$[a,b]$上连续，证明：必存在常数 $L>0$，使

$$|f(x_1)-f(x_2)|\leqslant L|x_1-x_2|,\quad x_1,x_2\in[a,b].$$

8. 证明下列恒等式：

(1) $\arctan x+\arctan\frac{1}{x}=\frac{\pi}{2}\quad(x>0)$.

(2) $\arctan x-\frac{1}{2}\arccos\frac{2x}{1+x^2}=\frac{\pi}{4}\quad(x\geqslant 1)$.

9. 设函数 $f(x)$在区间$[0,c]$上可微，$f(0)=0$，$f'(x)$单调递减，证明：对于任何 $a,b(0\leqslant a\leqslant b<a+b\leqslant c)$，有 $f(a+b)\leqslant f(a)+f(b)$.

10. 设函数 $f(x)$在区间$[a,b]$上连续，在(a,b)内可导，且 a,b 同号，证明：存在 $\xi\in(a,b)$，使得

$$2\xi[f(b)-f(a)]=(b^2-a^2)f'(\xi).$$

11. 设函数 $f(x)$在区间$[a,b]$上连续$(a>0)$，在(a,b)内可导，证明：存在 $\xi,\eta\in(a,b)$，使得

$$f'(\xi)=\frac{b+a}{2\eta}f'(\eta).$$

12. 设函数 $f(x)$在区间$[a,b]$上连续，在(a,b)内有二阶导数，连接点$(a,f(a))$与点$(b,f(b))$的线段交曲线 $y=f(x)$于点$(c,f(c))$，且 $a<c<b$. 证明：至少存在一点 $\xi\in(a,b)$，使得 $f''(\xi)=0$.

(B)

1. 若对所有 $x\in[a,b]$有 $m\leqslant f'(x)\leqslant M$，证明：

$$m(b-a)\leqslant f(b)-f(a)\leqslant M(b-a).$$

由此进一步证明不等式

$$na^{n-1}(b-a)\leqslant b^n-a^n\leqslant nb^{n-1}(b-a).$$

其中 $0<a<b, n>1$.

2. 设函数 $f(x)$ 在区间 $[a,b]$ 上连续，在 (a,b) 内可导，且 $f'(x)$ 单调递增，若 $f(a)=f(b)$，证明：对于一切 $x\in(a,b)$，均有 $f(x)<f(a)=f(b)$.

3. 设函数 $f(x)$ 在区间 $[a,b]$ 上连续，在 (a,b) 内有二阶导数，证明：存在一点 $\xi\in(a,b)$，使得

$$f(a)-2f\left(\frac{a+b}{2}\right)+f(b)=\frac{(b-a)^2}{4}f''(\xi).$$

4. 设函数 $f(x)$ 和 $g(x)$ 在区间 $[a,b]$ 上连续，在 (a,b) 内可导，证明：存在一点 $\xi\in(a,b)$，使得

$$[f(b)-f(a)]g'(\xi)=[g(b)-g(a)]f'(\xi).$$

5. 证明下列不等式：

(1) $|\sin x-\sin y|\leqslant|x-y|$.

(2) 利用例 2.7.5 的结论 $\frac{x}{1+x}<\ln(1+x)<x\ (x>0)$ 推出：

① $\frac{a-b}{a}<\ln\frac{a}{b}<\frac{a-b}{b}\ (0<b<a)\left(取\ x=\frac{a-b}{b}\right)$；

② $\frac{1}{n+k+1}<\ln\frac{n+k+1}{n+k}<\frac{1}{n+k}(k=0,1,2,\cdots,n=1,2,\cdots)\left(取\ x=\frac{1}{n+k}\right)$；

③ $\lim\limits_{n\to\infty}\left(\frac{1}{n}+\frac{1}{n+1}+\cdots+\frac{1}{2n}\right)=\ln 2$.

6. 设函数 $f(x)$ 在区间 $[a,b]$ 上具有二阶导数，且 $f''(x)\geqslant 0$，证明：对任意 $x_1,x_2\in(a,b)$，都有

$$f\left(\frac{x_1+x_2}{2}\right)\leqslant\frac{1}{2}[f(x_1)+f(x_2)].$$

7. 如果函数 $f(x)$ 在闭区间 $[a,b]$ 上连续，在开区间 (a,b) 内可导，且 $f(a)=f(b)=0$，证明：在 (a,b) 内至少存在一点 ξ，使得 $f'(\xi)=f(\xi)$.

8. 设函数 $f(x)$ 具有一阶连续导数，$f'(0)=0$，且 $f''(0)$ 存在，证明：

$$\lim_{x\to 0}\frac{f(x)-f(x-x^2)}{x^3}=f''(0).$$

§2.8　利用导数求极限——L'Hospital(洛必达)法则

2.8.1　未定式的概念

L'Hospital 法则

前面我们曾经给出计算函数商 $\frac{f(x)}{g(x)}$ 的极限的法则：商的极限等于极限的商. 例如

$$\lim_{x\to x_0}\frac{f(x)}{g(x)}=\frac{\lim\limits_{x\to x_0}f(x)}{\lim\limits_{x\to x_0}g(x)}.$$

但此时要求 $\lim\limits_{x\to x_0}f(x)$ 与 $\lim\limits_{x\to x_0}g(x)$ 都存在，且 $\lim\limits_{x\to x_0}g(x)\neq 0$. 如果 $\lim\limits_{x\to x_0}f(x)=a$，但是 $\lim\limits_{x\to x_0}g(x)=0$，此时就不能直接用商的法则来计算 $\lim\limits_{x\to x_0}\frac{f(x)}{g(x)}$. 而且这一极限存在时，必有 $a=0$，事实上

$$\lim_{x\to x_0} f(x)=\lim_{x\to x_0}\left[g(x)\cdot\frac{f(x)}{g(x)}\right]=\lim_{x\to x_0} g(x)\cdot\lim_{x\to x_0}\frac{f(x)}{g(x)}=0\cdot\lim_{x\to x_0}\frac{f(x)}{g(x)}=0.$$

这实际上是在条件

$$\lim_{x\to x_0} f(x)=\lim_{x\to x_0} g(x)=0$$

之下来计算极限$\lim\limits_{x\to x_0}\dfrac{f(x)}{g(x)}$的问题. 我们把这种极限类型记作$\dfrac{0}{0}$,请特别注意,$\dfrac{0}{0}$仅是一个代表某种极限类型的记号,绝不意味着"0 可以用作除数".

一般地,如果$\lim\limits_{x\to a}f(x)=\lim\limits_{x\to a}g(x)=0$ 或∞(其中 a 可以是点 x_0 或∞),这时$\lim\limits_{x\to a}\dfrac{f(x)}{g(x)}$可能存在,也可能不存在,通常把这种极限叫做**未定式**,并分别称为$\dfrac{\mathbf{0}}{\mathbf{0}}$**型未定式**或$\dfrac{\infty}{\infty}$**型未定式**.

例如$\lim\limits_{x\to 0}\dfrac{\sin x}{x}$,$\lim\limits_{x\to 0}\dfrac{\sin x}{x^3}$为$\dfrac{0}{0}$型未定式;$\lim\limits_{x\to+\infty}\dfrac{x^2}{\mathrm{e}^x}$,$\lim\limits_{x\to+\infty}\dfrac{\ln x}{x}$是$\dfrac{\infty}{\infty}$型未定式.

极限$\lim\limits_{x\to 0^+}(x\ln x)$的两个因子中一个是无穷小量,另一个是无穷大量,无穷小量和无穷大量的乘积称为 $0\cdot\infty$型未定式.

常见的其他类型的未定式还有$\infty-\infty$型、0^0 型、∞^0 型和 1^∞ 型. 它们的含义很容易推想.

2.8.2 求未定式的极限

求未定式的极限通常叫做未定式的定值.下面介绍几个定值法则.

1. $\dfrac{0}{0}$型未定式的极限

应用 Cauchy 中值定理,可以容易地得到求$\dfrac{0}{0}$型极限的一种有效的办法.

定理 2.6$\left(\dfrac{\mathbf{0}}{\mathbf{0}}\right.$**型未定式的 L'Hospital 法则**$\Big)$ 设函数 $f(x)$和 $g(x)$都在点 x_0 的某去心邻域$\mathring{U}(x_0)$内有定义,且满足条件

(1) $\lim\limits_{x\to x_0} f(x)=\lim\limits_{x\to x_0} g(x)=0$.

(2) $f'(x)$及 $g'(x)$在$\mathring{U}(x_0)$内都存在,且 $g'(x)\neq 0$.

(3) $\lim\limits_{x\to x_0}\dfrac{f'(x)}{g'(x)}$ 存在(或无穷大).

则

$$\lim_{x\to x_0}\frac{f(x)}{g(x)}=\lim_{x\to x_0}\frac{f'(x)}{g'(x)}.$$

证明 可补充定义如下:

$$F(x)=\begin{cases}f(x), & x\in\mathring{U}(x_0),\\ 0, & x=x_0,\end{cases}\qquad G(x)=\begin{cases}g(x), & x\in\mathring{U}(x_0),\\ 0, & x=x_0.\end{cases}$$

于是对任意的 $x\in U(x_0)$，在 $[x,x_0]$ 或 $[x_0,x]$ 上，$F(x)$ 和 $G(x)$ 显然满足 Cauchy 中值定理的条件，故由 Cauchy 中值定理，有

$$\frac{f(x)}{g(x)}=\frac{F(x)-F(x_0)}{G(x)-G(x_0)}=\frac{F'(\xi)}{G'(\xi)}=\frac{f'(\xi)}{g'(\xi)},$$

这里 ξ 介于 x_0 与 x 之间. 由此可见，当 $x\to x_0$ 时，有 $\xi\to x_0$，因此

$$\lim_{x\to x_0}\frac{f(x)}{g(x)}=\lim_{\xi\to x_0}\frac{f'(\xi)}{g'(\xi)}=\lim_{x\to x_0}\frac{f'(x)}{g'(x)}.$$ □

如果 $\lim\limits_{x\to x_0}\dfrac{f'(x)}{g'(x)}$ 仍属 $\dfrac{0}{0}$ 型，且这时 $f'(x)$，$g(x)$ 都满足定理中的条件，那么可以继续得出

$$\lim_{x\to x_0}\frac{f(x)}{g(x)}=\lim_{x\to x_0}\frac{f'(x)}{g'(x)}=\lim_{x\to x_0}\frac{f''(x)}{g''(x)}.$$

在需要的时候，这一过程可以再继续下去.

通过下面的例子可体会到，用 L'Hospital 法则来求 $\dfrac{0}{0}$ 型极限，的确是一种简单有效的方法. 但是应当注意的是，在使用 L'Hospital 法则计算极限的时候，要检查定理的条件是否满足，结合使用等价无穷小替换，并且把那些有确定的、非零的极限的式子及早地分离出来. 这样做能够减少麻烦，提高效率.

例 2.8.1　求 $\lim\limits_{x\to 0}\dfrac{e^x-e^{-x}-2x}{x-\sin x}$.

解　显然函数 $e^x-e^{-x}-2x$ 与 $x-\sin x$ 都是当 $x\to 0$ 时的无穷小量，且都是可导函数，这是 $\dfrac{0}{0}$ 型未定式. 由 L'Hospital 法则，有

$$\lim_{x\to 0}\frac{e^x-e^{-x}-2x}{x-\sin x}=\lim_{x\to 0}\frac{e^x+e^{-x}-2}{1-\cos x}\overset{\frac{0}{0}\text{型}}{=\!=\!=}\lim_{x\to 0}\frac{e^x-e^{-x}}{\sin x}\overset{\frac{0}{0}\text{型}}{=\!=\!=}\lim_{x\to 0}\frac{e^x+e^{-x}}{\cos x}=2.$$

例 2.8.2　求 $\lim\limits_{x\to 0}\dfrac{x-\sin x}{x^3}$.

解　显然函数 $x-\sin x$ 与 x^3 都是当 $x\to 0$ 时的无穷小量，且都是可导函数，这是 $\dfrac{0}{0}$ 型未定式. 由 L'Hospital 法则，有

$$\lim_{x\to 0}\frac{x-\sin x}{x^3}=\lim_{x\to 0}\frac{(x-\sin x)'}{(x^3)'}=\lim_{x\to 0}\frac{1-\cos x}{3x^2},$$

上式右端的极限仍是 $\dfrac{0}{0}$ 型未定式，仍然满足 L'Hospital 法则的条件，可以继续. 但是，这里我们采用等价无穷小替换更方便一些，即 $1-\cos x\sim\dfrac{1}{2}x^2$，则

$$\lim_{x\to 0}\frac{1-\cos x}{3x^2}=\lim_{x\to 0}\frac{\frac{1}{2}x^2}{3x^2}=\frac{1}{6},$$

从而

$$\lim_{x\to 0}\frac{x-\sin x}{x^3}=\frac{1}{6}.$$

例 2.8.3 求$\lim\limits_{x\to 0}\dfrac{4e^{2x}+e^x-9x-5}{(e^x-1)^2e^{2x}}$.

解 首先，$\lim\limits_{x\to 0}\dfrac{1}{e^{2x}}=1$ 为确定的、非零的极限，将其分离出来，即

$$\lim_{x\to 0}\frac{4e^{2x}+e^x-9x-5}{(e^x-1)^2e^{2x}}=\lim_{x\to 0}\frac{4e^{2x}+e^x-9x-5}{(e^x-1)^2}\cdot\lim_{x\to 0}\frac{1}{e^{2x}}=\lim_{x\to 0}\frac{4e^{2x}+e^x-9x-5}{(e^x-1)^2}.$$

其次，当 $x\to 0$ 时，$e^x-1\sim x$，用等价无穷小替换此因子，

$$\lim_{x\to 0}\frac{4e^{2x}+e^x-9x-5}{(e^x-1)^2}=\lim_{x\to 0}\frac{4e^{2x}+e^x-9x-5}{x^2},$$

此时右端是$\dfrac{0}{0}$型未定式，用两次 L'Hospital 法则，有

$$\lim_{x\to 0}\frac{4e^{2x}+e^x-9x-5}{x^2}\xlongequal{\frac{0}{0}\text{型}}\lim_{x\to 0}\frac{8e^{2x}+e^x-9}{2x}\xlongequal{\frac{0}{0}\text{型}}\lim_{x\to 0}\frac{16e^{2x}+e^x}{2}=\frac{17}{2},$$

从而

$$\lim_{x\to 0}\frac{4e^{2x}+e^x-9x-5}{(e^x-1)^2e^{2x}}=\frac{17}{2}.$$

例 2.8.4 求$\lim\limits_{x\to 0}\dfrac{\tan x-x}{x^2\sin x}$.

解 此极限是$\dfrac{0}{0}$型未定式，由 L'Hospital 法则，并及时分离出确定的、非零的极限，化简计算过程，有

$$\lim_{x\to 0}\frac{\tan x-x}{x^2\sin x}=\lim_{x\to 0}\frac{\tan x-x}{x^3}\xlongequal{\frac{0}{0}\text{型}}\lim_{x\to 0}\frac{\tan^2 x}{3x^2}\xlongequal{\frac{0}{0}\text{型}}\lim_{x\to 0}\frac{x^2}{3x^2}=\frac{1}{3}.$$

例 2.8.5 求$\lim\limits_{x\to 1}\dfrac{x^3-3x+2}{x^3-x^2-x+1}$.

解 这是$\dfrac{0}{0}$型未定式，用两次 L'Hospital 法则，有

$$\lim_{x\to 1}\frac{x^3-3x+2}{x^3-x^2-x+1}\xlongequal{\frac{0}{0}\text{型}}\lim_{x\to 1}\frac{3x^2-3}{3x^2-2x-1}\xlongequal{\frac{0}{0}\text{型}}\lim_{x\to 1}\frac{6x}{6x-2}=\frac{3}{2}.$$

注 (1) 上式中的$\lim\limits_{x\to 1}\dfrac{6x}{6x-2}$已经不是未定式，不能再对它应用 L'Hospital 法则，否则会导致错误.

(2) 应用 L'Hospital 法则求极限 $\lim\dfrac{f(x)}{g(x)}$时，如果 $\lim\dfrac{f'(x)}{g'(x)}$不存在且不等于∞，只表

明 L'Hospital 法则失效，并不意味着 $\lim \dfrac{f(x)}{g(x)}$ 不存在，此时应改用其他方法求之.

例 2.8.6 求 $\lim\limits_{x\to 0}\dfrac{x^2\sin\dfrac{1}{x}}{\sin x}$.

解 这是 $\dfrac{0}{0}$ 型未定式，但分子、分母分别求导数后，将变为

$$\lim_{x\to 0}\frac{2x\sin\dfrac{1}{x}-\cos\dfrac{1}{x}}{\cos x}.$$

此极限式的极限不存在(振荡)，故 L'Hospital 法则失效，但原极限是存在的，可用如下方法求得：

$$\lim_{x\to 0}\frac{x^2\sin\dfrac{1}{x}}{\sin x}=\lim_{x\to 0}\left(\frac{x}{\sin x}\cdot x\sin\frac{1}{x}\right)=\frac{\lim\limits_{x\to 0}\left(x\sin\dfrac{1}{x}\right)}{\lim\limits_{x\to 0}\dfrac{\sin x}{x}}=\frac{0}{1}=0.$$

$\dfrac{0}{0}$ 型的 L'Hospital 法则对于 $x\to x_0^+$，$x\to x_0^-$，及 $x\to\infty$，$x\to+\infty$，$x\to-\infty$ 趋势的极限情形也是成立的. $x\to x_0^+$，$x\to x_0^-$ 的证明与定理 2.6 的证明完全类似，而 $x\to\infty$，$x\to+\infty$，$x\to-\infty$ 时，可通过变换 $x=\dfrac{1}{t}$ 化成 $t\to 0$，$t\to 0^+$，$t\to 0^-$ 的情况.

例 2.8.7 求 $\lim\limits_{x\to+\infty}\dfrac{\pi-2\arctan x}{\ln\left(1+\dfrac{1}{x}\right)}$.

解 此极限为当 $x\to+\infty$ 时的 $\dfrac{0}{0}$ 型未定式，由 L'Hospital 法则，得

$$\lim_{x\to+\infty}\frac{\pi-2\arctan x}{\ln\left(1+\dfrac{1}{x}\right)}=\lim_{x\to+\infty}\frac{-\dfrac{2}{1+x^2}}{\dfrac{x}{1+x}\left(-\dfrac{1}{x^2}\right)}=\lim_{x\to+\infty}2\left(\frac{1+x}{x}\cdot\frac{x^2}{1+x^2}\right)=2.$$

2. $\dfrac{\infty}{\infty}$ 型未定式的极限

与 $\dfrac{0}{0}$ 型未定式类似，对于 $\dfrac{\infty}{\infty}$ 型未定式也有类似结果.这里不加证明地给出结论.

定理 2.7 $\left(\dfrac{\infty}{\infty}\text{型未定式的 L'Hospital 法则}\right)$ 设函数 $f(x)$ 和 $g(x)$ 都在点 x_0 的某去心邻域内有定义，且满足条件

(1) 当 $x\to x_0$ 时，函数 $f(x)$ 及 $g(x)$ 都趋于 ∞.

(2) 在点 x_0 的某去心邻域内，$f'(x)$ 及 $g'(x)$ 都存在，且 $g'(x)\neq 0$.

(3) $\lim\limits_{x\to x_0}\dfrac{f'(x)}{g'(x)}$存在(或为无穷大).

那么

$$\lim_{x\to x_0}\frac{f(x)}{g(x)}=\lim_{x\to x_0}\frac{f'(x)}{g'(x)}.$$

该定理对于 $x\to x_0^+$, $x\to x_0^-$, 及 $x\to\infty$, $x\to+\infty$, $x\to-\infty$ 趋势的$\dfrac{\infty}{\infty}$型未定式极限的情形也是成立的.

例 2.8.8　求 $\lim\limits_{x\to 0^+}\dfrac{\ln(\cot x)}{\ln x}$.

解　此极限为$\dfrac{\infty}{\infty}$型未定式,由 L'Hospital 法则,有

$$\lim_{x\to 0^+}\frac{\ln(\cot x)}{\ln x}\xlongequal{\frac{\infty}{\infty}\text{型}}\lim_{x\to 0^+}\frac{[\ln(\cot x)]'}{(\ln x)'}=\lim_{x\to 0^+}\frac{\dfrac{1}{\cot x}\cdot\left(-\dfrac{1}{\sin^2 x}\right)}{\dfrac{1}{x}}$$

$$=-\lim_{x\to 0^+}\frac{x}{\sin x\cos x}=-\lim_{x\to 0^+}\frac{x}{\sin x}\cdot\lim_{x\to 0^+}\frac{1}{\cos x}=-1.$$

例 2.8.9　求 $\lim\limits_{x\to+\infty}\dfrac{\ln x}{x^n}$ $(n>0)$.

解　此极限为$\dfrac{\infty}{\infty}$型未定式,由 L'Hospital 法则,有

$$\lim_{x\to+\infty}\frac{\ln x}{x^n}=\lim_{x\to+\infty}\frac{\dfrac{1}{x}}{nx^{n-1}}=\lim_{x\to+\infty}\frac{1}{nx^n}=0.$$

例 2.8.10　求 $\lim\limits_{x\to+\infty}\dfrac{x^\mu}{e^{\lambda x}}$ ($\mu>0$ 为实数,$\lambda>0$).

解　此极限为$\dfrac{\infty}{\infty}$型未定式,当 $\mu=n$ 为正整数时,多次应用 L'Hospital 法则,有

$$\lim_{x\to+\infty}\frac{x^n}{e^{\lambda x}}\xlongequal{\frac{\infty}{\infty}\text{型}}\lim_{x\to+\infty}\frac{nx^{n-1}}{\lambda e^{\lambda x}}\xlongequal{\frac{\infty}{\infty}\text{型}}\lim_{x\to+\infty}\frac{n(n-1)x^{n-2}}{\lambda^2 e^{\lambda x}}=\cdots=\lim_{x\to+\infty}\frac{n!}{\lambda^n e^{\lambda x}}=0,$$

当 μ 为正实数时,若 $x>1$,则有

$$\frac{x^{[\mu]}}{e^{\lambda x}}\leqslant\frac{x^\mu}{e^{\lambda x}}\leqslant\frac{x^{[\mu]+1}}{e^{\lambda x}},$$

由已经证得的结果,

$$\lim_{x\to+\infty}\frac{x^{[\mu]}}{e^{\lambda x}}=\lim_{x\to+\infty}\frac{x^{[\mu]+1}}{e^{\lambda x}}=0,$$

再由函数极限的夹逼定理,可得

$$\lim_{x\to+\infty}\frac{x^{\mu}}{\mathrm{e}^{\lambda x}}=0.$$

利用例 2.8.9、例 2.8.10 以及 $\lim\limits_{x\to+\infty}\dfrac{\mathrm{e}^x}{x^x}=\lim\limits_{x\to+\infty}\dfrac{\mathrm{e}^x}{\mathrm{e}^{x\ln x}}=\lim\limits_{x\to+\infty}\mathrm{e}^{x(1-\ln x)}=0$ 的结果，可得出结论：

对于函数

$$\ln x,\quad x^{\mu}(\mu>0),\quad \mathrm{e}^x,\quad x^x,$$

当 $x\to+\infty$ 时，在上述的顺序中，后一个是比前一个更高阶的无穷大量.

3. 其他类型未定式的极限

应用 L'Hospital 法则求数列极限

对于如 $0\cdot\infty$、$\infty-\infty$、0^0、1^{∞}、∞^0 型的其他形式的未定式，需经过适当变形，将它们化为 $\dfrac{0}{0}$ 或 $\dfrac{\infty}{\infty}$ 型未定式来计算.

例 2.8.11　求 $\lim\limits_{x\to0^+}x^n\ln x\ (n>0)$.

解　这是 $0\cdot\infty$ 型未定式. 因为 $x^n\ln x=\dfrac{\ln x}{\dfrac{1}{x^n}}$，当 $x\to0^+$ 时，上式右端为 $\dfrac{\infty}{\infty}$ 型未定式，应用 L'Hospital 法则，得

$$\lim_{x\to0^+}x^n\ln x\xlongequal{0\cdot\infty\text{ 型}}\lim_{x\to0^+}\frac{\ln x}{x^{-n}}\xlongequal{\frac{\infty}{\infty}\text{ 型}}\lim_{x\to0^+}\frac{\dfrac{1}{x}}{-nx^{-n-1}}=\lim_{x\to0^+}\frac{-x^n}{n}=0.$$

例 2.8.12　求 $\lim\limits_{x\to\frac{\pi}{2}}(\sec x-\tan x)$.

解　这是 $\infty-\infty$ 型未定式，因为 $\sec x-\tan x=\dfrac{1-\sin x}{\cos x}$，所以，当 $x\to\dfrac{\pi}{2}$ 时，化为 $\dfrac{0}{0}$ 型，应用 L'Hospital 法则，得

$$\lim_{x\to\frac{\pi}{2}}(\sec x-\tan x)\xlongequal{\infty-\infty\text{ 型}}\lim_{x\to\frac{\pi}{2}}\frac{1-\sin x}{\cos x}\xlongequal{\frac{0}{0}\text{ 型}}\lim_{x\to\frac{\pi}{2}}\frac{-\cos x}{\sin x}=0.$$

例 2.8.13　求 $\lim\limits_{x\to0^+}(\sin x)^x$.

解　这是 0^0 型未定式，由于 $(\sin x)^x=\mathrm{e}^{x\ln(\sin x)}$，我们只需求 $\lim\limits_{x\to0^+}x\ln(\sin x)$，而这已是 $0\cdot\infty$ 型未定式，因为

$$\lim_{x\to0^+}[x\ln(\sin x)]\xlongequal{0\cdot\infty\text{ 型}}\lim_{x\to0^+}\frac{\ln(\sin x)}{x^{-1}}\xlongequal{\frac{\infty}{\infty}\text{ 型}}\lim_{x\to0^+}\frac{\dfrac{\cos x}{\sin x}}{-x^{-2}}$$

$$\xlongequal{\frac{\infty}{\infty}\text{ 型}}\lim_{x\to0^+}\left(-\frac{x}{\sin x}\cdot x\cos x\right)=0,$$

所以

$$\lim_{x\to 0^+}(\sin x)^x = e^0 = 1.$$

例 2.8.14 求$\lim\limits_{x\to 0}(\cos x + x\sin x)^{\frac{1}{x^2}}$.

解 这是 1^∞ 型未定式. 令 $y=(\cos x + x\sin x)^{\frac{1}{x^2}}$,对两边取对数得

$$\ln y = \frac{1}{x^2}\ln(\cos x + x\sin x),$$

于是

$$\begin{aligned}\lim_{x\to 0}\ln y &= \lim_{x\to 0}\frac{\ln(\cos x + x\sin x)}{x^2}\\ &\xlongequal{\frac{0}{0}\text{型}} \lim_{x\to 0}\left(\frac{1}{\cos x + x\sin x}\cdot\frac{-\sin x + \sin x + x\cos x}{2x}\right)\\ &= \frac{1}{2}\lim_{x\to 0}\frac{\cos x}{\cos x + x\sin x} = \frac{1}{2}.\end{aligned}$$

从而

$$\lim_{x\to 0}(\cos x + x\sin x)^{\frac{1}{x^2}} = e^{\frac{1}{2}}.$$

例 2.8.15 求 $\lim\limits_{x\to 0^+}(\cot x)^{\frac{1}{\ln x}}$.

解 这是∞^0 型未定式,由于$(\cot x)^{\frac{1}{\ln x}} = e^{\frac{\ln(\cot x)}{\ln x}}$,我们只需求 $\lim\limits_{x\to 0^+}\dfrac{\ln(\cot x)}{\ln x}$,而这已是$\dfrac{\infty}{\infty}$型未定式,由例 2.8.8 的结果,直接得 $\lim\limits_{x\to 0^+}\dfrac{\ln(\cot x)}{\ln x} = -1$.从而

$$\lim_{x\to 0^+}(\cot x)^{\frac{1}{\ln x}} = e^{-1}.$$

习题 2.8

(A)

1. 求下列极限:

(1) $\lim\limits_{x\to 0}\dfrac{\ln(\cos x)}{x(x+2)}$. (2) $\lim\limits_{x\to 1}\dfrac{\sin \pi x}{\arctan x - \operatorname{arccot} x}$.

(3) $\lim\limits_{x\to 0}\dfrac{3x - \sin 3x}{(1-\cos x)\ln(1+2x)}$. (4) $\lim\limits_{x\to 1}\dfrac{2x^3 - 3x^2 + 1}{x^3 - 3x + 2}$.

(5) $\lim\limits_{x\to +\infty}\dfrac{\pi - 2\arctan x}{\ln\left(1+\dfrac{1}{x}\right)}$. (6) $\lim\limits_{x\to +\infty}\dfrac{x}{\ln(1+e^{x^2})}$.

(7) $\lim\limits_{x\to +\infty}\dfrac{x + \ln(1+e^x)}{\sqrt{x^2+1}}$. (8) $\lim\limits_{x\to \pi}\dfrac{\cot 2x}{\cot 3x}$.

(9) $\lim\limits_{x\to 1}\left(\dfrac{x}{x-1} - \dfrac{1}{\ln x}\right)$. (10) $\lim\limits_{x\to 0}\left(\dfrac{1}{x} - \dfrac{1}{e^x - 1}\right)$.

(11) $\lim\limits_{x\to 0^+}\left(\dfrac{1}{|\ln x|}\right)^x$.　　(12) $\lim\limits_{x\to 0^+} x^{\sin x}$.

(13) $\lim\limits_{x\to 1} x^{\frac{1}{1-x}}$.　　(14) $\lim\limits_{x\to +\infty} x^2\left(a^{\frac{1}{x}}-a^{\frac{1}{x+1}}\right)$ $(a>0,a\neq 1)$.

(15) $\lim\limits_{x\to\infty}\left(\tan\dfrac{\pi x}{2x+1}\right)^{\frac{1}{x}}$.

2. 试证下列极限存在,但不能用 L'Hospital 法则来求：

(1) $\lim\limits_{x\to 0}\dfrac{x^2\cos\dfrac{1}{x}}{\tan x}$.　　(2) $\lim\limits_{x\to 0}\dfrac{e^x-e^{-x}}{e^x+e^{-x}}$.

3. 设 $f(x)$在点 $x=0$ 的某邻域内有一阶连续的导数,且 $f(x)>0,f(0)=1$,求$\lim\limits_{x\to 0}f(x)^{\frac{1}{x}}$.

(B)

1. 求下列极限：

(1) $\lim\limits_{x\to\frac{\pi}{2}}\dfrac{\ln(\sin x)}{(\pi-2x)^2}$.　　(2) $\lim\limits_{x\to 0^+}\dfrac{e^{x^3}-1}{1-\cos\sqrt{x-\sin x}}$.

(3) $\lim\limits_{x\to +\infty}\dfrac{x^n}{a^x}$ (n 为正整数,$a>1$).　　(4) $\lim\limits_{x\to\left(\frac{\pi}{2}\right)^-}(\tan x)^{\frac{\pi}{2}-x}$.

(5) $\lim\limits_{x\to 0} x^{\frac{1}{1+\ln x}}$.　　(6) $\lim\limits_{x\to 0}(\cos x)^{\frac{1}{x^2}}$.

(7) $\lim\limits_{x\to 0}\left(\dfrac{\sin x}{x}\right)^{\frac{1}{1-\cos x}}$.　　(8) $\lim\limits_{n\to\infty} n^{\frac{1}{n}}$.

(9) $\lim\limits_{x\to 0^+} x^{x^x-1}$.

2. 试证下列极限存在,但不能用 L'Hospital 法则来求：

(1) $\lim\limits_{x\to +\infty}\dfrac{x+\sin x}{x+\cos x}$.　　(2) $\lim\limits_{x\to\frac{\pi}{2}}\dfrac{\sec x}{\tan x}$.

3. 设 $f(x)$在$(a,+\infty)$上可导.如果对 $\alpha>0$, $\lim\limits_{x\to +\infty}[\alpha f(x)+xf'(x)]=\beta$,证明：$\lim\limits_{x\to +\infty}f(x)=\dfrac{\beta}{\alpha}$.

4. 设 $a_1,a_2,\cdots,a_n$ 均为正的常数,证明：

(1) $\lim\limits_{x\to 0}\left(\dfrac{a_1^x+a_2^x+\cdots+a_n^x}{n}\right)^{\frac{1}{x}}=\sqrt[n]{a_1a_2\cdots a_n}$.

(2) $\lim\limits_{x\to +\infty}\left(\dfrac{a_1^x+a_2^x+\cdots+a_n^x}{n}\right)^{\frac{1}{x}}=\max\{a_1,a_2,\cdots,a_n\}$.

5. 讨论函数 $f(x)=\begin{cases}\left[\dfrac{(1+x)^{\frac{1}{x}}}{e}\right]^{\frac{1}{x}}, & x>0,\\ e^{-\frac{1}{2}}, & x\leqslant 0\end{cases}$ 在 $x=0$ 处的连续性.

6. 设 $g(x)$有二阶连续的导数,$g(0)=1,g'(0)=2,g''(0)=3$,令

$$f(x)=\begin{cases}\dfrac{g(x)-\cos x}{x}, & x\neq 0,\\ 2, & x=0.\end{cases}$$

试求 $f'(x)$,并讨论 $f'(x)$的连续性.

§2.9 Taylor 公式——用多项式逼近函数

在第一章中介绍函数的时候,我们介绍过多项式

$$p_n(x)=a_0+a_1(x-x_0)+a_2(x-x_0)^2+\cdots a_n(x-x_0)^n.$$

多项式的明显特点是结构简单,因此,它无论对于数值计算和理论分析都很方便. 比如,为了计算它的函数值,只需用加法、减法、乘法三种运算,连除法都不需要,这是其他的函数,甚至很简单的初等函数所不具有的特点.用多项式近似地表达一个给定函数的问题,不仅从计算的观点看是很必要的,而且从理论分析的角度看也是很有意义的. 当一般的函数不好处理时,就常常用好处理的多项式近似地替代它,然后通过某种极限过程,从多项式再过渡到一般的函数.

2.9.1 Taylor 多项式与 Taylor 公式

Taylor 多项式

如果函数 $f(x)$在 x_0 处可微,就可表示成

$$f(x)=f(x_0)+f'(x_0)(x-x_0)+o(x-x_0)\quad(x\to x_0),$$

见(§2.4 公式(2.4.4)).如果舍去 $o(x-x_0)$项就得到

$$f(x)\approx f(x_0)+f'(x_0)(x-x_0),$$

这就是所谓的"以直代曲". 即,用一次多项式 $P_1(x)=f(x_0)+f'(x_0)(x-x_0)$近似表示给定的函数 $f(x)$. 用多项式近似地表示一个函数,乃是以直代曲思想的发展.

我们注意到 $P_1(x)$显然满足 $P_1(x_0)=f(x_0)$,$P_1'(x_0)=f'(x_0)$,但有明显的两处不足:

(1) 精确度不高,误差$|P_1(x)-f(x)|$只是比 $x-x_0$ 高阶的无穷小量(当 $x\to x_0$ 时).

(2) 不能定量地估算出误差的大小.

因此自然会提出这样的问题:在 $f''(x_0)$存在的条件下,$f(x)$能不能用 $x-x_0$ 的一个二次多项式 $P_2(x)=a_0+a_1(x-x_0)+a_2(x-x_0)^2$ 来近似,并使得其误差当 $x\to x_0$ 时是比$(x-x_0)^2$ 高阶的无穷小量? 把这一要求用公式写出来,就是

$$f(x)=a_0+a_1(x-x_0)+a_2(x-x_0)^2+o((x-x_0)^2)\quad(x\to x_0),\qquad(2.9.1)$$

其中 a_0,a_1,a_2 是常数.如果这个要求能被满足,我们问常数 a_0,a_1,a_2 该如何确定?

首先,在(2.9.1)式两边令 $x\to x_0$,取极限,得出

$$f(x_0)=\lim_{x\to x_0}f(x)=a_0.$$

在这样的条件下,把(2.9.1)式改写为

$$\frac{f(x)-f(x_0)}{x-x_0}=a_1+a_2(x-x_0)+o(x-x_0)\quad(x\to x_0),$$

在上式两边令 $x\to x_0$,由于 $f(x)$在 x_0 处可导,得

$$f'(x_0)=\lim_{x\to x_0}\frac{f(x)-f(x_0)}{x-x_0}=a_1,$$

代入(2.9.1)式,有

$$f(x)=f(x_0)+f'(x_0)(x-x_0)+a_2(x-x_0)^2+o((x-x_0)^2)\quad(x\to x_0).$$

为了求出 a_2,注意到

$$a_2=\frac{f(x)-[f(x_0)+f'(x_0)(x-x_0)]}{(x-x_0)^2}+o(1)\quad(x\to x_0).$$

对上式右边令 $x\to x_0$,取极限,并用 L'Hospital 法则,得

$$a_2=\lim_{x\to x_0}\frac{f'(x)-f'(x_0)}{2(x-x_0)}=\frac{1}{2}\lim_{x\to x_0}\frac{f'(x)-f'(x_0)}{x-x_0}=\frac{f''(x_0)}{2}.$$

这样,我们证明了存在唯一的一个二次多项式,即

$$P_2(x)=f(x_0)+f'(x_0)(x-x_0)+\frac{f''(x_0)}{2}(x-x_2)^2,\tag{2.9.2}$$

能满足(2.9.1)式的要求. 是不是多项式(2.9.2)确实满足(2.9.1)式的要求呢? 答案是肯定的,这是因为使用一次 L'Hospital 法则,便得出

$$\begin{aligned}&\lim_{x\to x_0}\frac{f(x)-\left[f(x_0)+f'(x_0)(x-x_0)+\dfrac{f''(x_0)}{2}(x-x_0)^2\right]}{(x-x_0)^2}\\&=\lim_{x\to x_0}\frac{f'(x)-[f'(x_0)-f''(x_0)(x-x_0)]}{2(x-x_0)}\\&=\frac{1}{2}\left[\lim_{x\to x_0}\frac{f'(x)-f'(x_0)}{x-x_0}-f''(x_0)\right]\\&=\frac{1}{2}[f''(x_0)-f''(x_0)]=0.\end{aligned}$$

从而

$$f(x)=f(x_0)+f'(x_0)(x-x_0)+\frac{f''(x_0)}{2}(x-x_0)^2+o((x-x_0)^2)\quad(x\to x_0),$$

所以(2.9.1)式成立.

再继续下去,不会有任何本质的困难.

定义 2.3　设函数 $f(x)$在点 x_0 处有直到 n 阶的导数,这里 n 是给定的正整数. 称

$$P_n(x)=f(x_0)+f'(x_0)(x-x_0)+\frac{f''(x_0)}{2!}(x-x_0)^2+\cdots+\frac{f^{(n)}(x_0)}{n!}(x-x_0)^n\tag{2.9.3}$$

为 $f(x)$在 x_0 处的 n 阶 Taylor 多项式.

定理 2.8(Taylor 定理)　设函数 $f(x)$在点 x_0 处有直到 n 阶的导数,则有

$$f(x)=P_n(x)+o((x-x_0)^n)\quad(x\to x_0).\tag{2.9.4}$$

证明　用数学归纳法. $n=1$ 时,有

$$f(x)=P_1(x_0)+o(x-x_0)=f(x_0)+f'(x_0)(x-x_0)+o(x-x_0)\quad(x\to x_0),$$

(2.9.4)式成立. 现设 $n=k$ 时,(2.9.4)式成立,即

$$
\begin{aligned}
f(x) &= P_k(x) + o((x-x_0)^k) \\
&= f(x_0) + f'(x_0)(x-x_0) + \frac{f''(x_0)}{2!}(x-x_0)^2 + \cdots + \\
&\quad \frac{f^{(k)}(x_0)}{k!}(x-x_0)^k + o((x-x_0)^k) \quad (x \to x_0),
\end{aligned}
$$

当 $n=k+1$ 时,有

$$
P_{k+1}(x) = f(x_0) + f'(x_0)(x-x_0) + \frac{f''(x_0)}{2!}(x-x_0)^2 + \cdots + \frac{f^{(k+1)}(x_0)}{(k+1)!}(x-x_0)^{k+1},
$$

注意到

$$
\begin{aligned}
P'_{k+1}(x) &= f'(x_0) + f''(x_0)(x-x_0) + \frac{f'''(x_0)}{2!}(x-x_0)^2 + \cdots + \frac{f^{(k+1)}(x_0)}{k!}(x-x_0)^k \\
&= G(x_0) + G'(x_0)(x-x_0) + \frac{G''(x_0)}{2!}(x-x_0)^2 + \cdots + \frac{G^{(k)}(x_0)}{k!}(x-x_0)^k \\
&= G_k(x),
\end{aligned}
$$

其中记 $G(x)=f'(x)$. 再利用 L'Hospital 法则和归纳假定,即得

$$
\lim_{x\to x_0}\frac{f(x)-P_{k+1}(x)}{(x-x_0)^{k+1}} = \frac{1}{k+1}\lim_{x\to x_0}\frac{f'(x)-P'_{k+1}(x)}{(x-x_0)^k} = \frac{1}{k+1}\lim_{x\to x_0}\frac{G(x)-G_k(x)}{(x-x_0)^k} = 0.
$$

这说明当 $n=k+1$ 时,(2.9.4)式也成立. □

令

$$
R_n(x) = f(x) - P_n(x) \quad (n=1,2,\cdots),
$$

称之为**余项**. 目前,对余项只有定性的刻画:$R_n(x)=o((x-x_0)^n)$.这种余项称为 **Peano(佩亚诺)余项**.

我们把公式(2.9.4)明确地写出来,就是

$$
\begin{aligned}
f(x) &= f(x_0) + f'(x_0)(x-x_0) + \frac{f''(x_0)}{2!}(x-x_0)^2 + \cdots + \\
&\quad \frac{f^{(n)}(x_0)}{n!}(x-x_0)^n + o((x-x_0)^n) \quad (x \to x_0).
\end{aligned}
$$

Taylor 定理是适合于研究函数在一个给定点 x_0 附近的性态的有力工具,而不便于讨论函数在大范围内的性质,为了克服这一缺点,需要将余项"量化",我们有

Taylor 中值定理

定理 2.9(Taylor 中值定理) 如果函数 $f(x)$在(a,b)内具有直到 $n+1$ 阶的导数,x_0, $x\in(a,b)$为任意两点且 $x\neq x_0$,则在 x_0 和 x 之间至少有一点 ξ,使得

$$
\begin{aligned}
f(x) &= P_n(x) + R_n(x) \\
&= f(x_0) + f'(x_0)(x-x_0) + \frac{f''(x_0)}{2!}(x-x_0)^2 + \cdots + \\
&\quad \frac{f^{(n)}(x_0)}{n!}(x-x_0)^n + \frac{f^{(n+1)}(\xi)}{(n+1)!}(x-x_0)^{n+1}. \qquad (2.9.5)
\end{aligned}
$$

证明 对 $x\in(a,b)$，取 $G(x)=(x-x_0)^{n+1}$，由假设条件和 $G(x)$ 的性质可知，$R_n(x)=f(x)-P_n(x)$ 和 $G(x)$ 在 (a,b) 内具有直到 $n+1$ 阶的导数，且

$$R_n(x_0)=R'_n(x_0)=R''_n(x_0)=\cdots=R_n^{(n)}(x_0)=0,$$

$$G(x_0)=G'(x_0)=G''(x_0)=\cdots=G^{(n)}(x_0)=0.$$

当 $x>x_0$ 时，我们在区间 $[x_0,x]$ 上，对 $R_n(x)$ 和 $G(x)$ 连续应用 Cauchy 中值定理（显然，这两个函数满足 Cauchy 中值定理的条件），得

$$\begin{aligned}\frac{R_n(x)}{G(x)}&=\frac{R_n(x)-R_n(x)}{G(x)-G(x_0)}=\frac{R'_n(\xi_1)}{G(\xi_1)}=\frac{R'_n(\xi_1)-R'_n(x_0)}{G'(\xi_1)-G'(x_0)}=\frac{R''_n(\xi_2)}{G''(\xi_2)}\\&=\frac{R''_n(\xi_2)-R''_n(x_0)}{G''(\xi_2)-G''(x_0)}=\frac{R'''_n(\xi_3)}{G'''(\xi_3)}=\cdots=\frac{R_n^{(n)}(\xi_n)}{G^{(n)}(\xi_n)}=\frac{R_n^{(n)}(\xi_n)-R_n^{(n)}(x_0)}{G^{(n)}(\xi_n)-G^{(n)}(x_0)}\\&=\frac{R_n^{(n+1)}(\xi)}{G^{(n+1)}(\xi)}=\frac{R_n^{(n+1)}(\xi)}{(n+1)!},\end{aligned}$$

其中 $x_0<\xi<\xi_n<\xi_{n-1}<\cdots<\xi_1<x$. 注意到 $R_n^{(n+1)}(x)=f^{(n+1)}(x)$（因 $P_n^{(n+1)}(x)=0$），$G(x)=(x-x_0)^{n+1}$，$G^{(n+1)}(x)=(n+1)!$，则得

$$\frac{R_n(x)}{(x-x_0)^{n+1}}=\frac{f^{(n+1)}(\xi)}{(n+1)!}\quad(x_0<\xi<x).$$

同理当 $x<x_0$ 时，类似地有

$$\frac{R_n(x)}{(x-x_0)^{n+1}}=\frac{f^{(n+1)}(\xi)}{(n+1)!}\quad(x<\xi<x_0).$$

即无论哪种情形都有

$$R_n(x)=\frac{f^{(n+1)}(\xi)}{(n+1)!}(x-x_0)^{n+1},\tag{2.9.6}$$

其中 ξ 介于 x_0 和 x 之间. □

多项式(2.9.3)称为函数 $f(x)$ 按 $x-x_0$ 的幂展开的 n 次 Taylor 多项式，公式(2.9.5)也称作具有 **Lagrange 余项的 n 阶 Taylor 公式**，公式(2.9.6)称为 **Lagrange 余项**.

由 $R_n(x)$ 的表达式(2.9.6)，可以看出：

(1) 当 $n=0$ 时，Taylor 公式变成 Lagrange 中值公式：

$$f(x)=f(x_0)+f'(\xi)(x-x_0)\quad(\xi\text{ 在 }x_0\text{ 与 }x\text{ 之间}).$$

因此 Taylor 中值定理是 Lagrange 中值定理的推广.

(2) 由 $\lim\limits_{x\to x_0}\dfrac{R_n(x)}{(x-x_0)^n}=\lim\limits_{x\to x_0}\dfrac{f^{(n+1)}(\xi)}{(n+1)!}(x-x_0)=0$，则 $R_n(x)=o((x-x_0)^n)$.

(3) 若当 $x\in(a,b)$ 时，有

$$|f^{(n+1)}(x)|\leqslant M,$$

则对固定的 n，只要 x 适当接近 x_0，就可使

$$|R_n(x)|\leqslant\frac{M}{(n+1)!}|x-x_0|^{n+1}$$

小于预先要求的误差界.

(4) 仍设

$$|R_n(x)| \leqslant \frac{M}{(n+1)!}|x-x_0|^{n+1},$$

则对固定的 $x \in (a,b)$，因为

$$|R_n(x)| \leqslant \frac{M}{(n+1)!}|x-x_0|^{n+1} \leqslant \frac{M \cdot (b-a)^{n+1}}{(n+1)!} \to 0 \quad (n \to \infty),$$

所以，如果选取适当大的 n，就可使 $|R_n(x)|$ 小于预先要求的误差界.

2.9.2　Maclaurin(麦克劳林)公式

$x_0=0$ 的 Taylor 公式称为 **Maclaurin 公式**，这时可令 $\xi=\theta x\ (0<\theta<1)$，得带 Lagrange 余项的 Maclaurin 公式

$$f(x)=f(0)+f'(0)x+\frac{f''(0)}{2!}x^2+\cdots+$$
$$\frac{f^{(n)}(0)}{n!}x^n+\frac{f^{(n+1)}(\theta x)}{(n+1)!}x^{n+1} \quad (0<\theta<1), \tag{2.9.7}$$

或带 Peano 余项的 Maclaurin 公式

$$f(x)=f(0)+f'(0)x+\frac{f''(0)}{2!}x^2+\cdots+\frac{f^{(n)}(0)}{n!}x^n+o(x^n). \tag{2.9.8}$$

由此可得近似公式

$$f(x) \approx f(0)+f'(0)x+\frac{f''(0)}{2!}x^2+\cdots+\frac{f^{(n)}(0)}{n!}x^n.$$

误差估计式变为

$$|R_n(x)| \leqslant \frac{M}{(n+1)!}|x|^{n+1}. \tag{2.9.9}$$

下面给出一些常用函数的 Maclaurin 公式.

例 2.9.1　写出下列函数的带 Lagrange 余项的 Maclaurin 公式：

常用函数的
Maclaurin 公式

(1) $f(x)=\mathrm{e}^x$.

因为

$$f'(x)=f''(x)=\cdots=f^{(n)}(x)=\mathrm{e}^x,$$

所以

$$f(0)=f'(0)=f''(0)=\cdots=f^{(n)}(0)=\mathrm{e}^0=1,$$

代入(2.9.7)式，且 $f^{(n+1)}(\theta x)=\mathrm{e}^{\theta x}$，便得

$$\mathrm{e}^x=1+x+\frac{x^2}{2!}+\cdots+\frac{x^n}{n!}+\frac{\mathrm{e}^{\theta x}}{(n+1)!}x^{n+1} \quad (0<\theta<1). \tag{2.9.10}$$

(2) $f(x)=\sin x$.

因为

$$f^{(k)}(x)=\sin\left(x+\frac{k\pi}{2}\right) \quad (k=1,2,\cdots),$$

所以

$$f^{(k)}(0)=\sin\frac{k\pi}{2}=\begin{cases}0, & k=2,4,6,\cdots,\\ (-1)^{\frac{(k-1)}{2}}, & k=1,3,5,\cdots,\end{cases}$$

$$f^{(k)}(\theta x)=\sin\left(\theta x+\frac{k\pi}{2}\right)\quad(k=1,2,\cdots),$$

于是按公式(2.9.7)得(令 $k=2n$)

$$\sin x=x-\frac{x^3}{3!}+\frac{x^5}{5!}-\cdots+(-1)^{n-1}\frac{x^{2n-1}}{(2n-1)!}+R_{2n}(x),\tag{2.9.11}$$

其中

$$R_{2n}(x)=\frac{\sin\left(\theta x+(2n+1)\frac{\pi}{2}\right)}{(2n+1)!}x^{2n+1}\quad(0<\theta<1).\tag{2.9.12}$$

在这个例子中,我们认为正弦函数已经展开到了 x^{2n} 这一项,不过系数是 0 而已,所以余项写作 R_{2n} 而不是 R_{2n-1}.

(3) 类似地,可得到 $f(x)=\cos x$ 的 n 阶 Maclaurin 公式

$$\cos x=1-\frac{x^2}{2!}+\frac{x^4}{4!}-\cdots+(-1)^n\frac{x^{2n}}{(2n)!}+R_{2n+1}(x),\tag{2.9.13}$$

其中

$$R_{2n+1}(x)=\frac{\cos[\theta x+(n+1)\pi]}{(2n+2)!}x^{2n+2}\quad(0<\theta<1).\tag{2.9.14}$$

(4) $f(x)=\ln(1+x)$.

因为

$$f^{(k)}(x)=(-1)^{k-1}\frac{(k-1)!}{(1+x)^k}\quad(k=1,2,\cdots),$$

所以

$$f^{(k)}(0)=(-1)^{k-1}(k-1)!\quad(k=1,2,\cdots),$$

$$f^{(k)}(\theta x)=(-1)^{k-1}\frac{(k-1)!}{(1+\theta x)^k}\quad(k=1,2,\cdots),$$

于是按公式(2.9.7)得

$$\ln(1+x)=x-\frac{x^2}{2}+\frac{x^3}{3}-\cdots+(-1)^{n-1}\frac{x^n}{n}+R_n(x),\tag{2.9.15}$$

其中

$$R_n(x)=(-1)^n\frac{x^{n+1}}{(n+1)(1+\theta x)^{n+1}}\quad(0<\theta<1).\tag{2.9.16}$$

(5) $f(x)=(1+x)^\alpha$.

因为

$$f^{(k)}(x)=\alpha(\alpha-1)(\alpha-2)\cdots(\alpha-k+1)(1+x)^{\alpha-k}\quad(k=1,2,\cdots),$$

$$f^{(k)}(0)=\alpha(\alpha-1)(\alpha-2)\cdots(\alpha-k+1)\quad(k=1,2,\cdots),$$

$$f^{(k)}(\theta x)=\alpha(\alpha-1)(\alpha-2)\cdots(\alpha-k+1)(1+\theta x)^{\alpha-k}\quad(k=1,2,\cdots),$$

于是按公式(2.9.7)得

$$(1+x)^{\alpha}=1+\alpha x+\frac{\alpha(\alpha-1)}{2!}x^2+\cdots+\frac{\alpha(\alpha-1)(\alpha-2)\cdots(\alpha-n+1)}{n!}x^n+R_n(x),\tag{2.9.17}$$

其中

$$R_n(x)=\frac{\alpha(\alpha-1)\cdots(\alpha-n+1)(\alpha-n)}{(n+1)!}(1+\theta x)^{\alpha-n-1}x^{n+1}\quad(0<\theta<1).\tag{2.9.18}$$

当 α 取正整数 n 时，$R_n(x)\equiv 0$，即得 Newton 二项展开式.

对以上这些 Maclaurin 公式，其系数都有很强的规律性，便于记忆.为了应用，熟记它们是很有好处的.

例 2.9.2　写出函数 $f(x)=\arctan x$ 的带 Peano 余项的 Maclaurin 公式.

解　$f(x)=\arctan x$ 在 $x=0$ 处有任意阶的导数，问题是如何简便地把 $f^{(k)}(0)$ 计算出来.

由 $f(x)=\arctan x$，得 $f(0)=0$. 由 $f'(x)=\dfrac{1}{1+x^2}$，得 $f'(0)=1$.

在恒等式 $(1+x^2)f'(x)=1$ 的两边，对 x 求 n 阶导数，利用 Leibniz 公式，得

$$[(1+x^2)f'(x)]^{(n)}=0,$$

即

$$(1+x^2)f^{(n+1)}(x)+2nxf^{(n)}(x)+n(n-1)f^{(n-1)}(x)=0,$$

将 $x=0$ 代入上式，得到

$$f^{(n+1)}(0)+n(n-1)f^{(n-1)}(0)=0,$$

这里 n 是正整数. 从而，可得

$$f^{(n)}(0)=\begin{cases}0, & \text{当 } n \text{ 为偶数时},\\ (-1)^m(2m)!, & \text{当 } n=2m+1 \text{ 为奇数时},\end{cases}$$

这里 $m=0,1,2,\cdots$，于是得

$$\arctan x=x-\frac{x^3}{3}+\frac{x^5}{5}-\cdots+(-1)^n\frac{x^{2n+1}}{2n+1}+o(x^{2n+2}).$$

利用同样的技巧可以算出 $\arcsin x$ 的 Maclaurin 公式，请读者把它当作一个习题来做.

2.9.3　Taylor 公式的应用

1956 年，时任中国科学院数学研究所所长的著名数学家华罗庚先生(1910—1985)对所有从大学数学系毕业被分配到数学研究所工作的青年人，出了一份试卷考一考他们，检查他们的基础知识掌握得如何. 试卷中的一个题目是算 $2^{\frac{1}{5}}$. 实际上，这是 Taylor 定理数值应用的一个例子.华罗庚先生可谓用心良苦，他想用这一道题目来告诫青年数学工作者要用活高等数学的方法，并且不要轻视数值计算. 下面我们来解这道题目.

例 2.9.3　求 $2^{\frac{1}{5}}$ 的近似值.

解　先找一个数,要求它的 5 次幂与 2 比较接近. 例如,取 $1.2=\frac{6}{5}$,它的 5 次方是 2.488 32,比 2 多了一点. 于是

$$2=\left(\frac{6}{5}\right)^5-\left[\left(\frac{6}{5}\right)^5-2\right]=\left(\frac{6}{5}\right)^5\left\{1-\left(\frac{5}{6}\right)^5\left[\left(\frac{6}{5}\right)^5-2\right]\right\}=\left(\frac{6}{5}\right)^5\left(1-\frac{1\ 526}{6^5}\right),$$

取 $x=\frac{1\ 526}{6^5}=0.196\ 244\ 9\cdots$.于是,利用 Taylor 公式(2.9.17),得

$$2^{\frac{1}{5}}=\frac{6}{5}[1+(-x)]^{\frac{1}{5}}=\frac{6}{5}\left(1-\frac{1}{5}x-\frac{8}{100}x^2-\frac{6}{125}x^3-\cdots\right).$$

如果我们就取前四项作为近似值,得出的结果是 1.148 768 7…,$2^{\frac{1}{5}}$ 的精确值为 1.148 698 3….其数值的精度就要通过余项公式(2.9.18)来估计.此时,$\alpha=\frac{1}{5}$,$n=3$. 注意到,当 $|x|<1$ 时,因为 $x>-1$,所以 $1+\theta x>1-\theta>0$,且 $1-|x|\leqslant 1+\theta x\leqslant 1+|x|$,因此,应有

$$|R_3(-x)|\leqslant\frac{1}{4!}\cdot\frac{1}{5}\cdot\frac{4}{5}\cdot\frac{9}{5}\cdot\frac{14}{5}\cdot(1-|x|)^{-\frac{19}{5}}\cdot x^4=\frac{21}{5^4}\cdot(1-|x|)^{-\frac{19}{5}}\cdot x^4,$$

由于 $x=0.196\ 244\ 9\cdots<0.2=\frac{1}{5}$,故 $\frac{1}{(1-|x|)^{\frac{19}{5}}}<\left(\frac{5}{4}\right)^{\frac{19}{5}}<\left(\frac{5}{4}\right)^4$,因此

$$|R_3(-x)|\leqslant\frac{21}{4^4}\cdot x^4=0.000\ 121\ 66\cdots.$$

例 2.9.4　在 $[0,\pi]$ 上,用 9 次多项式

$$P_9(x)=x-\frac{x^3}{3!}+\frac{x^5}{5!}-\frac{x^7}{7!}+\frac{x^9}{9!}$$

来逼近函数 $\sin x$,试求出一个误差界.

解　由于 $x\in[0,\pi]$,根据余项公式(2.9.12),可得

$$|R_{10}(x)|\leqslant\frac{x^{11}}{11!}\leqslant\frac{\pi^{11}}{11!}=0.007\ 370\ 4\cdots.$$

这是非常好的近似. 9 次多项式 $P_9(x)$ 的图形与 $y=\sin x$ 的图形几乎合为一体,肉眼已不能辨别它们之间的差别,这与上面算出来的数值结果是吻合的. 但是必须指出:并不是只要提高 Taylor 多项式的次数,就能不断地改进对函数的逼近程度.

带 Peano 余项的 Taylor 公式的重要应用之一是求函数极限.

例 2.9.5　问当 $x\to 0$ 时,$e^{-x^2}-\cos\sqrt{2}x$ 是 x 的几阶无穷小量?

应用 Taylor 公式
求函数极限

解　因为 $e^x=1+x+\frac{x^2}{2!}+o(x^2)$,所以

$$e^{-x^2}=1+(-x^2)+\frac{(-x^2)^2}{2!}+o(x^4)=1-x^2+\frac{x^4}{2!}+o(x^4),$$

又

$$\cos x=1-\frac{x^2}{2!}+\frac{x^4}{4!}+o(x^4),$$

$$\cos\sqrt{2}x=1-\frac{(\sqrt{2}x)^2}{2!}+\frac{(\sqrt{2}x)^4}{4!}+o(x^4),$$

于是

$$\mathrm{e}^{-x^2}-\cos\sqrt{2}x=\frac{x^4}{3}+o(x^4),$$

而$\lim\limits_{x\to 0}\dfrac{\dfrac{x^4}{3}+o(x^4)}{x^4}=\dfrac{1}{3}$，即 $\mathrm{e}^{-x^2}-\cos\sqrt{2}x$ 是 x 的 4 阶无穷小量(当 $x\to 0$).

例 2.9.6 求极限$\lim\limits_{x\to\infty}\left[x-x^2\ln\left(1+\dfrac{1}{x}\right)\right]$.

解 这是$\infty-\infty$型未定式.

$$\lim_{x\to\infty}\left[x-x^2\ln\left(1+\frac{1}{x}\right)\right]\xlongequal{令x=\frac{1}{t}}\lim_{t\to 0}\left[\frac{1}{t}-\frac{1}{t^2}\ln(1+t)\right]=\lim_{t\to 0}\frac{t-\ln(1+t)}{t^2}$$

$$\xlongequal{\frac{0}{0}型}\lim_{t\to 0}\frac{t-\left[t-\dfrac{t^2}{2}+o(t^2)\right]}{t^2}=\lim_{t\to 0}\frac{\dfrac{t^2}{2}+o(t^2)}{t^2}=\frac{1}{2}.$$

例 2.9.7 设 $f(x)=x^2\ln(1+x)$，求 $f^{(100)}(0)$.

解 因为

$$\ln(1+x)=x-\frac{x^2}{2}+\frac{x^3}{3}-\cdots+(-1)^{97}\frac{x^{98}}{98}+o(x^{98}),$$

所以

$$f(x)=x^2\ln(1+x)=x^2\left[x-\frac{x^2}{2}+\frac{x^3}{3}-\cdots+(-1)^{97}\frac{x^{98}}{98}+o(x^{98})\right]$$

$$=x^3-\frac{x^4}{2}+\frac{x^5}{3}-\cdots+(-1)^{97}\frac{x^{100}}{98}+o(x^{100}).$$

由唯一性定理，可得$\dfrac{f^{(100)}(0)}{100!}=\dfrac{(-1)^{97}}{98}$，从而

$$f^{(100)}(0)=-\frac{100!}{98}.$$

例 2.9.8 设函数 $f(x)$二次可微，$f(0)=f(1)=0$，$\max\limits_{0\leqslant x\leqslant 1}f(x)=2$，证明：

$$\min_{0\leqslant x\leqslant 1}f''(x)\leqslant -16.$$

证明 由于 $f(0)=f(1)=0$，$\max\limits_{0\leqslant x\leqslant 1}f(x)=2$，故由连续函数的最大值最小值定理知，存在 $c\in(0,1)$，使得 $f(c)=2$.由于 $f(c)$为最大值. 由 Fermat 定理(习题 2.7(A)第 1 题结论)必有 $f'(c)=0$.将函数在 $x=c$ 处展开成 Taylor 公式得

$$f(x)=f(c)+f'(c)(x-c)+\frac{1}{2!}f''(\xi)(x-c)^2,$$

ξ 介于 x 和 c 之间. 即

$$f(x)=f(c)+\frac{1}{2!}f''(\xi)(x-c^2),$$

若 $c\leqslant\frac{1}{2}$,则将 0 代入上式得

$$f(0)=f(c)+\frac{1}{2}f''(\xi_1)c^2,$$

即 $f''(\xi_1)=-\frac{2f(c)}{c^2}=-\frac{4}{c^2}\leqslant-16.$

若 $c>\frac{1}{2}$,则将 1 代入上式得

$$f(1)=f(c)+\frac{1}{2}f''(\xi_2)(1-c)^2,$$

即

$$f''(\xi_2)=-\frac{2f(c)}{(1-c)^2}=-\frac{4}{(1-c)^2}<-16.$$

总之,必有

$$\min_{0\leqslant x\leqslant 1}f''(x)\leqslant-16.$$ □

习题 2.9

(A)

1. 设多项式 $f(x)=x^4-5x^3+x^2-3x+4$,写出它在 $x_0=4$ 处的 Taylor 多项式.

2. 求函数 $f(x)=\tan x$ 的带 Lagrange 余项的二阶 Maclaurin 公式.

3. 写出下列函数的带 Peano 余项的 Maclaurin 公式,使 $f(x)$的阶不低于 x^3(当 $x\to0$ 时):

(1) $f(x)=(1+x)^{\frac{1}{3}}$. (2) $f(x)=e^{\sin x}$.

(3) $f(x)=\ln(\cos x)$.

4. 利用 Taylor 公式求下列极限:

(1) $\lim\limits_{x\to0}\frac{\sin x-\arctan x}{\sin^3 x}$. (2) $\lim\limits_{x\to0}\frac{\cos x-e^{-\frac{x^2}{2}}}{x^4}$.

(3) $\lim\limits_{x\to0}\frac{x^2\ln(1+x^2)}{e^{x^2}-x^2-1}$.

5. 设 $f(x)=x^2\sin x$,求 $f^{(99)}(0)$.

6. 用四阶 Taylor 公式计算下列各式的近似值,并估计误差:

(1) $\sin 29°$. (2) $\ln 1.2$.

7. 设 $f(x)$在$(-\infty,+\infty)$内具有二阶导数,且 $f''(x)>0$,又已知$\lim\limits_{x\to0}\frac{f(x)}{x^2}$存在,证明:当 $x\neq0$ 时,$f(x)>0$.

(B)

1. $\lim\limits_{x\to 0}\dfrac{a^x+a^{-x}-2}{x^2}$ $(a>0$，且 $a\neq 1)$.

2. 确定常数 a,b，使得 $\lim\limits_{x\to+\infty}(\sqrt{2x^2+4x-1}-ax-b)=0$.

3. 求极限 $\lim\limits_{n\to\infty}\cos\dfrac{a}{n\sqrt{n}}\cos\dfrac{2a}{n\sqrt{n}}\cdots\cos\dfrac{na}{n\sqrt{n}}$.

4. 将函数 $f(x)=\sqrt{1+x^2}-x(x>0)$ 按 $\dfrac{1}{x}$ 的整数幂展开至含 $\dfrac{1}{x^3}$ 的项为止.

5. 设函数 $f(x)$ 在 $[0,1]$ 上有二阶导函数，$f(0)=f(1)=0$，并且在 $[0,1]$ 上函数 $f(x)$ 的最小值为 -1. 求证：存在一点 $\xi\in(0,1)$，使得 $f''(\xi)\geqslant 8$.

6. 设函数 $f(x)$ 在 $[0,1]$ 上连续，在 $(0,1)$ 内具有二阶导数，且 $f''(x)<0$，又已知 $f(0)=0$. 证明：对任意 $a\in(0,1)$，都有 $f(a)<2f\left(\dfrac{a}{2}\right)$.

7. 设函数 $f(x)$ 在 (a,b) 上二阶可导，并且 $f''(x)\geqslant 0$，$x\in(a,b)$. 证明：不等式

$$f(\lambda_1x_1+\lambda_2x_2)\leqslant\lambda_1f(x_1)+\lambda_2f(x_2)$$

成立，其中 $\lambda_1,\lambda_2\geqslant 0$，$\lambda_1+\lambda_2=1$，$x_1,x_2\in(a,b)$.

§ 2.10　利用导数研究函数的性态

微分中值定理和 Taylor 公式提供了研究函数的性态的强有力工具.研究函数的性态是指探究函数在指定区间上的单调性、极值、凸性以及确定函数在指定区间上的最小值和最大值，并据此作出函数图形.

2.10.1　函数的单调性

函数的单调性

设函数 $f(x)$ 在 (a,b) 内可导，如果函数 $f(x)$ 在 (a,b) 内单调增加（单调减少），那么它的图形是一条沿 x 轴正向上升（下降）的曲线.这时，如图 2-12(a)（图 2-12(b)）所示，曲线上各点处的切线斜率是非负的（非正的），即 $y'=f'(x)\geqslant 0$ $(y'=f'(x)$

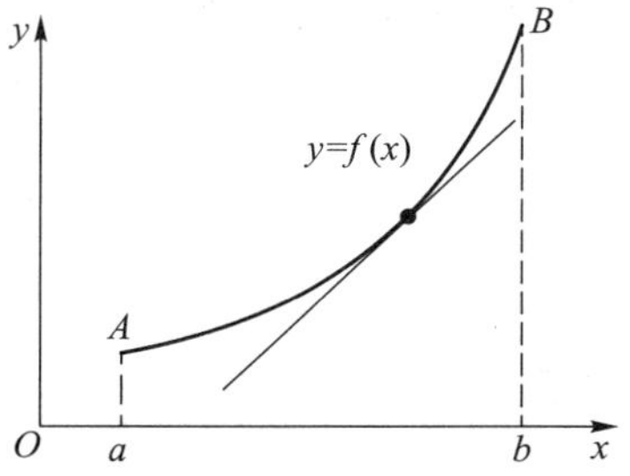

(a) 函数图形上升时切线斜率非负

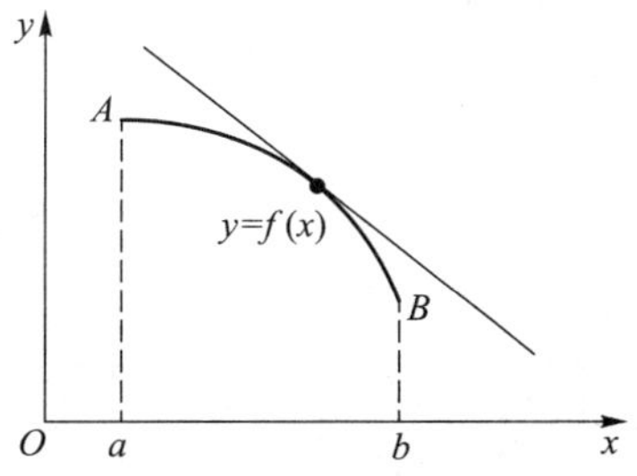

(b) 函数图形下降时切线斜率非正

图 2-12

$\leqslant 0$).由此可见,函数的单调性与导数的符号有着密切的联系.

一般地,有

定理 2.10(函数的单调性判别准则)　设函数 $y=f(x)$ 在 $[a,b]$ 上连续,在 (a,b) 内可导.

(1) 如果在 (a,b) 内 $f'(x)>0$,那么函数 $y=f(x)$ 在 $[a,b]$ 上单调增加.

(2) 如果在 (a,b) 内 $f'(x)<0$,那么函数 $y=f(x)$ 在 $[a,b]$ 上单调减少.

证明　任取两点 $x_1,x_2\in(a,b)$,不妨设 $x_1<x_2$,应用 Lagrange 中值定理,得到

$$f(x_2)-f(x_1)=f'(\xi)(x_2-x_1)\quad(x_1<\xi<x_2).$$

(1) 如果在 (a,b) 内 $f'(x)>0$,则有 $f'(\xi)>0$,又由于 $x_2-x_1>0$,于是

$$f(x_2)-f(x_1)=f'(\xi)(x_2-x_1)>0.$$

即 $f(x_1)<f(x_2)$,表明函数 $y=f(x)$ 在 $[a,b]$ 上单调增加.

(2) 如果在 (a,b) 内 $f'(x)<0$,则有 $f'(\xi)<0$,又由于 $x_2-x_1>0$,于是

$$f(x_2)-f(x_1)=f'(\xi)(x_2-x_1)<0.$$

即 $f(x_1)>f(x_2)$,表明函数 $y=f(x)$ 在 $[a,b]$ 上单调减少. □

如果把这个判别准则中的闭区间换成其他各种区间(包括无穷区间),那么结论也成立.

函数的单调性是一个区间上的性质,要用导数在这一区间上的符号来判别,但不能用导数在一点处的符号来判别函数在一个区间上的单调性.如果 $f'(x)$ 在其定义域的任何有界子区间上至多有有限个零点且不变号,该定理仍然成立.例如,在区间 $(-\infty,+\infty)$ 内,函数 $f(x)=x^3$ 为单调增加函数,函数 $g(x)=-x^3$ 为单调减少函数,但 $f'(0)$ 与 $g'(0)$ 均为零.

例 2.10.1　判断函数 $y=x-\sin x$ 在 $(-\infty,+\infty)$ 内的单调性.

解　因为在 $(-\infty,+\infty)$ 内 $y'=1-\cos x\geqslant 0$,且使等号成立的点 $x=2k\pi(k=0,\pm1,\pm2,\cdots)$ 为离散点,所以由定理 2.10 可知,函数 $y=x-\sin x$ 在 $\mathbf{R}$ 上单调增加.

例 2.10.2　讨论函数 $y=\sqrt[3]{x^2}$ 的单调性.

解　函数的定义域为 $(-\infty,+\infty)$.当 $x\neq 0$ 时,函数的导数为 $y'=\dfrac{2}{3\sqrt[3]{x}}$;当 $x=0$ 时,函数的导数不存在.在 $(-\infty,0)$ 内,$y'<0$,因此函数 $y=\sqrt[3]{x^2}$ 在 $(-\infty,0)$ 内单调减少;在 $(0,+\infty)$ 内,$y'>0$,因此函数 $y=\sqrt[3]{x^2}$ 在 $(0,+\infty)$ 内单调增加.函数的图形如图 2-13 所示.

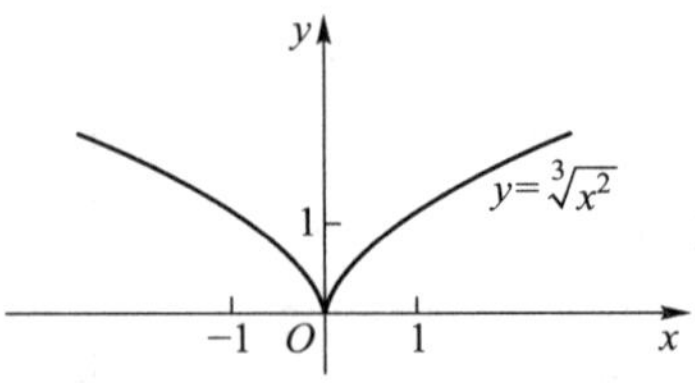

图 2-13

例 2.10.3　确定函数 $f(x)=2x^3-9x^2+12x-3$ 的单调区间.

解 函数的定义域为$(-\infty,+\infty)$.函数的导数

$$f'(x)=6x^2-18x+12=6(x-1)(x-2).$$

解方程 $f'(x)=0$,即解 $6(x-1)(x-2)=0$,得其两个根为 $x_1=1,x_2=2$.用 $x_1=1$ 和 $x_2=2$ 把定义域分成 3 个子区间,并讨论各子区间内导数的符号.列表 2-1 如下:

表 2-1 子区间内 $f'(x)$的符号及 $f(x)$的单调性

x	$(-\infty,1)$	1	$(1,2)$	2	$(2,+\infty)$
$f'(x)$	+	0	−	0	+
$f(x)$	↗	2	↘	1	↗

因此,函数 $f(x)=2x^3-9x^2+12x-3$ 在$(-\infty,1]$,$[2,+\infty)$上单调增加;在开区间$(1,2)$内单调减少.其图形见图 2-14.

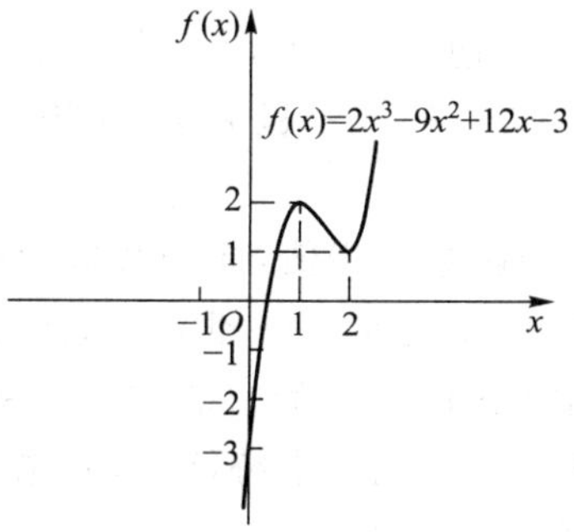

图 2-14

上述判断单调性的方法还可以帮助我们证明许多不等式.

例 2.10.4 证明:当 $x>1$ 时,$2\sqrt{x}>3-\dfrac{1}{x}$.

证明 设 $f(x)=2\sqrt{x}-\left(3-\dfrac{1}{x}\right)$.显然 $f(x)$在$[1,+\infty)$上连续,在$(1,+\infty)$内可导,且在$(1,+\infty)$内,

$$f'(x)=\frac{1}{\sqrt{x}}-\frac{1}{x^2}=\frac{1}{x^2}(x\sqrt{x}-1)>0.$$

因此,$f(x)=2\sqrt{x}-\left(3-\dfrac{1}{x}\right)$在$[1,+\infty)$上单调增加.于是,当 $x>1$ 时,$f(x)>f(1)$.又由于 $f(1)=0$,故 $f(x)>f(1)=0$,即 $2\sqrt{x}-\left(3-\dfrac{1}{x}\right)>0$,亦即 $2\sqrt{x}>3-\dfrac{1}{x}(x>1)$. □

例 2.10.5 试比较 e^{π} 和 π^{e} 的大小.

解 $\pi^e=e^{e\ln\pi}$.为比较 e^{π} 和 π^{e} 的大小,只需比较 π 和 $e\ln\pi$ 的大小.

令 $f(x)=x-\mathrm{e}\ln x$.由 $f'(x)=\dfrac{x-\mathrm{e}}{x}$ 知,当 $x>\mathrm{e}$ 时,$f(x)$ 单调增加.又 $f(x)$ 在 $x=\mathrm{e}$ 处连续,且 $f(\mathrm{e})=0$,故当 $x>\mathrm{e}$ 时,$f(x)>f(\mathrm{e})=0$,即 $x-\mathrm{e}\ln x>0$.因此 $f(\pi)=\pi-\mathrm{e}\ln \pi>0$,即 $\pi>\mathrm{e}\ln \pi$,从而 $\pi^{\mathrm{e}}<\mathrm{e}^{\pi}$.

例 2.10.6 证明:方程 $x-\dfrac{1}{2}\sin x=0$ 只有一个实根 $x=0$.

证明 设 $f(x)=x-\dfrac{1}{2}\sin x$,则 $f'(x)=1-\dfrac{1}{2}\cos x>0, x\in(-\infty,+\infty)$.因而函数 $f(x)$ 在 $(-\infty,+\infty)$ 内单调增加,于是,方程 $f(x)=0$ 就不可能有两个零点,即最多有一个零点,而 $x=0$ 满足方程,这就证明了方程 $x-\dfrac{1}{2}\sin x=0$ 有唯一的实根 $x=0$. □

2.10.2 函数极值的概念及其求法

函数的极值

定义 2.4 设函数 $f(x)$ 在 (a,b) 内有定义,点 $x_0\in(a,b)$,如果存在点 x_0 的某去心邻域 $\mathring{U}(x_0)\subset(a,b)$,使得对于 $\mathring{U}(x_0)$ 内任一 x,有 $f(x)<f(x_0)$(或 $f(x)>f(x_0)$),那么就称 $f(x_0)$ 是函数 $f(x)$ 的一个**极大值**(或**极小值**),x_0 称为 $f(x)$ 的一个**极大值点**(或**极小值点**).

函数的极大值与极小值统称为函数的**极值**,使函数取得极值的点称为**极值点**.函数的极大值只是局部的最大值,在函数的整个定义域内却不一定是最大值.对极小值也是如此.

值得注意的是,极值点只能在区间 (a,b) 的内部才可定义;极值是一个局部的概念,它只在极值点的一个充分小的邻域才有最大或最小特征.$f(x)$ 在区间 (a,b) 上可能有多个极值,极小值有时也会大于极大值,在图 2-15 中,x_1,x_2,x_4,x_5,x_6 都是极值点,确切地说,x_1,x_4 和 x_6 是极小值点,x_2 和 x_5 是极大值点.

从图 2-15 可见,极小值 $f(x_6)$ 比极大值 $f(x_2)$ 还大.由此可知,$f(x)$ 在区间 (a,b) 上的最大值与最小值,同 $f(x)$ 在这区间上的极值是不同的概念.当然,如果 $x_0\in(a,b)$ 是函数 $f(x)$ 在 (a,b) 内的唯一最大(或最小)值点,那么 x_0 自然是 $f(x)$ 的一个极大(或极小)值点.

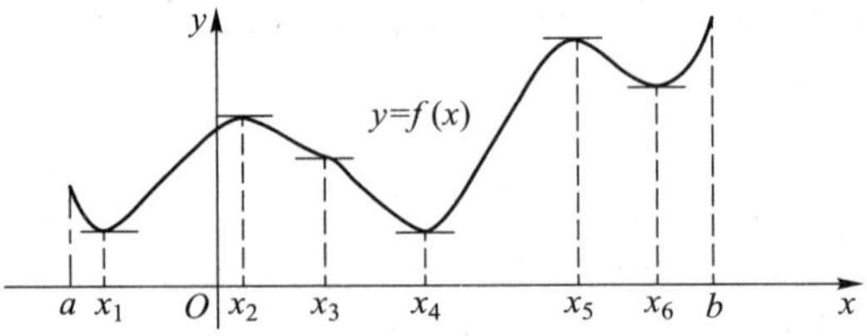

图 2-15

定理 2.11(必要条件) 若函数 $f(x)$ 在其极值点 $x_0\in(a,b)$ 处可导,则必有 $f'(x_0)=0$.

证明 设 $f(x_0)$ 是极大值.由定义 2.4,存在 $\delta>0$,使得当 $x\in(x_0-\delta,x_0+\delta)(x\neq x_0)$ 时,有 $f(x_0)>f(x)$.

因此，当 $x_0-\delta<x<x_0$ 时，有不等式

$$\frac{f(x)-f(x_0)}{x-x_0}>0.$$

当 $x_0<x<x_0+\delta$ 时，有不等式

$$\frac{f(x)-f(x_0)}{x-x_0}<0,$$

由于 $f'(x_0)$存在，因此 $f'_-(x_0)$与 $f'_+(x_0)$存在且相等，在以上两个不等式中分别令 $x\to x_0^-$，$x\to x_0^+$，由函数极限的保号性，得到

$$f'_-(x_0)\geqslant 0,\quad f'_+(x_0)\leqslant 0.$$

因此必有 $f'(x_0)=0$.

同理可证 $f(x_0)$为极小值的情形. □

定义 2.5　满足 $f'(x_0)=0$ 的点 x_0，称为函数 $f(x)$的**驻点**(或**稳定点**、**临界点**).

定理 2.11 表明，如果 $f(x)$可导，x_0 是极值点，则 $f'(x_0)=0$，即 x_0 是 $f(x)$的驻点.但是驻点不一定是极值点，例如 $f(x)=x^3$ 在其驻点 $x_0=0$ 处就不取得极值.另外，函数在不可导点处也可能取得极值，例如 $f(x)=|x|$在 $x_0=0$ 处不可导，但是 $x_0=0$ 是函数 $f(x)$的极小值点，因此函数的驻点和不可导点是函数的**可疑极值点**.

如何判别函数的驻点或不可导点是不是极值点？如果是，究竟取得极大值还是极小值？

定理 2.12(一阶充分条件)　设函数 $f(x)$在 x_0 处连续，且在 x_0 的某去心邻域$\mathring{U}(x_0,\delta)$内可导，且 x_0 是 $f(x)$的驻点或不可导点，那么

(1) 若当 $x\in(x_0-\delta,x_0)$时，$f'(x)>0$，而当 $x\in(x_0,x_0+\delta)$时，$f'(x)<0$，则 $f(x)$在 x_0 处取得极大值.

(2) 若当 $x\in(x_0-\delta,x_0)$，$f'(x)<0$，而当 $x\in(x_0,x_0+\delta)$时，$f'(x)>0$，则 $f(x)$在 x_0 处取得极小值.

(3) 若 $x\in\mathring{U}(x_0,\delta)$，$f'(x)$的符号保持不变，则 $f(x)$在 x_0 处不取极值.

证明　(1) 因为在$(x_0-\delta,x_0)$内 $f'(x)>0$，可知在$(x_0-\delta,x_0)$内 $f(x)$单调增加；又在$(x_0,x_0+\delta)$内 $f'(x)<0$，故 $f(x)$在$(x_0,x_0+\delta)$内单调减少，且 $f(x)$在 x_0 处连续，因此 x_0 必是 $f(x)$的极大值点.

(2) 同理可证.

(3) 在假设条件下，因为 $f'(x)$在点 x_0 的去心邻域$\mathring{U}(x_0,\delta)$内是同号的，由单调性的判别定理可知，$f(x)$在$\mathring{U}(x_0,\delta)$内是单调的，因此 x_0 不是 $f(x)$的极值点. □

由上述定理知，求函数 $f(x)$的极值可分为如下三步：

(1) 求函数的导数 $f'(x)$.

(2) 求出 $f(x)$的可疑极值点——驻点和不可导点.

(3) 考虑可疑极值点附近导数 $f'(x)$的符号，从而求出函数的极值点，并算出极值.

例 2.10.7　求函数 $f(x)=\dfrac{1}{3}x^3-\dfrac{1}{2}x^2+5$ 的极值.

解 (1) 函数 $f(x)$在$(-\infty,+\infty)$内连续,且

$$f'(x)=x^2-x=x(x-1).$$

(2) 令 $f'(x)=0$,得驻点 $x_1=0,x_2=1$.

(3) 列表 2-2 如下:

表 2-2 $f(x)$的极值情况

x	$(-\infty,0)$	0	$(0,1)$	1	$(1,+\infty)$
$f'(x)$	+	0	−	0	+
$f(x)$	↗	极大值	↘	极小值	↗

因此,$f(0)=5$ 是极大值,$f(1)=\dfrac{29}{6}$是极小值.

例 2.10.8 求函数 $f(x)=\sqrt[3]{(x-1)^2}$ 的极值点.

解 因为函数的极值点只可能是驻点或者不可导点.在这里,

$$f'(x)=\frac{2}{3\cdot\sqrt[3]{x-1}},$$

当 $x=1$ 时,$f'(x)$不存在.当 $x\neq1$ 时,$f'(x)\neq0$.于是依据定理 2.11 知,$x\neq1$ 的点都不是极值点.

当 $x=1$ 时,$f(x)$连续;又当 $x<1$ 时,$f'(x)<0$;当 $x>1$ 时,$f'(x)>0$.据定理 2.12 知,$x=1$ 是 $f(x)$的极小值点.

定理 2.13(二阶充分条件) 设函数 $f(x)$在 x_0 处二阶可导,且 $f'(x_0)=0$,而 $f''(x_0)\neq0$,则

(1) 当 $f''(x_0)>0$ 时,$f(x)$在点 x_0 处取得极小值.

(2) 当 $f''(x_0)<0$ 时,$f(x)$在点 x_0 处取得极大值.

证明 1 (1) 因为 $f''(x_0)>0$,根据二阶导数的定义,有

$$f''(x_0)=\lim_{x\to x_0}\frac{f'(x)-f'(x_0)}{x-x_0}=\lim_{x\to x_0}\frac{f'(x)}{x-x_0}>0.$$

由函数极限的局部保号性质知,存在 $\delta>0$,当 $0<|x-x_0|<\delta$ 时,有

$$\frac{f'(x)}{x-x_0}>0.$$

于是,当 $x\in(x_0-\delta,x_0)$时,$f'(x)<0$;当 $x\in(x_0,x_0+\delta)$时,$f'(x)>0$. 由一阶充分条件可知 $f(x)$在点 x_0 处取得极小值.

(2) 同理可证.

证明 2 由带 Peano 余项的二阶 Taylor 公式,有

$$f(x)=f(x_0)+f'(x_0)(x-x_0)+\frac{1}{2!}f''(x_0)(x-x_0)^2+o((x-x_0)^2)$$

$$=f(x_0)+\frac{1}{2}f''(x_0)(x-x_0)^2+o((x-x_0)^2),$$

从而有

$$f(x)-f(x_0)=\frac{1}{2}f''(x_0)(x-x_0)^2+o((x-x_0)^2),$$

$$\frac{f(x)-f(x_0)}{(x-x_0)^2}=\frac{1}{2}f''(x_0)+o(1). \tag{2.10.1}$$

由于右端第一项是非零实数，右端第二项是一无穷小量，因此在 $x\to x_0$ 时，(2.10.1)式的右边保持确定的符号.

当 $f''(x_0)>0$ 时，(2.10.1)式的右边取正值. 当 $x\in \mathring{U}(x_0)$ 时，$f(x)-f(x_0)>0$，即 $f(x)>f(x_0)$. 因此 x_0 是 $f(x)$ 的极小值点. 同理，当 $f''(x_0)<0$ 时，可知 x_0 是 $f(x)$ 的极大值点. □

当 $f''(x_0)=0$ 时，不能使用定理 2.13 判别函数的极值. 当 $f'(x_0)=0$，$f''(x_0)=0$ 时，$f(x)$ 在 x_0 处可能取得极大值或极小值，也可能取不到极值.

例如，函数 $f_1(x)=x^4$，$f_2(x)=-x^4$，$f(x)=x^3$ 这三个函数在点 $x=0$ 处，均有一阶导数和二阶导数为 0. 它们就分别属于这三种情形：$f_1(x)$ 在 $x=0$ 处取得极小值，$f_2(x)$ 在 $x=0$ 处取得极大值，$f(x)$ 在 $x=0$ 处未取得极值.

例 2.10.9　求函数 $f(x)=(x^2-1)^3+1$ 的极值.

判定函数极值的 n 阶充分条件

解　因为

$$f'(x)=6x(x^2-1)^2,\quad f''(x)=6(x^2-1)(5x^2-1).$$

令 $f'(x)=6x(x^2-1)^2=0$ 得到驻点 $x_1=-1$，$x_2=0$，$x_3=1$.

由于

$$f''(0)=6\times(-1)\times(-1)=6>0,$$

由二阶充分条件知 $f(0)=0$ 是 $f(x)$ 的极小值.

由于 $f''(\pm 1)=0$，此时不能用定理 2.13 来判定，可用极值的一阶充分条件来判定.

注意到存在 $\delta>0$，当 $x\in(-1-\delta,-1)\cup(-1,-1+\delta)$ 时，$f'(x)=6x(x^2-1)^2<0$；当 $x\in(1-\delta,1)\cup(1,1+\delta)$ 时，$f'(x)=6x(x^2-1)^2>0$. 故依据一阶充分条件知，$x_1=-1$，$x_3=1$ 都不是 $f(x)$ 的极值点，如图 2-16 所示.

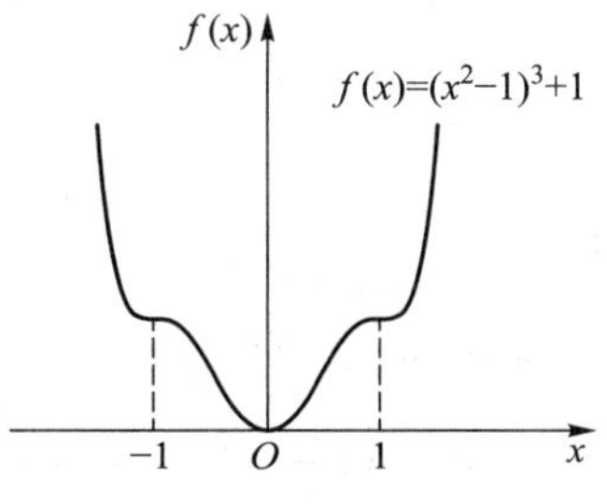

图 2-16

例 2.10.10(求隐函数的极值) 设 $a>0$,求由方程 $x^3+y^3-3axy=0$ 所确定的函数 $y=y(x)$在$x>0$ 范围内的极值点.

解 据隐函数的求导法则,在隐函数方程两边对 x 求导,并解出 y'得

$$\frac{\mathrm{d}y}{\mathrm{d}x}=\frac{ay-x^2}{y^2-ax}. \tag{2.10.2}$$

令$\frac{\mathrm{d}y}{\mathrm{d}x}=0$,得 $y=\frac{1}{a}x^2$.将 y 式代入给定的隐函数方程,得$\frac{x^6}{a^3}-2x^3=0$.因 $x>0$,由此解出 $x=a\sqrt[3]{2}$.即 $x=a\sqrt[3]{2}$是隐函数 $y=y(x)$的驻点.

再在(2.10.2)式两边求导,有

$$\frac{\mathrm{d}^2y}{\mathrm{d}x^2}=\frac{(ay'-2x)(y^2-ax)-(2yy'-a)(ay-x^2)}{(y^2-ax)^2}. \tag{2.10.3}$$

因为当 $x=a\sqrt[3]{2}$时,有 $y=a\sqrt[3]{4}$及 $y'=0$,将它们代入(2.10.3)式,得到

$$\left.\frac{\mathrm{d}^2y}{\mathrm{d}x^2}\right|_{x=a\sqrt[3]{2}}=-\frac{2}{a}<0,$$

所以,$x=a\sqrt[3]{2}$是方程 $x^3+y^3-3axy=0$ 所确定的隐函数 $y=y(x)$的极大值点.

例 2.10.11(参数方程所确定的函数的极值) 求参数方程

$$x=\frac{1}{4}(t+1)^2,\quad y=\frac{1}{4}(t-1)^2,\quad t\geqslant 0$$

所确定的函数 $y=y(x)$的极值.

解 由于

$$\frac{\mathrm{d}y}{\mathrm{d}t}=\frac{1}{2}(t-1),\quad \frac{\mathrm{d}x}{\mathrm{d}t}=\frac{1}{2}(t+1),$$

故

$$\frac{\mathrm{d}y}{\mathrm{d}x}=\frac{t-1}{t+1}.$$

因此,当 $t=1$ 时,$\frac{\mathrm{d}y}{\mathrm{d}x}=0$,$x=1$,$y=0$.又因

$$\frac{\mathrm{d}^2y}{\mathrm{d}x^2}=\frac{\mathrm{d}\left(\frac{\mathrm{d}y}{\mathrm{d}x}\right)}{\mathrm{d}t}\cdot\frac{1}{\frac{\mathrm{d}x}{\mathrm{d}t}}=\frac{4}{(t+1)^3},$$

所以

$$\left.\frac{\mathrm{d}^2y}{\mathrm{d}x^2}\right|_{x=1}=\left.\frac{4}{(t+1)^3}\right|_{t=1}=\frac{1}{2}>0.$$

于是,$x=1$ 是所确定的函数的极小值点,极小值为

$$y|_{x=1}=\left.\frac{1}{4}(t-1)^2\right|_{t=1}=0.$$

2.10.3 函数的最大值与最小值的求法

函数的最值

现在来讨论函数的最大值与最小值的问题，这个问题有重大的理论价值和应用价值.在第一章中，我们知道，连续函数 $f(x)$在有定义的有限闭区间$[a,b]$上，必取到它的最小值 m 和最大值 M，我们统称为**最值**，而取到最值的点称为**最值点**.当函数 $f(x)$有最大值（或最小值）时，这个值便是唯一的，但是最值点却不一定是唯一的.例如，函数 $\sin x$ 在$(-\infty,+\infty)$内的最小值与最大值分别是-1与1，但是最小值点与最大值点都有无限多个.

现在来讨论最大值、最小值的求法.设函数 $f(x)$在$[a,b]$上连续.如果 $f(x)$的最值点在开区间(a,b)的内部，那么最值点就可能是极值点.因此，寻求一个函数的最值的步骤为

(1) 如果 $f(x)$在(a,b)内有有限个可疑极值点：驻点及不可导点 $x_1,x_2,\cdots,x_n$，则

$$M=\max\{f(x_1),f(x_2),\cdots,f(x_n),f(a),f(b)\},$$
$$m=\min\{f(x_1),f(x_2),\cdots,f(x_n),f(a),f(b)\}.$$

(2) 如果 $f(x)$在$[a,b]$上为单调递增函数，那么 $f(a)$是最小值，$f(b)$是最大值；如果 $f(x)$在$[a,b]$上为单调递减函数，那么 $f(a)$是最大值，$f(b)$是最小值.

(3) 如果 $f(x)$在区间 I（I 为有限或无限区间，开区间或闭区间均可）上处处可导，且有唯一的驻点 x_0，$f(x_0)$是极大（小）值，那么 $f(x_0)$就是最大（小）值.

例 2.10.12 求函数

$$f(x)=x^{\frac{2}{3}}-(x^2-1)^{\frac{1}{3}}$$

在闭区间$[-2,2]$上的最值.

解 解驻点方程

$$f'(x)=\frac{2}{3}x^{-\frac{1}{3}}-\frac{2}{3}x(x^2-1)^{-\frac{2}{3}}=\frac{2}{3}\cdot\frac{(x^2-1)^{\frac{2}{3}}-x^{\frac{4}{3}}}{x^{\frac{1}{3}}(x^2-1)^{\frac{2}{3}}}=0,$$

得驻点 $x_1=-\dfrac{1}{\sqrt{2}}$，$x_2=\dfrac{1}{\sqrt{2}}$，并且由 $f(x)$的导函数的表达式可以看出，$f(x)$在$(-2,2)$内的不可导点是 $x_3=0$，$x_4=-1$，$x_5=1$.

于是 $f(x)$在$[-2,2]$上的可能的最值点是驻点 $x_1=-\dfrac{1}{\sqrt{2}}$，$x_2=\dfrac{1}{\sqrt{2}}$，不可导点 $x_3=0$，$x_4=-1$，$x_5=1$ 以及区间端点 $x_6=-2$，$x_7=2$.

计算得

$$f\left(-\frac{1}{\sqrt{2}}\right)=f\left(\frac{1}{\sqrt{2}}\right)=\sqrt[3]{4},\quad f(0)=f(-1)=f(1)=1,\quad f(-2)=f(2)=\sqrt[3]{4}-\sqrt[3]{3},$$

互相比较，就知函数的最大值是$\sqrt[3]{4}$，最小值是$\sqrt[3]{4}-\sqrt[3]{3}$，最大值点是 $x_1=-\dfrac{1}{\sqrt{2}}$，$x_2=\dfrac{1}{\sqrt{2}}$，最小值点是 $x_6=-2$，$x_7=2$.

例 2.10.13 宽为 a 的走廊与另一走廊垂直相交（如图 2-17），如果长为 $8a$ 的细杆能水

平地运过拐角，问另一走廊的宽度至少是多少？

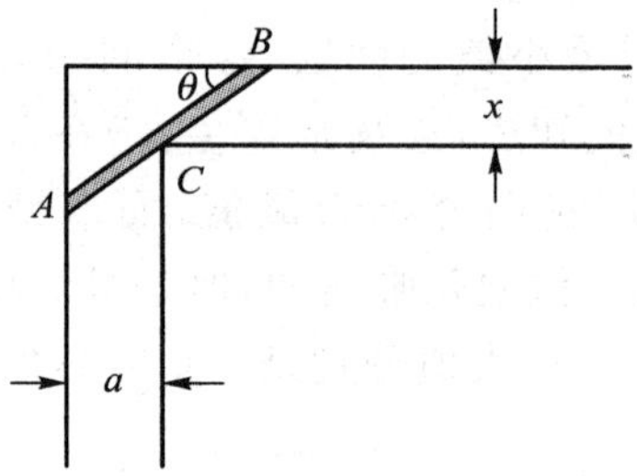

图 2-17

解 由图 2-17 可知 $AC=\dfrac{a}{\cos\theta}$，$CB=\dfrac{x}{\sin\theta}$其中 θ 是细杆与另一走廊壁的夹角.故，

$$\frac{a}{\cos\theta}+\frac{x}{\sin\theta}=8a,$$

于是

$$x=8a\sin\theta-a\tan\theta,\quad 0<\theta<\frac{\pi}{2},$$

$$x'(\theta)=8a\cos\theta-a\sec^2\theta,\quad x''(\theta)=-8a\sin\theta-2a\sec^2\theta\tan\theta.$$

令 $x'(\theta)=0$，得 $\theta=\dfrac{\pi}{3}$，$x''\left(\dfrac{\pi}{3}\right)<0$，可知 $\theta=\dfrac{\pi}{3}$是$\left(0,\dfrac{\pi}{2}\right)$内唯一的极大值点，故走廊 x 的宽度至少为

$$x\left(\frac{\pi}{3}\right)=8a\cdot\frac{\sqrt{3}}{2}-a\sqrt{3}=3\sqrt{3a}.$$

例 2.10.14 某经济开发区在规划建设项目时，要对居民区空气中的污染物进行控制.要求居民区与污染源的距离至少为 1 km.又知在污染相对集中的情况下，空气污染程度与释放的污染物量成正比，与到污染源的距离成反比(设比例系数为 1)，现有相距 10 km 的工厂 A，B 分别释放的污染物量为 60 μg/ml 与 240 μg/ml.若要在 A，B 之间建一居民区，试问建在何处可使总污染最小？

解 设居民区建在距工厂 A x km 处(图 2-18).设居民区的总污染为 $P(x)$，由题意知

$$P(x)=\frac{60}{x}+\frac{240}{10-x},\quad x\in[1,9],$$

图 2-18

则

$$P'(x)=-\frac{60}{x^2}+\frac{240}{(10-x)^2}.$$

令 $P'(x)=0$,解得唯一驻点 $x=\frac{10}{3}$,故把居民区建在距工厂 A $\frac{10}{3}$km 处可使总污染最小.

2.10.4　曲线的凹凸性与拐点

函数的单调性刻画了函数图形的上升与下降的状态,但这还不能完全反映出函数的特性及函数图形的特点.因为在具有相同单调性的函数图形中,曲线的弯曲方向可能不一样.例如,在[0,1]上,函数 $y=x^2$ 和 $y=\sqrt{x}$ 都是单调递增的,但是它们的曲线却有明显的不同,如图 2-19 所示即两条曲线的弯曲方向不同.

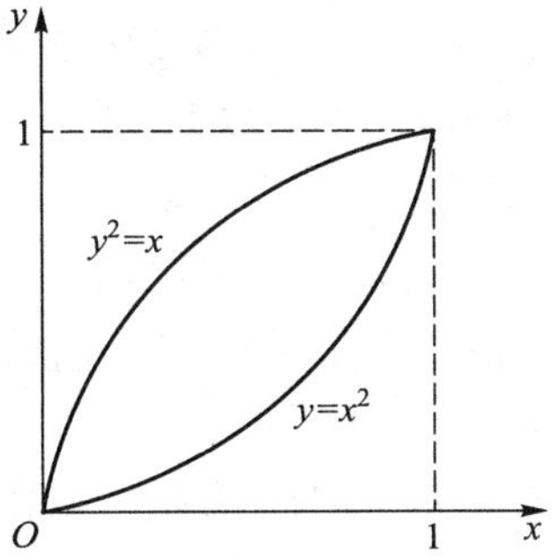

图 2-19

1. 凹凸性的概念及其判别法

从几何上看,一般的曲线 $y=f(x)$有两种弯曲方向,一种是向下弯(即凹),如图 2-20(a);另一种是向上弯(即凸的),如图 2-20(b).

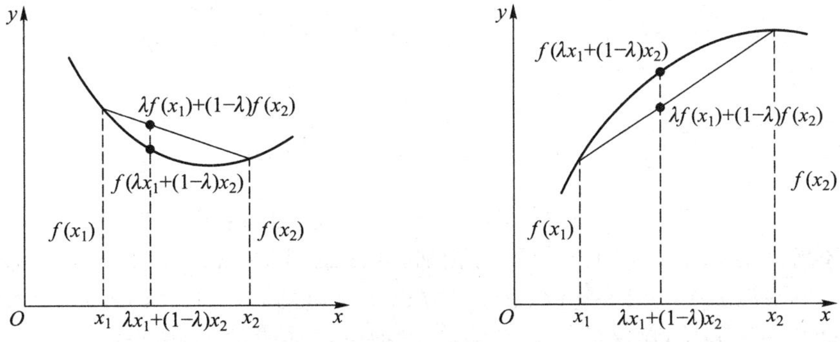

图 2-20

向下弯的曲线满足：任取曲线上两点，联结这两点间的弦（线段）总位于这两点间的弧段（曲线）的上方（图 2-20(a)）；向上弯的曲线满足：任取曲线上两点，联结这两点间的弦总位于这两点间的弧段的下方（图 2-20(b)）.

下面给出曲线的凹凸性的定义.

定义 2.6 设函数 $f(x)$ 在区间 I 上连续，对 I 上的任意两点 x_1, x_2，且 $x_1 \neq x_2$，及任意的实数 $\lambda \in (0,1)$，如果总有

$$f(\lambda x_1 + (1-\lambda)x_2) < \lambda f(x_1) + (1-\lambda)f(x_2),$$

那么称曲线 $y=f(x)$ 在 I 上是**凹的**；如果总有

$$f(\lambda x_1 + (1-\lambda)x_2) > \lambda f(x_1) + (1-\lambda)f(x_2),$$

那么称曲线 $y=f(x)$ 在 I 上是**凸的**.

显然，如果曲线 $y=f(x)$ 是凹的，则曲线 $y=-f(x)$ 必为凸的，反之亦然.

例 2.10.15 考察曲线 $f(x)=x^2$ 的凹凸性.

解 对任意两不同的点 $x_1, x_2 \in (-\infty, +\infty)$ 及任意 $\lambda \in (0,1)$，有

$$\begin{aligned} f(\lambda x_1 + (1-\lambda)x_2) &= [\lambda x_1 + (1-\lambda)x_2]^2 \\ &= \lambda^2 x_1^2 + 2\lambda(1-\lambda)x_1 x_2 + (1-\lambda)^2 x_2^2 \\ &< \lambda^2 x_1^2 + \lambda(1-\lambda)(x_1^2 + x_2^2) + (1-\lambda)^2 x_2^2 \\ &= \lambda x_1^2 + (1-\lambda)x_2^2 = \lambda f(x_1) + (1-\lambda)f(x_2). \end{aligned}$$

故 $f(x)=x^2$ 在 $(-\infty, +\infty)$ 内是凹的.

直接用定义判断曲线在某一区间上的凹凸性往往是比较困难的.下面给出一个判断曲线凹凸性的较简便的方法.

定理 2.14（判断凹凸性的充分条件） 设 $f(x)$ 在区间 I 上有二阶导数.

(1) 如果 $f''(x)>0$，则曲线 $y=f(x)$ 在区间 I 上是凹的.

(2) 如果 $f''(x)<0$，则曲线 $y=f(x)$ 在区间 I 上是凸的.

证明 (1) 对任意 $x_1, x_2 \in I(x_1 \neq x_2)$ 及任意 $\lambda \in (0,1)$，令 $x=\lambda x_1 + (1-\lambda)x_2$，由 Taylor 公式并注意到 $f''(x)>0$，有

$$\begin{aligned} f(x_1) &= f(x) + f'(x)(x_1 - x) + \frac{f''(\xi_1)}{2!}(x_1 - x)^2 \\ &> f(x) + f'(x)(x_1 - x) \quad (\xi_1 \text{ 在 } x_1 \text{ 和 } x \text{ 之间}), \\ f(x_2) &= f(x) + f'(x)(x_2 - x) + \frac{f''(\xi_2)}{2!}(x_2 - x)^2 \\ &> f(x) + f'(x)(x_2 - x) \quad (\xi_2 \text{ 在 } x_2 \text{ 和 } x \text{ 之间}), \end{aligned}$$

将上述两个不等式分别乘 λ 和 $1-\lambda$ 后，再相加，并注意到 $x=\lambda x_1 + (1-\lambda)x_2$，便可得到

$$\lambda f(x_1) + (1-\lambda)f(x_2) > f(x) = f(\lambda x_1 + (1-\lambda)x_2).$$

由定义 2.6，曲线 $y=f(x)$ 在区间 I 上是凹的.类似可以证明(2)的情形. □

例 2.10.16 判断曲线 $y=\ln x$ 的凹凸性.

解 因为 $y'=\dfrac{1}{x}, y''=-\dfrac{1}{x^2}$，所以在函数 $y=\ln x$ 的定义域 $(0,+\infty)$ 内，$y''<0$，由定理

2.14 可知，曲线 $y=\ln x$ 是凸的.

例 2.10.17　判断曲线 $y=x^3$ 的凹凸性.

解　因为 $y'=3x^2$，$y''=6x$，当 $x<0$ 时，$y''<0$，所以曲线在 $(-\infty,0)$ 内是凸的；当 $x>0$ 时，$y''>0$，所以曲线在 $(0,+\infty)$ 内是凹的.

2. 曲线的拐点及其判别法

从例 2.10.17 中我们看到，$y=x^3$ 上有一点 $(0,0)$ 把曲线 $y=x^3$ 分成两段，左侧是凸曲线，右侧是凹曲线.

定义 2.7　设函数 $f(x)$ 的曲线在某区间内是连续的凹弧（凸弧），则称该区间是曲线 $y=f(x)$ 的凹（凸）区间.如果曲线 $y=f(x)$ 经过点 $(x_0,f(x_0))$ 时，凹凸性发生了变化，即点 $(x_0,f(x_0))$ 是曲线上凹凸的分界点，则称点 $(x_0,f(x_0))$ 为曲线 $y=f(x)$ 的**拐点**.

从拐点的定义结合凹凸性的判别法立即可知，曲线的拐点 $(x_0,f(x_0))$ 对应着 $f''(x_0)=0$ 或 $f''(x_0)$ 不存在.

下面给出求拐点的步骤：

(1) 求 $f''(x)$.

(2) 令 $f''(x)=0$，解出该方程在区间 I 内的实根，并求出在区间 I 内 $f''(x)$ 不存在的点.

(3) 对于(2)中求出的每一个实根或二阶导数不存在的点 x_0，检查 $f''(x)$ 在 x_0 左、右两侧的符号，当两侧的符号相反时，点 $(x_0,f(x_0))$ 是拐点，当两侧的符号相同时，点 $(x_0,f(x_0))$ 不是拐点.

例 2.10.18　求曲线 $y=2x^3+3x^2-12x+14$ 的拐点.

解　$y'=6x^2+6x-12$，$y''=12x+6=12\left(x+\dfrac{1}{2}\right)$，解方程 $y''=0$，得 $x=-\dfrac{1}{2}$.

当 $x<-\dfrac{1}{2}$ 时，$y''<0$；当 $x>-\dfrac{1}{2}$ 时，$y''>0$.因此，点 $\left(-\dfrac{1}{2},\dfrac{41}{2}\right)$ 是这曲线的拐点.

例 2.10.19　求曲线 $y=(x-1)\sqrt[3]{x^2}$ 的凹、凸区间及拐点.

解　因为 $y'=\dfrac{5}{3}x^{\frac{2}{3}}-\dfrac{2}{3}x^{-\frac{1}{3}}$，$y''=\dfrac{2(5x+1)}{9x^{\frac{4}{3}}}$，故令 $y''=0$，便可解得 $x=-\dfrac{1}{5}$；又 $x=0$ 时，y'' 不存在.

在区间 $\left(-\infty,-\dfrac{1}{5}\right)$ 内，$y''<0$，所以这曲线在 $\left(-\infty,-\dfrac{1}{5}\right)$ 内是凸的，而在区间 $\left(-\dfrac{1}{5},0\right)$ 内，$y''>0$，因此在区间 $\left(-\dfrac{1}{5},0\right)$ 内，这曲线是凹的.因此点 $\left(-\dfrac{1}{5},-\dfrac{6}{5\sqrt[3]{25}}\right)$ 是拐点.在区间 $(0,+\infty)$ 内，$y''>0$，因此在区间 $(0,+\infty)$ 内，这曲线是凹的，故 $(0,0)$ 不是拐点.

通过列表 2-3 讨论可知，凸区间为 $\left(-\infty,-\dfrac{1}{5}\right)$，凹区间为 $\left(-\dfrac{1}{5},0\right)$ 和 $(0,+\infty)$.

表 2-3 曲线 $y=(x-1)\sqrt[3]{x^2}$ 的凹凸区间及拐点

x	$\left(-\infty,-\frac{1}{5}\right)$	$-\frac{1}{5}$	$\left(-\frac{1}{5},0\right)$	0	$(0,+\infty)$
y''	$-$	0	$+$	不存在	$+$
曲线	凸	拐点$\left(-\frac{1}{5},-\frac{6}{5\sqrt[3]{25}}\right)$	凹	非拐点(0,0)	凹

2.10.5 曲线的渐近线,函数图形的描绘

利用微分学的知识,如函数的单调性、极值以及曲线的凹凸性和拐点等就能够使我们在描绘函数图形之前,分析出函数图形的主要特性,再依据这些特性,可大致画出函数图形.如果要更精确地描绘函数图形,还需要借助于**渐近线**.

1. 曲线的渐近线

若曲线 $y=f(x)$上的动点 M 沿着曲线无限地远离原点时,点 M 与某一直线 l 的距离趋于 0,则称直线 l 为曲线 $y=f(x)$的渐近线.

根据渐近线图形的特点,分为**水平渐近线**、**铅直渐近线**和**斜渐近线**三种.下面分情形讨论曲线 $y=f(x)$的渐近线方程.

如果$\lim\limits_{x\to\infty}f(x)=c$,则称直线 $y=c$ 是函数 $y=f(x)$的图形的**水平渐近线**.

如果$\lim\limits_{x\to x_0}f(x)=\infty$,则称直线 $x=x_0$ 是函数 $y=f(x)$的图形的**铅直渐近线**.

如果$\lim\limits_{x\to\infty}[f(x)-(ax+b)]=0$(其中 $a\neq0$),则称直线 $y=ax+b$ 是函数 $y=f(x)$的图形的**斜渐近线**.

注 渐近线定义中的 $x\to\infty$,可分别是 $x\to+\infty$或 $x\to-\infty$,$x\to x_0$ 可分别是 $x\to x_0^+$ 或 $x\to x_0^-$.

对于斜渐近线,应有$\lim\limits_{x\to\infty}[f(x)-(ax+b)]=0$,即

$$\lim_{x\to\infty}x\left[\frac{f(x)}{x}-a-\frac{b}{x}\right]=0,$$

也就是

$$\lim_{x\to\infty}\frac{\frac{f(x)}{x}-a-\frac{b}{x}}{\frac{1}{x}}=0,$$

所以

$$\lim_{x\to\infty}\left[\frac{f(x)}{x}-a-\frac{b}{x}\right]=0,$$

即

$$\lim_{x\to\infty}\left[\frac{f(x)}{x}-a\right]=0,$$

所以 $a=\lim\limits_{x\to\infty}\dfrac{f(x)}{x}$，$b=\lim\limits_{x\to\infty}[f(x)-ax]$.

例 2.10.20　求曲线 $y=x+\dfrac{1}{x}$ 的渐近线.

解　因 $\lim\limits_{x\to0}\left(x+\dfrac{1}{x}\right)=\infty$，所以 $x=0$ 是此曲线的铅直渐近线.又 $\lim\limits_{x\to\infty}\left(x+\dfrac{1}{x}\right)=\infty$，所以此曲线无水平渐近线.注意到

$$a=\lim_{x\to\infty}\frac{y}{x}=\lim_{x\to\infty}\left(1+\frac{1}{x^2}\right)=1,\quad b=\lim_{x\to\infty}(y-ax)=\lim_{x\to\infty}\left(x+\frac{1}{x}-x\right)=0,$$

可知此曲线有斜渐近线 $y=x$，如图 2-21.

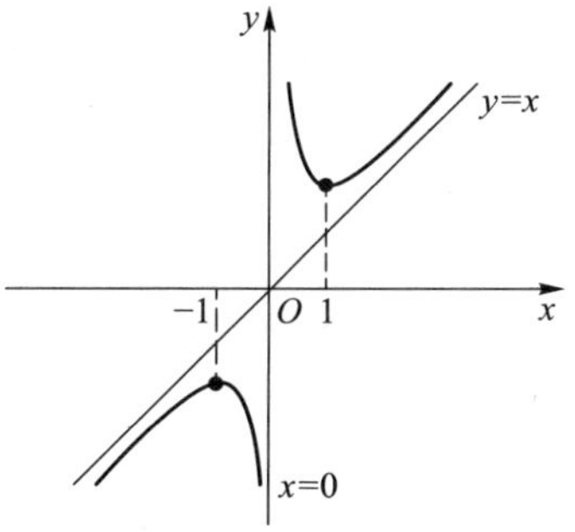

图 2-21

2. 函数图形的描绘

现在可以列出描绘函数图形的大致步骤：

(1) 确定函数 $y=f(x)$ 的定义域.

(2) 判定函数 $y=f(x)$ 是否有奇偶性、周期性及其他对称性.

(3) 确定函数 $y=f(x)$ 的增、减区间及极值点.

(4) 确定凹、凸区间及拐点.

(5) 确定函数 $y=f(x)$ 的图形是否有渐近线.

(6) 补充给出函数 $y=f(x)$ 的一些特殊点，然后结合(3)，(4)中得到的结果，联结这些点画出函数 $y=f(x)$ 的图形.

例 2.10.21　画出函数 $y=\dfrac{4(x+1)}{x^2}-2$ 的图形.

解　(1) 此函数只在 $x=0$ 处无定义.所以它的定义域是 $(-\infty,0)$ 和 $(0,+\infty)$.

(2) 此函数无奇偶性、周期性.

(3) 求关键点：由 $y'=-\dfrac{4(x+2)}{x^3}$，$y''=\dfrac{8(x+3)}{x^4}$，解驻点方程 $y'=-\dfrac{4(x+2)}{x^3}=0$，得到

驻点 $x=-2$；解方程 $y''=\dfrac{8(x+3)}{x^4}=0$，得到 $x=-3$.

(4) 以点 $x=-3$，驻点 $x=-2$ 为分点，把函数的定义域分为 $(-\infty,-3)$，$(-3,-2)$，$(-2,0)$ 和 $(0,+\infty)$，并列出函数的分段特性表 2－4.

(5) 求曲线 $y=\dfrac{4(x+1)}{x^2}-2$ 的水平渐近线.

因为极限 $\lim\limits_{x\to\infty}y=\lim\limits_{x\to\infty}\left[\dfrac{4(x+1)}{x^2}-2\right]=-2$，所以直线 $y=-2$ 是曲线的水平渐近线.

又因为极限 $\lim\limits_{x\to 0}y=\lim\limits_{x\to 0}\left[\dfrac{4(x+1)}{x^2}-2\right]=+\infty$，所以直线 $x=0$ 是曲线的铅直渐近线.

表 2－4 函数 $y=\dfrac{4(x+1)}{x^2}-2$ 的分段特性表

x	$(-\infty,-3)$	-3	$(-3,-2)$	-2	$(-2,0)$	0	$(0,+\infty)$
y'	$-$	$-$	$-$	0	$+$	不存在	$-$
y''	$-$	0	$+$	$+$	$+$	不存在	$+$
y	↘	$-$	↘	极小值	↗	无定义	↘
曲线	凸	拐点 $\left(-3,-\dfrac{26}{9}\right)$	凹		凹	间断点	凹

注：这里记号↘表示曲线弧下降且是凸的，↘表示曲线弧下降且是凹的，↗表示曲线弧上升且是凹的.

而

$$\lim_{x\to\infty}\frac{f(x)}{x}=\lim_{x\to\infty}\left[\frac{4(x+1)}{x^3}-\frac{2}{x}\right]=0,$$

所以此曲线无斜渐近线.

(6) 算出 $x=-3$，$x=-2$ 处的函数值.其中 $y(-3)=-\dfrac{26}{9}$，点 $A\left(-3,-\dfrac{26}{9}\right)$ 为拐点；$y(-2)=-3$ 为极小值，得点 $B(-2,-3)$；再补充函数 $y=\dfrac{4(x+1)}{x^2}-2$ 的图形上的五个点：

$$C(1-\sqrt{3},0),\quad D(1+\sqrt{3},0),\quad E(-1,-2),\quad F(1,6),\quad G(2,1).$$

根据以上的讨论，我们描绘出函数 $y=\dfrac{4(x+1)}{x^2}-2$ 的图形，如图 2－22 所示.

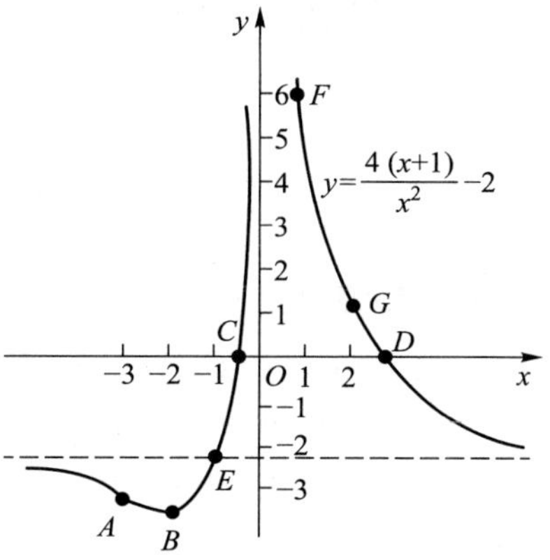

图 2-22

习题 2.10

(A)

1. 求下列函数的单调区间：

(1) $y=x^3-3x^2-9x+14$.　　(2) $y=\dfrac{10}{4x^3-9x^2+6x}$.

(3) $y=2x^2-\ln x$.　　(4) $y=\ln(x+\sqrt{1+x^2})$.

2. 证明下列不等式：

(1) $e^x>1+x\ (x\neq 0)$.　　(2) $e^x<\dfrac{1}{1-x}\ (x<1,x\neq 0)$.

(3) $1+x\ln(x+\sqrt{1+x^2})>\sqrt{1+x^2}\ (x>0)$.　　(4) $x-\dfrac{x^3}{3}<\arctan x<x\ (x>0)$.

3. 求下列函数的极值：

(1) $y=2x^3-6x^2-18x+7$.　　(2) $y=2x^2-x^4$.

(3) $y=2x^2-\ln x$.　　(4) $y=\left(1+x+\dfrac{x^2}{2!}+\cdots+\dfrac{x^n}{n!}\right)e^{-x}$.

4. 试问 a 为何值时，函数 $f(x)=a\sin x+\dfrac{1}{3}\sin 3x$ 在 $x=\dfrac{\pi}{3}$ 处取得极值？它是极大值还是极小值？并求出此极值.

5. 设函数 $f(x)=(x-x_0)^n\varphi(x)$（n 为任一自然数），其中函数 $\varphi(x)$ 在 $x=x_0$ 处连续，若 $\varphi(x_0)\neq 0$，问 $f(x)$ 在 $x=x_0$ 处有无极值？

6. 求下列函数在指定区间上的最大值与最小值：

(1) $y=x+2\sqrt{x},\ x\in[0,4]$.　　(2) $y=x^4-2x^2+5,\ x\in[-2,2]$.

(3) $y=\max\{x^2,(1-x)^2\},\ x\in[0,1]$.　　(4) $y=\arctan\dfrac{1-x}{1+x},\ x\in[0,1]$.

7. 问函数 $y=x^2-\dfrac{54}{x}\ (x<0)$ 在何处取得最小值？

8. 设 $f(x)=\frac{1}{x}\left(\frac{x+a_2+\cdots+a_n}{n}\right)^n(x>0,a_2>0,\cdots,a_n>0)$，求 $f(x)$ 的最小值，进而用数学归纳法证明：$\sqrt[n]{a_1a_2\cdots a_n}\leqslant\frac{a_1+a_2+\cdots+a_n}{n}$.

9. 讨论方程 $\ln x=ax(a>0)$ 有几个实根.

10. 求 y 轴上的定点 $(0,b)(b>0)$ 到抛物线 $4y=x^2$ 上的点之间的最短距离.

11. 求内接于椭圆 $\frac{x^2}{a^2}+\frac{y^2}{b^2}=1$ 且面积最大的矩形边长.

12. 从一块半径为 R 的圆铁片上挖去一个扇形，剩余的铁片做成一个漏斗.问剩余的扇形中心角取多大时，做成的漏斗容积最大？

13. 证明：曲线 $f(x)=x\ln x(x>0)$ 和 $g(x)=x\arctan x(x\in(-\infty,+\infty))$ 都是凹的.

14. 求下列曲线的凹、凸区间及拐点：

(1) $y=1+x^2-\frac{1}{2}x^4$.　　(2) $y=\frac{x^3}{x^3+3a^2}\ (a>0)$.

(3) $y=x\mathrm{e}^{-x}$　　(4) $y=\ln(1+x^2)$.

15. 全面讨论下列函数的性态，并描绘它们的图形：

(1) $y=|x|\frac{x}{1+x}$.　　(2) $y=\frac{6}{x^2-2x+4}$.

(B)

1. 求下列函数的单调区间：

(1) $y=(2x-5)x^{\frac{2}{3}}$.　　(2) $y=x+|\sin 2x|$.

2. 证明下列不等式：

(1) $\sin x+\tan x>2x\ \left(0<x<\frac{\pi}{2}\right)$.　　(2) $\mathrm{e}^x-1-x>1-\cos x\ (x>0)$.

3. 求下列函数的极值：

(1) $y=x^x$.　　(2) $y=|x|\mathrm{e}^{-x}$.

(3) $y=\begin{cases}x^{2x}, & x>0,\\ x+1, & x\leqslant 0.\end{cases}$

4. 求函数 $f(x)=x^p+(1+x)^p(p>1)$ 在 $[0,1]$ 上的最大值和最小值，并证明不等式

$$\frac{1}{2^{p-1}}\leqslant x^p+(1-x)^p\leqslant 1\quad(x\in[0,1],p>1).$$

5. 设函数 $y=f(x)$ 在点 $x=x_0$ 的某邻域内有连续的四阶导数，若

$$f'(x_0)=f''(x_0)=f'''(x_0)=0,\quad f^{(4)}(x_0)>0,$$

问 x_0 是不是 $y=f(x)$ 的极值点？为什么？

6. 求曲线 $x=t^2,y=3t+t^3$ 的拐点.

7. 试确定常数 k 的值，使曲线 $y=k(x^2-3x)^2$ 在拐点处的法线通过坐标原点.

8. 描绘函数 $y=\frac{(x-3)^2}{4(x-1)}$ 的图形.

§2.11 平面曲线的曲率

平面曲线的曲率

2.11.1 弧微分公式

许多问题的讨论与曲线的弧长有关.设 L 是一条平面曲线,其方程为 $y=f(x)$,$f(x)$在区间(a,b)内具有连续导数.在曲线 $y=f(x)$上取固定点 $M_0(x_0,y_0)$作为度量弧长的基点(图 2-23),并规定依 x 增大的方向作为曲线的正向.对曲线上任意一点 $M(x,y)$,规定有向弧段$\overset{\frown}{M_0M}$的值 s(简称为弧 s)如下:s 的绝对值等于这弧段的长度,当有向弧段$\overset{\frown}{M_0M}$的方向与曲线的正向一致时,$s>0$,相反时,$s<0$.显然,弧 s 与 x 存在函数关系 $s=s(x)$,且弧 s 是关于 x 的单调增加函数.下面来求 $s(x)$的导数及微分.

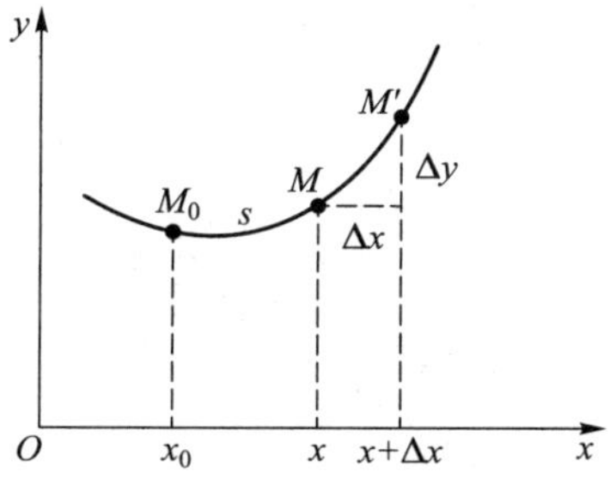

图 2-23

设 $x,x+\Delta x$ 为(a,b)内两个邻近的点,它们在曲线 $y=f(x)$上的对应点为 M,M'(图 2-23),并设对应于 x 的增量为 Δx,弧 s 的增量为 Δs,那么

$$\Delta s=\overset{\frown}{M_0M'}-\overset{\frown}{M_0M}=\overset{\frown}{MM'}.$$

于是

$$\left(\frac{\Delta s}{\Delta x}\right)^2=\left(\frac{\overset{\frown}{MM'}}{\Delta x}\right)^2=\left(\frac{\overset{\frown}{MM'}}{|MM'|}\right)^2\cdot\left(\frac{|MM'|}{\Delta x}\right)^2$$

$$=\left(\frac{\overset{\frown}{MM'}}{|MM'|}\right)^2\cdot\frac{(\Delta x)^2+(\Delta y)^2}{(\Delta x)^2}=\left(\frac{\overset{\frown}{MM'}}{|MM'|}\right)^2\cdot\left[1+\left(\frac{\Delta y}{\Delta x}\right)^2\right],$$

$$\frac{\Delta s}{\Delta x}=\pm\sqrt{\left(\frac{\overset{\frown}{MM'}}{|MM'|}\right)^2\cdot\left[1+\left(\frac{\Delta y}{\Delta x}\right)^2\right]},$$

其中$|MM'|$是弦 MM'的长度.令 $\Delta x\to0$,取极限,由于 $\Delta x\to0$ 时,$M'\to M$,这时弧的长度与弦的长度之比的极限等于 1,即

$$\lim_{\Delta x\to0}\left(\frac{\overset{\frown}{MM'}}{|MM'|}\right)^2=1.$$

又

$$\lim_{\Delta x\to 0}\frac{\Delta y}{\Delta x}=y',$$

因此得

$$\frac{\mathrm{d}s}{\mathrm{d}x}=\pm\sqrt{1+y'^2}.$$

由于 $s=s(x)$ 是单调增加函数，从而根号前应取正号，于是有

$$\mathrm{d}s=\sqrt{1+y'^2}\,\mathrm{d}x.$$

这就是**弧微分公式**.

当 $\mathrm{d}s$ 非负时，常将弧微分写作

$$\mathrm{d}s=\sqrt{(\mathrm{d}x)^2+(\mathrm{d}y)^2}.$$

弧微分有着明显的几何意义，在图 2-24 中，MT 为曲线在点 M 处的切线，切线 MR 为对应于 Δx 的切线段，则有 $|\mathrm{d}s|=|MR|$.

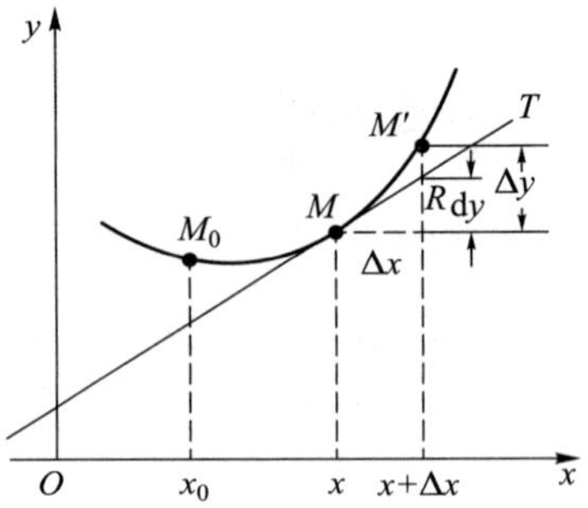

图 2-24

不难验证：

当曲线用参数方程 $\begin{cases}x=\varphi(t),\\ y=\psi(t),\end{cases}$ $\alpha\leqslant t\leqslant\beta$ 表示时，弧微分公式为

$$\mathrm{d}s=\sqrt{\varphi'^2(t)+\psi'^2(t)}\,\mathrm{d}t.$$

当曲线用极坐标方程 $r=r(\theta)$，$\alpha\leqslant\theta\leqslant\beta$ 表示时，弧微分公式为

$$\mathrm{d}s=\sqrt{r'^2(\theta)+r^2(\theta)}\,\mathrm{d}\theta.$$

2.11.2　曲率及其计算公式

我们可直观地看到：直线不弯曲，半径较小的圆弯曲得比半径较大的圆更厉害些，曲线的不同部分的弯曲程度可能不同，例如抛物线 $y=x^2$ 在顶点附近弯曲得比远离顶点的部分更厉害些.

在工程技术上，人们常常需要考虑曲线的弯曲程度.例如，当汽车以速率 v 在半径为 R 的圆形轨道上行驶时，轨道的弯曲程度会使乘客感到振动和倾斜，直接影响行车的安全.因此圆形轨道的设计必须有一定的限制，这就要定量地来进行研究.为此首先要讨论如何用数量来描述曲线的弯曲程度.

在图 2-25 中可以看出，弧段 $\overset{\frown}{M_1M_2}$ 比较平直，当动点沿弧段从 M_1 移动到 M_2 时，切线转过的角度 φ_1 不大，而弧段 $\overset{\frown}{M_2M_3}$ 弯曲得比较厉害，相应的角度 φ_2 就比较大.即曲线的弯曲程度与切线转过的角度成正比.

但是，切线角度增量的大小还不能完全反映曲线的弯曲程度.例如，从图 2-26 可以看出，对于两弧段 $\overset{\frown}{M_1M_2}$ 及 $\overset{\frown}{N_1N_2}$，尽管切线转过的角度都是 φ，然而弯曲程度并不相同，短弧段比长弧段弯曲得更厉害些.由此可见，曲线的弯曲程度还与弧段的长度有关.

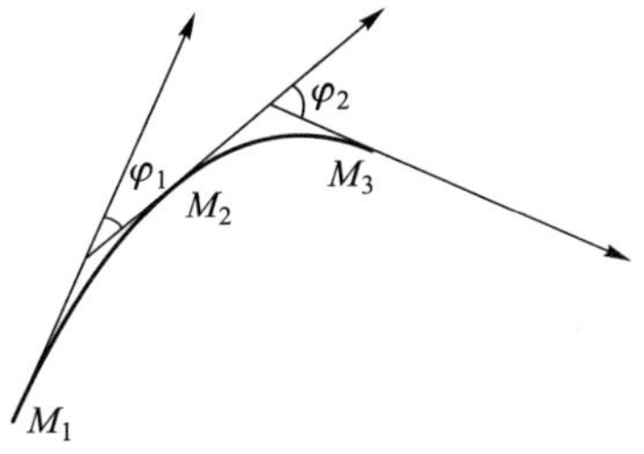

图 2-25

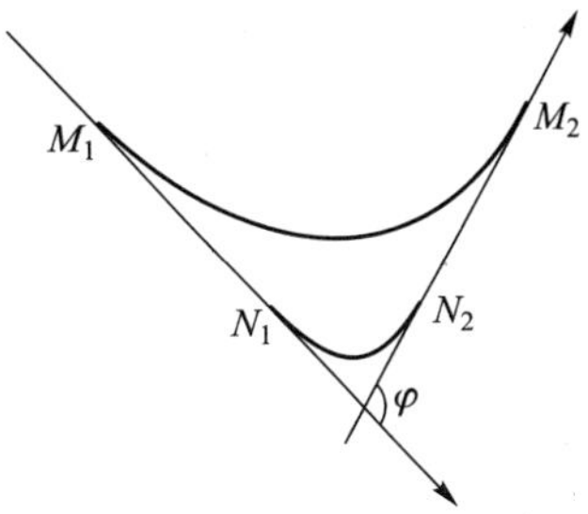

图 2-26

设曲线 C 是光滑的(即曲线上每一点存在连续的导数)，在曲线上选定一点 M_0 作为度量弧 s 的基点.设曲线上的点 M 对应弧 s，在点 M 处切线的倾角为 α(这里假定曲线 C 所在的平面上已设立了直角坐标系 Oxy)；曲线上的另外一点 M' 对应于弧 $s+\Delta s$，在点 M' 处切线的倾角为 $\alpha+\Delta\alpha$(图 2-27).那么，弧段 $\overset{\frown}{MM'}$ 的长度为 $|\Delta s|$，当动点从 M 移动到 M' 时切线转过的角度为 $|\Delta\alpha|$.

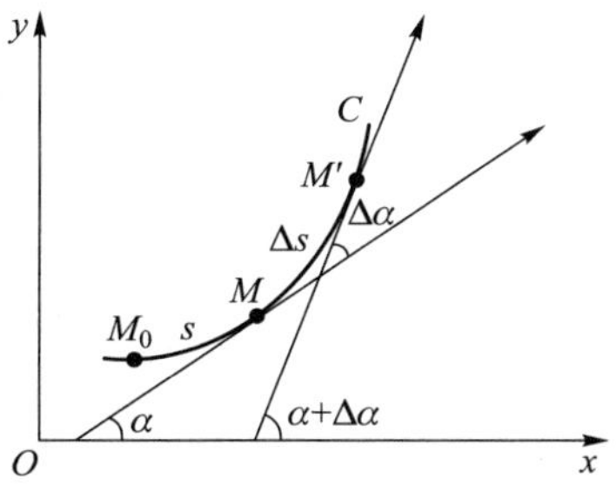

图 2-27

我们用比值$\frac{|\Delta\alpha|}{|\Delta s|}=\left|\frac{\Delta\alpha}{\Delta s}\right|$，即单位弧段上切线转过的角度的大小，来表示弧段$\widehat{MM'}$的平均弯曲程度，把这比值叫做弧段$\widehat{MM'}$的**平均曲率**，并记作$\overline{K}$，即$\overline{K}=\left|\frac{\Delta\alpha}{\Delta s}\right|$.

类似于从平均速度引进瞬时速度的方法，当$\Delta s\to 0$时（即$M'\to M$时），上述平均曲率的极限叫做曲线C在点M处的**曲率**，记作K，即$K=\lim\limits_{\Delta s\to 0}\left|\frac{\Delta\alpha}{\Delta s}\right|$.在$\lim\limits_{\Delta s\to 0}\frac{\Delta\alpha}{\Delta s}=\frac{\mathrm{d}\alpha}{\mathrm{d}s}$存在的条件下，$K$也可以表示为$K=\left|\frac{\mathrm{d}\alpha}{\mathrm{d}s}\right|$.

对于直线来说，切线与直线本身重合，当点沿直线移动时，切线的倾角α不变（图2-28），$\Delta\alpha=0$，$\frac{\Delta\alpha}{\Delta s}=0$，从而$K=\left|\frac{\mathrm{d}\alpha}{\mathrm{d}s}\right|=0$.这就是说，直线上任意点$M$处的曲率都等于零，这与我们的直觉“直线不弯曲”一致.

设圆D的半径为a，由图2-29可见圆D在点M，M'处的切线的夹角$\Delta\alpha$等于圆心角$\angle MDM'$.但$\angle MDM'=\frac{\Delta s}{a}$，于是

$$\frac{\Delta\alpha}{\Delta s}=\frac{\frac{\Delta s}{a}}{\Delta s}=\frac{1}{a},$$

从而

$$K=\left|\frac{\mathrm{d}\alpha}{\mathrm{d}s}\right|=\frac{1}{a}.$$

因为点M是圆D上任意取定的一点，上述结论表示圆D上各点处的曲率都等于半径a的倒数$\frac{1}{a}$.这就是说，圆的弯曲程度到处一样，且半径越小曲率越大，即圆弯曲得越厉害.

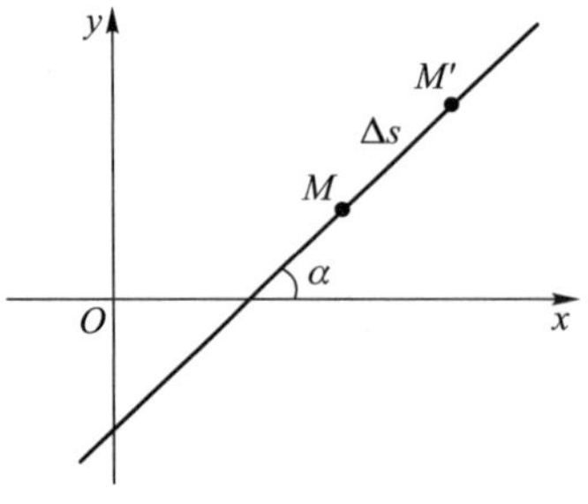

图 2-28

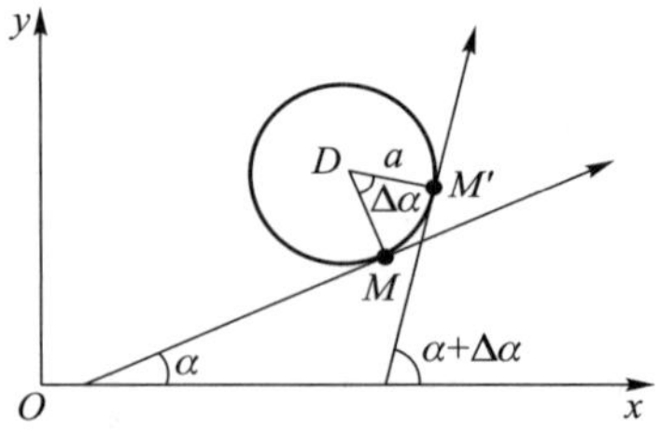

图 2-29

下面我们导出直角坐标系下计算曲率的公式.

设在直角坐标系下曲线的方程是$y=f(x)$，且$f(x)$具有二阶导数（这时$f'(x)$连续，从而曲线是光滑的）.因为$\tan\alpha=y'$，两边关于x求导，所以

$$\sec^2\alpha \cdot \frac{d\alpha}{dx} = y'',$$

$$\frac{d\alpha}{dx} = \frac{y''}{1+\tan^2\alpha} = \frac{y''}{1+y'^2},$$

于是

$$d\alpha = \frac{y''}{1+y'^2}dx.$$

又将弧微分公式 $ds=\sqrt{1+y'^2}\,dx$ 代入，于是得到曲线 $y=f(x)$ 在任一点 $M(x,y)$ 处曲率的计算公式

$$K = \left|\frac{d\alpha}{ds}\right| = \frac{|y''|}{(1+y'^2)^{\frac{3}{2}}}. \tag{2.11.1}$$

设曲线由参数方程

$$\begin{cases} x=\varphi(t), \\ y=\psi(t) \end{cases}$$

给出，则可利用由参数方程所确定的函数的求导法则，求出 y' 及 y''，代入(2.11.1)便得

$$K = \frac{|\varphi'(t)\psi''(t)-\varphi''(t)\psi'(t)|}{[\varphi'^2(t)+\psi'^2(t)]^{\frac{3}{2}}}. \tag{2.11.2}$$

例 2.11.1 计算双曲线 $xy=1$ 在点(1,1)处的曲率.

解 由 $y=\frac{1}{x}$，得

$$y'=-\frac{1}{x^2}, \quad y''=\frac{2}{x^3}.$$

因此，

$$y'|_{x=1}=-1, \quad y''|_{x=1}=2.$$

把它们代入公式(2.11.1)，便得双曲线 $xy=1$ 在点(1,1)处的曲率为

$$K=\frac{2}{[1+(-1)^2]^{\frac{3}{2}}}=\frac{\sqrt{2}}{2}.$$

例 2.11.2 抛物线 $y=ax^2+bx+c$ 上哪一点处的曲率最大？

解 由 $y=ax^2+bx+c$，得 $y'=2ax+b$，$y''=2a$，代入公式(2.11.1)，得

$$K=\frac{|2a|}{[1+(2ax+b)^2]^{\frac{3}{2}}}.$$

因为 K 的分子是常数 $|2a|$，所以只要分母最小，K 就最大.容易看出，当 $2ax+b=0$，即 $x=-\frac{b}{2a}$ 时，K 的分母最小，因而 K 有最大值 $|2a|$.而 $x=-\frac{b}{2a}$ 所对应的点为抛物线的顶点.因此，抛物线在顶点处的曲率最大.

在有些实际问题中，$|y'|$ 同 1 比较起来是很小的(有的工程技术书上把这种关系记成

$|y'|\ll 1$)，可以忽略不计.这时，由 $1+y'^2\approx 1$，而由曲率的近似计算公式，

$$K=\frac{|y''|}{(1+y'^2)^{\frac{3}{2}}}\approx |y''|.$$

这就是说，当 $|y'|\ll 1$ 时，曲率 K 近似于 $|y''|$.经过这样简化之后，对一些复杂问题的计算和讨论就方便多了.

设曲线 $y=f(x)$ 在点 $M(x,y)$ 处的曲率为 $K(K\neq 0)$.过点 M 作曲线的法线，并在凹的一侧取一点 D，使 $|DM|=\frac{1}{K}=\rho$.以 D 为圆心，ρ 为半径作圆（图 2-30），这个圆叫做曲线在点 M 处的**曲率圆**，曲率圆的圆心 D 叫做曲线在点 M 处的**曲率中心**，曲率圆的半径 ρ 叫做曲线在点 M 处的**曲率半径**.

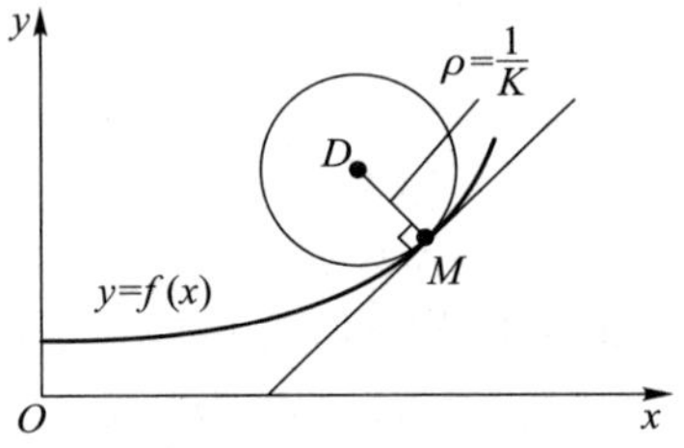

图 2-30

这时曲率圆与曲线在点 M 处具有相同的切线和曲率，且在点 M 的邻近有相同的凹向，因此在实际问题中，常常用曲率圆在点 M 邻近的一段圆弧来近似地代替曲线弧，以使问题简化.

按上述规定，曲线的曲率 K 与曲率半径 ρ 有关系：$\rho=\frac{1}{K}$，$K=\frac{1}{\rho}$.

例 2.11.3 设工件内表面的截线为抛物线 $y=0.4x^2$（图 2-31）.现在要用砂轮磨削其内表面.问用直径多大的砂轮比较合适？

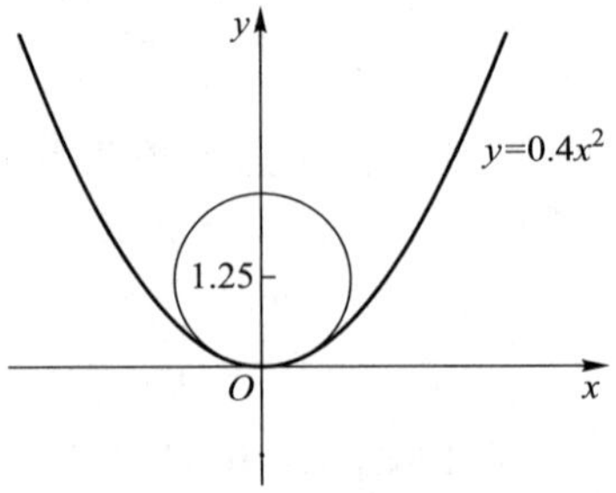

图 2-31

解 为了在磨削时不使砂轮与工件接触处附近的那部分工件磨去太多，砂轮的半径应不大于抛物线上各点处曲率半径中的最小值.由例 2.11.2 知，抛物线在其顶点处的曲率最

大，也就是说抛物线在其顶点处的曲率半径最小.因此，只要求抛物线 $y=0.4x^2$ 在顶点 $O(0,0)$处的曲率半径.由 $y'=0.8x, y''=0.8$，有 $y'|_{x=0}=0, y''|_{x=0}=0.8$，把它们代入公式(2.11.1)，得 $K=0.8$.因而求得抛物线顶点处的曲率半径 $\rho=\dfrac{1}{K}=1.25$.所以选用砂轮的半径不得超过 1.25 单位长，即直径不得超过 2.50 单位长.

习题 2.11

(A)

1. 求下列曲线的弧微分：

(1) $y=1+x^2$.　　(2) $x=t, y=t^2$.

(3) $r=e^{2\theta}$.

2. 求下列曲线在指定点处的曲率：

(1) $y=x^2-4x+3, (2,-1)$.　　(2) $y=\ln(\sec x), (x,y)$.

(3) $y=\operatorname{arcosh}\dfrac{x}{a}, (x,y)$.　　(4) $r=a(1+\cos\theta)(a\neq 0), \theta=\dfrac{\pi}{2}$.

3. 在曲线 $y=\ln x$ 上求曲率最大的点.

4. 求曲线 $x^3+xy+y^3=3$ 在点(1,1)处的曲率半径.

5. 求曲线 $r=a(1+\cos\theta)$在 $\theta=\dfrac{\pi}{2}$处的曲率半径.

(B)

1. 设 $\rho=\rho(x)$是抛物线上一点 $M(x,y)(x\geqslant 1)$处的曲率半径，$s=s(x)$是该抛物线上介于 $A(1,1)$与 M 之间的弧长，计算 $3\rho\dfrac{d^2\rho}{ds^2}-\left(\dfrac{d\rho}{ds}\right)^2$ 的值.

2. 若 $f''(x)$不变号，且曲线 $y=f(x)$在点(1,1)处的曲率圆为 $x^2+y^2=2$，则函数 $f(x)$在区间(1,2)内(　　).

(A) 有极值点，无零点；　　(B) 无极值点，有零点；

(C) 有极值点，有零点；　　(D) 无极值点，无零点.

3. 已知抛物线 $y=ax^2+bx+c$ 与圆 $\left(x-\dfrac{1}{2}\right)^2+\left(y-\dfrac{5}{2}\right)^2=\dfrac{1}{2}$在点 $P(1,2)$处相切，且在该点有相同的曲率半径和凹凸性，求常数 a,b,c.

第二章部分习题参考答案或提示

第三章　一元函数积分学及其应用

一元函数积分学包含不定积分和定积分，尽管名字相近，但二者有着本质区别. 本章利用微分逆运算的思想来引入不定积分的概念，并介绍计算不定积分的方法. 通过三个实例，抽象、提炼出定积分的概念和基本性质，重点介绍微积分基本定理，即 Newton-Leibniz 公式，以及定积分的计算方法和微元法思想在求解实际问题中的应用，简要介绍反常积分的定义和收敛准则.

§3.1　不定积分

3.1.1　原函数与不定积分的概念

我们知道，减法是加法的逆运算，除法是乘法的逆运算，开方是乘方的逆运算，那么，微分的逆运算是什么呢？在第二章中，我们知道，如果一个函数 $f(x)$ 可微，则 $f(x)$ 的微分为 $\mathrm{d}f(x)=f'(x)\mathrm{d}x$. 所谓逆运算是指，是否可以通过 $g(x)\mathrm{d}x$ 的表达式求得其对应的是哪个函数的微分.这里的“哪个函数”，就自然引出了“原函数”的概念，原函数可以理解为求微分之前原来的函数.

定义 3.1　如果在某区间 I 上，$F'(x)=f(x)$ 或者 $\mathrm{d}F(x)=f(x)\mathrm{d}x$，那么称 $F(x)$ 是函数 $f(x)$ 在 I 上的一个**原函数**，或者说 $F(x)$ 是微分形式 $f(x)\mathrm{d}x$ 的一个原函数.

由 Lagrange 中值定理知道，$f(x)$ 在区间 I 上若有原函数，则必有无穷多个，且任意两个原函数之间只相差一个常数.因此，若 $F(x)$ 是 $f(x)$ 的一个原函数，则 $F(x)+C$（C 为任意常数）就是 $f(x)$ 所有原函数的一般表达式.在本章中，若不加特殊说明，字母 C 代表任意常数.

定义 3.2　设 $F(x)$ 是函数 $f(x)$ 在某区间 I 上的一个原函数，则函数族 $F(x)+C$ 表示 $f(x)$ 在 I 上的一切原函数，称此函数族为 $f(x)$ 的**不定积分**，或者叫做微分形式 $f(x)\mathrm{d}x$ 的不定积分，记为

$$\int f(x)\mathrm{d}x=F(x)+C.$$

其中，x 称为**积分变量**，$f(x)$ 称为**被积函数**，$f(x)\mathrm{d}x$ 称为**被积表达式**，而 $\int$ 称为**积分符号**.

为简便起见，以后一般不再注明被积函数的适用区间.应该注意，不定积分 $\int f(x)\mathrm{d}x$ 是 $f(x)$ 的全体原函数，它不是一个函数，而是一族函数，在几何上，它是一族曲线，称为积分曲线族. 显然，曲线族中的任一条积分曲线可由另一条积分曲线沿 y 轴方向平移而得到. 不定

积分 $\int f(x)\mathrm{d}x$ 的图形即为如图 3－1 所示的积分曲线族.曲线族中各条曲线在横坐标相同的点处的切线相互平行.

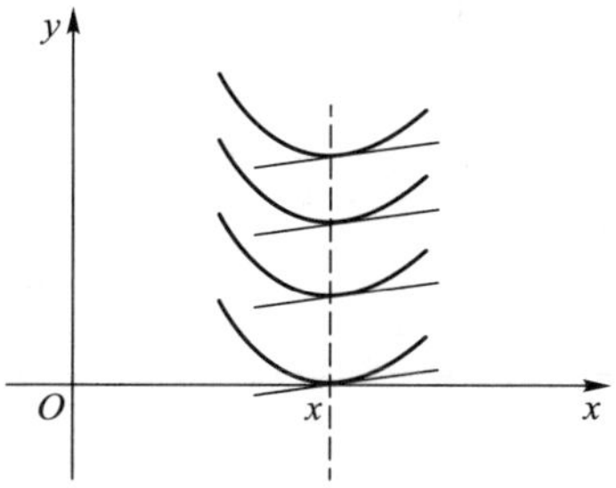

图 3－1

根据不定积分的定义,可得下列性质:

$$\left[\int f(x)\mathrm{d}x\right]'=f(x)$$

或

$$\mathrm{d}\left(\int f(x)\mathrm{d}x\right)=f(x)\mathrm{d}x.$$

在不定积分 $\int f(x)\mathrm{d}x$ 的定义中,$f(x)\mathrm{d}x$ 本来就是整个不定积分记号中不可分离的一部分,但是由上面的性质可知,积分号下的 $f(x)\mathrm{d}x$ 与微分表达式的符号是一致的,于是又得到下面的不定积分性质:

$$\int f'(x)\mathrm{d}x=f(x)+C$$

或

$$\int \mathrm{d}f(x)=f(x)+C.$$

可见,不定积分运算与微分运算,在相差一个常数意义下互为逆运算.下面定理给出了原函数存在的一个充分条件,具体的证明将在定积分部分给出.

定理 3.1 若函数 $f(x)$在区间 I 上连续,则 $f(x)$在 I 上存在原函数 $F(x)$,即

$$F'(x)=f(x),\quad x\in I.$$

注意,函数 $f(x)$在区间 I 上连续,仅是 $f(x)$在 I 上存在原函数的充分条件. 若函数 $f(x)$在区间 I 上不连续,$f(x)$在 I 上也可能存在原函数.本章如无特别说明,一般都假设被积函数是连续的,由此来保证原函数的存在性.

3.1.2 基本积分公式与积分运算法则

若 $F'(x)=f(x)$,则 $\int f(x)\mathrm{d}x=F(x)+C$,因此,有了一个导数公式,就有一个对应的不定积分公式.由常用的求导基本公式,立即得到下面的基本积分公式表:

(1) $\int k\,\mathrm{d}x=kx+C$ (k 为常数).

(2) $\int x^{\alpha}\mathrm{d}x=\dfrac{1}{\alpha+1}x^{\alpha+1}+C$ ($\alpha\neq-1$).

(3) $\int \dfrac{\mathrm{d}x}{x}=\ln|x|+C$.

(4) $\int a^{x}\mathrm{d}x=\dfrac{a^{x}}{\ln a}+C$ ($a>0$,且 $a\neq 1$).

(5) $\int \mathrm{e}^{x}\mathrm{d}x=\mathrm{e}^{x}+C$.

(6) $\int \cos x\,\mathrm{d}x=\sin x+C$.

(7) $\int \sin x\,\mathrm{d}x=-\cos x+C$.

(8) $\int \sec^{2}x\,\mathrm{d}x=\int\dfrac{1}{\cos^{2}x}\mathrm{d}x=\tan x+C$.

(9) $\int \csc^{2}x\,\mathrm{d}x=\int\dfrac{1}{\sin^{2}x}\mathrm{d}x=-\cot x+C$.

(10) $\int \sec x\tan x\,\mathrm{d}x=\sec x+C$.

(11) $\int \csc x \cot x \,\mathrm{d}x = -\csc x + C.$　　(12) $\int \frac{\mathrm{d}x}{\sqrt{1-x^2}} = \arcsin x + C.$

(13) $\int \frac{\mathrm{d}x}{1+x^2} = \arctan x + C.$　　(14) $\int \sinh x \,\mathrm{d}x = \cosh x + C.$

(15) $\int \cosh x \,\mathrm{d}x = \sinh x + C.$

以上 15 个公式是求不定积分的基础，每一个公式都可以这样来验算：将等式右端的函数微分，得到左端的被积表达式.

根据定义，很容易验证以下的运算法则.

定理 3.2(积分的线性运算法则)　若函数 $f(x)$ 与 $g(x)$ 的不定积分都存在，则对不全为 0 的任意常数 k_1 与 k_2，函数 $k_1 f(x)+k_2 g(x)$ 的不定积分也存在，且有

$$\int [k_1 f(x) + k_2 g(x)]\mathrm{d}x = k_1 \int f(x)\mathrm{d}x + k_2 \int g(x)\mathrm{d}x.$$

上述定理说明函数线性组合的不定积分等于函数不定积分的线性组合.这是因为

$$\begin{aligned}\left[k_1 \int f(x)\mathrm{d}x + k_2 \int g(x)\mathrm{d}x\right]' &= k_1 \left[\int f(x)\mathrm{d}x\right]' + k_2 \left[\int g(x)\mathrm{d}x\right]' \\ &= k_1 f(x) + k_2 g(x).\end{aligned}$$

这说明 $k_1 \int f(x)\mathrm{d}x + k_2 \int g(x)\mathrm{d}x$ 和 $\int [k_1 f(x) + k_2 g(x)]\mathrm{d}x$ 一样，都是 $k_1 f(x) + k_2 g(x)$ 的原函数，从而 $\int [k_1 f(x) + k_2 g(x)]\mathrm{d}x = k_1 \int f(x)\mathrm{d}x + k_2 \int g(x)\mathrm{d}x.$

上式右端有两个积分号，形式上含两个任意常数，但是由于任意常数之和仍然是任意常数，所以实际上只含一个任意常数.之所以 k_1 与 k_2 不能全为 0，是因为如果 k_1 与 k_2 全为 0，则等式右端为 0，而左端是 0 的不定积分，$\int 0\mathrm{d}x = C.$

利用上述法则及基本积分公式，可以计算一些较简单函数的不定积分. 计算时，将被积函数分解为若干个易求积分的简单函数(例如基本积分公式表中的函数)的线性组合，分别求出各个简单函数的不定积分，再按照上述法则进行线性组合即可.

例 3.1.1　求 $\int \frac{2x\mathrm{e}^x - \sqrt{x} + 1}{x}\mathrm{d}x.$

解　$\int \frac{2x\mathrm{e}^x - \sqrt{x} + 1}{x}\mathrm{d}x = 2\int \mathrm{e}^x\mathrm{d}x - \int \frac{\mathrm{d}x}{\sqrt{x}} + \int \frac{1}{x}\mathrm{d}x = 2\mathrm{e}^x - 2\sqrt{x} + \ln|x| + C.$

例 3.1.2　求 $\int \frac{x^3+1}{\sqrt{2x}}\mathrm{d}x.$

解

$$\begin{aligned}\int \frac{x^3+1}{\sqrt{2x}}\mathrm{d}x &= \int \frac{1}{\sqrt{2}} \frac{x^3+1}{x^{\frac{1}{2}}}\mathrm{d}x = \frac{1}{\sqrt{2}}\left(\int x^{\frac{5}{2}}\mathrm{d}x + \int x^{-\frac{1}{2}}\mathrm{d}x\right) \\ &= \frac{1}{\sqrt{2}}\left(\frac{2}{7}x^{\frac{7}{2}} + 2x^{\frac{1}{2}}\right) + C = \frac{\sqrt{2}}{7}(x^3+7)\sqrt{x} + C.\end{aligned}$$

例 3.1.3 求 $\int \frac{x^4+1}{x^2+1}\mathrm{d}x$.

解 $\int \frac{x^4+1}{x^2+1}\mathrm{d}x = \int \frac{x^4-1+2}{x^2+1}\mathrm{d}x = \int\left(x^2-1+\frac{2}{x^2+1}\right)\mathrm{d}x$

$$= \frac{1}{3}x^3 - x + 2\arctan x + C.$$

例 3.1.4 求 $\int \frac{\mathrm{d}x}{\cos^2 x\sin^2 x}$.

解 $\int \frac{\mathrm{d}x}{\cos^2 x\sin^2 x} = \int \frac{\cos^2 x + \sin^2 x}{\cos^2 x \sin^2 x}\mathrm{d}x = \int(\csc^2 x + \sec^2 x)\mathrm{d}x$

$$= -\cot x + \tan x + C.$$

不定积分理论的基本问题是原函数的存在性和对各种函数求它们的原函数. 在微积分理论发展的早期,对于各种初等函数,寻求其原函数曾经是热门话题.当时人们曾认为,凡能用式子表示的函数一定有可以用式子表示的原函数. 直到 19 世纪末,挪威数学家 M. S. Lie(李)建立了连续变换群理论并用以研究微分方程以后,人们才知道初等函数的原函数并不都能用初等函数表示,一些简单的初等函数,如 e^{x^2}, e^{-x^2}, $\frac{\sin x}{x}$, $\sqrt{1+x^3}$, $\frac{\mathrm{e}^x}{x}$, $\sin x^2$, $\cos x^2$, $\frac{1}{\ln x}$等,其原函数虽然存在,但都不能用初等函数表示. 因而求不定积分要比求导数困难得多. 下面给出一些常用的求不定积分的方法.

3.1.3 不定积分的计算

利用基本积分公式和运算法则只能求解很少一部分的不定积分,本节将介绍求解不定积分的三种主要方法.

1. 第一类换元法(凑微分法)

不定积分的计算

定理 3.3(第一类换元法) 设 $\int f(x)\mathrm{d}x = F(x)+C$, $u=\varphi(x)$ 是可微函数,则有换元公式

$$\int f(\varphi(x))\varphi'(x)\mathrm{d}x = \int f(u)\mathrm{d}u = F(u)+C = F(\varphi(x))+C. \tag{3.1.1}$$

证明 由一阶微分的形式不变性,有

$$\mathrm{d}F(\varphi(x)) = f(u)\mathrm{d}u = f(\varphi(x))\varphi'(x)\mathrm{d}x.$$

$F(\varphi(x))$是 $f(\varphi(x))\varphi'(x)$的一个原函数,所以

$$\int f(\varphi(x))\varphi'(x)\mathrm{d}x = \int f(u)\mathrm{d}u = F(u)+C = F(\varphi(x))+C.$$

从形式上看,上述方法是将被积表达式凑成 $f(\varphi(x))\varphi'(x)\mathrm{d}x$,再令 $u=\varphi(x)$,则 $f(\varphi(x))\varphi'(x)\mathrm{d}x = f(u)\mathrm{d}u$,将中间变量 u 视为积分变量,求积分 $\int f(u)\mathrm{d}u$,因此第一类换元法又称为凑微分法. 求解的关键在于会不会"凑"出中间变量 u,因此读者必须要提高对基

本积分公式的熟悉程度.

例 3.1.5 求 $\int e^{2x}\mathrm{d}x$.

解 令 $u=2x$,则 $\mathrm{d}u=2\mathrm{d}x$,于是

$$\int e^{2x}\mathrm{d}x=\frac{1}{2}\int e^{2x}\cdot 2\mathrm{d}x=\frac{1}{2}\int e^{u}\mathrm{d}u=\frac{1}{2}e^{u}+C=\frac{1}{2}e^{2x}+C.$$

例 3.1.6 求 $\int(3x+1)\mathrm{d}x$.

解 $\int(3x+1)\mathrm{d}x=\frac{1}{3}\int(3x+1)\mathrm{d}(3x+1)=\frac{1}{6}(3x+1)^2+C.$

本题也可以直接利用运算法则分别计算 $3x$ 和 1 的不定积分,再求和,与上面的结果只相差一个常数.

例 3.1.7 求 $\int\cos(3x+4)\mathrm{d}x$.

解 $\int\cos(3x+4)\mathrm{d}x=\frac{1}{3}\int\cos(3x+4)\mathrm{d}(3x+4)=\frac{1}{3}\sin(3x+4)+C.$

例 3.1.5、例 3.1.6 和例 3.1.7 可归纳为如下公式:

$$\int f(ax+b)\mathrm{d}x=\frac{1}{a}\int f(ax+b)\mathrm{d}(ax+b),\quad a\neq 0.$$

例 3.1.8 求 $\int x\cos x^2\mathrm{d}x$.

解 通过观察我们发现 $x\mathrm{d}x=\frac{1}{2}\mathrm{d}(x^2)$,而被积函数也正好是 x^2 的余弦. 因此想到令 $u=x^2$,则 $\mathrm{d}u=2x\mathrm{d}x$,于是

$$\int x\cos x^2\mathrm{d}x=\frac{1}{2}\int\cos x^2\cdot 2x\mathrm{d}x=\frac{1}{2}\int\cos u\mathrm{d}u=\frac{1}{2}\sin u+C=\frac{1}{2}\sin x^2+C.$$

例 3.1.9 求 $\int\frac{3x^2}{x^3+1}\mathrm{d}x$.

解 $\int\frac{3x^2}{x^3+1}\mathrm{d}x=\int\frac{1}{x^3+1}\mathrm{d}(x^3+1)=\ln|x^3+1|+C.$

例 3.1.8 和例 3.1.9 可归纳为如下公式:

$$\int x^{n-1}f(ax^n+b)\mathrm{d}x=\frac{1}{na}\int f(ax^n+b)\mathrm{d}(ax^n+b),\quad n\in\mathbf{N}_+,a\neq 0.$$

例 3.1.10 求 $\int\frac{\mathrm{d}x}{x(1+\ln^2 x)}$.

解 $\int\frac{\mathrm{d}x}{x(1+\ln^2 x)}=\int\frac{\mathrm{d}(\ln x)}{1+\ln^2 x}=\arctan(\ln x)+C.$

例 3.1.10 可归纳为如下公式:

$$\int\frac{1}{x}f(\ln x)\mathrm{d}x=\int f(\ln x)\mathrm{d}(\ln x).$$

例 3.1.11 求$\int \frac{\mathrm{d}x}{\sqrt{x}(1+x)}$.

解 $\int \frac{\mathrm{d}x}{\sqrt{x}(1+x)}=2\int \frac{1}{1+(\sqrt{x})^2}\mathrm{d}(\sqrt{x})=2\arctan\sqrt{x}+C$.

例 3.1.12 求$\int \frac{\arctan\sqrt{x}}{\sqrt{x}(1+x)}\mathrm{d}x$.

解 $\int \frac{\arctan\sqrt{x}}{\sqrt{x}(1+x)}\mathrm{d}x=2\int \frac{\arctan\sqrt{x}}{2\sqrt{x}(1+x)}\mathrm{d}x=2\int \frac{\arctan\sqrt{x}}{1+(\sqrt{x})^2}\mathrm{d}(\sqrt{x})$

$$=2\int \arctan\sqrt{x}\,\mathrm{d}(\arctan\sqrt{x})=\arctan^2\sqrt{x}+C.$$

一般地,我们有

$$\int \frac{1}{\sqrt{x}}f(\sqrt{x})\mathrm{d}x=2\int f(\sqrt{x})\mathrm{d}(\sqrt{x}).$$

例 3.1.13 求$\int \cot x\,\mathrm{d}x$.

解 $\int \cot x\,\mathrm{d}x=\int \frac{\cos x}{\sin x}\mathrm{d}x=\int \frac{\mathrm{d}(\sin x)}{\sin x}=\ln|\sin x|+C$.

同理可得,$\int \tan x\,\mathrm{d}x=-\ln|\cos x|+C$.

一般地,我们有

$$\int \cos x f(\sin x)\mathrm{d}x=\int f(\sin x)\mathrm{d}(\sin x),$$

$$\int \sin x f(\cos x)\mathrm{d}x=-\int f(\cos x)\mathrm{d}(\cos x).$$

其他常用的凑微分法还有以下类型:

(1) $\int \mathrm{e}^x f(\mathrm{e}^x)\mathrm{d}x=\int f(\mathrm{e}^x)\mathrm{d}(\mathrm{e}^x)$.

(2) $\int \sec^2 x f(\tan x)\mathrm{d}x=\int f(\tan x)\mathrm{d}(\tan x)$.

$\int \csc^2 x f(\cot x)\mathrm{d}x=-\int f(\cot x)\mathrm{d}(\cot x)$.

(3) $\int \frac{f(\arcsin x)}{\sqrt{1-x^2}}\mathrm{d}x=\int f(\arcsin x)\mathrm{d}(\arcsin x)$.

$\int \frac{f(\arccos x)}{\sqrt{1-x^2}}\mathrm{d}x=-\int f(\arccos x)\mathrm{d}(\arccos x)$.

(4) $\int \frac{f(\arctan x)}{1+x^2}\mathrm{d}x=\int f(\arctan x)\mathrm{d}(\arctan x)$.

$\int \frac{f(\operatorname{arccot} x)}{1+x^2}\mathrm{d}x=-\int f(\operatorname{arccot} x)\mathrm{d}(\operatorname{arccot} x)$.

例 3.1.14 求 $\int \frac{1}{x^2-a^2}dx\ (a\neq 0)$.

解
$$\begin{aligned}\int \frac{1}{x^2-a^2}dx&=\frac{1}{2a}\int\left(\frac{1}{x-a}-\frac{1}{x+a}\right)dx\\&=\frac{1}{2a}\left[\int\frac{1}{x-a}d(x-a)-\int\frac{1}{x+a}d(x+a)\right]\\&=\frac{1}{2a}(\ln|x-a|-\ln|x+a|)+C=\frac{1}{2a}\ln\left|\frac{x-a}{x+a}\right|+C.\end{aligned}$$

例 3.1.15 求 $\int \sec x\,dx$.

解
$$\begin{aligned}\int\sec x\,dx&=\int\frac{1}{\cos x}dx=\int\frac{\cos x}{\cos^2x}dx=\int\frac{d(\sin x)}{1-\sin^2x}\\&=\int\frac{du}{1-u^2}=\frac{1}{2}\int\left(\frac{1}{1-u}+\frac{1}{1+u}\right)du\\&=\frac{1}{2}\ln\left|\frac{1+u}{1-u}\right|+C=\frac{1}{2}\ln\left|\frac{1+\sin x}{1-\sin x}\right|+C=\frac{1}{2}\ln\left|\frac{(1+\sin x)^2}{\cos^2x}\right|+C\\&=\ln\left|\frac{1+\sin x}{\cos x}\right|+C=\ln|\sec x+\tan x|+C.\end{aligned}$$

类似地可算出 $\int\csc x\,dx=\ln|\csc x-\cot x|+C$.

例 3.1.16 求 $\int\frac{x^2-1}{1+x^4}dx$.

解
$$\int\frac{x^2-1}{1+x^4}dx=\int\frac{1-\frac{1}{x^2}}{x^2+\frac{1}{x^2}}dx=\int\frac{d\left(x+\frac{1}{x}\right)}{\left(x+\frac{1}{x}\right)^2-(\sqrt{2})^2}=\frac{1}{2\sqrt{2}}\ln\left|\frac{x+\frac{1}{x}-\sqrt{2}}{x+\frac{1}{x}+\sqrt{2}}\right|+C.$$

例 3.1.17 求 $\int\frac{1}{a^2+x^2}dx\ (a\neq 0)$.

解
$$\int\frac{1}{a^2+x^2}dx=\frac{1}{a}\int\frac{1}{1+\left(\frac{x}{a}\right)^2}d\left(\frac{x}{a}\right)=\frac{1}{a}\arctan\frac{x}{a}+C.$$

例 3.1.18 求 $\int\frac{1+x^2}{1+x^4}dx$.

解
$$\int\frac{1+x^2}{1+x^4}dx=\int\frac{1+\frac{1}{x^2}}{x^2+\frac{1}{x^2}}dx=\int\frac{d\left(x-\frac{1}{x}\right)}{(\sqrt{2})^2+\left(x-\frac{1}{x}\right)^2}=\frac{1}{\sqrt{2}}\arctan\frac{x-\frac{1}{x}}{\sqrt{2}}+C.$$

例 3.1.19 求 $\int\frac{1}{x^2+2x+5}dx$.

解
$$\int\frac{1}{x^2+2x+5}dx=\int\frac{1}{(x+1)^2+2^2}d(x+1)=\frac{1}{2}\arctan\frac{x+1}{2}+C.$$

例 3.1.20 求 $\int \frac{4x+9}{x^2+2x+5}dx$.

解 $\int \frac{4x+9}{x^2+2x+5}dx = \int \frac{4x+4}{x^2+2x+5}dx + \int \frac{5}{(x+1)^2+4}dx$

$$= 2\ln(x^2+2x+5) + \frac{5}{2}\arctan\frac{x+1}{2} + C.$$

例 3.1.21 求 $\int \frac{1}{\sqrt{x-x^2}}dx$.

解 $\int \frac{1}{\sqrt{x-x^2}}dx = \int \frac{1}{\sqrt{\left(\frac{1}{2}\right)^2 - \left(x-\frac{1}{2}\right)^2}}d\left(x-\frac{1}{2}\right) = \arcsin(2x-1) + C.$

例 3.1.22 求 $\int (\sin^3 x + \sin^2 x)dx$.

解 $\int (\sin^3 x + \sin^2 x)dx = \int \sin^3 x\,dx + \int \sin^2 x\,dx = \int \sin^2 x \sin x\,dx + \int \frac{1-\cos 2x}{2}dx$

$$= -\int (1-\cos^2 x)d(\cos x) + \frac{1}{2}\left(\int dx - \int \cos 2x\,dx\right)$$

$$= -\int d(\cos x) + \int \cos^2 x\,d(\cos x) + \frac{1}{2}x - \frac{1}{4}\int \cos 2x\,d(2x)$$

$$= -\cos x + \frac{1}{3}\cos^3 x + \frac{1}{2}x - \frac{\sin 2x}{4} + C.$$

对形如 $\int \sin^n x\,dx$ 及 $\int \cos^n x\,dx$（n 是正整数）的不定积分，根据后面的分部积分，可得如下的递推公式：

$$\int \sin^n x\,dx = -\frac{1}{n}\sin^{n-1}x\cos x + \frac{n-1}{n}\int \sin^{n-2}x\,dx,$$

$$\int \cos^n x\,dx = \frac{1}{n}\cos^{n-1}x\sin x + \frac{n-1}{n}\int \cos^{n-2}x\,dx.$$

例 3.1.23 求 $\int \frac{1}{\cos^4 x}dx$.

解 $\int \frac{1}{\cos^4 x}dx = \int \frac{d(\tan x)}{\cos^2 x} = \int \sec^2 x\,d(\tan x) = \int (\tan^2 x + 1)d(\tan x)$

$$= \frac{1}{3}\tan^3 x + \tan x + C.$$

对形如 $\int \frac{1}{\sin^n x}dx$ 及 $\int \frac{1}{\cos^n x}dx$（$n \geqslant 2$，$n$ 是正整数）的不定积分，根据后面的分部积分，可得如下的递推公式：

$$\int \frac{1}{\sin^n x}dx = -\frac{1}{n-1}\frac{\cos x}{\sin^{n-1}x} + \frac{n-2}{n-1}\int \frac{1}{\sin^{n-2}x}dx \quad (n \geqslant 2),$$

$$\int \frac{1}{\cos^n x}\mathrm{d}x = \frac{1}{n-1}\frac{\sin x}{\cos^{n-1} x} + \frac{n-2}{n-1}\int \frac{1}{\cos^{n-2} x}\mathrm{d}x \quad (n \geqslant 2).$$

一般地，对形如 $\int \frac{\sin^n x}{\cos^m x}\mathrm{d}x \left(或\int \frac{\cos^n x}{\sin^m x}\mathrm{d}x\right)$ 的积分，其中 n, m 是正整数，若 n 为奇数，则利用 $\sin x\,\mathrm{d}x = -\mathrm{d}(\cos x)$，$\sin^{n-1} x = (1-\cos^2 x)^{\frac{n-1}{2}}$，化为将 $\cos x$ 视为积分变量的积分. 若 n 为偶数，利用 $\sin^n x = (1-\cos^2 x)^{\frac{n}{2}}$，化为 $\int \cos^n x\,\mathrm{d}x$ 或 $\int \frac{1}{\cos^n x}\mathrm{d}x$ 形式的积分.

对于形如 $\int \sin^n x \cos^m x\,\mathrm{d}x$ 的积分，其中 n, m 是正整数，若 n, m 中至少有一个是奇数，不妨设 n 为奇数，则利用 $\sin x\,\mathrm{d}x = -\mathrm{d}(\cos x)$，$\sin^{n-1} x = (1-\cos^2 x)^{\frac{n-1}{2}}$，化为将 $\cos x$ 视为积分变量的积分. 若 n, m 均为偶数，利用 $\sin^n x = (1-\cos^2 x)^{\frac{n}{2}}$，化为 $\int \cos^n x\,\mathrm{d}x$ 形式的积分.

例 3.1.24　求 $\int \frac{1}{\sin^3 x \cos^3 x}\mathrm{d}x$.

解

$$\begin{aligned}
\int \frac{1}{\sin^3 x\cos^3 x}\mathrm{d}x &= \int \frac{(\sin^2 x + \cos^2 x)^2}{\sin^3 x \cos^3 x}\mathrm{d}x \\
&= \int \frac{\sin x}{\cos^3 x}\mathrm{d}x + \int \frac{\cos x}{\sin^3 x}\mathrm{d}x + \int \frac{2}{\sin x \cos x}\mathrm{d}x \\
&= \frac{1}{2\cos^2 x} - \frac{1}{2\sin^2 x} + \int \frac{2}{\sin 2x}\mathrm{d}(2x) \\
&= \frac{1}{2\cos^2 x} - \frac{1}{2\sin^2 x} + 2\ln|\csc 2x - \cot 2x| + C.
\end{aligned}$$

例 3.1.25　求 $\int \sin 2x \cos 3x\,\mathrm{d}x$.

解

$$\begin{aligned}
\int \sin 2x \cos 3x\,\mathrm{d}x &= \frac{1}{2}\int (\sin 5x - \sin x)\mathrm{d}x \\
&= \frac{1}{10}\int \sin 5x\,\mathrm{d}(5x) - \frac{1}{2}\int \sin x\,\mathrm{d}x \\
&= -\frac{1}{10}\cos 5x + \frac{1}{2}\cos x + C.
\end{aligned}$$

形如 $\int \sin ax \cos bx\,\mathrm{d}x$，$\int \sin ax \sin bx\,\mathrm{d}x$ 或 $\int \cos ax \cos bx\,\mathrm{d}x\ (a, b \neq 0, a \neq b)$ 的积分，利用三角函数的积化和差公式，化为 $\int \sin cx\,\mathrm{d}x$ 或 $\int \cos cx\,\mathrm{d}x$ 形式的积分.

现在介绍计算有理函数的不定积分方法.

设有理函数

$$R(x) = \frac{P(x)}{Q(x)},$$

这里 $P(x)$，$Q(x)$ 分别是 n, m 次多项式. 若 $n<m$，则称 $R(x)$ 为真分式. 当 $n \geqslant m$ 时，$R(x)$

总可以分解为多项式与真分式之和，而多项式的原函数简单易求，因此假定下面讨论的 $R(x)$ 为真分式.

根据代数学的理论，真分式能分解为下面 4 种最简分式之和：

(1) $\dfrac{A}{x-a}$. (2) $\dfrac{A}{(x-a)^k}$. (3) $\dfrac{Bx+D}{x^2+px+q}$. (4) $\dfrac{Bx+D}{(x^2+px+q)^k}$.

其中，$k=2,3,\cdots$，且 $p^2-4q<0$.

诸如上述各常数 A,B,D 可用待定系数法求得.具体方法是：当 $Q(x)$ 有 k 重一次实因子 $(x-a)^k$ 时，对应 $R(x)$ 的分解式中含有如下形式的项：

$$\frac{A_1}{x-a}+\frac{A_2}{(x-a)^2}+\cdots+\frac{A_k}{(x-a)^k},$$

当 $Q(x)$ 含有 k 重二次实因子 $(x^2+px+q)^k$（这里 $p^2-4q<0$）时，对应 $R(x)$ 的分解式中含有如下形式的项：

$$\frac{B_1x+D_1}{x^2+px+q}+\frac{B_2x+D_2}{(x^2+px+q)^2}+\cdots+\frac{B_kx+D_k}{(x^2+px+q)^k}.$$

这样，有理函数 $R(x)$ 的不定积分 $\int R(x)\mathrm{d}x$，就转化为求其所分解成的多项式与各部分分式的原函数之和.

例 3.1.26 求 $\displaystyle\int\frac{x+4}{x^2+5x+6}\mathrm{d}x$.

解 令 $\dfrac{x+4}{x^2+5x+6}=\dfrac{A}{x+2}+\dfrac{B}{x+3}$，得 $A(x+3)+B(x+2)=x+4$，于是 $\begin{cases}A+B=1,\\3A+2B=4,\end{cases}$ 解得 $A=2,B=-1$.故

$$\int\frac{x+4}{x^2+5x+6}\mathrm{d}x=\int\left(\frac{2}{x+2}-\frac{1}{x+3}\right)\mathrm{d}x=2\ln|x+2|-\ln|x+3|+C.$$

例 3.1.27 求 $\displaystyle\int\frac{2x^2-x-1}{(x+1)(x^3+1)}\mathrm{d}x$.

解 设 $\dfrac{2x^2-x-1}{(x+1)(x^3+1)}=\dfrac{2x^2-x-1}{(x+1)^2(x^2-x+1)}=\dfrac{A}{x+1}+\dfrac{B}{(x+1)^2}+\dfrac{Cx+D}{x^2-x+1}$. 将此式右边通分后，比较等式两边分式的分子，得

$$2x^2-x-1=(A+C)x^3+(B+2C+D)x^2+(C+2D-B)x+(A+B+D).$$

于是，有 $A+C=0,B+2C+D=2,C+2D-B=-1,A+B+D=-1$，解得

$$A=-1,\quad B=\frac{2}{3},\quad C=1,\quad D=-\frac{2}{3},$$

即有 $\dfrac{2x^2-x-1}{(x+1)(x^3+1)}=\dfrac{-1}{x+1}+\dfrac{\frac{2}{3}}{(x+1)^2}+\dfrac{x-\frac{2}{3}}{x^2-x+1}$，故所求积分

$$\int\frac{2x^2-x-1}{(x+1)(x^3+1)}\mathrm{d}x=\int\frac{-1}{x+1}\mathrm{d}x+\int\frac{\frac{2}{3}}{(x+1)^2}\mathrm{d}x+\int\frac{x-\frac{2}{3}}{x^2-x+1}\mathrm{d}x$$

$$=-\ln|x+1|-\frac{2}{3}\frac{1}{x+1}+\frac{1}{2}\int\frac{(2x-1)-\frac{1}{3}}{x^2-x+1}dx$$

$$=-\ln|x+1|-\frac{2}{3(x+1)}+\frac{1}{2}\int\frac{(x^2-x+1)'}{x^2-x+1}dx-$$

$$\frac{1}{6}\int\frac{1}{x^2-x+1}dx$$

$$=-\ln|x+1|-\frac{2}{3(x+1)}+\frac{1}{2}\int\frac{d(x^2-x+1)}{x^2-x+1}-$$

$$\frac{1}{6}\int\frac{1}{\left(x-\frac{1}{2}\right)^2+\left(\frac{\sqrt{3}}{2}\right)^2}dx$$

$$=-\ln|x+1|-\frac{2}{3(x+1)}+\frac{1}{2}\ln(x^2-x+1)-$$

$$\frac{1}{3\sqrt{3}}\arctan\frac{2x-1}{\sqrt{3}}+C.$$

由此例可知,前三类最简分式的不定积分

$$\int\frac{A}{x-a}dx,\quad \int\frac{A}{(x-a)^k}dx,\quad \int\frac{Bx+D}{x^2+px+q}dx$$

很容易求出. 而第四类最简分式的不定积分为

$$\int\frac{Bx+D}{(x^2+px+q)^k}dx=\frac{B}{2}\int\frac{2x+p}{(x^2+px+q)^k}dx+\left(D-\frac{pB}{2}\right)\int\frac{dx}{(x^2+px+q)^k}$$

$$=\frac{B}{2}\int\frac{(x^2+px+q)'}{(x^2+px+q)^k}dx+\left(D-\frac{pB}{2}\right)\int\frac{d\left(x+\frac{p}{2}\right)}{\left[\left(x+\frac{p}{2}\right)^2+\left(q-\frac{p^2}{4}\right)\right]^k}$$

$$=\frac{B}{2}\int\frac{d(x^2+px+q)}{(x^2+px+q)^k}+\left(D-\frac{pB}{2}\right)\int\frac{dt}{(t^2+a^2)^k}$$

$$=\frac{B}{2(1-k)(x^2+px+q)^{k-1}}+\left(D-\frac{pB}{2}\right)\int\frac{dt}{(t^2+a^2)^k},$$

其中 $t=x+\frac{p}{2}$,$a=\sqrt{q-\frac{p^2}{4}}$,对于不定积分 $\int\frac{dt}{(t^2+a^2)^k}$ 可用后面的分部积分法计算. 因此有理函数的积分问题全部得以解决.

下面介绍求三角函数有理式的不定积分的一种方法.

由 $u(x)$,$v(x)$ 及常数经过有限次四则运算所得到的函数称为关于 $u(x)$,$v(x)$ 的有理式,并用 $R(u(x),v(x))$ 表示. $\int R(\sin x,\cos x)dx$ 是三角函数有理式的不定积分,一般通过变换 $t=\tan\frac{x}{2}$,可化为有理函数的不定积分. 这是因为

$$\sin x=\frac{2\sin\frac{x}{2}\cos\frac{x}{2}}{\sin^2\frac{x}{2}+\cos^2\frac{x}{2}}=\frac{2\tan\frac{x}{2}}{1+\tan^2\frac{x}{2}}=\frac{2t}{1+t^2},$$

$$\cos x=\frac{\cos^2\frac{x}{2}-\sin^2\frac{x}{2}}{\sin^2\frac{x}{2}+\cos^2\frac{x}{2}}=\frac{1-\tan^2\frac{x}{2}}{1+\tan^2\frac{x}{2}}=\frac{1-t^2}{1+t^2},$$

$$\mathrm{d}x=\frac{2}{1+t^2}\mathrm{d}t,$$

所以 $\int R(\sin x,\cos x)\mathrm{d}x=\int R\left(\frac{2t}{1+t^2},\frac{1-t^2}{1+t^2}\right)\frac{2}{1+t^2}\mathrm{d}t$.

例 3.1.28 求 $\int\frac{1+\sin x}{\sin x(1+\cos x)}\mathrm{d}x$.

解 令 $t=\tan\frac{x}{2}$,

$$\begin{aligned}\int\frac{1+\sin x}{\sin x(1+\cos x)}\mathrm{d}x&=\int\frac{1+\frac{2t}{1+t^2}}{\frac{2t}{1+t^2}\left(1+\frac{1-t^2}{1+t^2}\right)}\cdot\frac{2}{1+t^2}\mathrm{d}t\\&=\int\frac{1}{2}\left(t+2+\frac{1}{t}\right)\mathrm{d}t=\frac{1}{2}\left(\frac{t^2}{2}+2t+\ln|t|\right)+C\\&=\frac{1}{4}\tan^2\frac{x}{2}+\tan\frac{x}{2}+\frac{1}{2}\ln\left|\tan\frac{x}{2}\right|+C.\end{aligned}$$

注 上面所用的变换 $t=\tan\frac{x}{2}$ 对三角函数有理式的不定积分虽然总是有效的,但并不意味着在任何场合都是简便的. 比如,我们看下面的例子.

例 3.1.29 求 $\int\frac{\mathrm{d}x}{a^2\sin^2x+b^2\cos^2x}\ (ab\neq0)$.

解 由于

$$\int\frac{\mathrm{d}x}{a^2\sin^2x+b^2\cos^2x}=\int\frac{\sec^2x}{a^2\tan^2x+b^2}\mathrm{d}x=\int\frac{\mathrm{d}(\tan x)}{a^2\tan^2x+b^2},$$

故令 $t=\tan x$,就有

$$\begin{aligned}\int\frac{\mathrm{d}x}{a^2\sin^2x+b^2\cos^2x}&=\int\frac{\mathrm{d}t}{a^2t^2+b^2}=\frac{1}{a}\int\frac{\mathrm{d}(at)}{(at)^2+b^2}=\frac{1}{ab}\arctan\frac{at}{b}+C\\&=\frac{1}{ab}\arctan\left(\frac{a}{b}\tan x\right)+C.\end{aligned}$$

感兴趣的读者可以尝试用变换 $t=\tan\frac{x}{2}$ 求解来进行比较. 一般来说,当 $R(\sin x,-\cos x)=-R(\sin x,\cos x)$ 时,可令 $u=\sin x$;当 $R(-\sin x,\cos x)=-R(\sin x,\cos x)$ 时,可令 u

$=\cos x$；当 $R(-\sin x,-\cos x)=R(\sin x,\cos x)$时，可令 $u=\tan x$.

2. 第二类换元法

第一类换元法是通过变量代换 $\varphi(x)=u$ 将积分 $\int f(\varphi(x))\varphi'(x)$ 转化为$\int f(u)\mathrm{d}u$. 现介绍另一种换元法，它是通过变量代换 $x=\varphi(t)$ 将积分 $\int f(x)\mathrm{d}x$ 转化成积分 $\int f(\varphi(t))\varphi'(t)\mathrm{d}t$，即

$$\int f(x)\mathrm{d}x=\int f(\varphi(t))\varphi'(t)\mathrm{d}t \xlongequal{\text{def}} \int g(t)\mathrm{d}t,$$

在求出 $\int g(t)\mathrm{d}t$ 之后，再用 $x=\varphi(t)$ 的反函数 $t=\varphi^{-1}(x)$ 代回原变量，就得到$\int f(x)\mathrm{d}x$，这种积分方法称为**第二类换元法**.

定理 3.4(第二类换元法) 设 $f(x)$是连续函数，$x=\varphi(t)$有连续导数，且 $\varphi'(t)\neq 0$，则

$$\int f(x)\mathrm{d}x=\int f(\varphi(t))\varphi'(t)\mathrm{d}t\Big|_{t=\varphi^{-1}(x)}, \tag{3.1.2}$$

其中，$t=\varphi^{-1}(x)$是 $x=\varphi(t)$的反函数.

证明 由假设知上式两边的积分都存在，只需证明其导数相等，因为 $\varphi'(t)\neq 0$，故 $x=\varphi(t)$存在反函数 $t=\varphi^{-1}(x)$，且$[\varphi^{-1}(x)]'=\dfrac{\mathrm{d}t}{\mathrm{d}x}=\dfrac{1}{\varphi'(t)}$，在等式两边分别对 x 求导，有

$$\frac{\mathrm{d}}{\mathrm{d}x}\int f(x)\mathrm{d}x=f(x),$$

$$\frac{\mathrm{d}}{\mathrm{d}x}\int f(\varphi(t))\varphi'(t)\mathrm{d}t=\frac{\mathrm{d}}{\mathrm{d}t}\int f(\varphi(t))\varphi'(t)\mathrm{d}t\cdot\frac{\mathrm{d}t}{\mathrm{d}x}=f(\varphi(t))\varphi'(t)\cdot\frac{1}{\varphi'(t)}=f(x).$$

这便证明了此换元法的正确性. □

例 3.1.30 求 $\int (ax+b)^m\mathrm{d}x\ (m\neq -1,a\neq 0)$.

解 令 $u=ax+b$，则 $\mathrm{d}u=a\mathrm{d}x$，故

$$\text{原式}=\int u^m\,\frac{1}{a}\mathrm{d}u=\frac{1}{a}\,\frac{1}{m+1}u^{m+1}+C=\frac{1}{a(m+1)}(ax+b)^{m+1}+C.$$

对这个例子来说，将原式凑成 $\dfrac{1}{a}\int(ax+b)^m\mathrm{d}(ax+b)$，就可以看作是第一类换元法. 下面的例子我们能更清楚地看到两类换元法的本质区别.

例 3.1.31 求 $\displaystyle\int\frac{1}{x\sqrt{1-x^2}}\mathrm{d}x$.

解 令 $x=\sin t$，$t\in\left(-\dfrac{\pi}{2},\dfrac{\pi}{2}\right)$，则

$$\int\frac{1}{x\sqrt{1-x^2}}\mathrm{d}x=\int\frac{\cos t}{\sin t\cos t}\mathrm{d}t=\int\csc t\,\mathrm{d}t=\ln|\csc t-\cot t|+C$$

$$=\ln\left|\frac{1-\sqrt{1-x^2}}{x}\right|+C.$$

例 3.1.32 求 $\int\frac{x^3}{\sqrt{1+x^2}}\mathrm{d}x$.

解 令 $x=\tan t, t\in\left(-\frac{\pi}{2},\frac{\pi}{2}\right)$，则

$$\int\frac{x^3}{\sqrt{1+x^2}}\mathrm{d}x=\int\frac{\tan^3 t\sec^2 t}{\sec t}\mathrm{d}t=\int\tan^3 t\sec t\,\mathrm{d}t=\int\tan^2 t\,\mathrm{d}(\sec t)$$

$$=\int(\sec^2 t-1)\mathrm{d}(\sec t)=\frac{1}{3}\sec^3 t-\sec t+C$$

$$=\frac{1}{3}(1+x^2)^{\frac{3}{2}}-(1+x^2)^{\frac{1}{2}}+C.$$

例 3.1.33 求 $\int\frac{\mathrm{d}x}{\sqrt{x^2-a^2}}\ (a>0)$.

解 当 $x>a$ 时，令 $x=a\sec t, t\in\left(0,\frac{\pi}{2}\right)$，则借助图 3－2 的辅助直角三角形，便于求出 $\sec t=\frac{x}{a}, \tan t=\frac{\sqrt{x^2-a^2}}{a}$，

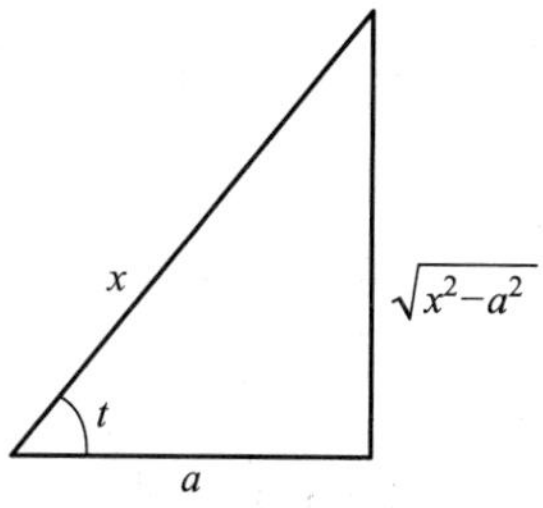

图 3－2

$$原式=\int\frac{a\sec t\tan t}{a\tan t}\mathrm{d}t=\int\sec t\,\mathrm{d}t$$

$$=\ln|\sec t+\tan t|+C_1$$

$$=\ln\left|\frac{x}{a}+\frac{\sqrt{x^2-a^2}}{a}\right|+C_1$$

$$=\ln|x+\sqrt{x^2-a^2}|+C.$$

当 $x<-a$ 时，令 $x=-u$，则 $u>a$，于是

$$原式=-\int\frac{\mathrm{d}u}{\sqrt{u^2-a^2}}=-\ln\left|\frac{u}{a}+\frac{\sqrt{u^2-a^2}}{a}\right|+C_1=-\ln\left|\frac{-x}{a}+\frac{\sqrt{x^2-a^2}}{a}\right|+C_1$$

$$=-\ln|-x+\sqrt{x^2-a^2}|+C.$$

以上所用的代换称为三角代换. 一般来说，被积函数中含有 $\sqrt{a^2-x^2}$，$\sqrt{a^2+x^2}$，$\sqrt{x^2-a^2}$ 等形式时，常分别作三角代换 $x=a\sin t$，$x=a\tan t$，$x=a\sec t$ 等. 这种代换的目的是为了去掉根号，根号里是两个数的平方差或和，如果这个和或差是某个数的平方，则正好可以把根号去掉，而这三个数也正好对应直角三角形的三条边. 读者可根据具体的题目，按照与图 3－2 类似的方式找出 x，a 和 t 的对应关系. 当被积函数中根号里不具有这样的结构时，由于根号的特殊性，通常考虑把整个根号里的式子当作一个整体来处理.

例 3.1.34 求 $\int\frac{x+2}{\sqrt{2x+1}}\mathrm{d}x$.

解 为去掉根号,令$\sqrt{2x+1}=t$,则 $x=\frac{t^2-1}{2}$,$\mathrm{d}x=t\,\mathrm{d}t$,于是

$$\int \frac{x+2}{\sqrt{2x+1}}\mathrm{d}x=\int \frac{\frac{t^2-1}{2}+2}{t}\cdot t\,\mathrm{d}t=\frac{1}{2}\int (t^2+3)\,\mathrm{d}t=\frac{1}{2}\left(\frac{t^3}{3}+3t\right)+C$$
$$=\frac{1}{6}(2x+1)^{\frac{3}{2}}+\frac{3}{2}\sqrt{2x+1}+C.$$

一般地,若被积函数中含$\sqrt[n]{ax+b}\,(a\neq 0)$,可令$\sqrt[n]{ax+b}=t$.

例 3.1.35 求$\int \frac{1}{\sqrt{x}(1+\sqrt[3]{x})}\mathrm{d}x$.

解 令 $x=t^6$,

$$\int \frac{1}{\sqrt{x}(1+\sqrt[3]{x})}\mathrm{d}x=6\int \frac{t^2}{1+t^2}\mathrm{d}t=6\int \left(1-\frac{1}{1+t^2}\right)\mathrm{d}t$$
$$=6(t-\arctan t)+C=6(\sqrt[6]{x}-\arctan\sqrt[6]{x})+C.$$

一般地,若被积函数中含$\sqrt[m]{ax+b}$和$\sqrt[n]{ax+b}\,(a\neq 0)$,可令$\sqrt[k]{ax+b}=t$,其中 k 是 m 和 n 的最小公倍数.

例 3.1.36 求$\int \frac{1}{x}\sqrt{\frac{1+x}{1-x}}\,\mathrm{d}x$.

解 令$\sqrt{\frac{1+x}{1-x}}=t$,解得 $x=\frac{t^2-1}{t^2+1}$,则

$$\int \frac{1}{x}\sqrt{\frac{1+x}{1-x}}\,\mathrm{d}x=\int \frac{t^2+1}{t^2-1}\cdot t\cdot \frac{4t}{(t^2+1)^2}\mathrm{d}t=\int \frac{4t^2}{(t^2-1)(t^2+1)}\mathrm{d}t$$
$$=2\int \left(\frac{1}{t^2-1}+\frac{1}{t^2+1}\right)\mathrm{d}t=\ln\left|\frac{t-1}{t+1}\right|+2\arctan t+C$$
$$=\ln\left|\frac{1-\sqrt{1-x^2}}{x}\right|+2\arctan\sqrt{\frac{1+x}{1-x}}+C.$$

被积函数中含$\sqrt[n]{\frac{ax+b}{cx+d}}\,(ad-bc\neq 0)$时,可令$\sqrt[n]{\frac{ax+b}{cx+d}}=t$,去掉根号.

例 3.1.37 求$\int \frac{\mathrm{d}x}{x\sqrt{x^2-1}}\ (x>1)$.

解 令 $x=\frac{1}{t}$,则

$$\int \frac{\mathrm{d}x}{x\sqrt{x^2-1}}=\int \frac{\mathrm{d}\left(\frac{1}{t}\right)}{\frac{1}{t}\sqrt{\frac{1}{t^2}-1}}=-\int \frac{\mathrm{d}t}{\sqrt{1-t^2}}=\arccos t+C_1=\arccos\frac{1}{x}+C.$$

$x=\frac{1}{t}$称为倒代换，利用它可以将分母中的变量转化到分子中去. 本例也可利用变换$x=\sec t$进行计算.

3. 分部积分法

前面所讲的换元积分法，实际上是与微分学中的复合函数微分法相对应的一种积分法，而下面要介绍的分部积分法是与乘积的微分法相对应的一种积分法.

设$u=u(x)$，$v=v(x)$都有连续导数，则

$$\mathrm{d}(uv)=u\mathrm{d}v+v\mathrm{d}u,$$

移项得

$$u\mathrm{d}v=\mathrm{d}(uv)-v\mathrm{d}u,$$

两边求不定积分，得

$$\int u\mathrm{d}v=uv-\int v\mathrm{d}u. \tag{3.1.3}$$

也即

$$\int uv'\mathrm{d}x=uv-\int vu'\mathrm{d}x. \tag{3.1.4}$$

此公式称为不定积分的分部积分公式. 分部积分公式常用于求两个不同类型函数的乘积的积分. 尤其当$\int u\mathrm{d}v$不易计算，而$\int v\mathrm{d}u$容易计算时，便可用分部积分公式.

例 3.1.38　求$\int x\mathrm{e}^{-2x}\mathrm{d}x$.

解　$\int x\mathrm{e}^{-2x}\mathrm{d}x=-\frac{1}{2}\int x\mathrm{d}(\mathrm{e}^{-2x})=-\frac{x}{2}\mathrm{e}^{-2x}+\frac{1}{2}\int \mathrm{e}^{-2x}\mathrm{d}x=-\frac{x}{2}\mathrm{e}^{-2x}-\frac{1}{4}\mathrm{e}^{-2x}+C.$

例 3.1.39　求$\int x^3\mathrm{e}^x\mathrm{d}x$.

解

$$\begin{aligned}\int x^3\mathrm{e}^x\mathrm{d}x&=\int x^3\mathrm{d}(\mathrm{e}^x)=x^3\mathrm{e}^x-3\int x^2\mathrm{d}(\mathrm{e}^x)=x^3\mathrm{e}^x-3x^2\mathrm{e}^x+6\int x\mathrm{d}(\mathrm{e}^x)\\&=x^3\mathrm{e}^x-3x^2\mathrm{e}^x+6x\mathrm{e}^x-6\mathrm{e}^x+C.\end{aligned}$$

例 3.1.40　求$\int x\sin^2x\mathrm{d}x$.

解

$$\begin{aligned}\int x\sin^2x\mathrm{d}x&=\frac{1}{2}\int x(1-\cos 2x)\mathrm{d}x=\frac{x^2}{4}-\frac{1}{2}\int x\cos 2x\mathrm{d}x\\&=\frac{x^2}{4}-\frac{1}{4}\int x\mathrm{d}(\sin 2x)=\frac{x^2}{4}-\frac{x}{4}\sin 2x-\frac{1}{8}\cos 2x+C.\end{aligned}$$

例 3.1.41　求$\int x\ln x\mathrm{d}x$.

解　原式$=\int \ln x\mathrm{d}\left(\frac{1}{2}x^2\right)=\frac{1}{2}x^2\ln x-\int \frac{1}{2}x^2\mathrm{d}(\ln x)$

$$=\frac{1}{2}x^2\ln x-\frac{1}{2}\int x\mathrm{d}x=\frac{1}{2}x^2\ln x-\frac{1}{4}x^2+C.$$

例 3.1.42 求$\int\frac{x^2}{1+x^2}\arctan x\,dx$.

解 $$\begin{aligned}\int\frac{x^2}{1+x^2}\arctan x\,dx&=\int\left(1-\frac{1}{1+x^2}\right)\arctan x\,dx\\&=\int\arctan x\,dx-\int\arctan x\,d(\arctan x)\\&=x\arctan x-\int\frac{x}{1+x^2}dx-\frac{1}{2}\arctan^2 x\\&=x\arctan x-\frac{1}{2}\ln(1+x^2)-\frac{1}{2}\arctan^2 x+C.\end{aligned}$$

例 3.1.43 求$\int e^x\sin x\,dx$.

解 $$\begin{aligned}\int e^x\sin x\,dx&=\int\sin x\,d(e^x)=e^x\sin x-\int e^x\cos x\,dx\\&=e^x\sin x-e^x\cos x-\int e^x\sin x\,dx.\end{aligned}$$

令$\int e^x\sin x\,dx=I$，则上式变为$I=e^x\sin x-e^x\cos x-I$，于是

$$2I=e^x\sin x-e^x\cos x,$$

$$I=\frac{1}{2}(e^x\sin x-e^x\cos x)+C.$$

即$\int e^x\sin x\,dx=\frac{1}{2}(e^x\sin x-e^x\cos x)+C$.

例 3.1.44 求$\int\frac{\ln x}{\sqrt{(x^2+1)^3}}dx$.

解 $$\begin{aligned}\int\frac{\ln x}{\sqrt{(x^2+1)^3}}dx&=\int\ln x\,d\left(\frac{x}{\sqrt{x^2+1}}\right)=\frac{x}{\sqrt{x^2+1}}\ln x-\int\frac{dx}{\sqrt{x^2+1}}\\&=\frac{x}{\sqrt{x^2+1}}\ln x-\ln(x+\sqrt{x^2+1})+C.\end{aligned}$$

例 3.1.45 求$\int x\arctan x\,dx$.

解 令$u=\arctan x$，$x\,dx=d\left(\frac{x^2}{2}\right)=dv$，则

$$\begin{aligned}\int x\arctan x\,dx&=\frac{x^2}{2}\arctan x-\int\frac{x^2}{2}d(\arctan x)\\&=\frac{x^2}{2}\arctan x-\int\frac{x^2}{2}\frac{1}{1+x^2}dx\\&=\frac{x^2}{2}\arctan x-\int\frac{1}{2}\left(1-\frac{1}{1+x^2}\right)dx\end{aligned}$$

$$=\frac{x^2}{2}\arctan x-\frac{1}{2}(x-\arctan x)+C.$$

例 3.1.46 求 $\int\arcsin x\,\mathrm{d}x$.

解 $\int\arcsin x\,\mathrm{d}x=x\arcsin x-\int\frac{x}{\sqrt{1-x^2}}\mathrm{d}x=x\arcsin x+\frac{1}{2}\int\frac{\mathrm{d}(1-x^2)}{\sqrt{1-x^2}}$

$$=x\arcsin x+\sqrt{1-x^2}+C.$$

例 3.1.47 求 $\int\ln x\,\mathrm{d}x$.

解 $\int\ln x\,\mathrm{d}x=x\ln x-\int x\cdot\frac{1}{x}\mathrm{d}x=x\ln x-x+C.$

例 3.1.48 求 $\int\frac{\ln x}{(x-2)^2}\mathrm{d}x$.

解 $\int\frac{\ln x}{(x-2)^2}\mathrm{d}x=-\int\ln x\,\mathrm{d}\left(\frac{1}{x-2}\right)=\frac{1}{2-x}\ln x+\int\frac{\mathrm{d}x}{x(x-2)}$

$$=\frac{1}{2-x}\ln x+\frac{1}{2}\int\frac{x-(x-2)}{x(x-2)}\mathrm{d}x=\frac{1}{2-x}\ln x+\frac{1}{2}\ln\left|1-\frac{2}{x}\right|+C.$$

例 3.1.49 求 $\int\frac{\ln x-1}{(\ln x)^2}\mathrm{d}x$.

解法 1 $\int\frac{\ln x-1}{(\ln x)^2}\mathrm{d}x=\int\frac{1}{\ln x}\mathrm{d}x-\int\frac{\mathrm{d}x}{(\ln x)^2}$

$$=\frac{x}{\ln x}+\int x\cdot\frac{1}{(\ln x)^2}\cdot\frac{1}{x}\mathrm{d}x-\int\frac{\mathrm{d}x}{(\ln x)^2}=\frac{x}{\ln x}+C.$$

解法 2 $\int\frac{\ln x-1}{(\ln x)^2}\mathrm{d}x=\int\frac{x'\cdot\ln x-x\cdot(\ln x)'}{(\ln x)^2}\mathrm{d}x=\int\left(\frac{x}{\ln x}\right)'\mathrm{d}x=\frac{x}{\ln x}+C.$

一般地,下列情形时可用分部积分法.

(1) 一般而言,求两类不同函数乘积的不定积分时,如果不是用凑微分法,就一定是用分部积分法.

(2) 单独的对数函数或反三角函数积分时,用分部积分法.

通过以上例题,请读者总结一下,对下列类型的不定积分:

$$\int x^n e^{ax}\mathrm{d}x,\quad\int x^n\sin ax\,\mathrm{d}x,\quad\int x^n\cos ax\,\mathrm{d}x,\quad\int e^{ax}\sin bx\,\mathrm{d}x,$$

$$\int e^{ax}\cos bx\,\mathrm{d}x,\quad\int x^n\ln x\,\mathrm{d}x,\quad\int x^n\arcsin x\,\mathrm{d}x,$$

其中 n 是正整数,a,b 是实数,应当如何选取 u 和 $\mathrm{d}v$?

例 3.1.50 求 $I_n=\int\frac{\mathrm{d}x}{(x^2+a^2)^n}$,$n$ 为大于 1 的正整数,$a\neq0$.

解 $I_n=\int\frac{\mathrm{d}x}{(x^2+a^2)^n}=\frac{1}{a^2}\int\frac{(x^2+a^2)-x^2}{(x^2+a^2)^n}\mathrm{d}x$

$$
\begin{aligned}
&=\frac{1}{a^2}\int\frac{\mathrm{d}x}{(x^2+a^2)^{n-1}}-\frac{1}{a^2}\int\frac{x^2}{(x^2+a^2)^n}\mathrm{d}x\\
&=\frac{1}{a^2}I_{n-1}-\frac{1}{a^2}\int x\,\mathrm{d}\left[\frac{1}{2(1-n)(x^2+a^2)^{n-1}}\right]\\
&=\frac{1}{a^2}I_{n-1}+\frac{x}{2a^2(n-1)(x^2+a^2)^{n-1}}-\frac{1}{2a^2(n-1)}\int\frac{\mathrm{d}x}{(x^2+a^2)^{n-1}}\\
&=\frac{1}{a^2}I_{n-1}+\frac{x}{2a^2(n-1)(x^2+a^2)^{n-1}}-\frac{1}{2a^2(n-1)}I_{n-1}.
\end{aligned}
$$

于是，

$$
I_n=\frac{1}{2a^2(n-1)}\left[\frac{x}{(x^2+a^2)^{n-1}}+(2n-3)I_{n-1}\right].
$$

此式为递推公式.用此式能把求 I_n 变为求 I_{n-1}，再把求 I_{n-1} 变为求 I_{n-2}，如此继续下去，最后得积分 $I_1=\int\frac{\mathrm{d}x}{x^2+a^2}=\frac{1}{a}\arctan\frac{x}{a}+C$，从而可求出 I_n.

例 3.1.51 设函数 $f(x)=\begin{cases}-\sin x, & x\geqslant 0,\\ x, & x<0,\end{cases}$ 求 $\int f(x)\mathrm{d}x$.

解 设 $g(x)$ 是 $f(x)$ 的不定积分，则应满足

$$
g(x)=\begin{cases}\cos x+C_1, & x\geqslant 0,\\ \frac{1}{2}x^2+C_2, & x<0,\end{cases}
$$

又 $g(x)$ 连续，$\lim\limits_{x\to 0^+}g(x)=\lim\limits_{x\to 0^-}g(x)$，即 $1+C_1=C_2$，令 $C_1=C$，则 $C_2=1+C$. 所以

$$
g(x)=\begin{cases}\cos x+C, & x\geqslant 0,\\ \frac{1}{2}x^2+1+C, & x<0.\end{cases}
$$

求不定积分的方法和公式很多，为了使用的方便，把常用的积分方式汇集成表，称为基本积分公式表(见 3.1.2 小节). 求积分时，我们可以根据被积函数的类型，直接或经过简单变形，在表中查得所需结果.在计算机上，借助数学软件 Mathematica 和其他一些数学软件的符号运算功能，可以实现大部分初等函数的积分运算. 但是求不定积分的基本方法还必须掌握.

习题 3.1

(A)

1. 下列等式是否正确？为什么？

(1) $\mathrm{d}\int f(x)\mathrm{d}x=f(x)$.

(2) $\mathrm{d}\int f(x)\mathrm{d}x=f(x)\mathrm{d}x$.

(3) $\int \mathrm{d}f(x)=f(x)$.

(4) $\mathrm{d}\int \mathrm{d}f(x)=\mathrm{d}f(x)$.

2. 求下列不定积分：

(1) $\int \frac{\mathrm{d}x}{x^2}$.　　(2) $\int x\sqrt{x}\,\mathrm{d}x$.

(3) $\int \frac{\mathrm{d}x}{\sqrt{x}}$.　　(4) $\int \frac{\mathrm{d}x}{x^2\sqrt{x}}$.

(5) $\int 5x^3\,\mathrm{d}x$.　　(6) $\int x^2\sqrt[3]{x}\,\mathrm{d}x$.

(7) $\int (x^2-3x+2)\,\mathrm{d}x$.　　(8) $\int (x^2+1)^2\,\mathrm{d}x$.

3. 一曲线通过点$(\mathrm{e}^2,3)$且在任一点处的切线的斜率等于该点横坐标的倒数，求该曲线的方程.

4. 求下列不定积分：

(1) $\int \mathrm{e}^{5t}\,\mathrm{d}t$.　　(2) $\int (3-2x)^3\,\mathrm{d}x$.

(3) $\int (\sin ax-\mathrm{e}^{\frac{x}{b}})\,\mathrm{d}x\ (ab\neq 0)$.　　(4) $\int \frac{\mathrm{d}x}{\sqrt[3]{2-3x}}$.

(5) $\int \frac{x}{\sqrt{2-3x^2}}\,\mathrm{d}x$.　　(6) $\int \frac{\sin\sqrt{t}}{\sqrt{t}}\,\mathrm{d}t$.

(7) $\int x\cos x^2\,\mathrm{d}x$.　　(8) $\int \frac{3x^3}{1-x^4}\,\mathrm{d}x$.

(9) $\int \frac{2\cdot 3^x-5\cdot 2^x}{3^x}\,\mathrm{d}x$.　　(10) $\int \cos^2\frac{x}{2}\,\mathrm{d}x$.

(11) $\int \frac{\cos 2x}{\cos x-\sin x}\,\mathrm{d}x$.　　(12) $\int \cot^2 x\,\mathrm{d}x$.

(13) $\int \frac{x^2}{x^2+1}\,\mathrm{d}x$.　　(14) $\int \sec x(\sec x-\tan x)\,\mathrm{d}x$.

(15) $\int \frac{\mathrm{d}x}{1+\cos 2x}$.　　(16) $\int \frac{\cos 2x}{\cos^2 x\sin^2 x}\,\mathrm{d}x$.

(17) $\int \cos\theta(\tan\theta+\sec\theta)\,\mathrm{d}\theta$.

5. 求下列不定积分：

(1) $\int x\sin x\,\mathrm{d}x$.　　(2) $\int x^2\ln x\,\mathrm{d}x$.

(3) $\int \mathrm{e}^{-x}\cos x\,\mathrm{d}x$.　　(4) $\int x\cos\frac{x}{2}\,\mathrm{d}x$.

(5) $\int x^2\arctan x\,\mathrm{d}x$.　　(6) $\int x\tan^2 x\,\mathrm{d}x$.

(7) $\int x\sin x\cos x\,\mathrm{d}x$.　　(8) $\int x\ln(x-1)\,\mathrm{d}x$.

(9) $\int \cos(\ln x)\,\mathrm{d}x$.　　(10) $\int \frac{\ln^3 x}{x^2}\,\mathrm{d}x$.

(11) $\int \mathrm{e}^x\sin^2 x\,\mathrm{d}x$.　　(12) $\int \mathrm{e}^{\sqrt{3x+9}}\,\mathrm{d}x$.

6. 求下列不定积分：

(1) $\int \frac{-x^2-2}{(x^2+x+1)^2}\,\mathrm{d}x$.　　(2) $\int \frac{\mathrm{d}x}{3+\sin^2 x}$.

(3) $\int \frac{\mathrm{d}x}{2+\sin x}$.

(4) $\int \frac{\mathrm{d}x}{1+\sin x+\cos x}$.

(5) $\int \frac{\mathrm{d}x}{2\sin x-\cos x+5}$.

(6) $\int \frac{(\sqrt{x})^3-1}{\sqrt{x}+1}\mathrm{d}x$.

(7) $\int \frac{\sqrt{x+1}-1}{\sqrt{x+1}+1}\mathrm{d}x$.

(8) $\int \frac{\mathrm{d}x}{\sqrt[3]{(x+1)^2(x-1)^4}}$.

7. 用适当方法求下列不定积分：

(1) $\int \frac{x^3\arccos x}{\sqrt{1-x^2}}\mathrm{d}x$.

(2) $\int \frac{\mathrm{d}x}{\sin^3 x\cos x}$.

(3) $\int \frac{\sin x\cos x}{\sin x+\cos x}\mathrm{d}x$.

(4) $\int \ln(1+x^2)\mathrm{d}x$.

(5) $\int \frac{\sin^2 x}{\cos^3 x}\mathrm{d}x$.

(6) $\int \arctan\sqrt{x}\,\mathrm{d}x$.

(7) $\int \frac{\sqrt{1+\cos x}}{\sin x}\mathrm{d}x$.

(8) $\int \frac{x^3}{(1+x^8)^2}\mathrm{d}x$.

(9) $\int \frac{x^{11}}{x^8+3x^4+2}\mathrm{d}x$.

(10) $\int \frac{\mathrm{d}x}{16-x^4}$.

(11) $\int \frac{\sin x}{1+\sin x}\mathrm{d}x$.

(B)

1. 已知 $f(x)$的一个原函数为$(1+\sin x)\ln x$，求$\int xf'(x)\mathrm{d}x$.

2. 设 $f(\sin^2 x)=\frac{x}{\sin x}$，求$\int \frac{\sqrt{x}}{\sqrt{1-x}}f(x)\mathrm{d}x$.

3. 已知$\frac{\sin x}{x}$是$f(x)$的一个原函数，求$\int x^3 f'(x)\mathrm{d}x$.

4. 已知 $f(x)=\frac{\mathrm{e}^x+\mathrm{e}^{-x}}{2}$，求$\int\left[\frac{f'(x)}{f(x)}+\frac{f(x)}{f'(x)}\right]\mathrm{d}x$.

5. 设 $f(x)$的一个原函数 $F(x)=\ln^2(x+\sqrt{1+x^2})$，求$\int xf'(x)\mathrm{d}x$.

§ 3.2　定积分的定义与初等性质

首先，我们通过三个引例来抽象出定积分的定义.

引例 1　曲边梯形的面积

设 $f(x)$为闭区间$[a,b]$上的连续函数，且 $f(x)\geqslant 0$. 由曲线 $y=f(x)$，直线 $x=a$，$x=b$ 以及 x 轴所围成的平面图形（图 3-3），称为曲边梯形. 下面讨论曲边梯形的面积.

在初等数学里，圆面积是用一系列边数无限增多的内接（或外切）正多边形面积的极限来定义的.现在我们仍用类似的办法来定义曲边梯形的面积.

在区间(a,b)内任取 $n-1$ 个分点，

$$a = x_0 < x_1 < \cdots < x_{n-1} < x_n = b,$$

将$[a,b]$分割成 n 个小区间$[x_{i-1},x_i](i=1,2,\cdots,n)$，并记第 i 个小区间$[x_{i-1},x_i]$的长度为$\Delta x_i = x_i - x_{i-1}$，用直线 $x=x_i(i=1,2,\cdots,n-1)$将曲边梯形分成 n 个小曲边梯形(图 3-4)．用 $\Delta S_i(i=1,2,\cdots,n)$表示第 i 个小曲边梯形的面积，则要求的曲边梯形面积

$$S = \sum_{i=1}^{n} \Delta S_i .$$

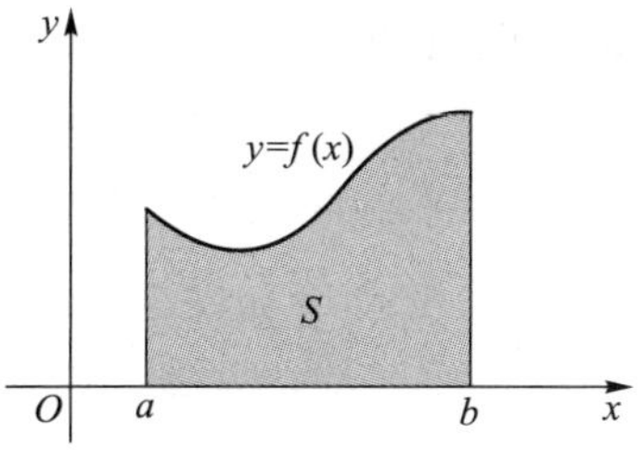

图 3-3

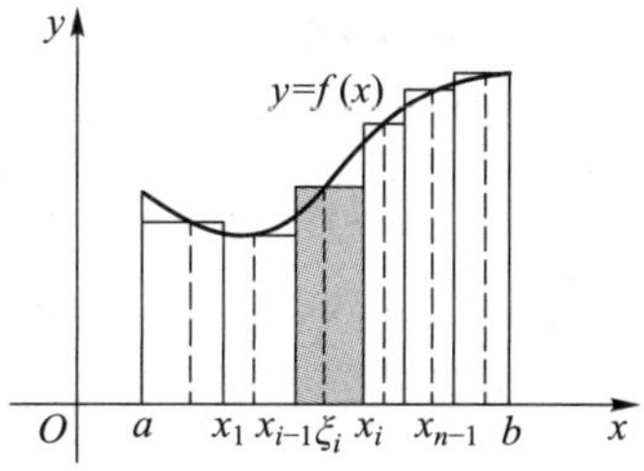

图 3-4

当每个小区间的长度都很小时，由函数 $y=f(x)$的连续性可以知道，在每个小区间$[x_{i-1},x_i]$上函数值的变化都很小，因此小曲边梯形可近似地看作矩形，从而我们在区间$[x_{i-1},x_i]$上任取一点 ξ_i，用 $f(\xi_i)$作为该近似矩形的高，得到

$$\Delta S_i \approx f(\xi_i)\Delta x_i \quad (i=1,2,\cdots,n).$$

上述 n 个小矩形面积之和就是曲边梯形面积的近似值，即

$$S \approx \sum_{i=1}^{n} f(\xi_i)\Delta x_i .$$

记 $\lambda = \max\limits_{1\leqslant i\leqslant n}\{\Delta x_i\}$，由上述三个过程易知，随着 $\lambda \to 0$，从几何直观上看，和式 $\sum\limits_{i=1}^{n} f(\xi_i)\Delta x_i$ 将无限地接近曲边梯形面积 S，因此很自然地将 $\sum\limits_{i=1}^{n} f(\xi_i)\Delta x_i$ 在 $\lambda\to 0$ 时的极限作为曲边梯形的面积，即

$$S = \lim_{\lambda\to 0}\sum_{i=1}^{n} f(\xi_i)\Delta x_i .$$

引例 2　非均匀细棒的质量

设有一根质量分布不均匀的细棒，现将其置于 x 轴上，左、右端点的坐标分别为 a 和 b(图 3-5)．细棒上点 x 处的线密度为 $\rho(x)$(假定 $\rho(x)$连续)，下面求其质量．

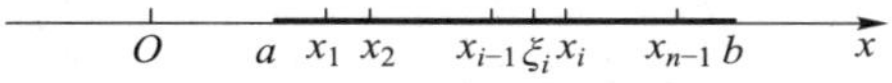

图 3-5

在(a,b)内任意插入 $n-1$ 个分点，

$$a=x_0<x_1<\cdots<x_{i-1}<x_i<\cdots<x_{n-1}<x_n=b,$$

将细棒分成 n 个小段 $[x_{i-1},x_i]$ $(i=1,2,\cdots,n)$，第 i 段的长度为 $\Delta x_i=x_i-x_{i-1}$，设第 i 个小段上细棒的质量为 Δm_i $(i=1,2,\cdots,n)$，则细棒质量 $m=\sum\limits_{i=1}^{n}\Delta m_i$.

当 Δx_i $(i=1,2,\cdots,n)$ 都很小时，$\rho(x)$ 在 $[x_{i-1},x_i]$ 上的变化也很小，因此可近似地认为在 $[x_{i-1},x_i]$ 上质量是均匀分布的，线密度为 $\rho(\xi_i)$（ξ_i 是 $[x_{i-1},x_i]$ 上的任意一点），从而

$$\Delta m_i\approx\rho(\xi_i)\Delta x_i\quad(i=1,2,\cdots,n).$$

将 n 个小段质量的近似值相加，即得细棒质量的近似值，即

$$m\approx\sum_{i=1}^{n}\rho(\xi_i)\Delta x_i.$$

记 $\lambda=\max\limits_{1\leqslant i\leqslant n}\{\Delta x_i\}$. 显然，当 $\lambda\to0$ 时，从物理直观上看，和式 $\sum\limits_{i=1}^{n}\rho(\xi_i)\Delta x_i$ 会无限地接近 m，因此

$$m=\lim_{\lambda\to0}\sum_{i=1}^{n}\rho(\xi_i)\Delta x_i.$$

引例 3　变速直线运动的位移

设某质点作变速直线运动，速度 v 是时间 t 的函数，即 $v=v(t)$，$t\in[a,b]$，$v(t)>0$ 且连续，求在这段时间内质点经过的位移. 仔细体会前面两个引例，都蕴含了一种化整为零的思想. 因此，我们还是从划分区间入手，在 (a,b) 内任意插入 $n-1$ 个分点，

$$a=t_0<t_1<\cdots<t_{i-1}<t_i<\cdots<t_{n-1}<t_n=b,$$

将 $[a,b]$ 分成 n 个小区间 $[t_{i-1},t_i]$ $(i=1,2,\cdots,n)$，第 i 个小区间的长度 $\Delta t_i=t_i-t_{i-1}$，设质点在第 i 个小区间上的位移是 ΔS_i，则总位移 $S=\sum\limits_{i=1}^{n}\Delta S_i$.

当 Δt_i $(i=1,2,\cdots,n)$ 都很小时，$v(t)$ 在 $[t_{i-1},t_i]$ 上的变化就很小，可近似地认为在 $[t_{i-1},t_i]$ 上速度是不变的，都等于 $\tau_i\in[t_{i-1},t_i]$ 处的速度，因而

$$\Delta S_i\approx v(\tau_i)\Delta t_i\quad(i=1,2,\cdots,n).$$

将上述 n 个部分位移相加，即得所要求的位移的近似值，即

$$S\approx\sum_{i=1}^{n}v(\tau_i)\Delta t_i.$$

记 $\lambda=\max\limits_{1\leqslant i\leqslant n}\{\Delta x_i\}$，令 $\lambda\to0$，从物理直观上看，和式 $\sum\limits_{i=1}^{n}v(\tau_i)\Delta t_i$ 的极限就是所求位移. 因此

$$S=\lim_{\lambda\to0}\sum_{i=1}^{n}v(\tau_i)\Delta t_i.$$

从上面的引例中我们可以看出，虽然问题来自不同的领域，但最终都归结为计算一个特定形式的和式的极限. 从右到左观察上面的和式，刚好对应了分割 Δt_i、近似 $v(\tau_i)\Delta t_i$、求和 $\sum\limits_{i=1}^{n}v(\tau_i)\Delta t_i$、取极限这样一个过程. 在科学技术中还有许多同样类型的数学问题，解决这类

问题的思想方法概括说来就是“分割、近似、求和、取极限”. 这就是产生定积分概念的背景.

定义 3.3　设函数 $f(x)$ 在闭区间 $[a,b]$ 上有定义，任取 $[a,b]$ 的一个分割 Δ：

$$a=x_0<x_1<\cdots<x_{n-1}<x_n=b,$$

把 $[a,b]$ 分成 n 个子区间 $[x_{i-1},x_i]$ $(i=1,2,\cdots,n)$，记 $\Delta x_i=x_i-x_{i-1}$，$i=1,2,\cdots,n$，$\lambda=\max\limits_{1\leqslant i\leqslant n}\{\Delta x_i\}$. 在 $[x_{i-1},x_i]$ 上任取一点 ξ_i，作积分和 $S_n(f;\Delta)=\sum\limits_{i=1}^{n}f(\xi_i)\Delta x_i$. 如果不论对 $[a,b]$ 采用何种分割，也不论在 $[x_{i-1},x_i]$ 上如何选取 ξ_i，只要当 $\lambda\to 0$ 时，$S_n(f;\Delta)$ 都以同样的一个常数 I 为极限，则称 $f(x)$ 在 $[a,b]$ 上可积，且称 I 为 $f(x)$ 在 $[a,b]$ 上的**定积分**，记为 $\int_a^b f(x)\mathrm{d}x$，即

$$\int_a^b f(x)\mathrm{d}x=\lim_{\lambda\to 0}\sum_{i=1}^{n}f(\xi_i)\Delta x_i,$$

其中，$f(x)$ 称为**被积函数**，$f(x)\mathrm{d}x$ 称为**被积表达式**，x 称为**积分变量**，$[a,b]$ 称为**积分区间**，a 和 b 分别称为**积分下限**和**积分上限**，$\int$ 称为**积分符号**.

定积分的概念

事实上，定积分 $\int_a^b f(x)\mathrm{d}x$ 是一个极限，这个极限一旦存在，是与 $[a,b]$ 的分割无关的，也与 $[x_{i-1},x_i]$ 上选取 ξ_i 的方式无关. 如果由于分割点 x_i 与小区间上 ξ_i 的取法不同而导致积分和式的极限不同或极限不存在，则 $f(x)$ 在 $[a,b]$ 上一定不可积. 例如，Dirichlet 函数：

$$D(x)=\begin{cases}1, & x\text{ 为有理数},\\ 0, & x\text{ 为无理数}.\end{cases}$$

请读者自己思考 $D(x)$ 在 $[a,b]$ 上不可积的原因.

显然，定积分值与积分变量的符号无关.

观察定积分的定义，在任取 $[a,b]$ 的一个分割中，蕴含了 $a<b$ 的假设，而在实际应用和理论分析中并无这样的假设，为此，作如下的补充定义：

$$\int_a^b f(x)\mathrm{d}x=-\int_b^a f(x)\mathrm{d}x,$$

$$\int_a^a f(x)\mathrm{d}x=0.$$

对照定积分的定义，可知前面讨论的三个问题中，曲边梯形的面积、非均匀细棒的质量和变速直线运动的位移可分别表示为 $\int_a^b f(x)\mathrm{d}x$，$\int_a^b \rho(x)\mathrm{d}x$ 和 $\int_a^b v(t)\mathrm{d}t$，这三个引例揭示了**定积分的几何意义和物理意义**.

例 3.2.1　证明：常值函数 $f(x)=C$ 在任何区间 $[a,b]$ 上可积，且

$$\int_a^b f(x)\mathrm{d}x=C(b-a).$$

证明　对于 $[a,b]$ 的任意分割 Δ 和相应的 ξ_i，都有

$$S_n(f;\Delta)=\sum_{i=1}^{n}f(\xi_i)\Delta x_i=\sum_{i=1}^{n}C\Delta x_i=C(b-a),$$

故

$$\int_a^b f(x)\mathrm{d}x=\lim_{\lambda\to 0}C(b-a)=C(b-a).$$ □

以下引理指出了函数可积的一个必要条件.

引理 3.1(可积的必要条件) 设函数 $f(x)$在$[a,b]$上可积,则 $f(x)$在$[a,b]$上有界.

证明 设函数 $f(x)$在$[a,b]$上可积.若 $f(x)$在$[a,b]$上无界,则对任意给定的 $N>0$,任意给定的分割 Δ:

$$a=x_0<x_1<\cdots<x_{n-1}<x_n=b,$$

$f(x)$至少在其中的一个子区间$[x_{j-1},x_j]$上无界. 先在$[x_{i-1},x_i](i=1,2,\cdots,n,i\neq j)$上任意选定 ξ_i,然后在$[x_{j-1},x_j]$上适当选取 ξ_j,使

$$|f(\xi_j)\Delta x_j|>N+\left|\sum_{i\neq j}f(\xi_i)\Delta x_i\right|,$$

从而

$$\left|\sum_{i=1}^{n}f(\xi_i)\Delta x_i\right|\geqslant|f(\xi_j)\Delta x_j|-\left|\sum_{i\neq j}f(\xi_i)\Delta x_i\right|>N.$$

定积分的性质、可积准则

这说明对于任意分割 Δ,总可以通过适当选取 $\xi_i\in[x_{i-1},x_i]$,使$|S_n(f;\Delta)|$任意大.因此,$\lambda\to 0$ 时积分和不可能有极限,故 $f(x)$在$[a,b]$上不可积,这与假设矛盾. 因此,$f(x)$在$[a,b]$上必有界. □

这个引理仅给出了可积的必要条件.由此引理可知,凡是无界函数均不可积.但有界函数也未必可积,例如前面讨论过的 Dirichlet 函数虽然有界,但在任何有界闭区间$[a,b]$上都不可积.那么哪些有界函数一定可积呢? 下面给出几类可积函数.

定理 3.5(可积的充分条件) 若函数 $f(x)$在$[a,b]$上满足下列条件之一:

(1) $f(x)$在$[a,b]$上连续.

(2) $f(x)$在$[a,b]$上有界,且只有有限个间断点.

(3) $f(x)$在$[a,b]$上单调,

则 $f(x)$在$[a,b]$上可积.

上述定理证明较复杂,从略.

根据定积分的定义,可积函数积分和的极限值与区间分割及 ξ_i 的取法无关. 因而对于某些可积函数,可选取适当的分割和适当的 ξ_i,作出积分和,再求极限得定积分值.

例 3.2.2 求 $\int_0^1 x^3\mathrm{d}x$.$\left(\text{提示}:\sum_{i=1}^{n}i^3=\frac{1}{4}n^2(n+1)^2.\right)$

解 函数 $f(x)=x^3$ 在$[0,1]$上连续,因而在$[0,1]$上可积.将$[0,1]$进行 n 等分,分点 $x_i=\frac{i}{n}(i=1,2,\cdots,n)$,$\Delta x_i=\frac{1}{n}$.选取 $\xi_i=\frac{i}{n}(i=1,2,\cdots,n)$,则对应的积分和

$$S_n(f;\Delta)=\sum_{i=1}^{n}\left(\frac{i}{n}\right)^3\cdot\frac{1}{n}=\sum_{i=1}^{n}\frac{i^3}{n^4}=\frac{1}{4}\left(\frac{n+1}{n}\right)^2.$$

由于

$$\lim_{n\to\infty}S_n(f;\Delta)=\lim_{n\to\infty}\frac{1}{4}\left(1+\frac{1}{n}\right)^2=\frac{1}{4},$$

故

$$\int_0^1 x^3\mathrm{d}x=\frac{1}{4}.$$

用这种直接求积分和的极限的方法计算定积分是很不方便的，在很多情况下是难以求出的. 常用的计算方法将在后续各节介绍.

下面，我们在定积分定义的基础上讨论它的各种性质，这些性质对于定积分的计算和应用都是非常重要的.

性质 3.1　若在$[a,b]$上 $f(x)=1$，则 $\int_a^b 1\mathrm{d}x=\int_a^b\mathrm{d}x=b-a$.

性质 3.2(线性运算规则)　若函数 $f(x)$和 $g(x)$都在$[a,b]$上可积，则对任意常数 α 和 β，函数 $\alpha f(x)+\beta g(x)$在$[a,b]$上也可积，且

$$\int_a^b[\alpha f(x)+\beta g(x)]\mathrm{d}x=\alpha\int_a^b f(x)\mathrm{d}x+\beta\int_a^b g(x)\mathrm{d}x.$$

证明　任取$[a,b]$的一个分割 Δ：

$$a=x_0<x_1<\cdots<x_{n-1}<x_n=b,$$

并在$[x_{i-1},x_i]$上任取一点 ξ_i，记 $\Delta x_i=x_i-x_{i-1}(i=1,2,\cdots,n)$，$\lambda=\max\limits_{1\leqslant i\leqslant n}\{\Delta x_i\}$，则相应的积分和

$$\sum_{i=1}^n[\alpha f(\xi_i)+\beta g(\xi_i)]\Delta x_i=\alpha\sum_{i=1}^n f(\xi_i)\Delta x_i+\beta\sum_{i=1}^n g(\xi_i)\Delta x_i.$$

由 $f(x)$和 $g(x)$的可积性知，右边两项在 $\lambda\to 0$ 时分别以 $\alpha\int_a^b f(x)\mathrm{d}x$ 和 $\beta\int_a^b g(x)\mathrm{d}x$ 为极限，从而左边极限存在，这说明 $\alpha f(x)+\beta g(x)$在$[a,b]$上可积，且

$$\int_a^b[\alpha f(x)+\beta g(x)]\mathrm{d}x=\alpha\int_a^b f(x)\mathrm{d}x+\beta\int_a^b g(x)\mathrm{d}x.$$ □

由上述性质可知，计算较复杂函数的定积分时，可分项计算. 例如，$\int_0^1\sqrt{1-x^2}\,\mathrm{d}x=\frac{\pi}{4}$(由几何意义可知定积分值是单位圆面积的四分之一)，故由例 3.2.1 和性质 3.2，有

$$\int_0^1(4+2\sqrt{1-x^2})\mathrm{d}x=4\int_0^1\mathrm{d}x+2\int_0^1\sqrt{1-x^2}\,\mathrm{d}x=4\times 1+2\times\frac{\pi}{4}=4+\frac{\pi}{2}.$$

由定积分的定义，易得下面性质：

性质 3.3　若函数 $f(x)$在$[a,b]$上可积，且 $f(x)\geqslant 0$，则 $\int_a^b f(x)\mathrm{d}x\geqslant 0$.

性质 3.4(单调性)　若函数 $f(x)$与 $g(x)$在$[a,b]$上均可积，且 $f(x)\leqslant g(x)$，则

$$\int_a^b f(x)\mathrm{d}x\leqslant\int_a^b g(x)\mathrm{d}x.$$

证明　由性质 3.2 可知，函数 $g(x)-f(x)$在$[a,b]$上可积，且

$$\int_a^b [g(x)-f(x)]\mathrm{d}x=\int_a^b g(x)\mathrm{d}x-\int_a^b f(x)\mathrm{d}x.$$

又因 $g(x)-f(x)\geqslant 0$，由性质 3.3，$\int_a^b [g(x)-f(x)]\mathrm{d}x \geqslant 0$，从而

$$\int_a^b f(x)\mathrm{d}x \leqslant \int_a^b g(x)\mathrm{d}x.$$ □

性质 3.5　若函数 $f(x)$在$[a,b]$上可积，且 M 与 m 分别是 $f(x)$在$[a,b]$上的最大值和最小值，则

$$m(b-a)\leqslant \int_a^b f(x)\mathrm{d}x \leqslant M(b-a).$$

证明　在$[a,b]$上，$f(x)\geqslant m$，故由性质 3.4、性质 3.2 和性质 3.1 知，

$$\int_a^b f(x)\mathrm{d}x \geqslant \int_a^b m\,\mathrm{d}x = m\int_a^b \mathrm{d}x \geqslant m(b-a).$$

同理可证

$$\int_a^b f(x)\mathrm{d}x \leqslant M(b-a).$$ □

性质 3.6　若函数 $f(x)$在$[a,b]$上可积，则$|f(x)|$在$[a,b]$上可积，且

$$\left|\int_a^b f(x)\mathrm{d}x\right| \leqslant \int_a^b |f(x)|\mathrm{d}x.$$

证明　关于$|f(x)|$在$[a,b]$上可积性的证明较为复杂，这里从略，以下只证不等式成立.由于

$$-|f(x)| \leqslant f(x) \leqslant |f(x)|,\quad x\in[a,b],$$

由性质 3.4 及性质 3.2 可知，

$$-\int_a^b |f(x)|\mathrm{d}x \leqslant \int_a^b f(x)\mathrm{d}x \leqslant \int_a^b |f(x)|\mathrm{d}x,$$

此式即所要证明的不等式. □

性质 3.4、性质 3.5 和性质 3.6 常用于比较定积分的大小和估计定积分的大致范围. 如果需要建立严格不等式，则要从性质 3.3 改起(其证明留作习题)：

若函数 $f(x)$在$[a,b]$上非负、连续，且不恒为零，则 $\int_a^b f(x)\mathrm{d}x > 0$.

基于上述结论，可以得到性质 3.4、性质 3.5 和性质 3.6 的严格不等式形式. 例如，对于性质 3.4，可以改写为

若函数 $f(x)$与 $g(x)$在$[a,b]$上均连续，$f(x)\leqslant g(x)$，且不恒等，则

$$\int_a^b f(x)\mathrm{d}x < \int_a^b g(x)\mathrm{d}x.$$

例 3.2.3　比较 $\int_0^1 x\,\mathrm{d}x$ 与 $\int_0^1 x^2\mathrm{d}x$ 的大小.

解　易知，$x\in[0,1]$时，$x\geqslant x^2$，且等号仅在 $x=0,1$ 两个点成立，故

$$\int_0^1 x\,\mathrm{d}x > \int_0^1 x^2\mathrm{d}x.$$

例 3.2.4 证明:不等式

$$\frac{\pi}{2}<\int_0^{\frac{\pi}{2}}\frac{\mathrm{d}x}{\sqrt{1-\frac{1}{2}\sin^2 x}}<\frac{\pi}{\sqrt{2}}$$

成立.

证明 易证$\dfrac{1}{\sqrt{1-\frac{1}{2}\sin^2 x}}$在$\left[0,\dfrac{\pi}{2}\right]$上单调递增.故最小值为 1,最大值为$\sqrt{2}$.则由性质 3.5,有

$$\frac{\pi}{2}<\int_0^{\frac{\pi}{2}}\frac{\mathrm{d}x}{\sqrt{1-\frac{1}{2}\sin^2 x}}<\frac{\pi}{\sqrt{2}}.$$ □

性质 3.7(对区间的可加性) 设函数 $f(x)$在$[a,b]$上可积,$c\in(a,b)$,$f(x)$在$[a,c]$和$[c,b]$上也可积,且

$$\int_a^b f(x)\mathrm{d}x=\int_a^c f(x)\mathrm{d}x+\int_c^b f(x)\mathrm{d}x.$$

证明 $f(x)$在$[a,b]$的子区间上的可积性证明从略.以下只证可加性.

因为 $f(x)$在$[a,b]$上可积,所以积分和的极限与分割方式无关,故总可将 c 作为一个分割点.这样,$f(x)$在$[a,b]$上的积分和等于 $f(x)$在$[a,c]$和$[c,b]$上的积分和 $\sum\limits_{[a,c]}f(\xi_i)\Delta x_i$ 与$\sum\limits_{[c,b]}f(\xi_i)\Delta x_i$ 之和,即

$$\sum_{i=1}^{n}f(\xi_i)\Delta x_i=\sum_{[a,c]}f(\xi_i)\Delta x_i+\sum_{[c,b]}f(\xi_i)\Delta x_i,$$

令 $\lambda\to 0$,取极限,便得到所要证明的积分等式. □

由性质 3.7 可知,计算分段表示的可积函数的定积分时,可分区间计算. 例如,对函数

$$f(x)=\begin{cases}\sqrt{1-x^2}, & 0\leqslant x\leqslant 1,\\ 1, & 1<x\leqslant 2,\end{cases}$$

$$\int_0^2 f(x)\mathrm{d}x=\int_0^1\sqrt{1-x^2}\,\mathrm{d}x+\int_1^2 1\mathrm{d}x=\frac{\pi}{4}+1.$$

性质 3.7 可推广为设 $f(x)$在包含 a,b,c 的有界闭区间 I 上可积,则不论 a,b,c 的相对位置如何,总有 $\int_a^b f(x)\mathrm{d}x=\int_a^c f(x)\mathrm{d}x+\int_c^b f(x)\mathrm{d}x$.

例如,设 $a<b<c$,则由性质 3.7,

$$\int_a^c f(x)\mathrm{d}x=\int_a^b f(x)\mathrm{d}x+\int_b^c f(x)\mathrm{d}x,$$

故

$$\int_a^b f(x)\mathrm{d}x=\int_a^c f(x)\mathrm{d}x-\int_b^c f(x)\mathrm{d}x=\int_a^c f(x)\mathrm{d}x+\int_c^b f(x)\mathrm{d}x.$$

性质 3.8　设 $f(x)$，$g(x)$在$[a,b]$上均可积，则 $f(x)g(x)$在$[a,b]$上也可积.

证明留给读者.

性质 3.9(积分中值定理)　若 $f(x)$在$[a,b]$上连续，则至少存在一点 $\xi\in[a,b]$，使

$$\int_a^b f(x)\mathrm{d}x=f(\xi)\cdot(b-a).$$

证明　因 $f(x)$在$[a,b]$上连续，故在$[a,b]$上可积.设 $f(x)$在$[a,b]$上的最大值和最小值分别为 M 和 m，则由性质 3.5，

$$m(b-a)\leqslant\int_a^b f(x)\mathrm{d}x\leqslant M(b-a),$$

故

$$m\leqslant\frac{1}{b-a}\int_a^b f(x)\mathrm{d}x\leqslant M.$$

由连续函数的介值定理知，至少存在一点 $\xi\in[a,b]$，使得

$$f(\xi)=\frac{1}{b-a}\int_a^b f(x)\mathrm{d}x,$$

即

$$\int_a^b f(x)\mathrm{d}x=f(\xi)\cdot(b-a).$$ □

当 $f(x)\geqslant 0$ 时，积分中值定理具有简单的几何意义：对于如图 3-6 所示的曲边梯形，总存在一个高为 $f(\xi)$，底长为 $b-a$ 的矩形，使矩形面积等于曲边梯形的面积.

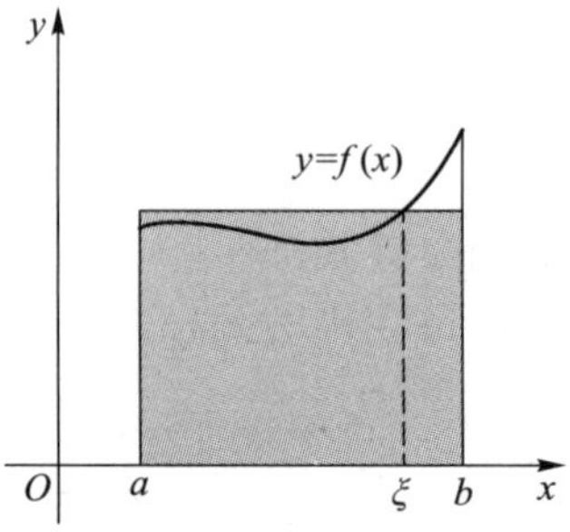

图 3-6

我们也常把 $\frac{1}{b-a}\int_a^b f(x)\mathrm{d}x$ 称为 $f(x)$在$[a,b]$上的平均值.

习题 3.2

(A)

1. 按定积分定义证明：$\int_a^b 2\mathrm{d}x=2(b-a)$.

2. 通过对积分区间作等分分割，并取适当的点集$\{\xi_i\}$，把定积分看作是对应的积分和的极限，来计算下

列定积分：

(1) $\int_0^1 x^2\,\mathrm{d}x$.　　(2) $\int_0^1 \mathrm{e}^x\,\mathrm{d}x$.

3. 已知某物体以速度 $v(t)=3t+5$ m/s 做直线运动，试用定积分表示物体在 $T_1=1$ s 到 $T_2=3$ s 期间所运动的距离，并用定积分求出该距离.

(B)

1. 利用定积分定义计算下列定积分：

(1) $\int_a^b \mathrm{e}^x\,\mathrm{d}x$.　　(2) $\int_a^b \frac{\mathrm{d}x}{x^2}$ $(0<a<b)$.(提示：取 $\xi_i = \sqrt{x_{i-1}x_i}$.)

2. 利用定积分表示下列极限：

(1) $\lim\limits_{n\to\infty}\frac{1}{n}\left(\sin\frac{\pi}{2n}+\sin\frac{2\pi}{2n}+\cdots+\sin\frac{n\pi}{2n}\right)$.(2) $\lim\limits_{n\to\infty}\left(\frac{1}{\sqrt{4n^2-1^2}}+\frac{1}{\sqrt{4n^2-2^2}}+\cdots+\frac{1}{\sqrt{4n^2-n^2}}\right)$.

3. 比较定积分的大小：

(1) $\int_0^1 x^2\,\mathrm{d}x$ 与 $\int_0^1 x^3\,\mathrm{d}x$.　　(2) $\int_0^1 \mathrm{e}^x\,\mathrm{d}x$ 与 $\int_0^1 \mathrm{e}^{x^2}\,\mathrm{d}x$.

(3) $\int_0^1 \mathrm{e}^x\,\mathrm{d}x$ 与 $\int_0^1\left(1+x+\frac{x^2}{2!}+\cdots+\frac{x^n}{n!}\right)\mathrm{d}x$.

4. 证明下列不等式：

(1) $\frac{1}{2}<\int_{\frac{\pi}{4}}^{\frac{\pi}{2}}\frac{\sin x}{x}\,\mathrm{d}x<\frac{\sqrt{2}}{2}$.　　(2) $2\mathrm{e}^{-\frac{1}{4}}<\int_0^2 \mathrm{e}^{x^2-x}\,\mathrm{d}x<2\mathrm{e}^2$.

(3) $\ln(n!)>\int_1^n \ln x\,\mathrm{d}x$，其中正整数 $n\geqslant 2$.

5. 证明：(1) 若函数 $f(x)$ 在 $[a,b]$ 上非负、连续，且不恒为零，则 $\int_a^b f(x)\,\mathrm{d}x>0$.

(2) 设 $f(x)$ 是 $[a,b]$ 上的非负连续函数，若 $\int_a^b f(x)\,\mathrm{d}x=0$，则 $f(x)=0, x\in[a,b]$.

(3) 若函数 $f(x)$ 与 $g(x)$ 在 $[a,b]$ 上均连续，$f(x)\leqslant g(x)$，且不恒等，则 $\int_a^b f(x)\,\mathrm{d}x<\int_a^b g(x)\,\mathrm{d}x$.

§ 3.3　Newton-Leibniz 公式

虽然定积分定义为积分和的极限，但一般来说直接用定义来验证函数的可积性并计算定积分值是很困难的事. 本节介绍的 Newton-Leibniz 公式，在原函数存在的前提条件下，成功地解决了判定可积性与计算定积分值的问题. 这一公式，无论在理论上或者是在实际应用中，都具有重要的意义.

Newton-Leibniz 公式

定理 3.6(Newton-Leibniz 公式)　设函数 $f(x)$ 在闭区间 $[a,b]$ 上连续.如果存在函数 $F(x)$，它在 $[a,b]$ 上连续，在 (a,b) 内可导，并且满足

$$F'(x)=f(x),\quad \forall x\in(a,b),$$

那么函数 $f(x)$ 在 $[a,b]$ 上可积，并且

$$\int_a^b f(x)\mathrm{d}x=F(b)-F(a).$$

证明 任取$[a,b]$的一个分割：

$$a=x_0<x_1<\cdots<x_{n-1}<x_n=b,$$

由微分中值定理知，存在$\xi_i\in(x_{i-1},x_i)(i=1,2,\cdots,n)$，使得

$$F(x_i)-F(x_{i-1})=F'(\xi_i)(x_i-x_{i-1})=f(\xi_i)(x_i-x_{i-1})=f(\xi_i)\Delta x_i,$$

从而

$$F(b)-F(a)=\sum_{i=1}^n[F(x_i)-F(x_{i-1})]=\sum_{i=1}^n f(\xi_i)\Delta x_i.$$

显然$\sum\limits_{i=1}^n f(\xi_i)\Delta x_i$是$f(x)$在$[a,b]$上的一个特殊积分和，由于$f(x)$可积，令$\lambda=\max\limits_{1\leqslant i\leqslant n}\{\Delta x_i\}$，在上式两边取极限，便有

$$F(b)-F(a)=\lim_{\lambda\to 0}[F(b)-F(a)]=\lim_{\lambda\to 0}\sum_{i=1}^n f(\xi_i)\Delta x_i=\int_a^b f(x)\mathrm{d}x. \qquad \square$$

为了书写方便，我们引入记号

$$F(x)\Big|_a^b=F(b)-F(a).$$

于是，Newton-Leibniz 公式可以写成

$$\int_a^b f(x)\mathrm{d}x=F(x)\Big|_a^b.$$

为了方便起见，不管$a<b$还是$a>b$，我们都用记号$[a,b]$表示介于a与b之间(连同a，b在内)的所有实数的集合，并仍称之为闭区间.

例 3.3.1 计算下列定积分：

(1) $\int_0^1\frac{1}{1+x^2}\mathrm{d}x$. (2) $\int_0^{\frac{\pi}{4}}\frac{1}{\cos^2 x}\mathrm{d}x$.

(3) $\int_0^1 x^n\mathrm{d}x$ (n为正整数). (4) $\int_0^{\frac{1}{2}}\frac{1}{\sqrt{1-x^2}}\mathrm{d}x$.

解 由于$\arctan x$是$\frac{1}{1+x^2}$的一个原函数，$\tan x$，$\frac{x^{n+1}}{n+1}$和$\arcsin x$分别是$\frac{1}{\cos^2 x}$，x^n和$\frac{1}{\sqrt{1-x^2}}$的原函数，根据 Newton-Leibniz 公式，有

(1) $\int_0^1\frac{1}{1+x^2}\mathrm{d}x=\arctan x\Big|_0^1=\arctan 1-\arctan 0=\frac{\pi}{4}$.

(2) $\int_0^{\frac{\pi}{4}}\frac{1}{\cos^2 x}\mathrm{d}x=\tan x\Big|_0^{\frac{\pi}{4}}=\tan\frac{\pi}{4}-\tan 0=1$.

(3) $\int_0^1 x^n\mathrm{d}x=\frac{x^{n+1}}{n+1}\Big|_0^1=\frac{1}{n+1}-0=\frac{1}{n+1}$.

(4) $\int_0^{\frac{1}{2}}\frac{1}{\sqrt{1-x^2}}\mathrm{d}x=\arcsin x\Big|_0^{\frac{1}{2}}=\arcsin\frac{1}{2}-\arcsin 0=\frac{\pi}{6}$.

设 f 在$[a,b]$上可积，则对任何 $x\in[a,b]$可以定义

$$\Phi(x)=\int_a^x f(t)\mathrm{d}t,$$

这里为了避免与积分上限相混淆，改用 t 表示积分变量. 换句话说，对每个固定的积分上限 x，都有一个积分值与其对应，因此，我们可以把定积分看作积分上限的函数.

定理 3.7 设函数 f 在$[a,b]$上可积，则函数

$$\Phi(x)=\int_a^x f(t)\mathrm{d}t$$

在$[a,b]$上连续.

证明 可积函数是有界的.设

$$|f(t)|\leqslant K,\quad \forall t\in[a,b].$$

对任意 $x_0\in[a,b]$，我们有

$$|\Phi(x)-\Phi(x_0)|=\left|\int_{x_0}^x f(t)\mathrm{d}t\right|\leqslant\left|\int_{x_0}^x |f(t)|\mathrm{d}t\right|\leqslant K|x-x_0|.$$

由此得到

$$\lim_{x\to x_0}[\Phi(x)-\Phi(x_0)]=0,$$

即证得 $\Phi(x)$在点 x_0 的连续性.由 x_0 的任意性知，$\Phi(x)$在$[a,b]$上处处连续. □

定理 3.8 设函数 f 在$[a,b]$上可积，$x_0\in(a,b)$.如果 f 在点 x_0 处连续，那么函数

$$\Phi(x)=\int_a^x f(t)\mathrm{d}t$$

在点 x_0 处可导，并且

$$\Phi'(x_0)=f(x_0).$$

证明 因为函数 f 在点 x_0 处连续，所以对任意 $\varepsilon>0$，存在 $\delta>0$，使得只要

$$|t-x_0|<\delta,$$

就有

$$|f(t)-f(x_0)|<\varepsilon.$$

于是，只要

$$x\in[a,b],\quad 0<|x-x_0|<\delta,$$

就有

$$\begin{aligned}&\left|\frac{\Phi(x)-\Phi(x_0)}{x-x_0}-f(x_0)\right|=\left|\frac{1}{x-x_0}\int_{x_0}^x f(t)\mathrm{d}t-f(x_0)\right|\\&=\left|\frac{1}{x-x_0}\int_{x_0}^x[f(t)-f(x_0)]\mathrm{d}t\right|=\frac{1}{|x-x_0|}\left|\int_{x_0}^x[f(t)-f(x_0)]\mathrm{d}t\right|\\&\leqslant\frac{1}{|x-x_0|}\left|\int_{x_0}^x|f(t)-f(x_0)|\mathrm{d}t\right|\leqslant\frac{1}{|x-x_0|}\cdot\varepsilon|x-x_0|=\varepsilon.\end{aligned}$$

这证明了

$$\lim_{x\to x_0}\frac{\Phi(x)-\Phi(x_0)}{x-x_0}=f(x_0).$$

□

用类似的办法可以证明：对于 $a<b$ 的情形，如果函数 f 在闭区间 $[a,b]$ 上可积，在点 a 处右连续（在点 b 处左连续），那么函数

$$\Phi(x)=\int_a^x f(t)\mathrm{d}t$$

就在点 a 右侧可导（在点 b 左侧可导），并且

$$\Phi'_+(a)=f(a)\quad(\Phi'_-(b)=f(b)).$$

因此，如果函数 f 在闭区间 $[a,b]$ 上连续，那么函数

$$\Phi(x)=\int_a^x f(t)\mathrm{d}t$$

就在闭区间 $[a,b]$ 上连续可微，并且

$$\Phi'(x)=f(x),\quad \forall x\in[a,b].$$

对于以积分下限为变元的函数

$$\Psi(x)=\int_x^b f(t)\mathrm{d}t=-\int_b^x f(t)\mathrm{d}t$$

也有相应的结果. 只要 f 在 $[a,b]$ 上可积，这样的函数就在 $[a,b]$ 上连续. 如果 f 在点 $x_0\in(a,b)$ 处连续（在点 a 处右连续，或在点 b 处左连续），那么 Ψ 就在点 x_0 处可导（在点 a 右侧可导，或在点 b 左侧可导），并且

$$\Psi'(x_0)=-f(x_0)$$

$$(\Psi'_+(a)=-f(a)\quad 或\quad \Psi'_-(b)=-f(b)).$$

因此，如果函数 f 在闭区间 $[a,b]$ 上连续，那么函数 Ψ 就在闭区间 $[a,b]$ 上连续可微，并且

$$\Psi'(x)=-f(x),\quad \forall x\in[a,b].$$

所有这些结果都可以仿照前面的讨论予以证明.

我们还可以考察如下形式的函数的可微性：

$$F(x)=\int_{u(x)}^{v(x)} f(t)\mathrm{d}t.$$

设函数 $u(x)$ 和 $v(x)$ 在闭区间 $[a,b]$ 上可微，并且满足条件

$$A\leqslant u(x)\leqslant B,\quad A\leqslant v(x)\leqslant B,\quad \forall x\in[a,b].$$

如果函数 f 在闭区间 $[a,b]$ 上连续，那么函数

$$F(x)=\int_{u(x)}^{v(x)} f(t)\mathrm{d}t$$

就在闭区间 $[a,b]$ 上可微. 事实上，我们可以取 $c\in(A,B)$ 而把函数 $F(x)$ 表示为

$$F(x)=\int_c^{v(x)} f(t)\mathrm{d}t-\int_c^{u(x)} f(t)\mathrm{d}t.$$

上式右端的每一项都是可微函数的复合. 因而函数 $F(x)$ 在闭区间 $[a,b]$ 上可微，并且根据复合函数的求导法则可得

$$F'(x)=f(v(x))v'(x)-f(u(x))u'(x).\tag{3.3.1}$$

利用上面讨论的结果，我们重新再来考察 Newton-Leibniz 公式. 前面在介绍 Newton-Leibniz 公式的时候，为了便于证明，附加了“原函数存在”这一额外的条件. 其实，根据上述

讨论，我们能够作出这样的判断：任何连续函数都必定具有原函数.

我们将这一重要结论写成定理的形式.

定理 3.9　设函数 f 在闭区间$[a,b]$上连续，则

原函数存在定理

$$\Phi(x)=\int_a^x f(t)\mathrm{d}t$$

就是 f 在$[a,b]$上的一个原函数. 由此可知，函数 f 在闭区间$[a,b]$上的任何一个原函数 Ψ 都可以表示成如下的形式：

$$\Psi(x)=\int_a^x f(t)\mathrm{d}t+C,$$

这里的 C 是一个常数.

根据定理 3.9，任何连续函数都具有原函数，这就证明了前面的定理 3.1.

定理 3.9 实际上蕴含了 Newton-Leibniz 公式. 事实上，设 f 在$[a,b]$上连续，F 是 f 的任何一个原函数，则根据定理 3.9 应有

$$F(x)=\int_a^x f(t)\mathrm{d}t+C.$$

由此可得

$$F(b)-F(a)=\int_a^b f(x)\mathrm{d}x,$$

也就是

$$\int_a^b f(x)\mathrm{d}x=F(b)-F(a)=F(x)\Big|_a^b.$$

例 3.3.2　设函数

$$f(x)=\begin{cases}\sin x, & 0\leqslant x\leqslant\dfrac{\pi}{2},\\ 2x, & \dfrac{\pi}{2}<x\leqslant\pi,\end{cases}$$

求 $\int_0^{\pi} f(x)\mathrm{d}x$.

解　$$\int_0^{\pi} f(x)\mathrm{d}x=\int_0^{\frac{\pi}{2}} f(x)\mathrm{d}x+\int_{\frac{\pi}{2}}^{\pi} f(x)\mathrm{d}x=\int_0^{\frac{\pi}{2}}\sin x\,\mathrm{d}x+\int_{\frac{\pi}{2}}^{\pi}2x\,\mathrm{d}x$$

$$=(-\cos x)\Big|_0^{\frac{\pi}{2}}+x^2\Big|_{\frac{\pi}{2}}^{\pi}=1+\frac{3}{4}\pi^2.$$

例 3.3.3　计算下列函数的导数：

(1) $\displaystyle\int_a^x t^2\cos t\,\mathrm{d}t$.　　(2) $\displaystyle\int_x^1 \arctan t^2\,\mathrm{d}t$.

(3) $\displaystyle\int_0^{\sqrt{x}} \sin t^3\,\mathrm{d}t$.　　(4) $\displaystyle\int_{\sin x}^{x^2} \mathrm{e}^{-t^2}\,\mathrm{d}t$.

解　(1) $\dfrac{\mathrm{d}}{\mathrm{d}x}\displaystyle\int_a^x t^2\cos t\,\mathrm{d}t=x^2\cos x$.

(2) $\dfrac{\mathrm{d}}{\mathrm{d}x}\int_x^1 \arctan t^2\,\mathrm{d}t = -\dfrac{\mathrm{d}}{\mathrm{d}x}\int_1^x \arctan t^2\,\mathrm{d}t = -\arctan x^2$.

(3) 设 $u=\sqrt{x}$，根据复合函数的求导法则，有

$$\frac{\mathrm{d}}{\mathrm{d}x}\int_0^{\sqrt{x}} \sin t^3\,\mathrm{d}t = \left(\frac{\mathrm{d}}{\mathrm{d}u}\int_0^u \sin t^3\,\mathrm{d}t\right)\cdot\frac{\mathrm{d}u}{\mathrm{d}x} = \sin u^3 \cdot \frac{1}{2\sqrt{x}} = \frac{1}{2\sqrt{x}}\sin x^{\frac{3}{2}}.$$

(4) 由定积分的性质，

$$\int_{\sin x}^{x^2} \mathrm{e}^{-t^2}\,\mathrm{d}t = \int_0^{x^2} \mathrm{e}^{-t^2}\,\mathrm{d}t - \int_0^{\sin x} \mathrm{e}^{-t^2}\,\mathrm{d}t,$$

故

$$\frac{\mathrm{d}}{\mathrm{d}x}\int_{\sin x}^{x^2} \mathrm{e}^{-t^2}\,\mathrm{d}t = 2x\mathrm{e}^{-x^4} - \mathrm{e}^{-\sin^2 x}\cos x.$$

例 3.3.4　求 $\lim\limits_{x\to 0}\dfrac{\int_0^{x^2}\ln(1+2t)\,\mathrm{d}t}{x^4}$.

解　这是 $\dfrac{0}{0}$ 型未定式.由 L'Hospital 法则和复合函数的求导法则，得

$$\lim_{x\to 0}\frac{\int_0^{x^2}\ln(1+2t)\,\mathrm{d}t}{x^4} = \lim_{x\to 0}\frac{2x\cdot\ln(1+2x^2)}{4x^3} = \lim_{x\to 0}\frac{2x\cdot 2x^2}{4x^3} = 1.$$

例 3.3.5　设函数 $f(x)$ 在 $[a,b]$ 上连续且单调增加，$F(x)=\dfrac{1}{x-a}\int_a^x f(t)\,\mathrm{d}t\ (a<x\leqslant b)$，$F(a)=f(a)$，证明：$F(x)$ 在 $[a,b]$ 上单调增加.

证明　由积分中值定理，对任意 $x\in(a,b]$，

$$F(x)=\frac{1}{x-a}\int_a^x f(t)\,\mathrm{d}t = \frac{1}{x-a}f(\xi_x)(x-a) = f(\xi_x),\quad \xi_x\in[a,x].$$

由 $f(x)$ 的连续性，

$$\lim_{x\to a^+}F(x) = \lim_{x\to a^+}f(\xi_x) = f(a),$$

因此 $F(x)$ 在 $x=a$ 处连续，从而在 $[a,b]$ 上连续.由定义知 $F(x)$ 在 (a,b) 内可导，且

$$F'(x)=\frac{1}{x-a}f(x)-\frac{1}{(x-a)^2}\int_a^x f(t)\,\mathrm{d}t = \frac{1}{x-a}[f(x)-f(\xi_x)],\quad a\leqslant\xi_x\leqslant x.$$

由 $f(x)$ 的单调性，可证 $a<\xi_x<x$，有 $f(\xi_x)<f(x)$，进而有 $x\in(a,b)$ 时，$F'(x)>0$，所以 $F(x)$ 在 $[a,b]$ 上单调增加.　□

习题 3.3

(A)

1. 用 Newton-Leibniz 公式计算下列定积分：

(1) $\displaystyle\int_{-1}^{1}\frac{1}{1+x^2}\mathrm{d}x$.　　　　(2) $\displaystyle\int_{-2}^{-1}\frac{1}{x}\mathrm{d}x$.

(3) $\int_{-1}^{0}\frac{3x^4+3x^2+1}{x^2+1}\mathrm{d}x$.　(4) $\int_{-1}^{3}|2-x|\mathrm{d}x$.

(5) $\int_{0}^{1}(3x^2-4x^3)\mathrm{d}x$.　(6) $\int_{\frac{1}{\sqrt{3}}}^{\sqrt{3}}\frac{1}{1+x^2}\mathrm{d}x$.

(7) $\int_{0}^{2\pi}|\sin x|\mathrm{d}x$.

2. 设 $f(x)=\begin{cases}2x, & 0\leqslant x\leqslant 1,\\ 5, & 1<x\leqslant 2,\end{cases}$ 求 $\int_0^2 f(x)\mathrm{d}x$.

3. 设 $f(x)=\begin{cases}x^2, & 0\leqslant x<1,\\ 1, & 1\leqslant x\leqslant 2,\end{cases}$ 求 $F(x)=\int_1^x f(t)\mathrm{d}t(0\leqslant x\leqslant 2)$.

4. 求下列函数的导数：

(1) $y=\int_{x^2}^{\sin x}\sqrt{1+t}\,\mathrm{d}t$.　(2) $y=\int_{0}^{x^2}\frac{\sin t}{t}\mathrm{d}t$.

(3) $y=\int_{0}^{\sin x}xf(t)\mathrm{d}t$.　(4) $y=\int_{\sin x}^{\arctan x}\mathrm{e}^{2t}\,\mathrm{d}t$.

(5) $y=\int_{0}^{x^3}\mathrm{e}^{t^2}\,\mathrm{d}t$.　(6) $y=\int_{2x}^{1}\sin(1+t^2)\mathrm{d}t$.

(7) $y=\int_{x}^{x^2}\frac{\mathrm{d}t}{\sqrt{1+t^4}}$.

5. 求由方程 $x^3-\int_0^{y^2}\mathrm{e}^{-t^2}\mathrm{d}t+y=0$ 确定的隐函数 $y=y(x)$ 的导数 $\frac{\mathrm{d}y}{\mathrm{d}x}$.

6. 求由参数方程 $x=\int_0^{t^2}\sin u\mathrm{d}u, y=\int_0^{t^2}\cos u\mathrm{d}u$ 所确定的函数 $y=y(x)$ 的导数 $\frac{\mathrm{d}y}{\mathrm{d}x}$.

7. 设 $F(x)=\int_0^x \mathrm{e}^{-\frac{t^2}{2}}\mathrm{d}t, x\in(-\infty,+\infty)$，求曲线 $y=F(x)$ 在拐点处的切线方程.

(B)

1. 求下列极限：

(1) $\lim\limits_{x\to 0}\frac{\int_0^x(\tan t-\sin t)\mathrm{d}t}{\int_0^{\sin x}t^3\mathrm{d}t}$.　(2) $\lim\limits_{x\to 0}\frac{\int_{\cos x}^{1}t\ln t\mathrm{d}t}{x^4}$.

2. 设 $f(x)$ 在 $(-\infty,+\infty)$ 内连续，且 $f(x)>0$. 证明：函数 $F(x)=\frac{\int_0^x tf(t)\mathrm{d}t}{\int_0^x f(t)\mathrm{d}t}$ 在 $(0,+\infty)$ 内为单调增加函数.

3. 证明：若 $f(x)$ 在 $[a,b]$ 上连续，则至少存在一点 $\xi\in(a,b)$，使得 $\int_a^b f(x)\mathrm{d}x=f(\xi)\cdot(b-a)$.

§3.4 定积分的计算

根据 Newton-Leibniz 公式，计算连续函数 $f(x)$ 的定积分 $\int_a^b f(x)\mathrm{d}x$，一般是把它转化

为求 $f(x)$ 的原函数 $F(x)$ 在积分区间 $[a,b]$ 上的增量 $F(b)-F(a)$. 若 $f(x)$ 比较复杂,则需要一次或多次应用不定积分的换元积分法和分部积分法,才可求得 $F(x)$,然后再代入积分上、下限,求出定积分值. 这样计算固然可行,但往往不够方便. 由于连续函数的原函数一定存在,因此连续函数的定积分计算与不定积分计算有着密切的联系.相应于不定积分的换元积分法与分部积分法,本节所要介绍的是定积分的换元积分法与分部积分法.

3.4.1 定积分的换元法

定积分的换元法

设函数 $f(x)$ 在 $[a,b]$ 上连续,对变换 $x=\varphi(t)$,若有常数 α,β 满足:
(1) $\varphi(\alpha)=a,\varphi(\beta)=b$.(2) 在以 α 和 β 为端点的闭区间上,$a\leqslant\varphi(t)\leqslant b$.(3) $\varphi(t)$ 有连续的导数,则

$$\int_a^b f(x)\mathrm{d}x=\int_\alpha^\beta f(\varphi(t))\varphi'(t)\mathrm{d}t. \tag{3.4.1}$$

公式(3.4.1)称为定积分的换元公式.

事实上,由条件知,(3.4.1)式两边的被积函数分别在 $[a,b]$ 和 $[\alpha,\beta]$(或 $[\beta,\alpha]$)上连续,所以(3.4.1)式两边的定积分都存在,并且两边被积函数的原函数存在,故(3.4.1)式两边的定积分都可由 Newton-Leibniz 公式来计算. 设 $F(x)$ 是 $f(x)$ 的一个原函数,则

$$\int_a^b f(x)\mathrm{d}x=F(b)-F(a).$$

另一方面,由复合函数的求导法则,有

$$\frac{\mathrm{d}F(\varphi(t))}{\mathrm{d}t}=\frac{\mathrm{d}F}{\mathrm{d}x}\cdot\frac{\mathrm{d}x}{\mathrm{d}t}=f(x)\varphi'(t)=f(\varphi(t))\varphi'(t),$$

即 $F(\varphi(t))$ 是 $f(\varphi(t))\varphi'(t)$ 的一个原函数. 因而有

$$\int_\alpha^\beta f(\varphi(t))\varphi'(t)\mathrm{d}t=F(\varphi(\beta))-F(\varphi(\alpha))=F(b)-F(a).$$

所以(3.4.1)式成立.

显然,当 $a>b$ 时,公式仍成立.

例 3.4.1 求 $\int_0^1\sqrt{1-x^2}\,\mathrm{d}x$.

解 令 $x=\sin t$,当 t 由 0 变到 $\frac{\pi}{2}$ 时,x 由 0 增加到 1,故取 $[\alpha,\beta]=\left[0,\frac{\pi}{2}\right]$. 并注意到在第一象限中 $\cos t\geqslant0$,则有

$$\begin{aligned}\int_0^1\sqrt{1-x^2}\,\mathrm{d}x&=\int_0^{\frac{\pi}{2}}\sqrt{1-\sin^2 t}\cos t\,\mathrm{d}t=\int_0^{\frac{\pi}{2}}\cos^2 t\,\mathrm{d}t\\&=\frac{1}{2}\int_0^{\frac{\pi}{2}}(1+\cos 2t)\mathrm{d}t=\frac{1}{2}\left(t+\frac{1}{2}\sin 2t\right)\Bigg|_0^{\frac{\pi}{2}}=\frac{\pi}{4}.\end{aligned}$$

例 3.4.2 求 $\int_0^{\frac{\pi}{2}}\sin t\cos^2 t\,\mathrm{d}t$.

解 令 $x=\cos t$,则有 $\mathrm{d}x=-\sin t\,\mathrm{d}t$,当 t 由 0 变到 $\frac{\pi}{2}$ 时,x 由 1 减少到 0. 则有

$$\int_0^{\frac{\pi}{2}} \sin t\cos^2 t\,dt = -\int_1^0 x^2\,dx = \int_0^1 x^2\,dx = \frac{1}{3}.$$

例 3.4.3　求 $J = \int_0^1 \frac{\ln(1+x)}{1+x^2}dx$.

解　令 $x=\tan t$，当 t 由 0 变到 $\frac{\pi}{4}$ 时，x 由 0 增加到 1. 于是由 $dt=\frac{dx}{1+x^2}$ 可得

$$\begin{aligned} J &= \int_0^{\frac{\pi}{4}} \ln(1+\tan t)\,dt = \int_0^{\frac{\pi}{4}} \ln\frac{\cos t+\sin t}{\cos t}dt \\ &= \int_0^{\frac{\pi}{4}} \ln\frac{\sqrt{2}\cos\left(\frac{\pi}{4}-t\right)}{\cos t}dt \\ &= \int_0^{\frac{\pi}{4}} \ln\sqrt{2}\,dt + \int_0^{\frac{\pi}{4}} \ln\left(\cos\left(\frac{\pi}{4}-t\right)\right)dt - \int_0^{\frac{\pi}{4}} \ln(\cos t)\,dt. \end{aligned}$$

对最末第二个定积分作变换 $u=\frac{\pi}{4}-t$，有

$$\int_0^{\frac{\pi}{4}} \ln\left(\cos\left(\frac{\pi}{4}-t\right)\right)dt = \int_{\frac{\pi}{4}}^0 \ln(\cos u)(-du) = \int_0^{\frac{\pi}{4}} \ln(\cos u)\,du,$$

它与上面第三个定积分相消，故得

$$J = \int_0^{\frac{\pi}{4}} \ln\sqrt{2}\,dt = \frac{\pi}{8}\ln 2.$$

例 3.4.4　设 f 在 $[-a,a]$ 上可积，证明：

(1) 若 f 为奇函数，则 $\int_{-a}^a f(x)\,dx = 0$.

(2) 若 f 为偶函数，则 $\int_{-a}^a f(x)\,dx = 2\int_0^a f(x)\,dx$.

证明　由 $\int_{-a}^a f(x)\,dx = \int_0^a f(x)\,dx + \int_{-a}^0 f(x)\,dx$，在右边第二个积分中，令 $x=-t$，则

$$\begin{aligned} \int_{-a}^a f(x)\,dx &= \int_0^a f(x)\,dx + \int_a^0 f(-t)\,d(-t) \\ &= \int_0^a [f(x)+f(-x)]\,dx. \end{aligned}$$

(1) 若 f 为奇函数，则 $f(x)=-f(-x)$，故

$$\int_{-a}^a f(x)\,dx = 0.$$

(2) 若 f 为偶函数，则 $f(x)=f(-x)$，故

$$\int_{-a}^a f(x)\,dx = 2\int_0^a f(x)\,dx.$$

□

根据上述结果，可以简化某些定积分的计算，例如：

$$\int_{-\pi}^{\pi} \sin^2 x\,dx = 2\int_0^{\pi} \sin^2 x\,dx = \pi,$$

$$\int_{-\pi}^{\pi} x^2 \sin x \mathrm{d}x = 0,$$

$$\int_{-1}^{1} \frac{x+|x|}{1+x^2}\mathrm{d}x = \int_{-1}^{1} \frac{x}{1+x^2}\mathrm{d}x + \int_{-1}^{1} \frac{|x|}{1+x^2}\mathrm{d}x = 2\int_{0}^{1} \frac{x}{1+x^2}\mathrm{d}x = \ln 2.$$

例 3.4.5 求 $\int_0^{\pi} \frac{x\sin x}{1+\sin^2 x}\mathrm{d}x$.

解 令 $x=\pi-u$，则有

$$\int_0^{\pi} \frac{x\sin x}{1+\sin^2 x}\mathrm{d}x = \int_0^{\pi} \frac{(\pi-u)\sin u}{1+\sin^2 u}\mathrm{d}u = \int_0^{\pi} \frac{\pi\sin u}{1+\sin^2 u}\mathrm{d}u - \int_0^{\pi} \frac{u\sin u}{1+\sin^2 u}\mathrm{d}u,$$

故

$$\int_0^{\pi} \frac{x\sin x}{1+\sin^2 x}\mathrm{d}x = \frac{\pi}{2}\int_0^{\pi} \frac{\sin x}{1+\sin^2 x}\mathrm{d}x = \pi\int_0^{\frac{\pi}{2}} \frac{\sin x}{1+\sin^2 x}\mathrm{d}x.$$

令 $\cos x = t$，则有

$$\int_0^{\pi} \frac{x\sin x}{1+\sin^2 x}\mathrm{d}x = \pi\int_0^{1} \frac{1}{2-t^2}\mathrm{d}t = \frac{\pi}{2\sqrt{2}}\ln\left|\frac{\sqrt{2}+t}{\sqrt{2}-t}\right|\Bigg|_0^1 = \frac{\pi}{\sqrt{2}}\ln(\sqrt{2}+1).$$

例 3.4.6 求 $I = \int_0^2 (2x+1)\sqrt{2x-x^2}\,\mathrm{d}x$.

解 $I = \int_0^2 [2(x-1)+3]\sqrt{1-(x-1)^2}\,\mathrm{d}x$，令 $x-1=u$，则有

$$I = \int_{-1}^{1} (2u+3)\sqrt{1-u^2}\,\mathrm{d}u = \int_{-1}^{1} 3\sqrt{1-u^2}\,\mathrm{d}u = \frac{3\pi}{2}.$$

例 3.4.7 设 $f(x)$ 连续，证明：

(1) $\int_a^b f(x)\mathrm{d}x = \int_a^b f(a+b-x)\mathrm{d}x$.

(2) $\int_a^b f(x)\mathrm{d}x = (b-a)\int_0^1 f(a+(b-a)x)\mathrm{d}x$.

证明 若要证明一个定积分与另一个定积分相等，且两个积分区间相同，一般使用变换 $x+t=a+b$；若证明一个定积分等于另一个定积分，且另一个定积分的积分区间为 $[0,1]$，一般使用变换 $x=a+(b-a)t$.

(1) 令 $x+t=a+b$，则有

$$\begin{aligned}\int_a^b f(x)\mathrm{d}x &= \int_b^a f(a+b-t)(-\mathrm{d}t)\\ &= \int_a^b f(a+b-t)\mathrm{d}t = \int_a^b f(a+b-x)\mathrm{d}x.\end{aligned}$$

(2) 令 $x=a+(b-a)t$，则有

$$\begin{aligned}\int_a^b f(x)\mathrm{d}x &= \int_0^1 f(a+(b-a)t)(b-a)\mathrm{d}t = (b-a)\int_0^1 f(a+(b-a)t)\mathrm{d}t\\ &= (b-a)\int_0^1 f(a+(b-a)x)\mathrm{d}x.\end{aligned}$$

□

3.4.2 定积分的分部积分法

定积分的分部积分法

设函数 $u=u(x)$，$v=v(x)$ 在 $[a,b]$ 上具有连续导数，则

$$d(uv)=u\,dv+v\,du,$$

得

$$\int_a^b d(uv)=\int_a^b u\,dv+\int_a^b v\,du,$$

故

$$\int_a^b u\,dv=uv\Big|_a^b-\int_a^b v\,du. \tag{3.4.2}$$

即

$$\int_a^b uv'\,dx=uv\Big|_a^b-\int_a^b u'v\,dx.$$

公式(3.4.2)称为**定积分的分部积分公式**.

与不定积分的分部积分法类似，公式(3.4.2)常用于求两类不同类型的函数之积的定积分. 适当选择 u 与 v 是使用公式(3.4.2)的关键.

例 3.4.8 求 $\int_1^e x^2\ln x\,dx$.

解 $\int_1^e x^2\ln x\,dx=\frac{1}{3}\int_1^e \ln x\,d(x^3)=\frac{1}{3}\left(x^3\ln x\Big|_1^e-\int_1^e x^2\,dx\right)$

$$=\frac{1}{3}\left(e^3-\frac{1}{3}x^3\Big|_1^e\right)=\frac{1}{9}(2e^3+1).$$

例 3.4.9 求 $\int_0^1 \arctan\sqrt{x}\,dx$.

解 令 $\sqrt{x}=t$，则有

$$\int_0^1 \arctan\sqrt{x}\,dx=2\int_0^1 t\arctan t\,dt=t^2\arctan t\Big|_0^1-\int_0^1\frac{t^2}{1+t^2}dt$$

$$=\frac{\pi}{4}-1+\arctan t\Big|_0^1=\frac{\pi}{2}-1.$$

例 3.4.10 证明 $I_n=\int_0^{\frac{\pi}{2}}\sin^n x\,dx=\int_0^{\frac{\pi}{2}}\cos^n x\,dx$，并计算 I_n，其中 n 是正整数.

证明 令 $x=\frac{\pi}{2}-t$，则当 $x=0$ 时，$t=\frac{\pi}{2}$；当 $x=\frac{\pi}{2}$ 时，$t=0$. $dx=-dt$. 于是

$$\int_0^{\frac{\pi}{2}}\sin^n x\,dx=\int_{\frac{\pi}{2}}^0\sin^n\left(\frac{\pi}{2}-t\right)(-dt)=-\int_{\frac{\pi}{2}}^0\cos^n t\,dt=\int_0^{\frac{\pi}{2}}\cos^n t\,dt=\int_0^{\frac{\pi}{2}}\cos^n x\,dx.$$

当 $n\geqslant 2$ 时，

$$I_n=\int_0^{\frac{\pi}{2}}\sin^n x\,dx=-\int_0^{\frac{\pi}{2}}\sin^{n-1}x\,d(\cos x)$$

$$=-\sin^{n-1}x\cos x\Big|_0^{\frac{\pi}{2}}+(n-1)\int_0^{\frac{\pi}{2}}\cos^2 x\sin^{n-2}x\,\mathrm{d}x$$

$$=(n-1)\int_0^{\frac{\pi}{2}}\sin^{n-2}x\,\mathrm{d}x-(n-1)\int_0^{\frac{\pi}{2}}\sin^n x\,\mathrm{d}x=(n-1)I_{n-2}-(n-1)I_n.$$

由此得递推公式

$$I_n=\frac{n-1}{n}I_{n-2}.$$

因为 $I_0=\int_0^{\frac{\pi}{2}}\mathrm{d}x=\frac{\pi}{2}$，所以当 n 为正偶数时，有

$$I_n=\frac{n-1}{n}\cdot\frac{n-3}{n-2}\cdot\frac{n-5}{n-4}\cdots\frac{3}{4}\cdot\frac{1}{2}\cdot\frac{\pi}{2}.$$

又 $I_1=\int_0^{\frac{\pi}{2}}\sin x\,\mathrm{d}x=1$，所以当 n 为大于 1 的奇数时，有

$$I_n=\frac{n-1}{n}\cdot\frac{n-3}{n-2}\cdot\frac{n-5}{n-4}\cdots\frac{4}{5}\cdot\frac{2}{3}\cdot 1.$$

因此

$$I_n=\int_0^{\frac{\pi}{2}}\sin^n x\,\mathrm{d}x=\begin{cases}\dfrac{n-1}{n}\cdot\dfrac{n-3}{n-2}\cdot\dfrac{n-5}{n-4}\cdots\dfrac{3}{4}\cdot\dfrac{1}{2}\cdot\dfrac{\pi}{2} & (n\text{ 为正偶数}),\\ \dfrac{n-1}{n}\cdot\dfrac{n-3}{n-2}\cdot\dfrac{n-5}{n-4}\cdots\dfrac{4}{5}\cdot\dfrac{2}{3} & (n\text{ 为大于 1 的奇数}).\end{cases}$$

习题 3.4

(A)

1. 计算下列定积分：

(1) $\int_0^1\frac{\mathrm{d}x}{1+\sqrt{1-x^2}}$.

(2) $\int_0^{\pi}\sqrt{1+\sin 2x}\,\mathrm{d}x$.

(3) $\int_0^{\ln 5}\sqrt{\mathrm{e}^x-1}\,\mathrm{d}x$.

(4) $\int_1^4\frac{\mathrm{d}x}{x(1+\sqrt{x})}$.

(5) $\int_0^2\sqrt{2x-x^2}\,\mathrm{d}x$.

(6) $\int_0^{\pi}\sqrt{\sin^2 x-\sin^4 x}\,\mathrm{d}x$.

(7) $\int_{-1}^2[x]\max\{1,\mathrm{e}^{-x}\}\mathrm{d}x$.

(8) $\int_{-1}^1\frac{t\,\mathrm{d}t}{\sqrt{5-4t}}$.

(9) $\int_0^1 t\mathrm{e}^{-t^2}\mathrm{d}t$.

(10) $\int_1^{\mathrm{e}}\ln x\,\mathrm{d}x$.

(11) $\int_0^{\frac{1}{2}}\arcsin t\,\mathrm{d}t$.

(12) $\int_0^{\frac{\pi^2}{4}}\sin\sqrt{x}\,\mathrm{d}x$.

(13) $\int_1^{\sqrt{3}}\frac{\mathrm{d}x}{x^2\sqrt{1+x^2}}$.

(14) $\int_1^{\mathrm{e}^2}\frac{\mathrm{d}x}{x\sqrt{\ln x+1}}$.

(15) $\int_0^4 \frac{\sqrt{x}}{1+x\sqrt{x}}\mathrm{d}x$.

(16) $\int_0^1 x^2\sqrt{1-x^2}\,\mathrm{d}x$.

(17) $\int_{-\frac{\pi}{2}}^{\frac{\pi}{2}} \frac{\mathrm{e}^x}{1+\mathrm{e}^x}\sin^4 x\,\mathrm{d}x$.

(18) $\int_0^1 \frac{\mathrm{d}x}{(4-x^2)^{\frac{3}{2}}}$.

2. 设 $f(x)=\begin{cases}1+x^2, & x\leqslant 0,\\ \mathrm{e}^{-x}, & x>0,\end{cases}$ 求 $\int_1^3 f(x-2)\mathrm{d}x$.

3. 计算下列定积分：

(1) $\int_{\frac{\pi}{6}}^{\frac{\pi}{3}} \frac{\cos^2 x}{x(\pi-2x)}\mathrm{d}x$.

(2) $\int_0^4 \mathrm{e}^{\sqrt{x}}\,\mathrm{d}x$.

(3) $\int_{\frac{1}{\mathrm{e}}}^{\mathrm{e}} \frac{|\ln x|}{x}\mathrm{d}x$.

(4) $\int_0^1 3x^2\arcsin x\,\mathrm{d}x$.

4. 设 f 为连续函数，求证：

(1) $\int_0^{\frac{\pi}{2}} f(\cos x)\mathrm{d}x=\int_0^{\frac{\pi}{2}} f(\sin x)\mathrm{d}x$.

(2) $\int_0^{\pi} xf(\sin x)\mathrm{d}x=\frac{\pi}{2}\int_0^{\pi} f(\sin x)\mathrm{d}x=\pi\int_0^{\frac{\pi}{2}} f(\sin x)\mathrm{d}x$.

5. 利用函数的奇偶性计算下列定积分：

(1) $\int_{-\pi}^{\pi} x^2\cos x\,\mathrm{d}x$.

(2) $\int_{-\frac{\pi}{2}}^{\frac{\pi}{2}} [\ln(x+\sqrt{1+x^2})+\sin^2 x]\cos^2 x\,\mathrm{d}x$.

(3) $\int_{-1}^{1} \frac{1+\sqrt[3]{x}}{1+\sqrt[3]{x^2}}\mathrm{d}x$.

(4) $\int_{-2}^{2} x^3\mathrm{e}^{\sqrt{1+x^2}}\cos x\,\mathrm{d}x$.

6. 设 $f(x)$ 在 $(-\infty,+\infty)$ 内连续，以 T 为周期，证明：

(1) $\int_a^{a+T} f(x)\mathrm{d}x=\int_0^T f(x)\mathrm{d}x$ (a 为任意实数).

(2) $\int_0^x f(t)\mathrm{d}t$ 以 T 为周期 $\Leftrightarrow \int_0^T f(x)\mathrm{d}x=0$.

7. 设 $f(x)$ 连续，且 $F(x)=\int_0^x (x-2t)f(t)\mathrm{d}t$. 证明：

(1) 若 $f(x)$ 是偶函数，则 $F(x)$ 为偶函数.

(2) 若 $f(x)$ 单调不增，则 $F(x)$ 单调不减.

(B)

1. 计算下列定积分：

(1) $\int_{\frac{1}{2}}^{\frac{3}{2}} \frac{\mathrm{d}x}{\sqrt{|x-x^2|}}$.

(2) $\int_0^{\frac{\pi}{2}} \frac{\sin x-\cos x}{1+\sin 2x}\mathrm{d}x$.

(3) $\int_{\frac{1}{2}}^{\frac{3}{2}} \frac{(1-x)\arcsin(1-x)}{\sqrt{2x-x^2}}\mathrm{d}x$.

2. 设 $I_n=\int_0^{\frac{\pi}{4}} \tan^n x\,\mathrm{d}x$ $(n=0,1,2,\cdots)$.

(1) 证明当 $n\geqslant 2$ 时，$I_n+I_{n-2}=\frac{1}{n-1}$ 成立. 并由此计算 I_n.

(2)证明:当 $n\geqslant 2$ 时,$\frac{1}{2(n+1)}<I_n<\frac{1}{2(n-1)}$.

3. 设 f 在$[0,+\infty)$上连续,对任何 $a>0$,求证:

$$\int_0^a\left[\int_0^{2x}f(t)\mathrm{d}t\right]\mathrm{d}x=\int_0^a f(x)(a-x)\mathrm{d}x.$$

4. 证明 $\int_0^{\frac{\pi}{2}}\frac{\sin^3 x}{\sin x+\cos x}\mathrm{d}x=\int_0^{\frac{\pi}{2}}\frac{\cos^3 x}{\sin x+\cos x}\mathrm{d}x$,并求其值.

5. 设 $f(x)$在$[a,b]$上连续,且 $\int_a^b f(x)\mathrm{d}x=1$,求$\int_a^b f(a+b-x)\mathrm{d}x$.

6. 设 $f(x)=\int_1^x\frac{\ln t}{1+t}\mathrm{d}t$, $x>0$,求 $f(x)+f\left(\frac{1}{x}\right)$.

7. 设 $\int_0^{\pi}\frac{\cos x}{(x+2)^2}\mathrm{d}x=A$,求$\int_0^{\frac{\pi}{2}}\frac{\sin x\cos x}{x+1}\mathrm{d}x$.

§ 3.5 微元法,定积分在几何学与物理学中的应用

什么样的问题能用定积分来表示?如果一个问题可以用定积分表示,如何来确定它的被积表达式呢?现在我们来讨论这两个问题.

3.5.1 总量的可加性与微元法

前面我们曾用定积分的方法解决了曲边梯形的面积、非均匀细棒的质量和变速直线运动的位移等问题.这些问题的实际背景虽然不同,但它们有一个共同特点:在某区间上非均匀且连续分布的总量 Q 对区间具有可加性,即分布在$[a,b]$上的总量 Q 等于分布在各子区间$[x_{i-1},x_i]$($i=1,2,\cdots,n$)上的部分量 ΔQ_i 之和,也就是说,$Q=\sum\limits_{i=1}^{n}\Delta Q_i$. 一般地,具有可加性的量就可以考虑用定积分表示.

如何写出被积表达式呢?我们对定积分的四步:分割、代替(近似)、求和、取极限进行分析,发现其关键是分割后求出近似代替. 以我们熟知的求曲边梯形的面积为例,这一步要求第 i 个小区间$[x_{i-1},x_i]$上小曲边梯形面积 ΔS_i 的近似值. 由于函数 $f(x)$连续,当自变量的增量 $\Delta x_i=x_i-x_{i-1}$很小时,函数 $f(x)$的变化就很小,近似认为在$[x_{i-1},x_i]$上 $f(x)$是不变的,都等于在任意一点 $\xi_i\in[x_{i-1},x_i]$处的函数值 $f(\xi_i)$(即以不变代变的思想),故 $\Delta S_i\approx f(\xi_i)\Delta x_i$.再对上述过程进行概括和抽象,省略下标 i. 给任意的 $x\in(a,b)$一个增量 $\mathrm{d}x$,其中 $\mathrm{d}x$ 很小,得到$[a,b]$上的一个子区间$[x,x+\mathrm{d}x]$,由于 $\mathrm{d}x$ 很小,函数 $f(x)$在子区间$[x,x+\mathrm{d}x]$上的变化也很小,近似看成 $f(x)$不变,都等于小区间左端点的函数值 $f(x)$,因此$[x,x+\mathrm{d}x]$上曲边梯形的面积

$$\Delta S\approx f(x)\mathrm{d}x. \tag{3.5.1}$$

上式中右边 $f(x)\mathrm{d}x$ 就是被积表达式. 那么 ΔS 与被积表达式 $f(x)\mathrm{d}x$ 究竟相差多少呢?设函数 $S(x)=\int_a^x f(x)\mathrm{d}x$, $x\in[a,b]$(见图 3-7),该函数的几何意义是区间$[a,x]$上曲边

梯形的面积. (3.5.1)式左边的量 ΔS 是面积函数 $S(x)$ 在 x 处的增量 $\Delta S=S(x+\mathrm{d}x)-S(x)$，而(3.5.1)式中右边的量 $f(x)\mathrm{d}x$ 恰好是面积函数 $S(x)$ 在 x 处的微分 $\mathrm{d}S=S'(x)\mathrm{d}x=f(x)\mathrm{d}x$，由微分定义知

$$\Delta S=\mathrm{d}S+o(\mathrm{d}x)=f(x)\mathrm{d}x+o(\mathrm{d}x),$$

因此被积表达式 $f(x)\mathrm{d}x$ 就是面积函数的微分.通常称面积的微分为面积微元，也就是微元的本质是微分.

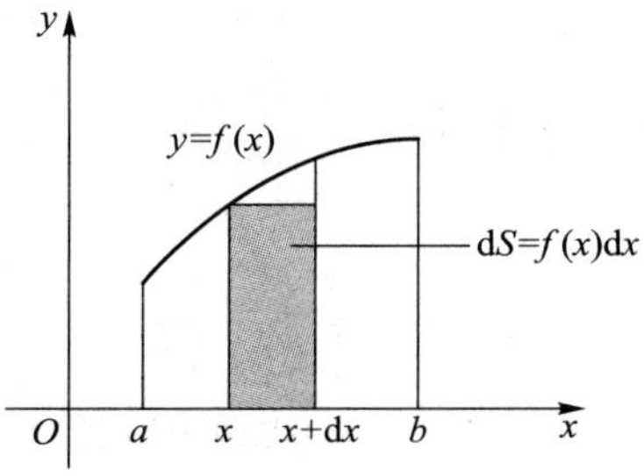

图 3－7

将上述分析归纳总结，可得

假设函数 $f(x)$在$[a,b]$上连续，Q 是由 $y=f(x)$确定的在$[a,b]$上非均匀且连续分布的量，并且 Q 对区间$[a,b]$具有可加性，通常可用定积分表示 Q.写出 Q 的积分表达式的步骤：

第一步，任取$[a,b]$的一个子区间$[x,x+\mathrm{d}x]$，求出 Q 在相应子区间上的部分量 ΔQ 的近似值，

$$\Delta Q\approx f(x)\mathrm{d}x,$$

其中 $f(x)\mathrm{d}x$ 是 Q 的微元(或微分)$\mathrm{d}Q$，满足 $\Delta Q-\mathrm{d}Q=o(\mathrm{d}x)$.通常应用“以不变代变”或“以直线代曲线”的原则求得 Q 的微元 $\mathrm{d}Q=f(x)\mathrm{d}x$.

第二步，在$[a,b]$上以微元 $\mathrm{d}Q=f(x)\mathrm{d}x$ 作为被积表达式写出定积分，就得到所求量 Q 的精确值

$$Q=\int_a^b f(x)\mathrm{d}x.$$

这种方法称为**微元法**.

结合本章定积分的三个引例理解以上说明，不难看出，微元法实质上就是分割、代替(近似)、求和与取极限的概括与简化. 下面用微元法来解决一些具体的几何学问题和物理学问题.

3.5.2　平面图形的面积

平面图形的面积

例 3.5.1　求由抛物线 $y^2=2px$ 和 $x^2=2py(p>0)$所围平面图形的面积.

解 联立两抛物线方程,可求得它们的交点坐标分别为 $\begin{cases}x_1=0,\\y_1=0\end{cases}$ 和 $\begin{cases}x_2=2p,\\y_2=2p,\end{cases}$ 如图 3-8 所示.任取 $[0,2p]$ 中一子区间 $[x,x+\mathrm{d}x]$,利用以不变代变的思想,该子区间上相应面积 ΔS 近似等于以 $\mathrm{d}x$ 为底,高为 $\sqrt{2px}-\dfrac{x^2}{2p}$ 的小矩形的面积,即

$$\Delta S\approx \mathrm{d}S=\left(\sqrt{2px}-\frac{x^2}{2p}\right)\mathrm{d}x.$$

而小矩形的面积即为面积微元.于是

$$S=\int_0^{2p}\left(\sqrt{2px}-\frac{x^2}{2p}\right)\mathrm{d}x=\frac{4}{3}p^2$$

或

$$S=\int_0^{2p}\left(\sqrt{2py}-\frac{y^2}{2p}\right)\mathrm{d}y=\frac{4}{3}p^2.$$

一般地,假设函数 $f(x),g(x)$ 均在 $[a,b]$ 上连续,且 $f(x)\leqslant g(x)$,由 $y=f(x),y=g(x)$ 及直线 $x=a,x=b$ 所围平面图形的面积(图 3-9)S 为

$$S=\int_a^b[g(x)-f(x)]\mathrm{d}x.$$

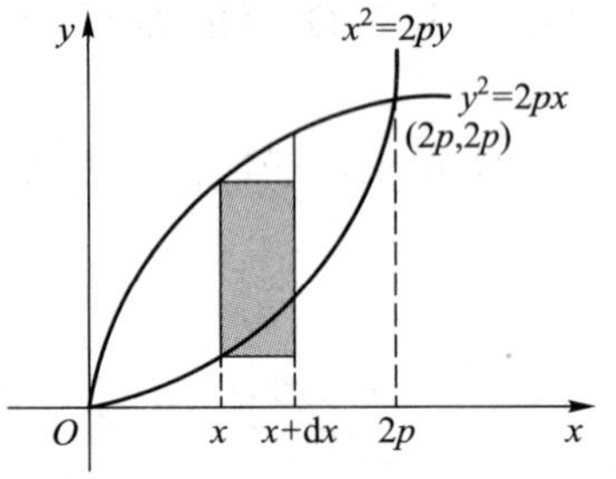

图 3-8

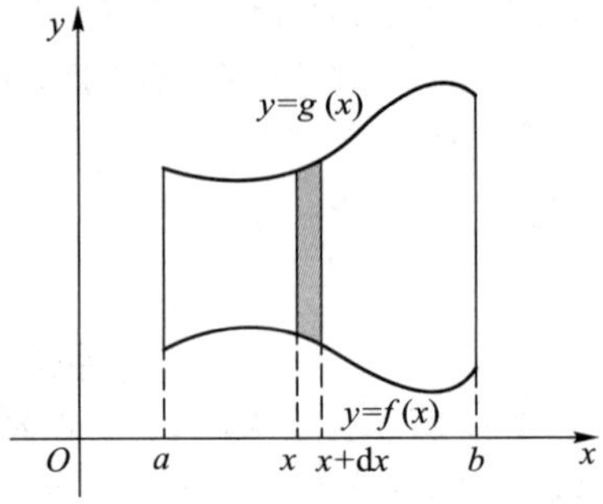

图 3-9

例 3.5.2 求抛物线 $y^2=2x$ 与直线 $x-y=4$ 所围平面图形的面积.

解 先求抛物线与直线的交点. 由

$$\begin{cases}y^2=2x,\\y=x-4\end{cases}$$

可知交点为 $A(2,-2)$ 和 $B(8,4)$(见图 3-10).把所围图形视为由 $x=y+4$ 与 $x=\dfrac{y^2}{2}$ 所围成的,我们得到

$$S=\int_{-2}^4\left(y+4-\frac{y^2}{2}\right)\mathrm{d}y=18.$$

例 3.5.3 求椭圆 $\dfrac{x^2}{a^2}+\dfrac{y^2}{b^2}=1(a>0,b>0)$ 所围平面图形的面积.

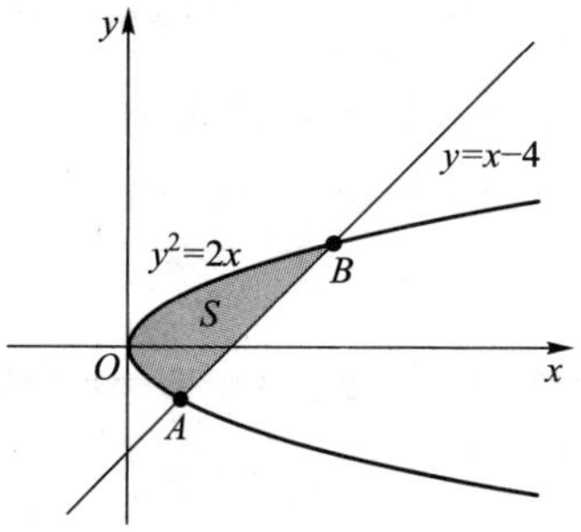

图 3-10

解　由对称性，所求面积 S 为图形在第一象限内的部分面积的 4 倍：

$$S=4\int_0^a y\,\mathrm{d}x.$$

根据椭圆的参数方程 $\begin{cases}x=a\cos t,\\ y=b\sin t,\end{cases}$ 应用定积分的换元积分法，令 $x=a\cos t$，则 $y=b\sin t$，且 $x\left(\dfrac{\pi}{2}\right)=0$，$x(0)=a$，于是

$$4\int_0^a y\,\mathrm{d}x=4\int_{\frac{\pi}{2}}^0 b\sin t(-a\sin t)\,\mathrm{d}t=4ab\int_0^{\frac{\pi}{2}}\sin^2 t\,\mathrm{d}t=4ab\cdot\frac{1}{2}\cdot\frac{\pi}{2}=\pi ab.$$

有些平面图形的边界曲线更适于用极坐标表示. 设曲线的极坐标方程为 $r=r(\theta)$，且 $r(\theta)\geqslant 0$ 连续，下面来求 $r=r(\theta)$ 与射线 $\theta=\alpha$ 及 $\theta=\beta(\alpha<\beta)$ 所围曲边扇形（图 3-11）的面积 S.

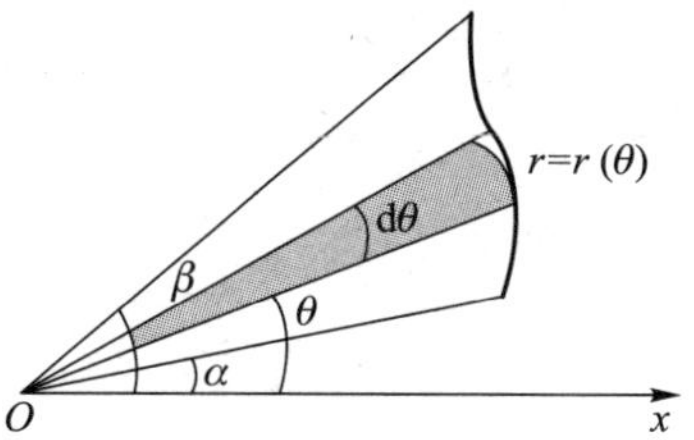

图 3-11

在 $[\alpha,\beta]$ 上任取一个子区间 $[\theta,\theta+\mathrm{d}\theta]$，利用以不变代变的思想，在小区间上 $r=r(\theta)$ 是变化的，但由于 $\mathrm{d}\theta$ 很小，因而 $r=r(\theta)$ 的变化很小，近似不变，都视为等于小区间左端点 θ 处的函数值 $r(\theta)$，所以小区间上小曲边扇形的面积 ΔS 就近似地等于以 $r(\theta)$ 为半径的小圆扇形的面积 $\mathrm{d}S=\dfrac{1}{2}r^2(\theta)\mathrm{d}\theta$，即

$$\Delta S\approx \mathrm{d}S=\frac{1}{2}r^2(\theta)\mathrm{d}\theta,$$

于是有

$$S=\frac{1}{2}\int_{\alpha}^{\beta}r^{2}(\theta)\mathrm{d}\theta. \tag{3.5.2}$$

例 3.5.4　求双纽线$r^2=a^2\cos 2\theta$所围平面图形的面积($a>0$).

解　先要弄清楚这曲线的大致情形(分布范围、对称性、是否封闭等). 把曲线方程写成

$$r=a\sqrt{\cos 2\theta}.$$

在$[-\pi,\pi]$范围内,当且仅当$|\theta|\leqslant\frac{\pi}{4}$或者$|\theta|\geqslant\frac{3\pi}{4}$时$\cos 2\theta\geqslant 0$. 对这样的$\theta$有

$$0\leqslant r=a\sqrt{\cos 2\theta}\leqslant a.$$

我们判定曲线分布在对顶的两扇形之中:

$$|\theta|\leqslant\frac{\pi}{4},\ 0\leqslant r\leqslant a;\quad |\theta|\geqslant\frac{3\pi}{4},\ 0\leqslant r\leqslant a.$$

如果点(r,θ)在曲线上,那么点$(r,-\theta)$和点$(\pm r,\pm\theta)$也都在曲线上. 因而曲线关于极轴和垂直于极轴的直线对称,关于极点中心对称.显然$\theta=\pm\frac{\pi}{4}$和$\theta=\pm\frac{3\pi}{4}$时曲线通过极点.这曲线由两支封闭的曲线组成(图 3-12).经过以上的分析,我们判定:所求图形的面积S为它在$0\leqslant\theta\leqslant\frac{\pi}{4}$范围内部分面积的 4 倍:

$$S=4\cdot\frac{1}{2}\int_{0}^{\frac{\pi}{4}}r^{2}\mathrm{d}\theta=2a^{2}\int_{0}^{\frac{\pi}{4}}\cos 2\theta\mathrm{d}\theta=a^{2}\sin 2\theta\Big|_{0}^{\frac{\pi}{4}}=a^{2}.$$

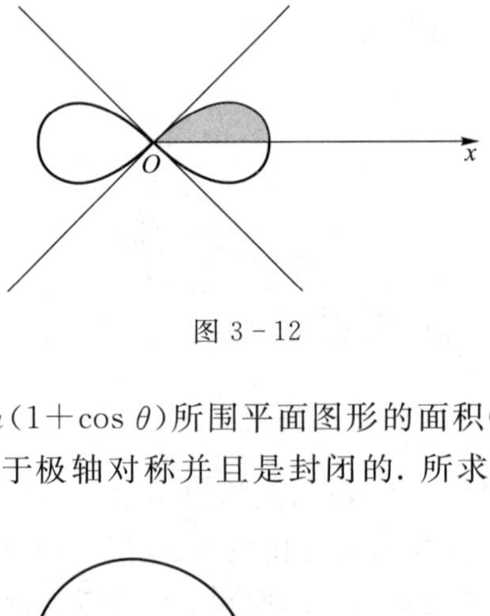

图 3-12

例 3.5.5　求心形线$r=a(1+\cos\theta)$所围平面图形的面积($a>0$).

解　容易看出,这曲线关于极轴对称并且是封闭的. 所求的面积S为它在上半平面部分面积的 2 倍(见图 3-13):

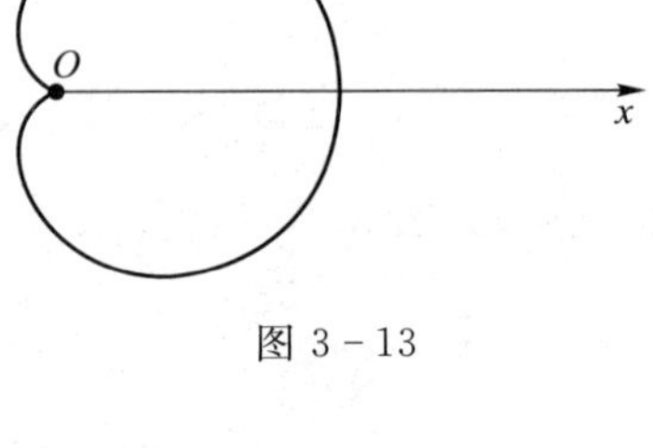

图 3-13

$$S=2\cdot\frac{1}{2}\int_0^{\pi}a^2(1+\cos\theta)^2\mathrm{d}\theta=a^2\int_0^{\pi}(1+2\cos\theta+\cos^2\theta)\mathrm{d}\theta=\frac{3}{2}\pi a^2.$$

3.5.3 立体体积

立体体积、曲线弧长与旋转体侧面积

平行截面面积为已知的立体的体积可以用定积分计算.

如图 3-14 所示,有一立体介于过点 $x=a,x=b$ 且垂直于 x 轴的两平面之间.若用垂直于 x 轴的平面族截取该立体,截面面积 $S(x)$ 为一已知的连续函数.在 $[a,b]$ 上任取一小区间 $[x,x+\mathrm{d}x]$,利用以不变代变的思想,相应立体 ΔV 可近似成以 $S(x)$ 为底,以 $\mathrm{d}x$ 为高的薄柱体体积,即体积微元为

$$\mathrm{d}V=S(x)\mathrm{d}x,$$

于是该立体的体积为

$$V=\int_a^b S(x)\mathrm{d}x. \tag{3.5.3}$$

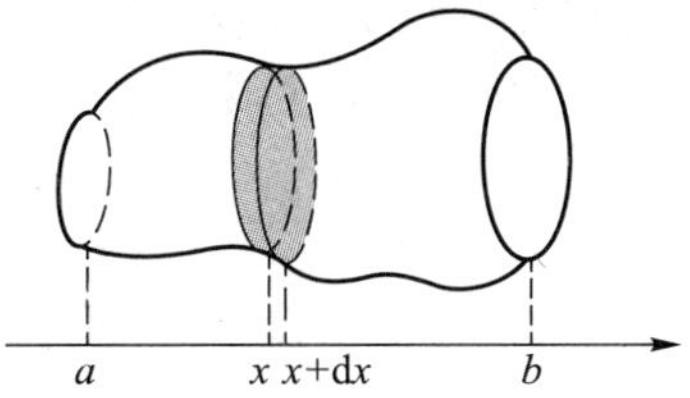

图 3-14

由此公式可知,如果两个等高的立体在等高处截面的面积恒相等,则两立体的体积必然相等.早在我国南北朝时期,这一原理就被大数学家祖冲之和他的儿子祖暅所发现和应用,并被后人称为“祖暅原理”.

例 3.5.6 设有一正劈锥体(图 3-15),其底是以 a 为半径的圆,高为 h,顶为平行且等于底圆直径的线段,求它的体积.

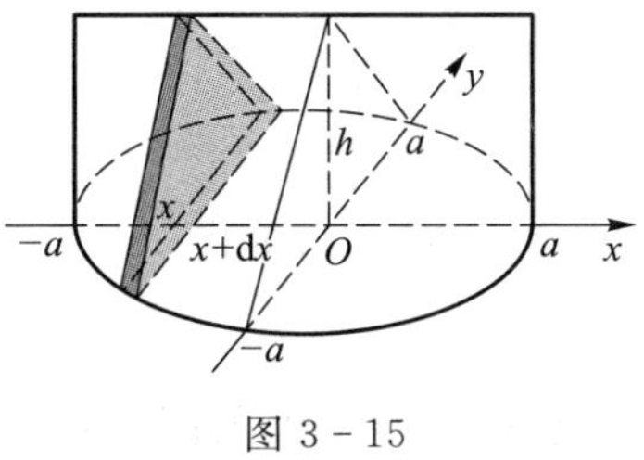

图 3-15

解 取底圆的平面为 xOy 平面,圆心 O 为原点,并使 x 轴与正劈锥的顶平行,则底圆的方程为 $x^2+y^2=a^2$.过 x 轴上的点 $x(-a\leqslant x\leqslant a)$ 作垂直于 x 轴的平面,截正劈锥得等腰三角形,其面积

$$S(x)=h\cdot y=h\sqrt{a^2-x^2},$$

于是所求体积为

$$V=\int_{-a}^{a} h\sqrt{a^2-x^2}\,\mathrm{d}x=2h\int_{0}^{a}\sqrt{a^2-x^2}\,\mathrm{d}x=\frac{1}{2}\pi a^2 h.$$

公式 $V=\int_a^b S(x)\mathrm{d}x$ 常常用来计算旋转体的体积.

设连续曲线 $y=f(x)(f(x)\geqslant 0)$ 与直线 $x=a, x=b(a<b)$ 及 x 轴所围成的曲边梯形绕 x 轴旋转一周形成一旋转体(图 3-16),由于垂直于 x 轴(旋转轴)的截面都是圆,因此在 x 处截面面积为

$$S(x)=\pi y^2=\pi f^2(x),$$

从而得体积微元

$$\mathrm{d}V_x=\pi f^2(x)\mathrm{d}x.$$

于是所求旋转体的体积为

$$V_x=\pi\int_a^b f^2(x)\mathrm{d}x. \tag{3.5.4}$$

如果旋转体是由连续曲线 $x=g(y)(g(y)\geqslant 0)$ 与直线 $y=c, y=d(c<d)$ 及 y 轴所围成的曲边梯形绕 y 轴旋转一周形成的(图 3-17),则类似地可得其旋转体的体积为

$$V_y=\pi\int_c^d g^2(y)\mathrm{d}y. \tag{3.5.5}$$

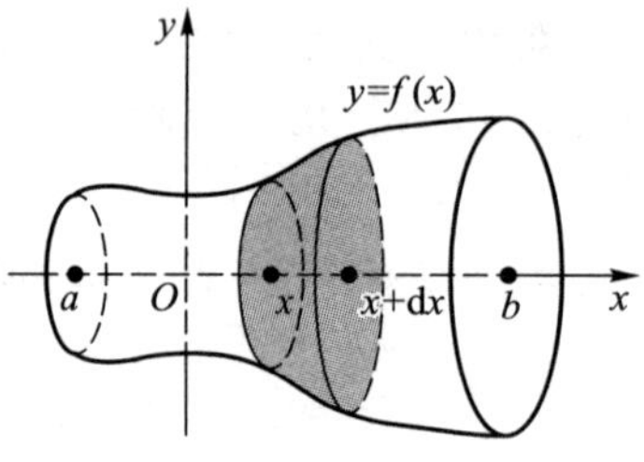

图 3-16

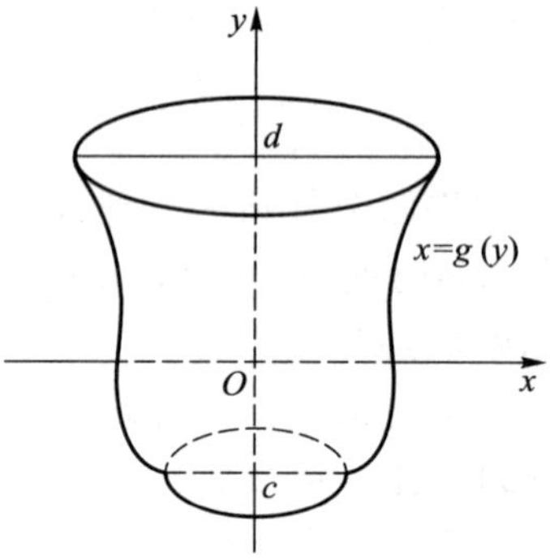

图 3-17

例 3.5.7 求椭圆$\frac{x^2}{a^2}+\frac{y^2}{b^2}=1(a>0,b>0)$(如图 3-18)围成的图形绕 x 轴旋转一周所得旋转体的体积.

解法 1 由对称性可知,所求体积是第一象限图形绕 x 轴旋转一周所得体积的 2 倍,所以

$$V=2\pi\int_0^a y^2\mathrm{d}x=2\pi\frac{b^2}{a^2}\int_0^a(a^2-x^2)\mathrm{d}x=\frac{4}{3}\pi ab^2.$$

解法 2 椭圆的参数方程是$\begin{cases}x=a\cos t,\\ y=b\sin t\end{cases}(0\leqslant t\leqslant 2\pi)$,由解法 1 已知旋转体的体积 $V=$

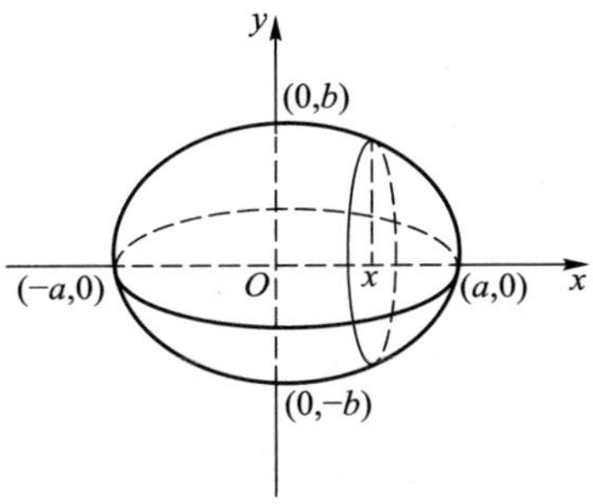

图 3－18

$2\pi\int_0^a y^2\mathrm{d}x$．应用定积分的换元积分法，令 $x=a\cos t$，$y=b\sin t$，且 $x\left(\frac{\pi}{2}\right)=0$，$x(0)=a$，于是

$$V=2\pi\int_{\frac{\pi}{2}}^{0} b^2\sin^2 t(-a\sin t)\mathrm{d}t=2\pi ab^2\int_0^{\frac{\pi}{2}}\sin^3 t\,\mathrm{d}t=\frac{4}{3}\pi ab^2.$$

例 3.5.8　求半径为 r 的圆绕同平面内圆外一条直线旋转而成的圆环体的体积，设圆心到直线的距离为 $R(R\geqslant r)$．

解　建立如图 3－19 所示的直角坐标系，则圆的方程为

$$x^2+(y-R)^2=r^2.$$

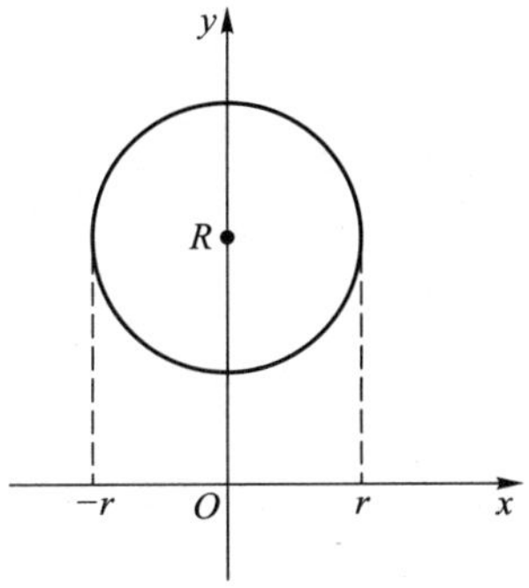

图 3－19

所求圆环体的体积可以看作是上半圆下的曲边梯形和下半圆下的曲边梯形各绕 x 轴旋转一周，得到的两个旋转体体积的差，故有

$$\begin{aligned}V&=\pi\int_{-r}^{r}(R+\sqrt{r^2-x^2})^2\mathrm{d}x-\pi\int_{-r}^{r}(R-\sqrt{r^2-x^2})^2\mathrm{d}x\\&=4\pi R\int_{-r}^{r}\sqrt{r^2-x^2}\,\mathrm{d}x=4\pi R\cdot\frac{\pi r^2}{2}=2\pi^2Rr^2.\end{aligned}$$

3.5.4 曲线的弧长

设函数 $f(x)$ 在区间 $[a,b]$ 上有连续的导数，下面来求曲线 $y=f(x)$ 由点 $A(a,f(a))$ 到点 $B(b,f(b))$ 的一段曲线弧 AB 的长 s（图 3－20）.

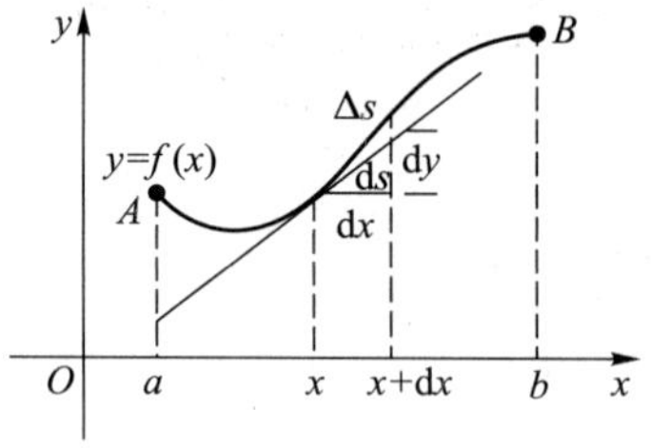

图 3－20

任取 $[a,b]$ 的一个子区间 $[x,x+\mathrm{d}x]$，在该区间上，所求曲线弧长的微元本质就是弧长的微分 $\mathrm{d}s$，因此可用曲线在点 $(x,f(x))$ 处的切线上相应的直线段近似代替曲线段 Δs，也就是说以直线代曲线，所以

$$\mathrm{d}s=\sqrt{(\mathrm{d}x)^2+(\mathrm{d}y)^2}=\sqrt{1+[f'(x)]^2}\,\mathrm{d}x.$$

于是，得到弧长公式

$$s=\int_a^b\sqrt{1+[f'(x)]^2}\,\mathrm{d}x. \tag{3.5.6}$$

类似地，当曲线 $f(x)$ 由参数方程 $\begin{cases}x=x(t),\\ y=y(t)\end{cases}(\alpha\leqslant t\leqslant\beta)$ 表示时，其中 $x'(t)$，$y'(t)$ 连续，则弧长公式为

$$s=\int_\alpha^\beta\sqrt{[x'(t)]^2+[y'(t)]^2}\,\mathrm{d}t. \tag{3.5.7}$$

当曲线由极坐标 $r=r(\theta)$，$\alpha\leqslant\theta\leqslant\beta$ 表示时，其中 $r'(\theta)$ 连续，可以改写为参数形式

$$x=r(\theta)\cos\theta,\quad y=r(\theta)\sin\theta,\quad \alpha\leqslant\theta\leqslant\beta.$$

于是我们得到极坐标表示的曲线的弧长公式

$$s=\int_\alpha^\beta\sqrt{[r(\theta)]^2+[r'(\theta)]^2}\,\mathrm{d}\theta. \tag{3.5.8}$$

例 3.5.9 求悬链线 $y=\dfrac{\mathrm{e}^x+\mathrm{e}^{-x}}{2}$ 从 $x=0$ 到 $x=a>0$ 的一段的弧长.

解 $y'=\dfrac{\mathrm{e}^x-\mathrm{e}^{-x}}{2}$，$1+y'^2=\dfrac{(\mathrm{e}^x+\mathrm{e}^{-x})^2}{4}$，由弧长公式得到所求弧长为

$$s=\int_0^a\sqrt{1+y'^2}\,\mathrm{d}x=\int_0^a\frac{\mathrm{e}^x+\mathrm{e}^{-x}}{2}\mathrm{d}x=\frac{\mathrm{e}^a-\mathrm{e}^{-a}}{2}.$$

例 3.5.10 求摆线

$$\begin{cases} x=a(t-\sin t), \\ y=a(1-\cos t) \end{cases} \quad (a>0)$$

的一拱($0\leqslant t\leqslant 2\pi$)的弧长.

解　将 $x'(t)=a(1-\cos t)$，$y'(t)=a\sin t$ 代入弧长公式，得所求弧长为

$$s=\int_0^{2\pi}\sqrt{a^2(1-\cos t)^2+a^2\sin^2 t}\,\mathrm{d}t=2a\int_0^{2\pi}\sin\frac{t}{2}\mathrm{d}t=2a\left(-2\cos\frac{t}{2}\right)\bigg|_0^{2\pi}=8a.$$

3.5.5　旋转体的侧面积

设 $f(x)$有连续的导数，图 3-21 为由曲线 $y=f(x)(f(x)>0)$，$x=a$，$x=b$ 及 x 轴所围曲边梯形绕 x 轴旋转一周所形成的旋转体. 在$[a,b]$上任取一小区间$[x,x+\mathrm{d}x]$，利用以直线代曲线的思想，该小区间上对应的小弧段绕 x 轴旋转一周后生成的小圈侧面积 ΔA 近似为

$$\Delta A\approx \mathrm{d}A=2\pi y\,\mathrm{d}s=2\pi f(x)\sqrt{1+[f'(x)]^2}\,\mathrm{d}x,$$

这就是旋转体侧面积的微元，可以证明 $\Delta A-\mathrm{d}A=o(\mathrm{d}x)$，于是得到旋转体侧面积 A 的计算公式

$$A=2\pi\int_a^b f(x)\sqrt{1+[f'(x)]^2}\,\mathrm{d}x. \tag{3.5.9}$$

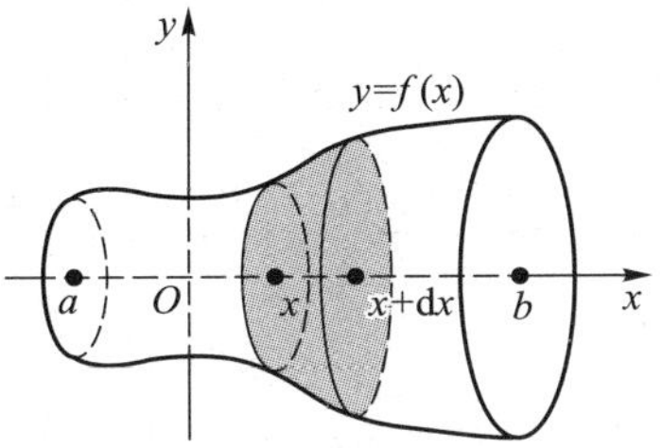

图 3-21

类似地，当曲线 $y=y(x)$由参数方程$\begin{cases} x=x(t), \\ y=y(t) \end{cases}$($\alpha\leqslant t\leqslant\beta$)表示时，其中 $x'(t)$，$y'(t)$连续，则该曲线绕 x 轴旋转一周所得侧面积公式为

$$A=2\pi\int_\alpha^\beta y(t)\sqrt{[x'(t)]^2+[y'(t)]^2}\,\mathrm{d}t. \tag{3.5.10}$$

由极坐标表示的曲线 $r=r(\theta)$，$\alpha\leqslant\theta\leqslant\beta$，其中 $r'(\theta)$连续，绕 x 轴旋转一周所得侧面积公式为

$$A=2\pi\int_\alpha^\beta r(\theta)\sin\theta\sqrt{[r(\theta)]^2+[r'(\theta)]^2}\,\mathrm{d}\theta. \tag{3.5.11}$$

例 3.5.11　设有曲线 $y=\sqrt{x-1}$，过原点 $O(0,0)$作其切线(图 3-22)，求此切线与曲线及 x 轴围成的平面图形绕 x 轴旋转一周，所得的旋转体的表面积.

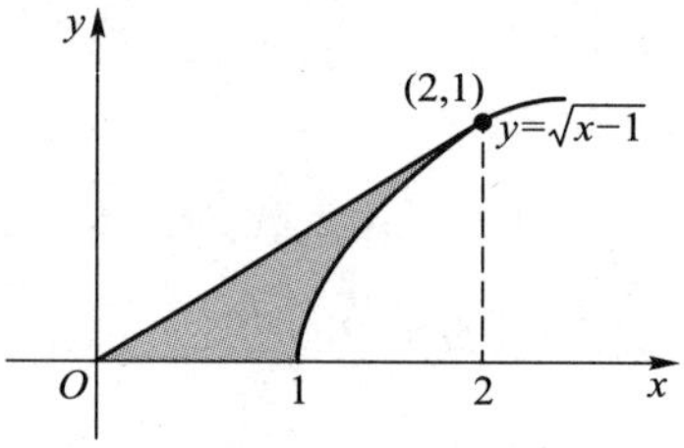

图 3-22

解　设切点为$(x_0,\sqrt{x_0-1})$，则过原点的切线方程为

$$y=\frac{1}{2\sqrt{x_0-1}}x.$$

将点$(x_0,\sqrt{x_0-1})$代入，解得 $x_0=2$，于是切点为$(2,1)$，切线方程为 $y=\frac{1}{2}x$.

由曲线 $y=\sqrt{x-1}\,(1\leqslant x\leqslant 2)$绕 x 轴旋转一周所得旋转面的面积

$$A_1=2\pi\int_1^2 y\sqrt{1+y'^2}\,\mathrm{d}x=\pi\int_1^2\sqrt{4x-3}\,\mathrm{d}x=\frac{\pi}{6}(5\sqrt{5}-1).$$

由直线段 $y=\frac{1}{2}x\,(0\leqslant x\leqslant 2)$绕 x 轴旋转一周所得旋转面的面积

$$A_2=2\pi\int_0^2\frac{1}{2}x\cdot\frac{\sqrt{5}}{2}\mathrm{d}x=\sqrt{5}\,\pi,$$

因此，所求旋转体的表面积为 $A=A_1+A_2=\frac{\pi}{6}(11\sqrt{5}-1)$.

3.5.6　变力做功

物理学、力学应用举例

假设物体在变力 $F(x)$的作用下，沿 x 轴由点 a 移动到点 b（图 3-23），这里变力函数 $F(x)$连续，方向与 x 轴平行.

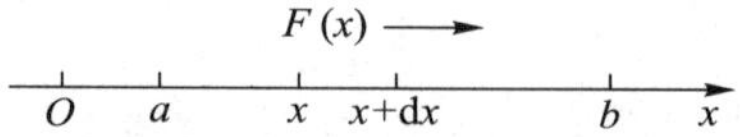

图 3-23

任取$[a,b]$的一个子区间$[x,x+\mathrm{d}x]$，应用以不变代变的思想，由于 $\mathrm{d}x$ 很小，$F(x)$在$[x,x+\mathrm{d}x]$上可视为不变，用 $F(x)$在点 x 的值近似代替 $F(x)$在$[x,x+\mathrm{d}x]$上的值，这样 $F(x)$在$[x,x+\mathrm{d}x]$上所做的功 ΔW 近似等于 $\mathrm{d}W=F(x)\mathrm{d}x$，即

$$\Delta W\approx\mathrm{d}W=F(x)\mathrm{d}x,$$

$\mathrm{d}W$ 为功的微元，于是，$F(x)$在$[a,b]$上所做的功为

$$W=\int_a^b F(x)\mathrm{d}x. \tag{3.5.12}$$

例 3.5.12　试求把弹簧拉长 a 个长度单位所需做的功.

解　根据 Hooke(胡克)定律，拉长弹簧所用的力与拉长的长度成正比：

$$F=kx,$$

其中 k 为弹性系数. 把弹簧拉长 a 个长度单位所需做的功为

$$W=\int_0^a kx\mathrm{d}x=\frac{1}{2}ka^2.$$

例 3.5.13　一个半球形容器，其半径为 R，容器中盛满水，试将容器中的水全部抽出容器口，需做功多少?

解　建立如图 3 - 24 所示的直角坐标系，则容器边界的半球面可看作曲线 $y=\sqrt{R^2-x^2}$ $(0\leqslant x\leqslant R)$ 绕 x 轴旋转而成.

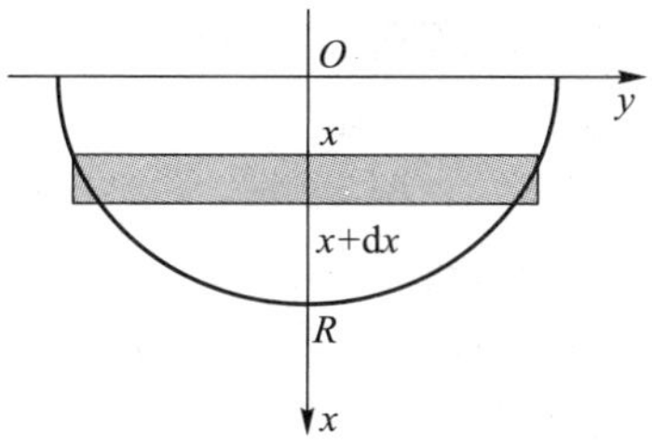

图 3 - 24

任取 $[0,R]$ 的一个子区间 $[x,x+\mathrm{d}x]$，应用以不变代变的思想，与该子区间对应的一薄层水的体积微元为

$$\mathrm{d}V=\pi y^2\mathrm{d}x=\pi(R^2-x^2)\mathrm{d}x.$$

将这一薄层水抽到容器口克服重力所做功的微元为

$$\mathrm{d}W=(-x)\cdot(-\rho g\mathrm{d}V)=x\rho g\pi(R^2-x^2)\mathrm{d}x,$$

其中 ρ 为水的密度，g 为重力加速度. 于是，所求的功为

$$W=\int_0^R \mathrm{d}W=\rho g\pi\int_0^R x(R^2-x^2)\mathrm{d}x=\frac{1}{4}\rho g\pi R^4.$$

3.5.7　液体的静压力

在水坝、闸门、船体等工程设计中，常需要计算它们所承受的静水压力，由物理学知，静水压强 p(单位为 Pa)与水深 h(单位为 m)的关系是

$$p=\rho gh,$$

其中 ρ 为水的密度，g 为重力加速度.

若有一面积为 S 的平板，水平地放置在水深为 h 的地方，则平板一侧所受的静水压力为

$$P=p\cdot S=\rho ghS.$$

若平板铅直放置在水中，则由于水深不同导致压强不同，平板一侧所受的静水压力就不能直接利用上述公式计算，下面举例说明它的计算方法.

例 3.5.14　有一等腰梯形闸门，其上底长 10 m，下底长 6 m，高为 20 m. 该闸门所在平面与水面垂直，且上底与水面相齐，求该闸门一侧所受到的静水压力.

解　建立如图 3－25 所示的直角坐标系，则直线段 AB 的方程为

$$y=5-\frac{x}{10}.$$

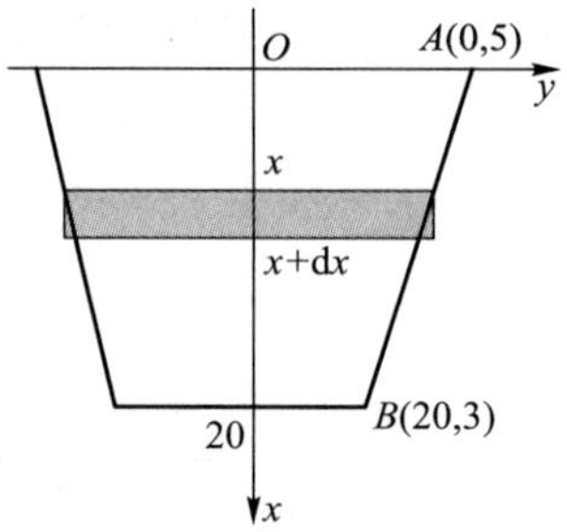

图 3－25

任取[0,20]上一个子区间$[x,x+\mathrm{d}x]$，应用以不变代变的思想，该子区间所对应的闸门上的水平细条可近似看作是宽为 $2y$，高为 $\mathrm{d}x$ 的小矩形，其上各点到水面的距离可近似地看作 x，于是该细条所受到的静水压力的微元为

$$\mathrm{d}P=\rho g x\cdot 2y\,\mathrm{d}x=2\rho g x\left(5-\frac{x}{10}\right)\mathrm{d}x.$$

于是所求的静水压力为

$$P=\int_0^{20}\mathrm{d}P=\int_0^{20}2\rho g x\left(5-\frac{x}{10}\right)\mathrm{d}x=\frac{44}{3}\times 10^6\,(\mathrm{N}),$$

其中 $\rho=10^3\ \mathrm{kg/m^3}$，$g$ 取 10 N/kg.

3.5.8　引力

由物理学知，质量分别为 m_1 和 m_2，相距为 r 的两质点间的引力大小为

$$F=G\frac{m_1m_2}{r^2},$$

其中 G 为引力常数，引力方向沿着两质点的连线方向.

如果要计算一根细棒（视为有质量无体积）对一质点的引力，由于细棒上各点与质点的距离是变化的，且各点与该质点的引力的方向也是变化的，所以不能直接应用上述公式计算.下面举例说明它的计算方法.

例 3.5.15　设长度为 l，质量为 m 的均匀细棒，其垂直平分线上距此棒距离为 a 处，有 1 单位质量的质点 P.试求细棒对质点的引力.

解 建立如图 3－26 所示的直角坐标系,将细棒置于 x 轴上,取细棒中点为坐标原点 O,则细棒位于区间 $\left[-\frac{l}{2},\frac{l}{2}\right]$上,质点 P 位于点$(0,a)$处. 在$\left[-\frac{l}{2},\frac{l}{2}\right]$上任取$[x,x+\mathrm{d}x]$,应用以不变代变的思想,该小区间上细棒质量为$\frac{m}{l}\mathrm{d}x$,而其对质点 P 的引力大小的微元为

$$\mathrm{d}F=G\cdot 1\cdot\frac{m}{l}\mathrm{d}x\cdot\frac{1}{a^2+x^2}=\frac{Gm}{l(a^2+x^2)}\mathrm{d}x.$$

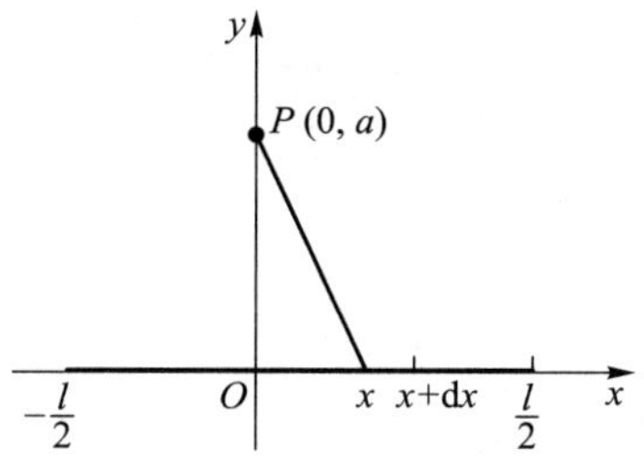

图 3－26

值得注意的是,该引力方向是由点 P 指向点$(x,0)$的连线方向,所以对不同的小区间$[x,x+\mathrm{d}x]$,由于引力方向不同,故不具有可加性.为此,可将 $\mathrm{d}F$ 沿 x 轴与 y 轴方向分解为 $\mathrm{d}F_x$ 与 $\mathrm{d}F_y$. 注意到对称性,有 x 轴方向上的分力

$$F_x=0,$$

而

$$\mathrm{d}F_y=\mathrm{d}F\cdot\frac{-a}{\sqrt{a^2+x^2}}=-G\frac{ma}{l}\frac{1}{(a^2+x^2)^{\frac{3}{2}}}\mathrm{d}x,$$

于是

$$\begin{aligned}F_y&=-\frac{Gma}{l}\int_{-\frac{l}{2}}^{\frac{l}{2}}\frac{\mathrm{d}x}{(a^2+x^2)^{\frac{3}{2}}}=-\frac{2Gma}{l}\int_0^{\frac{l}{2}}\frac{\mathrm{d}x}{(a^2+x^2)^{\frac{3}{2}}}\\&=-\frac{2Gma}{l}\frac{x}{a^2\sqrt{a^2+x^2}}\Bigg|_0^{\frac{l}{2}}=-\frac{2Gm}{a\sqrt{4a^2+l^2}}.\end{aligned}$$

上式中的负号表示 F_y 指向 y 轴的负方向.

3.5.9 函数的平均值

在实际问题中,常常使用平均值的概念,其中最常用的是算术平均值,即对于离散变量 u 的 n 个值 $u_1,u_2,\cdots,u_n$,有

$$\overline{u}=\frac{1}{n}(u_1+u_2+\cdots+u_n)=\frac{1}{n}\sum_{i=1}^{n}u_i.$$

但在许多实际问题中,要求计算连续函数 $y=f(x)$在区间$[a,b]$上的平均值.这样的平均值应该怎样理解和计算呢?

先把区间$[a,b]$等分为 n 个子区间$[x_{i-1},x_i]$($i=1,2,\cdots,n$),并将 n 个点$\xi_i\in[x_{i-1},x_i]$的函数值$f(\xi_i)$($i=1,2,\cdots,n$)的算术平均值$\frac{1}{n}\sum_{i=1}^{n}f(\xi_i)$作为$y=f(x)$在$[a,b]$上的平均值$\overline{y}$的近似值. 显然 n 越大其近似程度越好. 因而定义 $y=f(x)$ 在$[a,b]$上的平均值为

$$\overline{y}=\lim_{n\to\infty}\frac{1}{n}\sum_{i=1}^{n}f(\xi_i).$$

因为每个子区间的长度$\Delta x_i=x_i-x_{i-1}=\frac{b-a}{n}$,所以上式可写成

$$\overline{y}=\lim_{n\to\infty}\frac{1}{b-a}\sum_{i=1}^{n}f(\xi_i)\Delta x_i,$$

因为 $y=f(x)$连续,所以可积,从而得到

$$\overline{y}=\frac{1}{b-a}\int_a^b f(x)\mathrm{d}x.$$

这就是$[a,b]$上连续函数 $y=f(x)$所取一切值的平均值计算公式.

例 3.5.16 求全波整流电流 $I(t)=I_0|\sin\omega t|$($I_0>0$)的平均值$\overline{I}$.

解 全波整流电流的周期 $T=\frac{\pi}{\omega}$,求周期函数的平均值指的是求一个周期上的平均值,于是

$$\overline{I}=\frac{1}{T}\int_0^T I_0|\sin\omega t|\,\mathrm{d}t=\frac{\omega I_0}{\pi}\int_0^{\frac{\pi}{\omega}}\sin\omega t\,\mathrm{d}t=\frac{I_0}{\pi}(-\cos\omega t)\Big|_0^{\frac{\pi}{\omega}}=\frac{2}{\pi}I_0.$$

习题 3.5

(A)

1. 求下列曲线所围成图形的面积:

(1) $y^2=2x$ 与 $x=5$.　　(2) $y=\sqrt{x}$ 与 $y=x$.

(3) $y=x^2$ 与 $y=2x+3$.　　(4) $9x^2+y^2=1$.

(5) $y=\ln x$,y 轴与 $y=\ln a$,$y=\ln b$ ($b>a>0$).

2. 计算 Archimedes(阿基米德)螺线 $r=a\theta$($a>0$)上相应于 θ 从 0 变到 2π 的一段弧与极轴所围成的图形的面积.

3. 一蓄满水的圆柱形水桶高为 5 m,底圆半径为 3 m,试问要把桶中的水全部吸出需做多少功?

4. 一物体以速度 $v(t)=2t^2$(m/s)做直线运动,介质的阻力 F(N)与速度 v 的关系为$F=0.7v^2$. 试求在时刻 $t=0$ s 到 $t=2$ s 这段时间内阻力所做的功.

5. 做变速直线运动的物体的速度为 $v(t)=1-t^2$(m/s),初始位置为 $x_0=1$,求它在前 2 s 内所走的路程及 2 s 末所在的位置.

6. 一点在直线上从时刻 $t=0$ s 以速度 $v=t^2-4t+3$(m/s)开始运动,求:

(1) 在 $t=4$ s时的位置.

(2) 在 $t=4$ s时运动的路程.

7. 试求由 $y=\dfrac{1}{x}$，$y=x$，$x=2$ 所围成的图形的面积.

8. 求曲线 $y=\dfrac{2}{3}x^{\frac{3}{2}}$ 上相应从 a 到 b 的一段弧长.

9. 求下列极坐标表示的曲线所围图形的面积：

(1) $r=2a\cos\theta$.　　　　(2) $r=2a(2+\cos\theta)$.

10. 求由抛物线 $(y-2)^2=x-1$ 和此抛物线相切于纵坐标 $y_0=3$ 处的切线以及 x 轴所围成图形的面积.

11. 求由曲线 $y=\ln x$，$y=0$，$y=2$ 和 y 轴所围成的图形分别绕 x 轴、y 轴旋转得到的旋转体的体积.

(B)

1. 求圆 $r=3\cos\theta$ 与心形线 $r=1+\cos\theta$ 所围成的平面图形的面积.

2. 求星形线 $x^{\frac{2}{3}}+y^{\frac{2}{3}}=a^{\frac{2}{3}}(a>0)$ 绕 x 轴旋转构成旋转体的体积.

3. 一平面经过半径为 R 的圆柱的底圆中心，并与底面交成角 α. 计算这平面截圆柱所得立体的体积.

4. 一水平横放的底圆半径为 R 的圆柱形桶内盛半桶密度为 ρ 的液体，求桶的一个端面所受的压力.

5. 一长为 28 m，质量为 20 kg 的均匀链条被悬挂于一建筑物的顶部，问需做多大的功才能把链条全部拉上建筑物的顶部？

6. 设某个物体做初速度为 v_0，加速度为 a 的匀加速直线运动，经过时间 t，物体的位移与时间的关系式为 $x=v_0t+\dfrac{1}{2}at^2$，试推导这关系式.

7. 在原点有一个带电量为 $+q$ 的点电荷，它的周围形成一个电场. 求单位正电荷在该电场中从距原点 a 处沿射线方向移至距原点 $b(a<b)$ 处时，电场力 F 对它所做的功.

8. 长为 L 的船静止在平静的水面上，立于船头的人的质量为 m，船的质量为 M. 不计水的阻力，问人从船头走到船尾的过程中，船的位移为多大？

§3.6　反常积分

在前面，我们讨论了作为积分和的极限的定积分 $\int_a^b f(x)\mathrm{d}x$. 为了构造积分和，就要限制积分区间 $[a,b]$ 是有界的；为了积分和具有极限，又必须限制被积函数 f 是有界的.

本节定义的反常积分将从两方面突破原有的限制. 我们将讨论无穷区间的反常积分以及无界函数的反常积分（瑕积分）.

3.6.1　无穷区间的反常积分

反常积分

定义 3.4　设对任何大于 a 的实数 b，$f(x)$ 在 $[a,b]$ 上均可积，则称极限

$$\lim_{b\to+\infty}\int_a^b f(x)\mathrm{d}x$$

为 $f(x)$在无穷区间$[a,+\infty]$上的**反常积分**(或广义积分),记为$\int_a^{+\infty} f(x)\mathrm{d}x$,即

$$\int_a^{+\infty} f(x)\mathrm{d}x=\lim_{b\to+\infty}\int_a^b f(x)\mathrm{d}x.$$

当此极限存在时,称反常积分$\int_a^{+\infty} f(x)\mathrm{d}x$ 收敛,否则称为发散.

类似地,定义反常积分

$$\int_{-\infty}^b f(x)\mathrm{d}x=\lim_{a\to-\infty}\int_a^b f(x)\mathrm{d}x,$$

和

$$\int_{-\infty}^{+\infty} f(x)\mathrm{d}x=\int_{-\infty}^c f(x)\mathrm{d}x+\int_c^{+\infty} f(x)\mathrm{d}x,$$

其中 c 为任一实常数(通常取 $c=0$). 反常积分$\int_{-\infty}^{+\infty} f(x)\mathrm{d}x$ 收敛的充要条件是$\int_{-\infty}^c f(x)\mathrm{d}x$和$\int_c^{+\infty} f(x)\mathrm{d}x$ 同时收敛.

为了方便,设 $F(x)$是连续函数 $f(x)$的原函数,记 $F(+\infty)=\lim\limits_{x\to+\infty}F(x)$,$F(-\infty)=\lim\limits_{x\to-\infty}F(x)$,则

$$\begin{aligned}\int_a^{+\infty} f(x)\mathrm{d}x&=\lim_{b\to+\infty}\int_a^b f(x)\mathrm{d}x=\lim_{b\to+\infty}[F(b)-F(a)]\\&=F(+\infty)-F(a)=F(x)\Big|_a^{+\infty},\end{aligned}$$

也就是说,同定积分的计算类似,可按 Newton-Leibniz 公式计算反常积分. 注意,在这里“代积分上限”就是取极限,即 $F(+\infty)=\lim\limits_{x\to+\infty}F(x)$,只要 $F(+\infty)$存在,反常积分就收敛. 同理

$$\int_{-\infty}^b f(x)\mathrm{d}x=F(x)\Big|_{-\infty}^b,$$

只要 $F(-\infty)$存在,反常积分就收敛,而

$$\int_{-\infty}^{+\infty} f(x)\mathrm{d}x=F(x)\Big|_{-\infty}^{+\infty},$$

必须 $F(-\infty)$和 $F(+\infty)$都存在,反常积分才收敛.

例 3.6.1 设质量为 m 的火箭从地面发射. 试求这火箭飞离地球引力范围所需做的功.

解 记地球的半径为 R,则在离地心距离为 r 的地方,火箭所受到的地球引力 F 应满足

$$\frac{F}{mg}=\frac{\frac{1}{r^2}}{\frac{1}{R^2}}.$$

由此得到

$$F=\frac{mgR^2}{r^2}.$$

于是,这火箭飞离地球引力范围所需做的功为

$$W=\int_R^{+\infty}\frac{mgR^2}{r^2}\mathrm{d}r=\lim_{r\to+\infty}mgR^2\left(\frac{1}{R}-\frac{1}{r}\right)=mgR.$$

如果火箭达到速度 v 之后就熄火，靠惯性继续飞行，为使这火箭能飞离地球引力范围，它的动能 $\frac{1}{2}mv^2$ 至少要等于克服地球引力所需的功 mgR：

$$\frac{1}{2}mv^2=mgR.$$

由此可知，速度 v 至少为

$$v=\sqrt{2gR}.$$

以

$$g=9.81\ \mathrm{m/s^2},\quad R=6\ 371\ \mathrm{km}$$

代入上式，我们求得

$$v=11.2\ \mathrm{km/s}.$$

这是物体从地面飞出地球引力范围所必须具有的速度.人们把这个速度叫做第二宇宙速度.

例 3.6.2 讨论反常积分 $\int_0^{+\infty}\frac{\mathrm{d}x}{1+x^2}$，$\int_{-\infty}^0\frac{\mathrm{d}x}{1+x^2}$ 和 $\int_{-\infty}^{+\infty}\frac{\mathrm{d}x}{1+x^2}$ 的敛散性，若收敛，求反常积分值.

解 $\int_0^{+\infty}\frac{\mathrm{d}x}{1+x^2}=\lim\limits_{b\to+\infty}\int_0^b\frac{\mathrm{d}x}{1+x^2}=\lim\limits_{b\to+\infty}(\arctan b-\arctan 0)=\frac{\pi}{2}-0=\frac{\pi}{2}$,

$$\int_{-\infty}^0\frac{\mathrm{d}x}{1+x^2}=\lim_{a\to-\infty}\int_a^0\frac{\mathrm{d}x}{1+x^2}=\lim_{a\to-\infty}(\arctan 0-\arctan a)=0-\left(-\frac{\pi}{2}\right)=\frac{\pi}{2},$$

$$\int_{-\infty}^{+\infty}\frac{\mathrm{d}x}{1+x^2}=\int_{-\infty}^0\frac{\mathrm{d}x}{1+x^2}+\int_0^{+\infty}\frac{\mathrm{d}x}{1+x^2}=\frac{\pi}{2}+\frac{\pi}{2}=\pi.$$

例 3.6.3 讨论反常积分 $\int_0^{+\infty}x\mathrm{e}^{-x}\mathrm{d}x$ 的敛散性，若收敛，求反常积分值.

解 $\int_0^{+\infty}x\mathrm{e}^{-x}\mathrm{d}x=-\int_0^{+\infty}x\,\mathrm{d}(\mathrm{e}^{-x})=-x\mathrm{e}^{-x}\Big|_0^{+\infty}+\int_0^{+\infty}\mathrm{e}^{-x}\mathrm{d}x=-\mathrm{e}^{-x}\Big|_0^{+\infty}=1.$

例 3.6.4 讨论 $\int_1^{+\infty}\frac{1}{x^p}\mathrm{d}x$（$p$ 为任意实数）的敛散性，若收敛，求反常积分值.

解 当 $p\neq1$ 时，$\int_1^{+\infty}\frac{1}{x^p}\mathrm{d}x=\frac{x^{1-p}}{1-p}\Big|_1^{+\infty}=\begin{cases}+\infty, & p<1,\\ \frac{1}{p-1}, & p>1;\end{cases}$

当 $p=1$ 时，$\int_1^{+\infty}\frac{1}{x}\mathrm{d}x=\ln x\Big|_1^{+\infty}=+\infty.$

所以，反常积分 $\int_1^{+\infty}\frac{1}{x^p}\mathrm{d}x$，当 $p\leqslant1$ 时发散；当 $p>1$ 时收敛，其值为 $\frac{1}{p-1}$.

注 在讨论反常积分时，有关积分法诸如换元法和分部积分法都是适用的. 应该指出：若反常积分通过适当的变量代换能化成定积分，则反常积分是收敛的.

例如，计算 $I=\int_{1}^{+\infty}\frac{\mathrm{d}x}{x(x^2+1)}$ 时，设 $x=\tan t$，则

$$I=\int_{\frac{\pi}{4}}^{\frac{\pi}{2}}\frac{\sec^2 t\,\mathrm{d}t}{\tan t(\tan^2 t+1)}=\int_{\frac{\pi}{4}}^{\frac{\pi}{2}}\frac{\cos t}{\sin t}\mathrm{d}t=\frac{1}{2}\ln 2.$$

3.6.2　无界函数的反常积分

一般地，若函数 $f(x)$ 在点 x_0 附近无界，则称 x_0 是 $f(x)$ 的瑕点.

定义 3.5　设函数 $f(x)$ 在 $(a,b]$ 上连续，a 为瑕点.若对任意的 $\varepsilon>0$ 且 $a+\varepsilon<b$，称极限

$$\lim_{\varepsilon\to0^+}\int_{a+\varepsilon}^{b}f(x)\mathrm{d}x$$

为无界函数 $f(x)$ 在 $(a,b]$ 上的**反常积分**（或瑕积分），记为 $\int_a^b f(x)\mathrm{d}x$，即

$$\int_a^b f(x)\mathrm{d}x=\lim_{\varepsilon\to0^+}\int_{a+\varepsilon}^{b}f(x)\mathrm{d}x.$$

若这个极限存在，则称反常积分 $\int_a^b f(x)\mathrm{d}x$ 收敛，若极限不存在，则称反常积分 $\int_a^b f(x)\mathrm{d}x$ 发散.

类似地，若函数 $f(x)$ 在 $[a,b)$ 上连续，且 b 为瑕点，则定义无界函数的反常积分为

$$\int_a^b f(x)\mathrm{d}x=\lim_{\varepsilon\to0^+}\int_{a}^{b-\varepsilon}f(x)\mathrm{d}x.$$

若函数 $f(x)$ 在区间 $[a,c)$，$(c,b]$ 内连续，$x=c$ 为 $f(x)$ 的瑕点，则定义无界函数的反常积分为

$$\int_a^b f(x)\mathrm{d}x=\lim_{\varepsilon_1\to0^+}\int_{a}^{c-\varepsilon_1}f(x)\mathrm{d}x+\lim_{\varepsilon_2\to0^+}\int_{c+\varepsilon_2}^{b}f(x)\mathrm{d}x,$$

其中 ε_1 和 ε_2 是彼此无关的正数，这里只有当上式中两个极限同时存在时，反常积分才是收敛的.

为计算方便，设 $F(x)$ 是 $f(x)$ 的一个原函数，若 $x=a$ 是 $f(x)$ 的瑕点，则

$$\int_a^b f(x)\mathrm{d}x=F(x)\Big|_a^b=F(b)-F(a),$$

其中 $F(a)=\lim\limits_{x\to a^+}F(x)$.同理若 $x=b$ 是 $f(x)$ 的瑕点，则

$$\int_a^b f(x)\mathrm{d}x=F(x)\Big|_a^b=F(b)-F(a),$$

其中 $F(b)=\lim\limits_{x\to b^-}F(x)$.

例 3.6.5　讨论反常积分 $\int_0^1\frac{\mathrm{d}x}{\sqrt{1-x^2}}$ 的敛散性，若收敛，求反常积分值.

解法 1　被积函数 $f(x)=\frac{1}{\sqrt{1-x^2}}$ 在 $[0,1)$ 上连续，$x=1$ 为其瑕点.

根据其定义求得

$$\int_0^1 \frac{\mathrm{d}x}{\sqrt{1-x^2}}=\arcsin x\Big|_0^1=\lim_{x\to 1^-}\arcsin x=\frac{\pi}{2}.$$

解法 2　令 $x=\sin t$，$\displaystyle\int_0^1 \frac{\mathrm{d}x}{\sqrt{1-x^2}}=\int_0^{\frac{\pi}{2}} \frac{\cos t}{\sqrt{1-\sin^2 t}}\mathrm{d}t=\int_0^{\frac{\pi}{2}}\mathrm{d}t=\frac{\pi}{2}$.

该题说明，若反常积分收敛，作换元积分时，有时可将反常积分化为定积分.

例 3.6.6　讨论反常积分 $\displaystyle\int_{\frac{1}{2}}^{\frac{3}{2}} \frac{\mathrm{d}x}{\sqrt{|x-x^2|}}$ 的敛散性，若收敛，求反常积分值.

解　因为 $f(x)=\dfrac{1}{\sqrt{|x-x^2|}}$，在 $x=1$ 的附近无界，所以 $x=1$ 是瑕点. 于是

$$\begin{aligned}\text{原式}&=\int_{\frac{1}{2}}^{1} \frac{\mathrm{d}x}{\sqrt{x-x^2}}+\int_1^{\frac{3}{2}} \frac{\mathrm{d}x}{\sqrt{x^2-x}}=\int_{\frac{1}{2}}^{1} \frac{\mathrm{d}x}{\sqrt{\frac{1}{4}-\left(x-\frac{1}{2}\right)^2}}+\int_1^{\frac{3}{2}} \frac{\mathrm{d}x}{\sqrt{\left(x-\frac{1}{2}\right)^2-\frac{1}{4}}}\\&=\arcsin(2x-1)\Big|_{\frac{1}{2}}^{1}+\ln\left(\left(x-\frac{1}{2}\right)+\sqrt{\left(x-\frac{1}{2}\right)^2-\frac{1}{4}}\right)\Bigg|_1^{\frac{3}{2}}=\frac{\pi}{2}+\ln(2+\sqrt{3}).\end{aligned}$$

例 3.6.7　讨论反常积分 $\displaystyle\int_{-1}^{1} \frac{1}{x}\mathrm{d}x$ 的敛散性.

解　由于 $\displaystyle\lim_{x\to 0}\frac{1}{x}=\infty$，故 $x=0$ 为瑕点.而

$$\int_{-1}^{1} \frac{1}{x}\mathrm{d}x=\int_{-1}^{0} \frac{1}{x}\mathrm{d}x+\int_0^1 \frac{1}{x}\mathrm{d}x,$$

由

$$\int_0^1 \frac{1}{x}\mathrm{d}x=\lim_{\varepsilon\to 0^+}\int_\varepsilon^1 \frac{1}{x}\mathrm{d}x=\lim_{\varepsilon\to 0^+}\ln x=+\infty,$$

可知反常积分 $\displaystyle\int_{-1}^{1} \frac{1}{x}\mathrm{d}x$ 发散.

如误认为 $\displaystyle\int_{-1}^{1} \frac{1}{x}\mathrm{d}x$ 是定积分，按照定积分方法计算：

$$\int_{-1}^{1} \frac{1}{x}\mathrm{d}x=\ln|x|\Big|_{-1}^{1}=0,$$

显然这是一个错误的结果. 另外，认为被积函数 $f(x)=\dfrac{1}{x}$ 是奇函数，对称区间上的积分 $\displaystyle\int_{-1}^{1} \frac{1}{x}\mathrm{d}x=0$ 也是错误的. 其原因是必须先判别反常积分存在，才能用对称性等方法计算.

一般地，积分 $\displaystyle\int_a^b \frac{\mathrm{d}x}{(x-a)^p}(a<b,p>0)$，当 $p<1$ 时收敛，$p\geqslant 1$ 时发散，请读者自行证明.

3.6.3　反常积分的收敛判别法

前面已经看到，根据定义可以判断一个反常积分是否收敛，且收敛时可求出其结果.但

有时计算较复杂，甚至是困难的，而且有些问题只需知道相应积分是否收敛即可. 这就需要直接从被积函数本身的性态来判别反常积分的敛散性. 这里只介绍判断反常积分敛散性的一个基本方法，即所谓的比较判别法.

定理 3.10（无穷区间的比较判别法） 设函数 $f(x)$，$g(x)$在$[a,+\infty)$上都连续，且存在$c\geqslant a$，使得 $x\geqslant c$ 时，有

$$0\leqslant f(x)\leqslant g(x),$$

则

(1) 若$\int_a^{+\infty} g(x)\mathrm{d}x$ 收敛，则$\int_a^{+\infty} f(x)\mathrm{d}x$ 收敛.

(2) 若$\int_a^{+\infty} f(x)\mathrm{d}x$ 发散，则$\int_a^{+\infty} g(x)\mathrm{d}x$ 发散.

证明 (1) 因为$\int_a^{+\infty} f(x)\mathrm{d}x=\int_a^{c} f(x)\mathrm{d}x+\int_c^{+\infty} f(x)\mathrm{d}x$，而$\int_a^{c} f(x)\mathrm{d}x$ 存在，所以$\int_a^{+\infty} f(x)\mathrm{d}x$ 与$\int_c^{+\infty} f(x)\mathrm{d}x$ 同时收敛或同时发散.故不妨设 $0\leqslant f(x)\leqslant g(x)$ 在 $x\geqslant a$ 时成立.于是，对任意大于 a 的 b，有

$$\int_a^{b} f(x)\mathrm{d}x\leqslant\int_a^{b} g(x)\mathrm{d}x\leqslant\int_a^{+\infty} g(x)\mathrm{d}x,$$

这表明作为积分上限 b 的函数 $I(b)=\int_a^{b} f(x)\mathrm{d}x$ 在$[a,+\infty)$上有上界，又 $I(b)$单调增加，从而必有

$$\lim_{b\to+\infty} I(b)=\lim_{b\to+\infty}\int_a^{b} f(x)\mathrm{d}x$$

存在，因此积分$\int_a^{+\infty} f(x)\mathrm{d}x$ 收敛.

(2) 可用反证法从(1)推出(略). □

例 3.6.8 判别$\int_0^{+\infty}\dfrac{\mathrm{d}x}{1+x|\cos x|}$的敛散性.

解 因为$\dfrac{1}{1+x|\cos x|}\geqslant\dfrac{1}{1+x}$，而$\int_0^{+\infty}\dfrac{\mathrm{d}x}{1+x}$发散，所以$\int_0^{+\infty}\dfrac{\mathrm{d}x}{1+x|\cos x|}$发散.

比较判别法的关键是找一个已知敛散性的反常积分来作为比较的标准积分，常用$\int_a^{+\infty}\dfrac{1}{x^p}\mathrm{d}x$ 作为比较的标准积分.由此可得比较判别法的极限形式.

定理 3.11（比较判别法的极限形式） 设 $f(x)$在$[a,+\infty)$上非负连续，且 $\lim\limits_{x\to+\infty} x^{\lambda} f(x)=l$，那么

(1) 当 $0\leqslant l<+\infty$时，且 $\lambda>1$，则$\int_a^{+\infty} f(x)\mathrm{d}x$ 收敛.

(2) 当 $0<l\leqslant+\infty$时，且 $\lambda\leqslant1$，则$\int_a^{+\infty} f(x)\mathrm{d}x$ 发散.

证明 当 $0<l<+\infty$时，总存在 $0<\varepsilon<l$，对 $\varepsilon>0$，由 $\lim\limits_{x\to+\infty} x^{\lambda} f(x)=l$ 知，存在 $c(c\geqslant$

a),使 $x>c$ 时,

$$l-\varepsilon \leqslant x^{\lambda} f(x) \leqslant l+\varepsilon,$$

即

$$0<\frac{l-\varepsilon}{x^{\lambda}} \leqslant f(x) \leqslant \frac{l+\varepsilon}{x^{\lambda}}.$$

而 $\int_a^{+\infty} \frac{l+\varepsilon}{x^{\lambda}} \mathrm{d}x$ 当 $\lambda>1$ 时收敛,$\int_a^{+\infty} \frac{l-\varepsilon}{x^{\lambda}} \mathrm{d}x$ 当 $\lambda \leqslant 1$ 时发散,由比较判别法知,当 $0<l<+\infty$ 时,(1) 和(2) 成立.对 $l=0$ 和 $l=+\infty$,可类似证明. □

例 3.6.9 判别 $\int_1^{+\infty} \frac{\mathrm{d}x}{x^2 \sqrt{1+x}}$ 的敛散性.

解 由 $\lim\limits_{x \to +\infty} x^{\frac{5}{2}} \cdot \frac{1}{x^2 \sqrt{1+x}}=\lim\limits_{x \to +\infty} \frac{1}{\sqrt{1+\frac{1}{x}}}=1$,知原反常积分收敛.

对于无界函数的反常积分,也有相应的比较判别法,下面只给出一种常用的比较判别法的极限形式:

设在 $(a,b]$ 上,$f(x) \geqslant 0$,$x=a$ 为瑕点,若

$$\lim_{x \to a^+} (x-a)^{\lambda} f(x)=l,$$

那么

(1) 当 $0 \leqslant l<+\infty$ 时,若 $\lambda<1$,则 $\int_a^b f(x) \mathrm{d}x$ 收敛.

(2) 当 $0<l \leqslant+\infty$ 时,若 $\lambda \geqslant 1$,则 $\int_a^b f(x) \mathrm{d}x$ 发散.

当 $x=b$ 为瑕点时,也有类似结果.

例 3.6.10 判别 $\int_0^1 \frac{\sin x}{\sqrt{x^3}} \mathrm{d}x$ 的敛散性.

解 在 $(0,1]$ 上,$\frac{\sin x}{\sqrt{x^3}}>0$,且 $x=0$ 是瑕点,由

$$\lim_{x \to 0^+} (x-0)^{\frac{1}{2}} \cdot \frac{\sin x}{\sqrt{x^3}}=1,$$

知原反常积分收敛.

例 3.6.11 判别 $\int_0^1 \frac{\mathrm{d}x}{\ln(1+x)}$ 的敛散性.

解 当 $x>0$ 时,$\frac{1}{\ln(1+x)}>0$,且 $x=0$ 为瑕点,由

$$\lim_{x \to 0^+} (x-0) \frac{1}{\ln(1+x)}=1,$$

知原反常积分发散.

例 3.6.12 讨论反常积分 $\Gamma(s)=\int_0^{+\infty}x^{s-1}\mathrm{e}^{-x}\mathrm{d}x\ (s>0)$ 的敛散性.

解 当 $s<1$ 时,$x=0$ 是瑕点,同时又是无穷区间的反常积分,因此将 $\Gamma(s)$ 写成

$$\Gamma(s)=\int_0^1 x^{s-1}\mathrm{e}^{-x}\mathrm{d}x+\int_1^{+\infty}x^{s-1}\mathrm{e}^{-x}\mathrm{d}x=\Gamma_1(s)+\Gamma_2(s).$$

对于 $\Gamma_1(s)$,当 $0<s<1$ 时,$x=0$ 为瑕点,由于

$$\lim_{x\to 0^+}x^{1-s}\cdot(x^{s-1}\mathrm{e}^{-x})=\lim_{x\to 0^+}\mathrm{e}^{-x}=1,$$

所以又当 $1-s<1$,即 $0<s<1$ 时,$\Gamma_1(s)$ 收敛.

当 $s\geqslant 1$ 时,$\Gamma_1(s)$ 是定积分.

对于 $\Gamma_2(s)$,因为

$$\lim_{x\to+\infty}x^2\cdot(x^{s-1}\mathrm{e}^{-x})=\lim_{x\to+\infty}\frac{x^{s+1}}{\mathrm{e}^x}=0,$$

所以 $\Gamma_2(s)$ 对一切 s 均收敛.

综上所述,$\Gamma(s)$ 当 $s>0$ 时收敛,称函数

$$\Gamma(s)=\int_0^{+\infty}x^{s-1}\mathrm{e}^{-x}\mathrm{d}x\quad(s>0)$$

为 Γ 函数.

Γ 函数有下列性质:

$$\Gamma(s+1)=s\Gamma(s).$$

事实上

$$\Gamma(s+1)=\int_0^{+\infty}x^s\mathrm{e}^{-x}\mathrm{d}x=-x^s\mathrm{e}^{-x}\Big|_0^{+\infty}+s\int_0^{+\infty}x^{s-1}\mathrm{e}^{-x}\mathrm{d}x=s\Gamma(s).$$

当 $s=n$ 为正整数时,由于

$$\Gamma(1)=\int_0^{+\infty}\mathrm{e}^{-x}\mathrm{d}x=1,$$

故可得

$$\Gamma(2)=1\cdot\Gamma(1)=1,$$
$$\Gamma(3)=2\cdot\Gamma(2)=2\times1=2!,$$
$$\Gamma(n+1)=n!\ (n \text{ 为正整数}).$$

习题 3.6

(A)

1. 判断下列反常积分的敛散性,且若反常积分收敛,则计算其值.

(1) $\int_{\frac{\pi}{4}}^{\frac{3\pi}{4}}\frac{\mathrm{d}x}{\cos^2x}$.　　(2) $\int_1^2\frac{\mathrm{d}x}{x\ln x}$.

(3) $\int_0^1\ln^n x\,\mathrm{d}x$.　　(4) $\int_1^{+\infty}\frac{\ln^n x}{x^2}\mathrm{d}x\ (n>0)$.

(5) $\int_{e}^{+\infty}\frac{\ln x}{x}dx$.　　(6) $\int_{1}^{+\infty}\frac{dx}{x^4}$.

(7) $\int_{1}^{+\infty}\frac{dx}{\sqrt{x}}$.　　(8) $\int_{0}^{1}\frac{x\,dx}{\sqrt{1-x^2}}$.

(9) $\int_{1}^{2}\frac{x\,dx}{\sqrt{x-1}}$.　　(10) $\int_{0}^{2}\frac{dx}{(1-x)^2}$.

(11) $\int_{2}^{+\infty}\frac{1}{x\sqrt{x^2-1}}dx$.　　(12) $\int_{-\infty}^{+\infty}\frac{2x}{1+x^2}dx$.

(13) $\int_{0}^{1}\frac{dx}{(2-x)\sqrt{1-x}}$.　　(14) $\int_{-\infty}^{+\infty}\frac{dx}{x^2+2x+2}$.

(15) $\int_{0}^{+\infty}e^{-ax}dx\ (a>0)$.　　(16) $\int_{-\infty}^{+\infty}(|x|+x)e^{-|x|}dx$.

(17) $\int_{0}^{+\infty}xe^{-x^2}dx$.　　(18) $\int_{-\infty}^{+\infty}xe^{-x^2}dx$.

(19) $\int_{0}^{+\infty}\frac{1}{\sqrt{e^x}}dx$.　　(20) $\int_{-\infty}^{+\infty}e^x\sin x\,dx$.

2. 当 k 为何值时，反常积分 $\int_{2}^{+\infty}\frac{dx}{x(\ln x)^k}$ 收敛？当 k 为何值时，这个反常积分发散？当 k 为何值时，这个反常积分取得最小值？

3. 计算下列反常积分：

(1) $\int_{0}^{2}\frac{1}{(x-1)^{\frac{2}{3}}}dx$.　　(2) $\int_{0}^{a}\frac{dx}{\sqrt{a^2-x^2}}$.

(3) $\int_{0}^{6}(x-4)^{-\frac{2}{3}}dx$.　　(4) $\int_{1}^{+\infty}e^{-100x}dx$.

(5) $\int_{1}^{+\infty}\frac{1}{(x+1)^3}dx$.　　(6) $\int_{0}^{+\infty}\frac{dx}{e^x+e^{-x}}$.

(7) $\int_{1}^{+\infty}\frac{\arctan x}{x^2}dx$.　　(8) $\int_{0}^{2a}\sqrt{\frac{2a-x}{x}}dx\quad(a>0)$.

(B)

1. 利用递推公式计算反常积分 $I_n=\int_{0}^{+\infty}x^n e^{-x}dx\ (n\in\mathbf{N}_+)$.

2. 求积分 $\int_{-2}^{2}\min\left\{\frac{1}{|x|}, x^2\right\}dx$.

3. 举例说明：瑕积分 $\int_{a}^{b}f(x)dx$ 收敛时，$\int_{a}^{b}f^2(x)dx$ 不一定收敛.

4. 设 $f(x)=\frac{(x+1)^2(x-1)}{x^3(x-2)}$，求 $I=\int_{-1}^{3}\frac{f'(x)}{1+f^2(x)}dx$.

5. 已知 $\lim\limits_{x\to+\infty}\left(\frac{x-a}{x+a}\right)^x=\int_{a}^{+\infty}4x^2e^{-2x}dx$，求常数 a.

6. 证明下列等式：

(1) $\int_{0}^{1}\frac{x^{p-1}}{x+1}dx=\int_{1}^{+\infty}\frac{x^{-p}}{x+1}dx,\quad p>0$.　　(2) $\int_{0}^{+\infty}\frac{x^{p-1}}{x+1}dx=\int_{0}^{+\infty}\frac{x^{-p}}{x+1}dx,\quad 0<p<1$.

第三章部分习题参考答案或提示

第四章　微 分 方 程

函数是客观事物的内部联系在数量方面的反映，利用函数关系又可以对客观事物的规律进行研究.在许多较复杂的运动过程中，往往不能直接找出所需要的函数关系，但是却能比较容易地列出含有要找的函数及其导数或微分之间的关系式，这种关系式就是所谓的**微分方程**. 建立微分方程以后，应用数学方法，找出未知函数，这就是**解微分方程**.

微分方程是近代数学的一个十分重要的学科分支.随着现代社会的发展，无论是在工程、宇航等自然科学领域，还是在经济、金融等社会科学领域，微分方程都有着十分广泛的应用.早在 17 世纪初，Galileo（伽利略）在研究自由落体运动时，就发现物体运动的加速度是常数，即

$$\frac{\mathrm{d}^2 x}{\mathrm{d}t^2}=g.$$

又如 Newton 在研究天文学问题时，建立的太阳系行星运动所满足的方程也是微分方程.关于金融衍生产品定价的 Black-Scholes（布莱克-斯科尔斯）方程也是一个典型的微分方程，在金融界这一微分方程几乎人所皆知.另外，微分方程在保险领域的应用也在逐渐深入.不难预见，微分方程理论及其应用今后仍将在自然科学和社会经济的各个领域中发挥重要的作用.

本章只对微分方程作一些初步的介绍，包括微分方程的基本概念.一阶微分方程及某些可降阶的微分方程的初等积分法、高阶线性方程（组）解的结构定理、高阶常系数线性方程（组）的解法、某些变系数线性方程的解法以及微分方程（组）的数值解法.本章中使用大量具有不同学科背景的实例，着重讲述它们在数学建模中的应用，并且介绍如何使用计算机来求解微分方程.这样，读者可以获得从理论、解法到应用的相对完整的微分方程的初步知识.

§4.1　微分方程的基本概念

4.1.1　基本概念

微分方程的概念

下面通过几何学、力学及物理学中的几个具体问题来说明微分方程的基本概念.

例 4.1.1（曲线的方程问题）　设一曲线通过点(1,2)，且在该曲线上任一点 $P(x,y)$处的切线斜率为 $2x$，求此曲线方程.

解　设所求曲线方程为 $y=y(x)$.根据导数的几何意义，可知未知函数 $y=y(x)$应满足关系式

$$\frac{dy}{dx}=2x. \tag{4.1.1}$$

此外，未知函数 $y=y(x)$ 还应满足下列条件：

$$x=1\text{ 时},y=2. \tag{4.1.2}$$

对(4.1.1)式两边积分，得

$$y=\int 2x\,dx,$$

即

$$y=x^2+c, \tag{4.1.3}$$

其中 c 是任意常数.

把条件“$x=1$ 时，$y=2$”代入(4.1.3)式，得

$$2=1^2+c,$$

由此得出 $c=1$，把 $c=1$ 代入(4.1.3)式，即得所求曲线的方程

$$y=x^2+1. \tag{4.1.4}$$

例 4.1.2(放射性元素的衰变问题) 放射性元素铀，由于不断地有原子放射出微粒子而变成其他元素，铀的含量就不断减少，这种现象叫**衰变**.由原子物理学知道，铀的衰变速度与当时未衰变的原子的含量 M 成正比.如果在时刻 $t=0$ 时铀的含量为 M_0，试求在衰变过程中铀在任一时刻 t 的含量 $M(t)$.

解 铀的衰变速度就是 $M(t)$ 对 t 的变化率 $\frac{dM}{dt}$.根据衰变规律，可列出关系式

$$\frac{dM}{dt}=-kM,$$

其中 $k(k>0)$ 是常数，叫做**衰变系数**.由于铀的含量 $M(t)$ 随时间增加而减少，故铀的衰变速度 $\frac{dM}{dt}$ 为负值.此外，$M(t)$ 还应满足初始时刻的条件

$$M(0)=M_0.$$

求解以上两个关系式可得出 $M(t)$.

不仅铀的质量变化满足这个规律，其他放射性物质的衰变也都满足这个规律，只是衰变系数 k 不同而已.

例 4.1.3(弹簧振动问题) 设有一弹簧，它的上端固定，下端挂一个质量为 m 的物体，弹簧伸长 l 后就会处于静止状态，这个位置就是物体的平衡位置.如果用力将物体向下拉至某一位置，然后突然放开，那么物体就会在平衡位置附近作上下振动，试确定物体的运动规律.

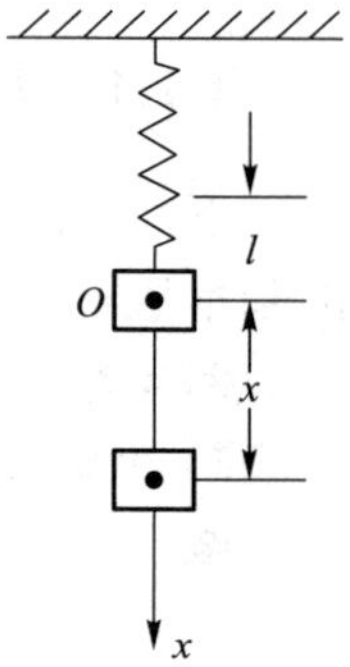

图 4－1

解 取物体的平衡位置为坐标原点，x 轴铅直向下建立坐标系(图 4－1).要确定物体的运动规律，就是求物体在任意时刻 t 离开平衡位置的位移函数 $x(t)$.这是个动力学问题，需要分析物体在运动过程中所受的外力.

(1) 如果不计摩擦力和介质阻力，则物体在任意时刻所受的力只有弹

力和重力.但因为物体在平衡位置时处于静止状态,作用在物体上的重力 mg 与弹力 kl 大小相等,方向相反,所以使物体回到平衡位置的力只是弹性恢复力：

$$f=-kx,$$

其中 $k(k>0)$ 为弹簧的弹性系数,x 为物体离开平衡位置的位移(图 4-1),负号表示弹性恢复力的方向和物体位移方向相反.

根据 Newton 第二定律,有

$$m\frac{\mathrm{d}^2x}{\mathrm{d}t^2}=-kx$$

或

$$m\frac{\mathrm{d}^2x}{\mathrm{d}t^2}+kx=0,$$

这个关系式代表的运动叫**无阻尼自由振动**或**简谐振动**.

(2) 如果物体在振动过程中还受到阻力作用,由实验知道,阻力 R 总是与运动方向相反,当振动不大时,其大小与物体的速度成正比,设比例系数为 $\mu(\mu>0)$,则有

$$R=-\mu\frac{\mathrm{d}x}{\mathrm{d}t},$$

从而

$$m\frac{\mathrm{d}^2x}{\mathrm{d}t^2}=-kx-\mu\frac{\mathrm{d}x}{\mathrm{d}t}.$$

令 $2n=\frac{\mu}{m}$,$c^2=\frac{k}{m}$,则上式可化为

$$\frac{\mathrm{d}^2x}{\mathrm{d}t^2}+2n\frac{\mathrm{d}x}{\mathrm{d}t}+c^2x=0.$$

这个关系式代表的运动是**有阻尼自由振动**.

(3) 如果物体在振动过程中,还受铅直干扰力

$$F=H\sin pt$$

作用. 令 $h=\frac{H}{m}$,则有

$$\frac{\mathrm{d}^2x}{\mathrm{d}t^2}+2n\frac{\mathrm{d}x}{\mathrm{d}t}+c^2x=h\sin pt.$$

该关系式反映了**有阻尼强迫振动**的物体的运动规律.

为了分析使物体产生振动的条件,计算物体的位移与时间的关系,研究振动的频率、周期以及共振现象等,就必须求解该关系式.在电学中,研究电磁振荡的规律,也归纳为解上述问题.

在例 4.1.1、例 4.1.2 中出现的关系式都含有未知函数的导数.一般地,包含自变量、未知函数及其导数或微分的等式称为**微分方程**.如果微分方程中的未知函数是一元函数,则称为**常微分方程**.本教材只讨论常微分方程,为叙述方便,以下简称为**微分方程**,有时也简称为

方程.

微分方程中未知函数导数的最高阶数称为该微分方程的**阶**.例 4.1.2 中关于放射性元素衰变的方程为一阶微分方程,而例 4.1.3 中关于弹簧振动的方程都是二阶微分方程.

如果微分方程是关于未知函数和各阶导数的一次方程,则称它为**线性微分方程**.前面出现的几个方程都是线性微分方程.n 阶线性微分方程的一般形式为

$$a_0(x)y^{(n)}+a_1(x)y^{(n-1)}+\cdots+a_n(x)y=g(x),$$

其中 $a_0(x),a_1(x),\cdots,a_n(x)$ 及 $g(x)$ 为 x 的已知函数,且 $a_0(x)\neq0$.不是线性微分方程的微分方程称为**非线性微分方程**.

当微分方程中的未知函数用已知函数代替时,方程变为恒等式,则该已知函数称为方程的**解**.例如,在例 4.1.2 中,容易验证 $M(t)=\mathrm{e}^{-kt}$ 是方程 $\dfrac{\mathrm{d}M}{\mathrm{d}t}=-kM$ 的解.更一般地,$M(t)=c\mathrm{e}^{-kt}$ 也是该方程的解,其中 c 为任意常数.再如,在例 4.1.3 中,容易验证 $x=\cos\sqrt{\dfrac{k}{m}}t$ 及 $x=\sin\sqrt{\dfrac{k}{m}}t$ 均为方程 $m\dfrac{\mathrm{d}^2x}{\mathrm{d}t^2}+kx=0$ 的解.更一般地,$x=c_1\cos\sqrt{\dfrac{k}{m}}t+c_2\sin\sqrt{\dfrac{k}{m}}t$ 也是此方程的解,其中 c_1 和 c_2 为任意常数.

如果微分方程的解中含有相互独立的任意常数①,且任意常数的个数与微分方程的阶数相同,则这样的解称为微分方程的**通解**.例如,$M(t)=c\mathrm{e}^{-kt}$ 及 $x=c_1\cos\sqrt{\dfrac{k}{m}}t+c_2\sin\sqrt{\dfrac{k}{m}}t$ 分别是上面两个方程的通解.微分方程的通解作为一族一元函数,其图形是一族曲线,称为微分方程的**积分曲线族**.

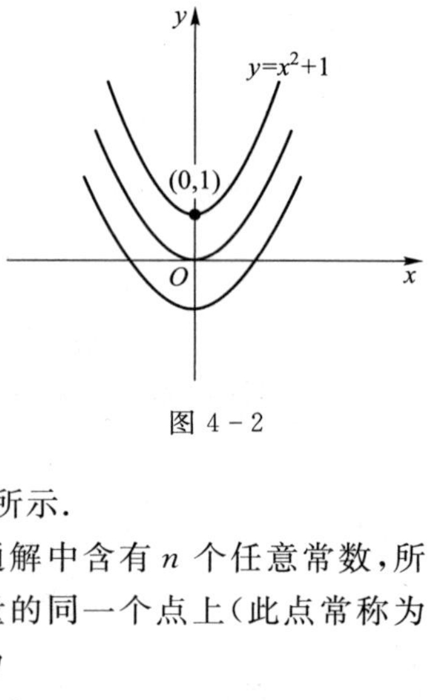

图 4-2

在通解中,令任意常数取确定的值而得到的解称为**特解**.特解的图形是一条曲线,称为微分方程的**积分曲线**.例如,利用积分的方法易知,方程 $\dfrac{\mathrm{d}y}{\mathrm{d}x}=2x$ 的通解为 $y=x^2+c$.而过点 $(0,1)$ 的特解为 $y=x^2+1$,其积分曲线族与积分曲线如图 4-2 所示.

从通解中确定特解的条件称为**定解条件**.因为 n 阶方程的通解中含有 n 个任意常数,所以需要 n 个条件,即定解条件有 n 个.若定解条件都是在自变量的同一个点上(此点常称为初始点)给定的,则称为**初值条件**.一个 n 阶方程的初值条件即为

$$y(x_0)=y_0,\quad y'(x_0)=y_1,\quad \cdots,\quad y^{(n-1)}(x_0)=y_{n-1}.$$

微分方程与初值条件一起称为**初值问题**.

下面介绍一阶微分方程的解的存在唯一性定理.

考虑导数已解出的一阶微分方程

① 这里所说的任意常数是相互独立的,是指它们不能合并而使任意常数的个数减少.

$$\frac{\mathrm{d}y}{\mathrm{d}x}=f(x,y), \tag{4.1.5}$$

这里 $f(x,y)$是在矩形区域

$$R=\{(x,y)\mid |x-x_0|\leqslant a,|y-y_0|\leqslant b\}$$

上的连续函数.

函数 $f(x,y)$称为在 R 上关于 y 满足 **Lipschitz(利普希茨)条件**,是指存在常数 $L>0$,使得不等式

$$|f(x,y_1)-f(x,y_2)|\leqslant L|y_1-y_2|$$

对于所有(x,y_1),$(x,y_2)\in R$ 都成立,L 称为 **Lipschitz 常数**.

定理 4.1　如果函数 $f(x,y)$在矩形区域 R 上连续且关于 y 满足 Lipschitz 条件,则方程(4.1.5)存在唯一的解 $y=\varphi(x)$,它定义于区间$|x-x_0|\leqslant h$ 上,连续且满足初值条件

$$\varphi(x_0)=y_0,$$

这里 $h=\min\left\{a,\frac{b}{M}\right\}$,$M=\max\limits_{(x,y)\in R}|f(x,y)|$.

4.1.2　作为数学模型的微分方程

本节我们集中讨论如何用微分方程来构造数学模型.

数学模型　我们经常需要用数学语言来描述一些现实生活中的现象,无论是在物理学、社会学中,还是经济学中.这种现象的描述称为数学模型,这些模型是为我们的某种目标建立起来的.例如,我们希望通过研究生态系统里动物数量的增长来了解其内在的运行机制,或者希望通过分析化石或地层中放射性物质的衰减来判断化石的年代.

构建一个系统的数学模型的步骤如下:

(1) 识别对改变系统有作用的变量.起初我们可以不用把所有变量都选进模型.在这步中,我们给出模型的求解精度.

(2) 我们作一些关于这个系统的合理假设.这些假设也可以包括任何对系统适用的经验法则.

对于某些情况,低精度的模型也能很好地满足我们的要求.例如,读者已经在物理课上学过,为在地球表面附近作落体运动的物体建模时,空气的摩擦阻力有时忽略不计,但是如果是一名从事精确计算远程导弹飞行路径的科学家,就必须考虑空气阻力以及像地球表面曲率这样的其他因素.

因为关于系统的假设经常包括一个或几个变量的变化率,所以所有这些假设的数学模型可能是一个或几个包含导数的方程.换句话说,数学模型可能是一个微分方程或者微分方程组.

一旦建立起一个微分方程或方程组的模型,我们所面对的是解方程或方程组的问题。如果我们能解它,且当这个解和系统行为的试验数据相符,我们就认为这个模型是合理的.但是如果这个解预测能力很差的话,我们就增加求解的精度或作一些另外的假设,然后建模的过程如此反复,如图 4-3 所示.

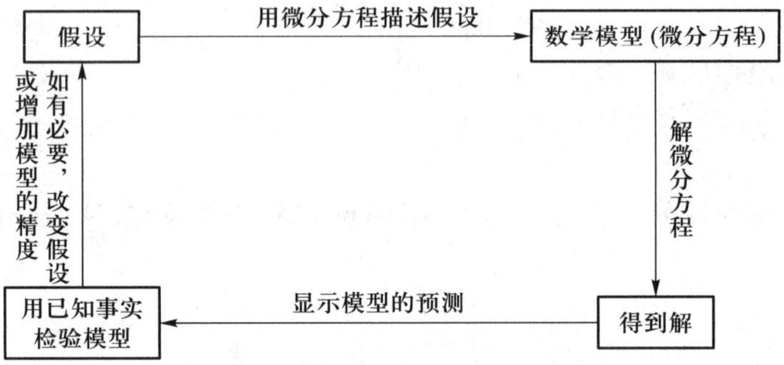

图 4-3

当然,提高模型精度增加了模型的复杂性,同时也增加了我们不能得到显式解的可能性.

物理系统的数学模型通常包括时间变量 t,模型的解给出了系统的状态;换言之,对应于 t 的因变量的值描述了系统过去、现在和将来的状态.

人口动力学 最早通过数学方法测量人口增长的模型是英国经济学家 Thomas Malthus(托马斯·马尔萨斯)在 1798 年所建立的模型.Malthus 模型的基本假设是一个国家在某个时刻的人口增长率和当时的人口总数成一定比例,也就是在 t 时刻的人口越多,将来的人口也就越多.用数学语言描述就是,用 $P(t)$ 表示 t 时刻的总人口,则这个假设可以表达为

$$\frac{\mathrm{d}P}{\mathrm{d}t}=kP. \tag{4.1.6}$$

这里的 k 是比例常数,这个简单的模型忽略了很多影响人口增长或减少的因素,但是却相当精确地预测了 1790～1860 年间的美国人口.按照(4.1.6)式所表示的速率增长的人口是非常少的;但是,(4.1.6)式仍然被用来描述少量人口在短期内的增长模型.

人口增长率仅依赖于当时的人口数量而与其他时间的因素无关的假设可以由

$$\frac{\mathrm{d}P}{\mathrm{d}t}=Pf(P) \tag{4.1.7}$$

来描述,微分方程(4.1.7)在动物数量模型的假设中应用广泛,称之为密度依赖假设.

Newton 热力学定律 根据 Newton 热力学定律,物体内温度的改变速率与物体的温度和其周围介质的温度(即所谓环境温度)之差成正比,如果 $T(t)$ 表示物体在 t 时刻的温度,T_{m} 表示其周围介质的温度,$\frac{\mathrm{d}T}{\mathrm{d}t}$ 表示物体温度变化的速率,Newton 热力学定律用数学语言描述就是

$$\frac{\mathrm{d}T}{\mathrm{d}t}=k(T-T_{\mathrm{m}}), \tag{4.1.8}$$

这里的 k 是比例常数. 不论是在冷却还是在加热模型中,如果 T_{m} 是常数,那么 $k<0$.

化学反应 微分方程 $\frac{\mathrm{d}x}{\mathrm{d}t}=-kx\ (k>0)$ 所表示的放射性物质的分解称为一阶反应.在化

学中，有一类反应遵循一个同样的经验法则：如果物质 A 的分子分解成更小的分子，那么就有一个假设成立，即这种分解的速度与原物质的剩余总量成正比；也就是说若 $x(t)$ 表示物质 A 在任何时刻的剩余总量，那么 $\frac{\mathrm{d}x}{\mathrm{d}t}=kx$，这里 k 是负的常数，因为 x 是不断减少的.一阶反应的一个例子就是 $(CH_3)_3CCl$ 转变为 $(CH_3)_3COH$：

$$(CH_3)_3CCl+NaOH \longrightarrow (CH_3)_3COH+NaCl,$$

其反应速率仅由 $(CH_3)_3CCl$ 的浓度决定，但是，在化学反应

$$CH_3Cl+NaOH \longrightarrow CH_3OH+NaCl$$

中，一分子 CH_3Cl 消耗一分子 NaOH，然后生成一分子 CH_3OH 和一分子 NaCl，这个反应的速率和剩余 CH_3Cl 及 NaOH 的数量的乘积成正比. 为了把第二种反应一般化，我们假设一分子 A 和一分子 B 生成一分子 C，如果用 X 表示 C 在 t 时刻生成的总量，α，β 依次表示物质 A，B 在 $t=0$ 时的数量（初始数量），那么 A，B 瞬时未反应的量分别为 $\alpha-X$ 和 $\beta-X$，因此 C 的生成速率为

$$\frac{\mathrm{d}X}{\mathrm{d}t}=k(\alpha-X)(\beta-X), \tag{4.1.9}$$

这里，k 是比例常数.方程(4.1.9)表示的反应模型称为二阶反应.

习题 4.1

(A)

1. 指出下列各微分方程的阶，并指出哪些是线性的，哪些是非线性的.

(1) $x^2y''+xy'+\cos x=0$.
(2) $xyy'+y=0$.
(3) $y'''+2yy''+2y=0$.
(4) $(x+y)\mathrm{d}x+(x-y)\mathrm{d}y=0$.
(5) $\frac{\mathrm{d}^2x}{\mathrm{d}t^2}+3\frac{\mathrm{d}x}{\mathrm{d}t}+5x=\mathrm{e}^t$.
(6) $\frac{\mathrm{d}p}{\mathrm{d}\theta}+p=\sin^2\theta$.

2. 指出下列给定的函数是不是所给微分方程的解.

(1) $y'=2xy$，$y=c\mathrm{e}^{x^2}$.

(2) $y''+y=0$，$y=3\sin x+5\cos x$.

(3) $y''-(\lambda_1+\lambda_2)y'+\lambda_1\lambda_2y=0$，$y=c_1\mathrm{e}^{\lambda_1x}+c_2\mathrm{e}^{\lambda_2x}$.

(4) $x^2y''+xy'+y=0$，$y=\sin(\ln x)$.

3. 给定一阶微分方程 $\frac{\mathrm{d}y}{\mathrm{d}x}=2x$.

(1) 求出它的通解.

(2) 求通过点(1,4)的积分曲线方程.

(3) 求出与直线 $y=2x+3$ 相切的积分曲线方程.

(4) 求出满足条件 $\int_0^1 y\mathrm{d}x=2$ 的解.

(5) 绘出(1)，(3)，(4)中解的图形.

4. 写出由下列条件确定的曲线所满足的微分方程.

(1) 曲线在点(x,y)处的切线斜率等于该点横坐标的平方.

(2) 曲线上点$P(x,y)$处的法线与x轴的交点为Q,且线段PQ被y轴平分.

(B)

1. 用微分方程表示一物理学命题:某种气体的压力P对于温度T的变化率与压力成正比,与温度的平方成反比.

2. 求微分方程$y'+xy'^2-y=0$的为直线的积分曲线.

§4.2 微分方程的初等积分法

本节对几类常见的一阶微分方程及某些可降阶的高阶微分方程给出初等积分法.

4.2.1 一阶可分离变量方程

形如

$$\frac{\mathrm{d}y}{\mathrm{d}x}=h(x)g(y) \tag{4.2.1}$$

的微分方程称为**一阶可分离变量方程**,其中$h(x)$,$g(y)$分别是x,y的连续函数.

可分离变量方程

其解法是先分离变量

$$\frac{\mathrm{d}y}{g(y)}=h(x)\mathrm{d}x \quad (g(y)\neq 0)^{①},$$

然后两边积分得

$$\int\frac{\mathrm{d}y}{g(y)}=\int h(x)\mathrm{d}x+c^{②}.$$

令

$$G(y)=\int\frac{\mathrm{d}y}{g(y)},\quad H(x)=\int h(x)\mathrm{d}x,$$

则

$$G(y)=H(x)+c. \tag{4.2.2}$$

(4.2.2)式就是所求微分方程(4.2.1)的解.由于(4.2.2)式是隐函数形式,并含有任意常数,所以称(4.2.2)式为方程(4.2.1)的**隐式通解**(或**通积分**).这种通过分离变量求解微分方程的方

① 若存在y_0使$g(y_0)=0$,显然$y=y_0$也是(4.2.1)式的解.这个解可能包含在通解里(即它可由(4.2.2)式中c取某个特定常数得到),也可能不包含在通解里,此时需要补上这个解.如果仅要求通解,则不需要补上这个解.无特殊说明时,本教材一般是指求通解.

② 为叙述方便,我们把$\int\frac{\mathrm{d}y}{g(y)}$和$\int h(x)\mathrm{d}x$理解为$\frac{1}{g(y)}$和$h(x)$的任一确定的原函数.以后凡微分方程通解中出现的$\int f(x)\mathrm{d}x$之类的记号,都理解为$f(x)$的任一确定的原函数.

法称为**分离变量法**.

上面解法的依据是当 $g(y)\neq 0$ 时,方程(4.2.1)与方程(4.2.2)的解集相同.因为微分方程(4.2.1)的解显然满足方程(4.2.2).反之,设 $y=\psi(x)$ 是方程(4.2.2)的解,将它代入方程(4.2.2)必成为恒等式,对这个恒等式微分,便知 $y=\psi(x)$ 也满足方程(4.2.1).

例 4.2.1　求方程 $x(1+y^2)\mathrm{d}x-y(1+x^2)\mathrm{d}y=0$ 的通解.

解　先分离变量

$$\frac{y\mathrm{d}y}{1+y^2}=\frac{x\mathrm{d}x}{1+x^2},$$

再两边积分

$$\int\frac{y\mathrm{d}y}{1+y^2}=\int\frac{x\mathrm{d}x}{1+x^2},$$

并求出积分,便得

$$\ln(1+y^2)=\ln(1+x^2)+\ln c\quad(c>0).$$

整理得通解为

$$1+y^2=c(1+x^2),$$

其中,c 为大于零的任意常数.

例 4.2.2　求解初值问题:$\cos y\mathrm{d}x+(1+\mathrm{e}^{-x})\sin y\mathrm{d}y=0,y(0)=\frac{\pi}{4}$.

解　将方程改写为

$$\frac{\mathrm{d}y}{\mathrm{d}x}=-\frac{\cos y}{(1+\mathrm{e}^{-x})\sin y}.$$

这是个可分离变量方程,分离变量后,得

$$\frac{\sin y\mathrm{d}y}{\cos y}=\frac{-\mathrm{e}^x}{\mathrm{e}^x+1}\mathrm{d}x,$$

两边积分得

$$\ln|\cos y|=\ln(\mathrm{e}^x+1)+\ln c_1\quad(c_1>0),$$

即

$$\mathrm{e}^x+1=c\cos y\quad\left(c=\pm\frac{1}{c_1}\right).$$

由初值条件 $y(0)=\frac{\pi}{4}$,得

$$c=2\sqrt{2},$$

故原初值问题的解为

$$\mathrm{e}^x+1=2\sqrt{2}\cos y$$

或

$$(1+\mathrm{e}^x)\sec y=2\sqrt{2}.$$

4.2.2 一阶线性微分方程

一阶线性微分方程

形如

$$\frac{\mathrm{d}y}{\mathrm{d}x}+p(x)y=q(x) \tag{4.2.3}$$

的方程称为**一阶线性微分方程**.

若 $q(x)\neq 0$,称方程(4.2.3)为**一阶非齐次线性微分方程**.若 $q(x)\equiv 0$,则方程(4.2.3)变为

$$\frac{\mathrm{d}y}{\mathrm{d}x}+p(x)y=0, \tag{4.2.4}$$

称方程(4.2.4)为**一阶齐次线性微分方程**.有时也称方程(4.2.4)为方程(4.2.3)对应的齐次方程.

下面先解齐次线性方程(4.2.4).方程(4.2.4)是可分离变量方程,分离变量后得

$$\frac{\mathrm{d}y}{y}=-p(x)\mathrm{d}x,$$

两边积分,得

$$\ln|y|=-\int p(x)\mathrm{d}x+c_1,$$

取对数,即得方程(4.2.4)的通解

$$y=c\mathrm{e}^{-\int p(x)\mathrm{d}x}. \tag{4.2.5}$$

再解非齐次方程(4.2.3).既然方程(4.2.4)是与方程(4.2.3)对应的齐次方程,那么两个方程的解一定有着内在的联系.将方程(4.2.3)变形为

$$\frac{\mathrm{d}y}{\mathrm{d}x}=q(x)-p(x)y,$$

$$\frac{\mathrm{d}y}{y}=\left[\frac{q(x)}{y}-p(x)\right]\mathrm{d}x.$$

两边积分,得到

$$y=\left(\pm\mathrm{e}^{\int\frac{q(x)}{y}\mathrm{d}x}\right)\mathrm{e}^{-\int p(x)\mathrm{d}x}.$$

注意到 $\pm\mathrm{e}^{\int\frac{q(x)}{y}\mathrm{d}x}$ 是 x 的函数,因此我们猜想方程(4.2.3)解的形式应为

$$y=u(x)\mathrm{e}^{-\int p(x)\mathrm{d}x}, \tag{4.2.6}$$

即把(4.2.5)式的任意常数 c 换成待定函数 $u(x)$.将(4.2.6)式代入方程(4.2.3),得到

$$\frac{\mathrm{d}}{\mathrm{d}x}\left[u\mathrm{e}^{-\int p(x)\mathrm{d}x}\right]+p(x)u\mathrm{e}^{-\int p(x)\mathrm{d}x}=q(x).$$

整理化简,得

$$\frac{\mathrm{d}u}{\mathrm{d}x}=q(x)\mathrm{e}^{\int p(x)\mathrm{d}x},$$

求解得

$$u=\int q(x)\mathrm{e}^{\int p(x)\mathrm{d}x}\mathrm{d}x+c. \tag{4.2.7}$$

再将(4.2.7)式代入方程(4.2.6)，便得一阶线性微分方程$\frac{\mathrm{d}y}{\mathrm{d}x}+p(x)y=q(x)$的通解

$$y=\mathrm{e}^{-\int p(x)\mathrm{d}x}\left[\int q(x)\mathrm{e}^{\int p(x)\mathrm{d}x}\mathrm{d}x+c\right]. \tag{4.2.8}$$

公式(4.2.8)中的$-\int p(x)\mathrm{d}x$与$\int q(x)\mathrm{e}^{\int p(x)\mathrm{d}x}\mathrm{d}x$可分别理解为不含任意常数的某一个原函数.

上面这种将常数变易为待定函数的方法称为**常数变易法**.常数变易法实际上是一种变量代换的方法，通过变换式(4.2.6)将方程(4.2.3)化为可分离变量方程.这是一个具有普遍性的方法，对于高阶线性方程也适用.

现在我们来讨论通解(4.2.8)的结构.容易看出，它是由两项叠加而成的，其中，$c\mathrm{e}^{-\int p(x)\mathrm{d}x}$是对应的齐次线性方程(4.2.4)的通解，$\mathrm{e}^{-\int p(x)\mathrm{d}x}\int q(x)\mathrm{e}^{\int p(x)\mathrm{d}x}\mathrm{d}x$是非齐次线性方程(4.2.3)的一个特解.由此可得出结论：

非齐次线性微分方程的通解等于它对应的齐次线性方程的通解加上原非齐次线性方程的一个特解.

以后将会看到，这个结论是所有线性微分方程的共同特征.

例 4.2.3 求方程$\frac{\mathrm{d}y}{\mathrm{d}x}-\frac{2y}{x+1}=(x+1)^{\frac{5}{2}}$的通解.

解 这是一阶非齐次线性方程.先求对应的齐次方程的通解.

$$\frac{\mathrm{d}y}{\mathrm{d}x}-\frac{2}{x+1}y=0,$$

分离变量，并两边积分，得

$$y=c(x+1)^2.$$

再用常数变易法求解非齐次方程，令

$$y=u(x)(x+1)^2,$$

则

$$\frac{\mathrm{d}y}{\mathrm{d}x}=u'(x)(x+1)^2+2u(x)(x+1),$$

代入原方程并整理，得

$$u'(x)=(x+1)^{\frac{1}{2}},$$

积分得

$$u(x)=\frac{2}{3}(x+1)^{\frac{3}{2}}+c.$$

所以原方程的通解为

$$y=(x+1)^2\left[\frac{2}{3}(x+1)^{\frac{3}{2}}+c\right].$$

例 4.2.4 求一曲线的方程，使得这条曲线通过原点，并且它在点(x,y)处的切线斜率等于 $2x+y$.

解 设所求曲线为 $y(x)$，由题意可知，$y(x)$满足下面初值问题：

$$\frac{\mathrm{d}y}{\mathrm{d}x}=2x+y,\quad y(0)=0.$$

这是一阶非齐次线性方程.这里 $p(x)=-1,q(x)=2x$，应用公式(4.2.8)得方程通解为

$$\begin{aligned}y&=\mathrm{e}^{\int\mathrm{d}x}\left(\int 2x\mathrm{e}^{-\int\mathrm{d}x}\,\mathrm{d}x+c\right)=\mathrm{e}^{x}(-2x\mathrm{e}^{-x}-2\mathrm{e}^{-x}+c)\\&=-2(1+x)+c\mathrm{e}^{x}.\end{aligned}$$

由初值条件 $y(0)=0$，得

$$c=2,$$

所求曲线方程为

$$y=2(\mathrm{e}^{x}-1-x).$$

4.2.3 利用变量代换求解微分方程

变量代换是一种常用的数学方法，在微分方程中也是如此，通常是找一个适当的变换，将不易直接求解的方程变为可解的方程.

1. 齐次方程

齐次方程

形如$\dfrac{\mathrm{d}y}{\mathrm{d}x}=f\left(\dfrac{y}{x}\right)$的一阶微分方程称为**齐次方程**.对于齐次方程，只要作变换$\dfrac{y}{x}=u$，就可化为可分离变量方程.事实上，由$\dfrac{y}{x}=u$，即 $y=xu$，可得$\dfrac{\mathrm{d}y}{\mathrm{d}x}=u+x\dfrac{\mathrm{d}u}{\mathrm{d}x}$.代入原方程，有

$$u+x\frac{\mathrm{d}u}{\mathrm{d}x}=f(u).$$

分离变量，得

$$\frac{\mathrm{d}u}{f(u)-u}=\frac{\mathrm{d}x}{x},$$

求解后再把 $u=\dfrac{y}{x}$代回即得齐次方程的通解.

例 4.2.5 求解方程$\dfrac{\mathrm{d}y}{\mathrm{d}x}=\dfrac{y}{x}+\tan\dfrac{y}{x}$.

解 此方程为齐次方程.令$\dfrac{y}{x}=u$，则$\dfrac{\mathrm{d}y}{\mathrm{d}x}=u+x\dfrac{\mathrm{d}u}{\mathrm{d}x}$，代入原方程得

$$x\frac{\mathrm{d}u}{\mathrm{d}x}+u=u+\tan u,$$

即

$$x\frac{\mathrm{d}u}{\mathrm{d}x}=\tan u.$$

分离变量，得

$$\cot u\,\mathrm{d}u=\frac{\mathrm{d}x}{x},$$

两边积分，得

$$\ln|\sin u|=\ln|x|+\ln|c_1|,$$

其中，c_1 为不等于 0 的常数.化简得

$$\sin u=cx\quad(c=\pm c_1).\tag{4.2.9}$$

当 $\tan u=0$ 时，即 $\sin u=0$.如果在(4.2.9)式中允许 $c=0$，则它包含在(4.2.9)式中.

将原来的变量代回(4.2.9)式，便得到原方程的通解

$$\sin\frac{y}{x}=cx,$$

其中，c 为任意常数.

2. 形如$\dfrac{\mathrm{d}y}{\mathrm{d}x}=\dfrac{a_1x+b_1y+c_1}{a_2x+b_2y+c_2}$的方程

(1) 当 $c_1=c_2=0$ 时，原方程是齐次方程.

(2) 当 c_1,c_2 中至少有一个不为零时，原方程不是齐次方程.此时如果方程组

$$\begin{cases}a_1x+b_1y+c_1=0,\\a_2x+b_2y+c_2=0\end{cases}$$

的系数行列式 $\begin{vmatrix}a_1 & b_1\\a_2 & b_2\end{vmatrix}=a_1b_2-a_2b_1\neq0$，则可唯一确定方程组的解：$x=x^*,y=y^*$.令

$$\begin{cases}X=x-x^*,\\Y=y-y^*,\end{cases}$$

原方程组就可化为齐次方程

$$\frac{\mathrm{d}Y}{\mathrm{d}X}=\frac{a_1X+b_1Y}{a_2X+b_2Y}.$$

求出这个齐次方程的通解后，再换回原变量 x,y，便可求出原方程的通解.

如果 $\begin{vmatrix}a_1 & b_1\\a_2 & b_2\end{vmatrix}=a_1b_2-a_2b_1=0$，此时，令$\dfrac{a_1}{a_2}=\dfrac{b_1}{b_2}=\lambda$，则原方程可写成

$$\frac{\mathrm{d}y}{\mathrm{d}x}=\frac{\lambda(a_2x+b_2y)+c_1}{a_2x+b_2y+c_2}.$$

引入新变量 $v=a_2x+b_2y$，则$\dfrac{\mathrm{d}v}{\mathrm{d}x}=a_2+b_2\dfrac{\mathrm{d}y}{\mathrm{d}x}$，于是原方程化为

$$\frac{1}{b_2}\left(\frac{\mathrm{d}v}{\mathrm{d}x}-a_2\right)=\frac{\lambda v+c_1}{v+c_2}.$$

这是可分离变量方程.

以上方法可以应用到更一般的方程

$$\frac{\mathrm{d}y}{\mathrm{d}x}=f\left(\frac{a_1x+b_1y+c_1}{a_2x+b_2y+c_2}\right).$$

例 4.2.6 求方程 $y'=\dfrac{x-y+1}{x+y-3}$ 的通解.

解 求解 $\begin{cases}x-y+1=0,\\x+y-3=0,\end{cases}$ 得 $x^*=1, y^*=2$.

令

$$X=x-1,\quad Y=y-2,$$

得

$$\frac{\mathrm{d}Y}{\mathrm{d}X}=\frac{X-Y}{X+Y}=\frac{1-\dfrac{Y}{X}}{1+\dfrac{Y}{X}}.$$

再令 $u=\dfrac{Y}{X}$,求解上面的齐次方程,得

$$X^2-2XY-Y^2=c,$$

代回原变量,得原方程通解

$$x^2-2xy-y^2+2x+6y=c.$$

3. Bernoulli 方程

形如 $\dfrac{\mathrm{d}y}{\mathrm{d}x}+P(x)y=Q(x)y^n\ (n\neq 0,1)$ 的方程称为 Bernoulli 方程.很多实际问题,如人口的增长、细菌的繁殖、技术革新的推广等都可归为这种类型的方程.

此方程当 $n=0$ 或 $n=1$ 时是线性方程,当 $n\neq 0,1$ 时是非线性方程,但经过变量代换,可把它化为线性的.它与一阶线性微分方程 $\dfrac{\mathrm{d}y}{\mathrm{d}x}+p(x)y=q(x)$ 形式类似,但多了因子 y^n,所以先将方程两边除以 y^n,得

$$y^{-n}\frac{\mathrm{d}y}{\mathrm{d}x}+P(x)y^{1-n}=Q(x).$$

容易看出,若令 $z=y^{1-n}$,则

$$\frac{\mathrm{d}z}{\mathrm{d}x}=(1-n)y^{-n}\frac{\mathrm{d}y}{\mathrm{d}x},$$

Bernoulli 方程

代入原方程得

$$\frac{\mathrm{d}z}{\mathrm{d}x}+(1-n)P(x)z=(1-n)Q(x),$$

这是关于 z 的一阶线性微分方程.求出该方程的通解后,再将 z 换成 y^{1-n},便得到原方程的通解.

例 4.2.7　求方程$\frac{\mathrm{d}y}{\mathrm{d}x}+\frac{1}{x}y=(\ln x)y^2$ 的通解.

解　这是 Bernoulli 方程.方程两边除以 y^2,得

$$\frac{1}{y^2}\frac{\mathrm{d}y}{\mathrm{d}x}+\frac{1}{x}\cdot\frac{1}{y}=\ln x.$$

令 $z=y^{1-2}=\frac{1}{y}$,则 $z'=-\frac{1}{y^2}\cdot y'$,于是原方程变为

$$-z'+\frac{1}{x}z=\ln x,$$

这是关于 z 的一阶线性方程.求解得

$$z=\left[c-\frac{1}{2}(\ln x)^2\right]x,$$

代回原变量,得到原方程通解

$$\frac{1}{y}=\left[c-\frac{1}{2}(\ln x)^2\right]x.$$

注　(1) 除上述三种典型的可通过变量代换求解的微分方程,还有许多微分方程可用变量代换的方法求解.例如,

$$\frac{\mathrm{d}y}{\mathrm{d}x}=\frac{1}{x+y},$$

若令 $u=x+y$,则原方程变为$\frac{\mathrm{d}u}{\mathrm{d}x}=\frac{1+u}{u}$,这是可分离变量方程.

(2) 有时一阶微分方程对于某一个变量来说是非线性的,但对于其他变量来说是线性的.例如,

$$\frac{\mathrm{d}y}{\mathrm{d}x}=\frac{1}{x+y^2},$$

对变量 y 来说是非线性的,但将 x 看作未知函数,则原方程可写为

$$\frac{\mathrm{d}x}{\mathrm{d}y}-x=y^2,$$

这是关于 $x(y)$的一阶线性方程,易求得其通解为

$$x=-y^2-2y-2+c\mathrm{e}^y.$$

4.2.4　某些可降阶的高阶微分方程

关于高阶线性方程,特别是常系数的,将在后面讨论.这里仅讨论几类特殊的高阶微分方程的解法.基本思想是采用某种变换来降低方程的阶,转为用前面的方法求解.

1. $y^{(n)}=f(x)$型的微分方程

这类方程只需把 $y^{(n-1)}$ 作为新的未知函数,则方程变为

$$[y^{(n-1)}]'=f(x).$$

两边积分得

$$y^{(n-1)}=\int f(x)\mathrm{d}x+c_1,$$

方程就降了一阶,然后逐次积分就得到了原方程的通解.

例 4.2.8 求方程 $y'''=x-\sin x$ 的通解.

解 对原方程连续积分三次,有

$$y''=\int(x-\sin x)\mathrm{d}x=\frac{1}{2}x^2+\cos x+c,$$

$$y'=\int\left(\frac{1}{2}x^2+\cos x+c\right)\mathrm{d}x=\frac{1}{6}x^3+\sin x+cx+c_2,$$

$$\begin{aligned}y&=\int\left(\frac{1}{6}x^3+\sin x+cx+c_2\right)\mathrm{d}x\\&=\frac{1}{24}x^4-\cos x+\frac{1}{2}cx^2+c_2x+c_3=\frac{1}{24}x^4-\cos x+c_1x^2+c_2x+c_3\quad\left(c_1=\frac{1}{2}c\right),\end{aligned}$$

这就是原方程的通解.

2. 不显含未知函数 y 的微分方程

二阶可降阶的微分方程

$$F(x,y^{(k)},y^{(k+1)},\cdots,y^{(n)})=0,$$

其中,$1\leqslant k<n$.对这种方程,只要作变换 $z=y^{(k)}$,就可化为

$$F(x,z,z',\cdots,z^{(n-k)})=0,$$

此方程为 $n-k$ 阶方程,降了 k 阶.如果能从此方程解出

$$z=z(x,c_1,c_2,\cdots,c_{n-k}),$$

再由 $y^{(k)}=z$ 连续积分 k 次便可得到 y.下面以二阶方程 $F(x,y',y'')=0$ 为例说明.

例 4.2.9 解方程 $(1+x^2)y''+y'^2+1=0$.

解 此方程是不显含 y 的二阶方程,$k=1$.令 $z=y'$,则原方程化为

$$(1+x^2)\frac{\mathrm{d}z}{\mathrm{d}x}+z^2+1=0,$$

这是可分离变量的一阶方程.分离变量即得

$$\frac{\mathrm{d}z}{1+z^2}=-\frac{\mathrm{d}x}{1+x^2},$$

积分可得

$$\arctan z+\arctan x=c.$$

利用三角函数公式 $\tan(\alpha+\beta)=\dfrac{\tan\alpha+\tan\beta}{1-\tan\alpha\tan\beta}$,并注意 $\tan(\arctan\alpha)=\alpha$,则由上式可得

$$\frac{z+x}{1-xz}=\tan c,$$

即有

$$y'=z=\frac{\tan c-x}{1+x\tan c}=\frac{c_1-x}{1+c_1x}\quad(c_1=\tan c).$$

再积分,便得所求方程的通解

$$y=\int z\,\mathrm{d}x=\int\frac{c_1-x}{1+c_1x}\mathrm{d}x=\frac{1+c_1^2}{c_1^2}\ln(1+c_1x)-\frac{x}{c_1}+c_2.$$

3. 不显含自变量 x 的微分方程

$$F(y,y',y'',\cdots,y^{(n)})=0,$$

对这种方程可作变换:令 $y'=z(y)$,并利用复合函数的求导法则把 y''化为对 y 的导数,即

$$y''=\frac{\mathrm{d}z}{\mathrm{d}x}=\frac{\mathrm{d}z}{\mathrm{d}y}\cdot\frac{\mathrm{d}y}{\mathrm{d}x}=\frac{\mathrm{d}z}{\mathrm{d}y}z,$$

$$y'''=\frac{\mathrm{d}}{\mathrm{d}x}\left(\frac{\mathrm{d}z}{\mathrm{d}y}\cdot z\right)=\frac{\mathrm{d}}{\mathrm{d}y}\left(\frac{\mathrm{d}z}{\mathrm{d}y}\cdot z\right)\frac{\mathrm{d}y}{\mathrm{d}x}=\frac{\mathrm{d}^2z}{\mathrm{d}y^2}z^2+\left(\frac{\mathrm{d}z}{\mathrm{d}y}\right)^2z,\cdots,$$

代入原方程,得到关于 $y,z,z',\cdots,z^{(n-1)}$ 的方程,记作

$$F_1(y,z,z',\cdots,z^{(n-1)})=0,$$

这是以 y 为自变量,z 为未知函数的 $n-1$ 阶方程,比原方程降了一阶.下面以二阶方程 $F(y,y',y'')=0$为例说明.

例 4.2.10 求解初值问题:$y''y^3=1,y(0)=1,y'(0)=0$.

解 此方程不显含自变量 x.令 $y'=z$,则 $y''=z\dfrac{\mathrm{d}z}{\mathrm{d}y}$,代入原方程得

$$z\frac{\mathrm{d}z}{\mathrm{d}y}=\frac{1}{y^3}.$$

分离变量并积分,得

$$\frac{1}{2}z^2=\frac{-1}{2}y^{-2}+c_1,$$

代入初值条件,由 $y(0)=1,y'(0)=0$,得 $c_1=\dfrac{1}{2}$.方程简化为

$$z^2=1-y^{-2}\text{或 }z=\pm\frac{1}{y}\sqrt{y^2-1},$$

即

$$\frac{\mathrm{d}y}{\mathrm{d}x}=\pm\frac{1}{y}\sqrt{y^2-1}.$$

这是一个可分离变量方程,经积分得到

$$\sqrt{y^2-1}=\pm x+c_2,$$

再由 $y(0)=1$ 得到 $c_2=0$.故所求初值问题的解为

$$y^2-x^2=1.$$

4. 首次积分方法

若

$$F(x,y,y',\cdots,y^{(n)})=\frac{\mathrm{d}}{\mathrm{d}x}\Phi(x,y,y',\cdots,y^{(n-1)}),$$

则称

$$\Phi(x,y,y',\cdots,y^{(n-1)})=c$$

为方程 $F(x,y,y',\cdots,y^{(n)})=0$ 的**首次积分**.这样就把原方程降了一阶.如果原方程是二阶的,则降为一阶方程.

例 4.2.11 求解方程 $yy''+y'^2=0$.

解 原方程可写为

$$\frac{\mathrm{d}}{\mathrm{d}x}(yy')=0,$$

即方程左端是 $\Phi=yy'$的导数,积分即得

$$yy'=c,$$

于是原方程降了一阶.求解此一阶方程得

$$y^2=c_1x+c_2 \quad (c_1=2c).$$

习题 4.2

(A)

1. 求解下列方程:

(1) $\sqrt{1-x^2}\,y'=\sqrt{1-y^2}$.

(2) $\sec^2 x\tan y\mathrm{d}x+\sec^2 y\tan x\mathrm{d}y=0$.

(3) $\frac{\mathrm{d}y}{\mathrm{d}x}=10^{x+y}$.

(4) $\frac{\mathrm{d}y}{\mathrm{d}x}=\frac{1+y^2}{xy+x^3y}$.

2. 求解下列方程或初值问题:

(1) $\frac{\mathrm{d}y}{\mathrm{d}x}=y+\sin x$.

(2) $\frac{\mathrm{d}y}{\mathrm{d}x}+y\cot x=5\mathrm{e}^{\cos x}$.

(3) $\frac{\mathrm{d}y}{\mathrm{d}x}=-y\cos x+\frac{1}{2}\sin 2x,y(0)=0$.

(4) $\frac{\mathrm{d}y}{\mathrm{d}x}-\frac{1}{x}y=\mathrm{e}^x x,y(1)=\mathrm{e}+1$.

3. 求下列齐次方程的通解:

(1) $x\frac{\mathrm{d}y}{\mathrm{d}x}=y+\sqrt{x^2-y^2}$.

(2) $x\frac{\mathrm{d}y}{\mathrm{d}x}=y\ln\frac{y}{x}$.

(3) $(x^3+xy^2)\mathrm{d}x+(x^2y+y^3)\mathrm{d}y=0$.

(4) $y'=\frac{x}{y}+\frac{y}{x}$.

4. 求下列 Bernoulli 方程的通解:

(1) $\frac{\mathrm{d}y}{\mathrm{d}x}+y=y^2(\cos x-\sin x)$.

(2) $\frac{\mathrm{d}y}{\mathrm{d}x}-3xy=xy^2$.

(3) $\frac{\mathrm{d}y}{\mathrm{d}x}+\frac{1}{3}y=\frac{1}{3}(1-2x)y^4$.

(4) $x\mathrm{d}y-[y+xy^3(1+\ln x)]\mathrm{d}x=0$.

5. 用适当变换求解下列方程:

(1) $y'=6\frac{y}{x}-xy^2$.

(2) $y'=-\frac{2x+y-4}{x+y-1}$.

(3) $xy'+y=y(\ln x+\ln y)$.

(4) $y'=\frac{1}{(x+y)^2}$.

(B)

1. 求下列方程的通解：

(1) $y''=\dfrac{1}{1+x^2}$.

(2) $xy''+y'=0$.

(3) $xy''=y'\ln\dfrac{y'}{x}$.

(4) $y'''=\sqrt{1+y''^2}$.

2. 求解下列方程或初值问题：

(1) $y''=\dfrac{1}{2y'}$.

(2) $yy''-y'^2+y'^3=0$.

(3) $yy''+y'^2-1=0$.

(4) $yy''-y'^2=0, y(0)=1, y'(0)=2$.

3. 试求 $y''=x$ 的经过点 $M(0,1)$ 且在此点与直线 $y=\dfrac{x}{2}+1$ 相切的积分曲线.

§ 4.3 一阶微分方程建模

建立微分方程的方法很多，常用的基本方法有三种：(1) 利用几何学、物理学、化学、电学等学科的有关结论，直接列出未知函数的变化率满足的方程.(2) 利用微元法.取微元后，一般利用"增量＝输出量－输入量"，得到增量满足的关系式，从而建立微分方程.(3) 模拟近似法.若对于较复杂的自然现象和社会问题很难定量描述，则通常先作一些假设，在此假设下，近似模拟实际现象建立方程，求解后检验是否与实际相符，然后再修改，直到得出令人满意的结果.

4.3.1 线性微分方程

回顾 § 4.2，在一阶线性微分方程的标准形式

$$\frac{dy}{dt}+p(t)y=f(t)$$

两边乘积分因子 $e^{\int p(t)dt}$，可将方程改写为

$$\frac{d}{dt}\left[e^{\int p(t)dt}y\right]=e^{\int p(t)dt}f(t),$$

再通过对最后这个等式两边积分求得方程的解.

增长与衰减 初值问题

$$\frac{dx}{dt}=kx, \quad x(t_0)=x_0 \tag{4.3.1}$$

(其中 k 为一个比例常数)用于不同的增长或衰减模型.我们看到在 4.1.2 小节中的生物学应用中，某时刻人口数量(也适用于细菌、动物)的增长率与此时刻的人口数量成正比.已知在某任意初始时刻 t_0 的人口数量，我们可以用(4.3.1)式来预测未来的人口数量，即通过测量在时间 $t_1>t_0$ 时的 x，再由初值问题得到比例常数 k 的值.在物理学和化学模型中，(4.3.1)式被认为是

一阶反应——即在 t 时刻,其比率或速率$\frac{dx}{dt}$直接与还未变化的或剩余的 x 成正比.

例 4.3.1(细菌增长问题) 一个细菌培养过程在初始时刻的细菌数量为 P_0.在 $t=1$ h 时,测得细菌数量为$\frac{3}{2}P_0$.如果在 t 时刻的增长速度与此时细菌的数量 $P(t)$成正比,求细菌数量增至原来的 3 倍所需的时间.

解 首先我们求解(4.3.1)式中的微分方程,这里用 P 代表 x.当 $t_0=0$ 时,初值条件为 $P(0)=P_0$.然后我们利用经验观察值 $P(1)=\frac{3}{2}P_0$ 来确定比例常数 k.

注意到微分方程$\frac{dP}{dt}=kP$ 是可分离变量的并且是线性的,将其整理成一阶微分方程的标准形式

$$\frac{dP}{dt}-kP=0, \tag{4.3.2}$$

我们可以看到积分因子为 e^{-kt},在方程两边同乘这一项后积分得

$$\frac{d}{dt}(e^{-kt}P)=0, \quad e^{-kt}P=c,$$

所以 $P(t)=ce^{kt}$.当 $t=0$ 时有 $P_0=ce^0=c$,所以 $P(t)=P_0e^{kt}$.当 $t=1$ 时有$\frac{3}{2}P_0=P_0e^k$,即 $e^k=\frac{3}{2}$.从最后一个等式中我们可得 $k=\ln\frac{3}{2}=0.405\ 5$,所以 $P(t)=P_0e^{0.405\ 5t}$.为了求细菌数量变为原来 3 倍所需的时间,我们解出 $3P_0=P_0e^{0.405\ 5t}$ 中的 t,有$0.405\ 5t=\ln 3$,或

$$t=\frac{\ln 3}{0.405\ 5}=2.71\ \text{h}.$$

如图 4-4 所示.

注意,在例 4.3.1 中,细菌在 $t=0$ 时的数量 P_0 对其增至原来 3 倍所需的时间并没有什么影响.增至原来 3 倍所需的时间在某个初始值(比如 100 或 1 000 000 个细菌)的情形下都为 2.71 h.

如图 4-5 所示,当 $k>0$ 时,指数函数 $y=e^{kt}$ 随着 t 的增加而增加,而当 $k<0$ 时则相反.

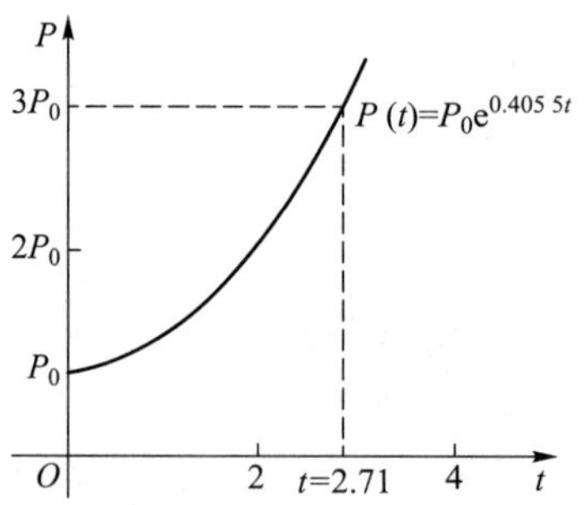

图 4-4

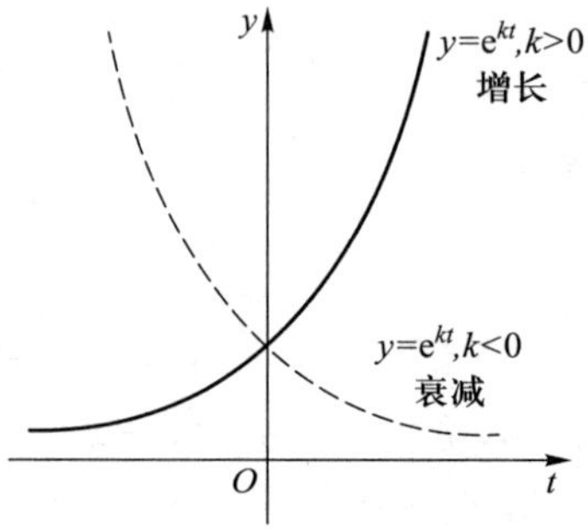

图 4-5

所以增长问题(人口、细菌,甚至资本)可以由这个正数 k 来描述,而一些与衰减有关的问题(例如放射性分解)则取决于一个负的 k 值.由此,我们称 k 为增长常数($k>0$)或衰减常数($k<0$).

例 4.3.2(串联电路) 将一个 12 V 的电池连入串联电路,电路中电感线圈的感应系数为 $\frac{1}{2}$ H,电阻为 10 Ω.如果初始时刻电流为 0,求电流 i 的表达式.

解 由 Kirchhoff(基尔霍夫)第二定律可知需求解方程

$$\frac{1}{2}\frac{\mathrm{d}i}{\mathrm{d}t}+10i=12, \tag{4.3.3}$$

使得 $i(0)=0$.首先我们在方程两边同乘 2,得到积分因子 e^{20t},然后有

$$\frac{\mathrm{d}}{\mathrm{d}t}(\mathrm{e}^{20t}i)=24\mathrm{e}^{20t}.$$

对最后一个等式关于 i 积分,得 $i(t)=\frac{6}{5}+c\mathrm{e}^{-20t}$.$i(0)=0$ 意味着 $0=\frac{6}{5}+c$ 或 $c=-\frac{6}{5}$. 所以电流为 $i(t)=\frac{6}{5}-\frac{6}{5}\mathrm{e}^{-20t}$.

例 4.3.3(蛋糕的冷却) 当一块蛋糕从烤箱中被拿出时,测得其温度为 148.9 ℃.3 min 后其温度变为 93.3 ℃,使蛋糕冷却到 21.1 ℃(周围介质的温度)需要多长时间?

解 在 4.1.2 小节中的(4.1.8)式中,定义 $T_{\mathrm{m}}=21.1$.我们需要求解初值问题

$$\frac{\mathrm{d}T}{\mathrm{d}t}=k(T-21.1), \quad T(0)=148.9, \tag{4.3.4}$$

并确定 k 的值,使得 $T(3)=93.3$.

方程(4.3.4)既是线性的又是可分离变量的.分离变量得

$$\frac{\mathrm{d}T}{T-21.1}=k\,\mathrm{d}t.$$

然后有 $\ln|T-21.1|=kt+c_1$,因此有 $T(t)=21.1+c_2\mathrm{e}^{kt}$.当 $t=0$ 时,$T(0)=148.9$,再由 $148.9=21.1+c_2$ 得 $c_2=127.8$,所以 $T=21.1+127.8\mathrm{e}^{kt}$.最后测得的 $T(3)=93.3$ 使得 $\mathrm{e}^{3k}=\frac{72.2}{127.8}$,因此 $k=\frac{1}{3}\ln\frac{72.2}{127.8}=-0.190\ 34$.这样可得

$$T(t)=21.1+127.8\mathrm{e}^{-0.190\ 34t}. \tag{4.3.5}$$

我们注意到,(4.3.5)式没有有限解 $T(t)=21.1$,因为 $\lim\limits_{t\to+\infty}T(t)=21.1$.从直观感觉上我们认为蛋糕将在合理长的时间后冷却至 21.1 ℃.那么"合理长"是多长呢?我们当然没必要被(4.3.5)式的结果扰乱了直觉.图 4-6 的(a)和(b)清楚地显示了蛋糕将在半小时后冷却到近似 21.1 ℃.

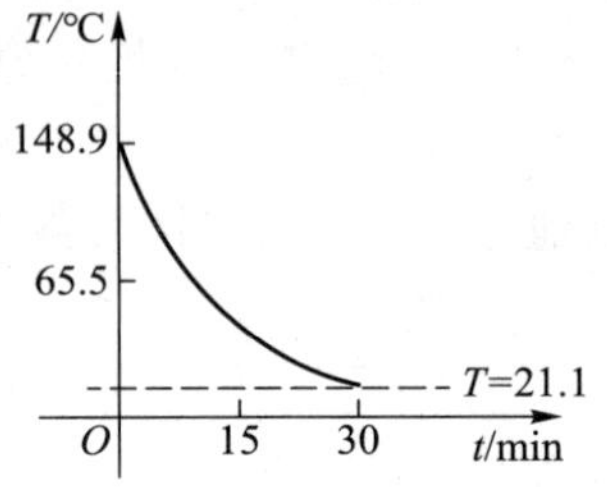

(a)

T/℃	t/min
23.9	20.1
23.3	21.3
22.8	22.8
22.2	24.9
21.7	28.6
21.4	32.2

(b)

图 4-6

4.3.2 非线性微分方程

例 4.3.4(求探照灯的反射镜面的形状) 探照灯要有良好的方向性,它的反射镜面要将点光源射出的光线平行地反射出去,探照灯的反射镜面形状的设计正是考虑了这一特点.

为此,建立直角坐标系:将坐标原点取在光源处,x 轴的正向取为反射光方向,并将反射镜面看作平面曲线 $y=f(x)$ 绕 x 轴旋转所形成的旋转面.于是,问题归结为求曲线 $y=f(x)$ 的形状(图 4-7).

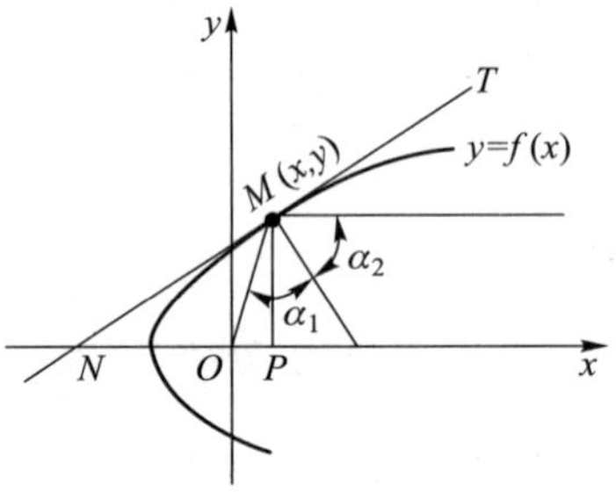

图 4-7

解 设曲线 $y=f(x)$ 上任一点 $M(x,y)$ 处的切线 MT 交 x 轴于点 N,根据入射角 α_1 等于反射角 α_2 可以推出,光线平行于 x 轴反射出去的条件是 $OM=ON$.易见 $\frac{\mathrm{d}y}{\mathrm{d}x}=\frac{MP}{NP}$,而 $MP=y$,$NP=ON+OP=OM+OP=\sqrt{x^2+y^2}+x$,所以得到微分方程

$$\frac{\mathrm{d}y}{\mathrm{d}x}=\frac{y}{x+\sqrt{x^2+y^2}}.$$

为求解方便,将上式变为

$$\frac{\mathrm{d}x}{\mathrm{d}y}=\frac{x+\sqrt{x^2+y^2}}{y},$$

或写为

$$\frac{\mathrm{d}x}{\mathrm{d}y}=\frac{x}{y}+\sqrt{1+\left(\frac{x}{y}\right)^2},$$

这是个齐次方程.令$\frac{x}{y}=z$,代入上式得

$$z+y\frac{\mathrm{d}z}{\mathrm{d}y}=z+\sqrt{1+z^2},$$

即

$$\frac{\mathrm{d}z}{\sqrt{1+z^2}}=\frac{\mathrm{d}y}{y}.$$

两边积分,得

$$\ln(z+\sqrt{1+z^2})=\ln|y|+\ln|c_1|,$$

即

$$z+\sqrt{1+z^2}=c_2y \quad (c_2=\pm c_1).$$

再用$\frac{x}{y}=z$ 代回上式并整理,得

$$1=c_2^2y^2-2c_2x.$$

令 $c=\frac{1}{c_2}$,则得

$$y^2=c(c+2x).$$

可见探照灯的反射镜面是以 x 轴为对称轴的抛物线绕 x 轴旋转而产生的旋转抛物面.

例 4.3.5(逻辑斯谛方程) 假设一个环境能容纳不多于数量 K 的人口.K 称为这个环境的承载能力.所以对于 4.1.2 小节的(4.1.7)式中的函数 f,我们有 $f(K)=0$,为简单起见,我们设 $f(0)=r$.图 4-8 给出了三个符合上述两个条件的函数 f.我们假设 $f(P)$为最简单的线性函数,即 $f(P)=c_1P+c_2$.利用 $f(0)=r$ 和 $f(K)=0$,依次可得 $c_2=r,c_1=-\frac{r}{K}$,所以 f 有形式 $f(P)=r-\frac{r}{K}P$.则人口模型的方程变为

$$\frac{\mathrm{d}P}{\mathrm{d}t}=P\left(r-\frac{r}{K}P\right). \tag{4.3.6}$$

对常数进行重新定义,非线性方程(4.3.6)等价于

$$\frac{\mathrm{d}P}{\mathrm{d}t}=P(a-bP). \tag{4.3.7}$$

1840 年前后,比利时数学家和生物学家 P.F.Verhulst(韦吕勒)利用这一模型预测了一些国家的人口数量.他的研究中就应用了(4.3.7)式,其中 $a>0,b>0$.方程(4.3.7)后来称为**逻辑斯谛方程**.它的解称为**逻辑斯谛函数**.逻辑斯谛函数的图形称为**逻辑斯谛曲线**.

当人口数量很大或人口过于拥挤时,人口会对环境造成有害影响,而人对食物、能源的竞争也对人口的增长产生消极影响,所以微分方程$\frac{\mathrm{d}P}{\mathrm{d}t}=kP$ 并不能准确地描述人口模型.现

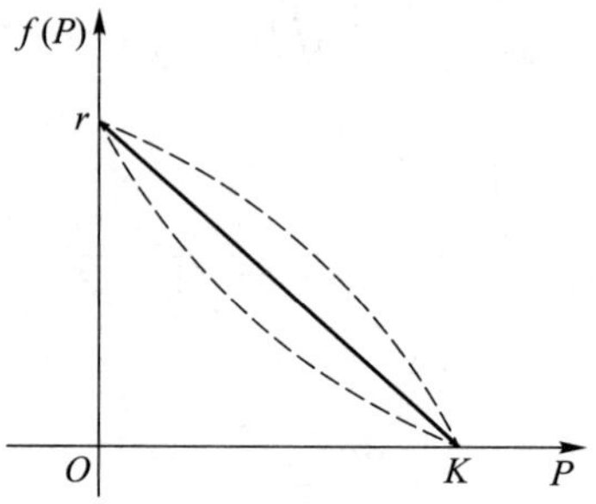

图 4-8

在我们看到当 $t\to+\infty$ 时，方程(4.3.7)的解是有界的.如果我们将方程(4.3.7)改写为 $\frac{\mathrm{d}P}{\mathrm{d}t}=aP-bP^2$，则非线性项 $-bP^2\,(b>0)$ 可解释为"抑制"或"竞争"项.在大多数实际应用中，正常数 a 会远大于常数 b.

逻辑斯谛曲线已被证明可以非常准确地预测在有限空间中的增长形式，如细菌、原生动物、水蚤、果蝇等.

逻辑斯谛方程的解　求解方程(4.3.7)的一种方法是分离变量.将方程 $\frac{\mathrm{d}P}{P(a-bP)}=\mathrm{d}t$ 的左边分解，然后两边积分得

$$\left(\frac{1/a}{P}+\frac{b/a}{a-bP}\right)\mathrm{d}P=\mathrm{d}t,$$

$$\frac{1}{a}\ln|P|-\frac{1}{a}\ln|a-bP|=t+c,$$

$$\ln\left|\frac{P}{a-bP}\right|=at+ac,$$

$$\frac{P}{a-bP}=c_1\mathrm{e}^{at}.$$

由最后一个等式得

$$P(t)=\frac{ac_1\mathrm{e}^{at}}{1+bc_1\mathrm{e}^{at}}=\frac{ac_1}{bc_1+\mathrm{e}^{-at}}.$$

如果 $P(0)=P_0$，$P_0\neq\frac{a}{b}$，我们可以求得 $c_1=\frac{P_0}{a-bP_0}$，因此在代换和简化后，解可写为

$$P(t)=\frac{aP_0}{bP_0+(a-bP_0)\mathrm{e}^{-at}}.\tag{4.3.8}$$

逻辑斯谛曲线　从(4.3.8)式中我们可以看到

当 $t\to+\infty$ 时，$P(t)\to\frac{aP_0}{bP_0}=\frac{a}{b}$；当 $t\to-\infty$ 时，$P(t)\to0$.

图 4-9 中的虚线 $P=\frac{a}{2b}$ 与逻辑斯谛曲线交于其拐点处．为了证明这一点，我们对

(4.3.7)式求微分，由乘积的微分法则得

$$\frac{\mathrm{d}^2 P}{\mathrm{d}t^2}=P\left(-b\frac{\mathrm{d}P}{\mathrm{d}t}\right)+(a-bP)\frac{\mathrm{d}P}{\mathrm{d}t}=\frac{\mathrm{d}P}{\mathrm{d}t}(a-2bP)$$

$$=P(a-bP)(a-2bP)$$

$$=2b^2P\left(P-\frac{a}{b}\right)\left(P-\frac{a}{2b}\right).$$

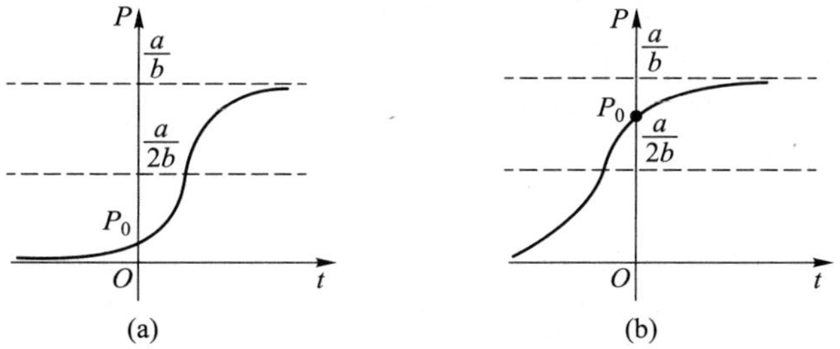

图 4－9

由微积分可知，满足$\frac{\mathrm{d}^2P}{\mathrm{d}t^2}=0$的点可能是拐点，而 $P=0$ 和 $P=\frac{a}{b}$显然被排除在外.所以 $P=\frac{a}{2b}$是曲线唯一可能改变凹凸性的地方，当 $0<P<\frac{a}{2b}$时有 $P''>0$，当$\frac{a}{2b}<P<\frac{a}{b}$时有 $P''<0$.所以曲线以 $P=\frac{a}{2b}$为界，从左到右由凹变为凸.当初值满足 $0<P_0<\frac{a}{2b}$时，$P(t)$的曲线为 S 形，如图 4－9(a)所示.当$\frac{a}{2b}<P_0<\frac{a}{b}$时，曲线仍为 S 形，但其拐点出现在 t 取负值时，如图 4－9(b)所示.

例 4.3.6(逻辑斯谛增长模型)　假设一个携带流感病毒的学生回到了有 1 000 个学生的孤立校园.假设病毒的传播速度不仅与已感染的人数 x 成正比，而且与未感染的人数也成正比.观察发现，4 天后 $x(4)=50$，确定 6 天后感染的人数.

解　假设在疾病的传播过程中没有人离开校园，所以我们要求解初值问题

$$\frac{\mathrm{d}x}{\mathrm{d}t}=kx(1\ 000-x),\quad x(0)=1.$$

可以看出 $a=1\ 000k$，$b=k$，则由(4.3.8)式立即可得

$$x(t)=\frac{1\ 000k}{k+999k\mathrm{e}^{-1\ 000kt}}=\frac{1\ 000}{1+999\mathrm{e}^{-1\ 000kt}}.$$

现在利用 $x(4)=50$，从

$$50=\frac{1\ 000}{1+999\mathrm{e}^{-4\ 000k}}$$

中求出 k，有

$$-1\ 000k=\frac{1}{4}\ln\frac{19}{999}=-0.990\ 6.$$

所以

$$x(t)=\frac{1\ 000}{1+999\mathrm{e}^{-0.990\ 6t}}.$$

最后得

$$x(6)=\frac{1\ 000}{1+999\mathrm{e}^{-5.943\ 6}}=276.$$

习题 4.3

(A)

1. 1976 年，世界人口达到 41.5 亿．当时一本很受欢迎的新闻杂志预测人口将以每年 1.8％的速度增长，在 45 年后将达到 92.6 亿．把这一结果和传统的模型作比较．传统的模型认为增长速率与当时的人口数量成正比．

2. 考虑 Newton 热力学定律 $\frac{\mathrm{d}T}{\mathrm{d}t}=k(T-T_{\mathrm{m}})$，$k<0$，其中物体周围介质的温度 T_{m} 随时间而变化.假设初始时一个物体的温度为 T_1，周围介质的温度为 T_2，$T_{\mathrm{m}}=T_2+B(T_1-T)$，其中，$B$ 为大于零的常数．

(1) 求出物体在 t 时刻的温度．

(2) 当 $t\to+\infty$ 时物体温度的极限值是多少？

(3) 当 $t\to+\infty$ 时 T_{m} 的极限值是多少？

3. 微积分学中有一个经典的问题就是找出一条曲线 l，一个小珠子可在重力作用下以最短的时间从此曲线上点 $A(0,0)$ 滑到点 $B(x_1,y_1)$，如图 4-10 所示.可以得到关于曲线形状的一个非线性微分方程 $y(1+y'^2)=k$，这里的 k 是一个常数.首先用 y 和 $\mathrm{d}y$ 解出 $\mathrm{d}x$，然后利用代换 $y=k\sin^2\theta$ 求出参数形式的解．可以看到曲线 l 是一条摆线．

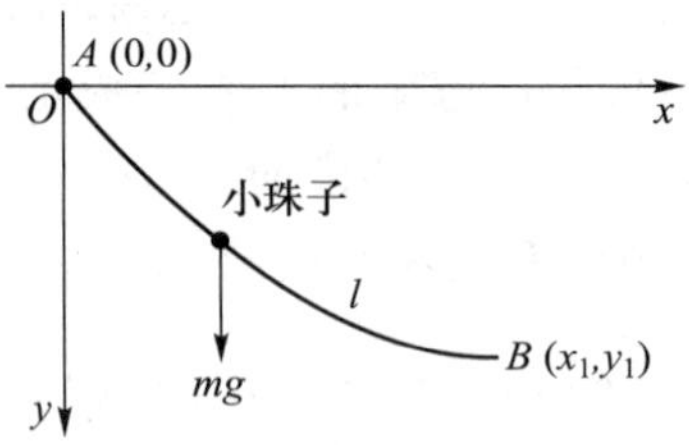

图 4-10

4. 两种动物的数量由以下一阶非线性微分方程组描述：

$$\begin{cases}\frac{\mathrm{d}x}{\mathrm{d}t}=k_1x(\alpha-x),\\ \frac{\mathrm{d}y}{\mathrm{d}t}=k_2xy.\end{cases}$$

求解 x 和 y，用 t 表示它们．

§ 4.4　高阶线性微分方程

在微分方程的理论中，线性微分方程是非常重要的一部分，这不仅因为其一般理论已被研究得十分清楚，还因为线性微分方程是研究非线性微分方程的基础，它在物理学、力学和工程技术中有着广泛的应用.本节重点讲述线性微分方程的基本理论和常系数方程的解法.

4.4.1　线性微分方程通解的结构

形如

$$y^{(n)}+a_1(x)y^{(n-1)}+\cdots+a_n(x)y=f(x) \tag{4.4.1}$$

的微分方程称为**线性微分方程**.其中 $a_i(x)(i=1,2,\cdots,n)$ 及 $f(x)$ 都是连续函数.若 $n>1$，称之为**高阶线性微分方程**.

若 $f(x)\neq 0$，则称(4.4.1)式为非齐次线性微分方程.若 $f(x)=0$，则(4.4.1)式变为

$$y^{(n)}+a_1(x)y^{(n-1)}+\cdots+a_n(x)y=0, \tag{4.4.2}$$

称(4.4.2)式为**齐次线性微分方程**，或方程(4.4.1)所对应的齐次线性微分方程.

同一阶方程一样，高阶方程也存在着是否有解和解是否唯一的问题.因此作为讨论的基础，我们首先给出方程(4.4.1)的解的存在唯一性定理.

定理 4.2　如果 $a_i(x)(i=1,2,\cdots,n)$ 及 $f(x)$ 都是区间 $[a,b]$ 上的连续函数，则对于任意 $x_0\in[a,b]$ 及任意的 $y_0,y_0^{(1)},\cdots,y_0^{(n-1)}$，方程(4.4.1)存在唯一的解 $y=\varphi(x)$ 定义于区间 $[a,b]$ 上，且满足初值条件

$$\varphi(x_0)=y_0,\quad \varphi'(x_0)=y_0^{(1)},\quad \cdots,\quad \varphi^{(n-1)}(x_0)=y_0^{(n-1)}.$$

为方便讨论，引入求导运算的一种常用记号，即算子符号

$$L=\frac{\mathrm{d}^n}{\mathrm{d}x^n}+a_1(x)\frac{\mathrm{d}^{n-1}}{\mathrm{d}x^{n-1}}+\cdots+a_n(x),$$

它满足

$$L[y(x)]\xlongequal{\text{def}}\frac{\mathrm{d}^n y}{\mathrm{d}x^n}+a_1(x)\frac{\mathrm{d}^{n-1}y}{\mathrm{d}x^{n-1}}+\cdots+a_n(x)y=\sum_{i=0}^{n}a_i(x)y^{(n-i)},$$

其中，$a_0(x)=1$.于是方程(4.4.1)和方程(4.4.2)可分别简记为

$$L(y)=f(x)$$

和

$$L(y)=0.$$

容易证明算子 L 具有如下线性性质：

$L(y_1+y_2)=L(y_1)+L(y_2)$，　$L(cy)=cL(y)$，其中 c 为常数.

给定一个方程，人们总想知道它的所有解，可这一点往往很难办到.但对于线性微分方程却能得到令人满意的结论.下面我们来研究线性微分方程通解的结构.为此首先给出解的叠加原理.

定理 4.3(叠加原理) 设 $y_1(x),y_2(x),\cdots,y_n(x)$ 是齐次线性微分方程(4.4.2)的解,则它们的线性组合

$$c_1y_1(x)+c_2y_2(x)+\cdots+c_ny_n(x)=\sum_{j=1}^{n}c_jy_j(x)$$

也是方程(4.4.2)的解,其中 $c_1,c_2,\cdots,c_n$ 是任意常数.

定理 4.4 设 $\tilde{y}(x)$ 是非齐次线性微分方程(4.4.1)的一个解,$y_1(x),y_2(x),\cdots,y_n(x)$ 是方程(4.4.1)对应的齐次方程(4.4.2)的解,则 $\sum\limits_{j=1}^{n}c_jy_j(x)+\tilde{y}(x)$ 也是方程(4.4.1)的解,其中 $c_1,c_2,\cdots,c_n$ 是任意常数.

关于这两个定理的证明,读者可将其表达式代入方程自行完成.

观察定理 4.4 的结论,由于 $\sum\limits_{j=1}^{n}c_jy_j(x)+\tilde{y}(x)$ 中含有 n 个任意常数,自然会想到这个解是否就是方程(4.4.1)的通解呢?为了讨论的需要,我们引进函数线性相关及线性无关的概念.

定义 4.1 设 $y_1(x),y_2(x),\cdots,y_n(x)$ 是定义在区间$[a,b]$上的一组函数,如果存在一组不全为零的常数 $k_1,k_2,\cdots,k_n$,使得

$$k_1y_1(x)+k_2y_2(x)+\cdots+k_ny_n(x)\equiv 0,$$

则称这组函数 $y_1(x),y_2(x),\cdots,y_n(x)$在$[a,b]$上**线性相关**,否则称它们**线性无关**.

例 4.4.1 证明:在任何区间 I 上,

(1) 函数组 $1,\sin^2x,\cos^2x$ 是线性相关的.

(2) 函数组 $1,x,x^2,\cdots,x^n$ 是线性无关的.

证明 (1) 由 $\sin^2x+\cos^2x\equiv1$ 可知,只要取 $k_1=-1,k_2=1,k_3=1$,就有

$$k_1\cdot 1+k_2\sin^2x+k_3\cos^2x\equiv 0\quad(x\in I),$$

所以函数组 $1,\sin^2x,\cos^2x$ 在区间 I 上线性相关.

(2) 用反证法.假设存在常数 $k_0,k_1,\cdots,k_n$,使 $k_0\cdot1+k_1x+\cdots+k_nx^n\equiv0(x\in I)$,则可推出所有的 $k_i(i=0,1,\cdots,n)$均为零.因为若有某个 $k_i\neq0$,则上式左端是一个不高于 n 次的代数方程,由代数基本定理知,此方程至多只有 n 个实根,即上式左端多项式至多只能在 n 个点上为零,这与假设它在区间 I 上处处为零矛盾.所以函数组 $1,x,x^2,\cdots,x^n$ 在区间 I 上是线性无关的. □

至于两个函数的情形,由上述定义知,只需在考虑的区间上看它们的比是不是常数.若比为常数,则线性相关;否则就线性无关.

有了线性无关的概念后,可得关于二阶齐次(非齐次)线性微分方程通解的结构定理.相应结论可推广到 n 阶情形.

定理 4.5(二阶齐次线性微分方程通解的结构) 设 $y_1(x)$和 $y_2(x)$是方程

$$y''+p(x)y'+q(x)y=0\tag{4.4.3}$$

二阶齐次线性微分方程通解的结构

的两个线性无关的特解，那么

$$y=c_1y_1(x)+c_2y_2(x)\quad (c_1,c_2\text{ 是任意常数})$$

是方程(4.4.3)的通解.

例如，方程 $y''-2y'+y=0$ 是二阶齐次线性微分方程，容易验证，$y_1(x)=e^x$ 和 $y_2(x)=xe^x$ 是方程的两个解，且$\dfrac{y_2(x)}{y_1(x)}=x\neq$常数，故 $y_1(x)$ 与 $y_2(x)$ 线性无关，因此方程 $y''-2y'+y=0$ 的通解为

$$y=c_1e^x+c_2xe^x.$$

关于二阶非齐次线性微分方程

$$y''+p(x)y'+q(x)y=f(x), \tag{4.4.4}$$

有如下通解的结构定理.

定理 4.6(二阶非齐次线性微分方程通解的结构) 设 $y^*(x)$是方程(4.4.4)的一个特解，$y_1(x)$和 $y_2(x)$是与方程(4.4.4)对应的齐次方程(4.4.3)的两个线性无关的解，则

$$y=c_1y_1(x)+c_2y_2(x)+y^*(x)\quad (c_1,c_2\text{ 是任意常数}) \tag{4.4.5}$$

是方程(4.4.4)的通解.

二阶非齐次线性微分方程通解的结构

证明 由定理 4.4 易知(4.4.5)式是方程(4.4.4)的解.又因它含有两个独立的任意常数，因此(4.4.5)式是方程(4.4.4)的通解. □

由定理 4.5 和定理 4.6 可知，二阶齐次或非齐次线性微分方程通解的表达式并不是唯一的.

例 4.4.2 验证 $y^*(x)=-x$ 是方程

$$y''-y=x$$

的一个特解，$y_1=e^x$，$y_2=e^{-x}$是对应的齐次线性微分方程的两个解，并写出该非齐次线性微分方程的通解.

解 将 $y^*(x)=-x$ 和 $y_1=e^x$，$y_2=e^{-x}$分别代入原方程和对应的齐次线性微分方程，不难验证.

因 $y_1=e^x$ 和 $y_2=e^{-x}$线性无关，故 $c_1e^x+c_2e^{-x}$为对应的齐次线性微分方程的通解.因此非齐次线性微分方程的通解为

$$y=c_1e^x+c_2e^{-x}-x.$$

定理 4.7(非齐次线性微分方程解的叠加原理) 设 $y_1^*(x)$，$y_2^*(x)$分别是方程

$$y''+p(x)y'+q(x)y=f_1(x),$$
$$y''+p(x)y'+q(x)y=f_2(x)$$

的特解，则 $y_1^*(x)+y_2^*(x)$是方程

$$y''+p(x)y'+q(x)y=f_1(x)+f_2(x)$$

的特解.

这个定理请读者自己证明.

4.4.2 高阶常系数齐次线性微分方程的解法

至此，关于线性方程的通解的结构问题，从理论上说，可以认为已经解决了，但是求方程通解的方法还没有具体给出.事实上，对于一般的线性微分方程没有普遍的解法.本节介绍能够彻底解决求解问题的一类方程——常系数线性方程.我们将看到，为了求得常系数线性齐次方程的通解，只需解一个代数方程而不必通过积分运算.对于某些特殊的非齐次线性方程也可以通过代数运算和微分运算求得它的通解.形如

$$y^{(n)}+a_1y^{(n-1)}+\cdots+a_ny=f(x) \tag{4.4.6}$$

的方程称为高阶($n>1$ 时)**常系数线性微分方程**，其中 $a_1,a_2,\cdots,a_n$ 是已知常数，$f(x)$是已知函数.本节假定 $f(x)$是定义在$-\infty<x<+\infty$上的连续函数.当 $f(x)\equiv 0$ 时，方程(4.4.6)变为

$$y^{(n)}+a_1y^{(n-1)}+\cdots+a_ny=0, \tag{4.4.7}$$

称方程(4.4.7)为**常系数非齐次线性微分方程**(4.4.6)对应的**常系数齐次线性微分方程**.

根据上节所述，求方程(4.4.7)的通解问题归为求它的 n 个线性无关的解，也称为求它的**基本解组**.下面介绍求基本解组的方法，这种方法是瑞士数学家 Euler 于 1743 年提出的，称为 **Euler 待定指数函数法**.

根据方程(4.4.7)的常系数特点，猜想此方程应有形如 $y=e^{\lambda x}$ 的解，将它代入方程(4.4.7)并整理得

$$e^{\lambda x}(\lambda^n+a_1\lambda^{n-1}+\cdots+a_n)=0.$$

因为 $e^{\lambda x}\neq 0$，所以上式化为

$$\lambda^n+a_1\lambda^{n-1}+\cdots+a_n=0. \tag{4.4.8}$$

这说明只要 λ 是多项式方程(4.4.8)的根，则函数 $y=e^{\lambda x}$ 就是微分方程(4.4.7)的解，因而称方程(4.4.8)为微分方程(4.4.7)的**特征方程**，它的根称为**特征根**.

这样，求方程(4.4.7)的解就归为求代数方程(4.4.8)的根，而特征根可能有不同情况，下面分别进行讨论.为叙述方便，仅以二阶线性微分方程为例，所得结论可推广到 n 阶情形.

二阶常系数齐次线性微分方程的一般形式是

$$y''+py'+qy=0. \tag{4.4.9}$$

二阶常系数齐次线性微分方程

它的特征方程为

$$\lambda^2+p\lambda+q=0,$$

这里 p,q 为常数，特征根为 $\lambda_1,\lambda_2=\dfrac{-p\pm\sqrt{p^2-4q}}{2}$.下面分三种情况讨论：

(1) $p^2-4q>0$，此时特征方程有两个相异的实根 λ_1 和 λ_2，方程有两个特解 $y_1=e^{\lambda_1 x}$ 和 $y_2=e^{\lambda_2 x}$，因为$\dfrac{y_2}{y_1}=e^{(\lambda_2-\lambda_1)x}\neq$常数，所以 y_1 与 y_2 线性无关，从而得到方程(4.4.9)的通解为

$$y=c_1e^{\lambda_1 x}+c_2e^{\lambda_2 x}.$$

(2) $p^2-4q=0$，此时特征方程有两个相等的实根 $\lambda_1=\lambda_2$，仅能得到方程(4.4.9)的一个

特解 $y_1=e^{\lambda_1 x}$，要求通解，还需找一个与 $y_1=e^{\lambda_1 x}$ 线性无关的特解 y_2.

既然 y_2 与 y_1 线性无关，则必有$\dfrac{y_2}{y_1}\neq$常数，故可设 $y_2=u(x)y_1=u(x)e^{\lambda_1 x}$，其中 $u(x)$ 是待定函数.对 y_2 求导，得

$$y_2'=e^{\lambda_1 x}(u'+\lambda_1 u),\quad y_2''=e^{\lambda_1 x}(u''+2\lambda_1 u'+\lambda_1^2 u).$$

代入方程(4.4.9)中，便有

$$e^{\lambda_1 x}[(u''+2\lambda_1 u'+\lambda_1^2 u)+p(u'+\lambda_1 u)+qu]=0,$$

从而

$$u''+(2\lambda_1+p)u'+(\lambda_1^2+p\lambda_1+q)u=0.$$

由于 λ_1 是特征方程的二重根，故有 $\lambda_1^2+p\lambda_1+q=0$，并且 $2\lambda_1+p=0$，于是便得到

$$u''=0.$$

我们只需取满足上式的最简单的函数 $u=x$，便可得到方程(4.4.9)的另一个与 y_1 线性无关的特解

$$y_2=xe^{\lambda_1 x},$$

从而得到方程(4.4.9)的通解

$$y=c_1e^{\lambda_1 x}+c_2xe^{\lambda_1 x}=(c_1+c_2x)e^{\lambda_1 x}.$$

(3) $p^2-4q<0$，此时特征方程为一对共轭复根：$\lambda_1=\alpha+i\beta$，$\lambda_2=\alpha-i\beta$.则两个线性无关的解 $e^{\lambda_1 x}$，$e^{\lambda_2 x}$ 为复的.为此我们利用 Euler 公式：$e^{i\theta}=\cos\theta+i\sin\theta$，将其实数化.即，

$$e^{\lambda_1 x}=e^{(\alpha+i\beta)x}=e^{\alpha x}e^{i\beta x}=e^{\alpha x}(\cos\beta x+i\sin\beta x),$$
$$e^{\lambda_2 x}=e^{(\alpha-i\beta)x}=e^{\alpha x}e^{-i\beta x}=e^{\alpha x}(\cos\beta x-i\sin\beta x).$$

由定理 4.3，取

Euler 公式

$$y_1=\frac{e^{\lambda_1 x}+e^{\lambda_2 x}}{2}=e^{\alpha x}\cos\beta x,\quad y_2=\frac{e^{\lambda_1 x}-e^{\lambda_2 x}}{2i}=e^{\alpha x}\sin\beta x,$$

可知 y_1 与 y_2 仍为方程(4.4.9)的线性无关的解.由此得到当特征方程为一对共轭复根时，方程(4.4.9)的通解

$$y=e^{\alpha x}(c_1\cos\beta x+c_2\sin\beta x).$$

综上所述，可得表 4-1.

表 4-1　二阶常系数齐次线性微分方程的通解

特征根情况	通解形式
相异实根 λ_1,λ_2	$c_1e^{\lambda_1 x}+c_2e^{\lambda_2 x}$
相等实根 λ	$(c_1+c_2x)e^{\lambda x}$
共轭复根 $\alpha\pm i\beta$	$e^{\alpha x}(c_1\cos\beta x+c_2\sin\beta x)$

例 4.4.3　求方程 $y''+y'-6y=0$ 的通解.

解　因特征方程 $\lambda^2+\lambda-6=0$ 的特征根为

$$\lambda_1=-3,\quad \lambda_2=2,$$

故通解为

$$y=c_1e^{-3x}+c_2e^{2x}.$$

例 4.4.4 求方程$\frac{d^2s}{dt^2}+2\frac{ds}{dt}+s=0$满足初值条件$s\Big|_{t=0}=4,\frac{ds}{dt}\Big|_{t=0}=-2$的特解.

解 特征方程为

$$\lambda^2+2\lambda+1=0,$$

特征根为

$$\lambda_1=\lambda_2=-1,$$

故方程通解为

$$s=(c_1+c_2t)e^{-t}.$$

将初值条件$s\Big|_{t=0}=4$代入上式,可解出$c_1=4$,从而$s=(4+c_2t)e^{-t}$.

由$\frac{ds}{dt}\Big|_{t=0}=(c_2-4-c_2t)e^{-t}\Big|_{t=0}=c_2-4=-2$,知$c_2=2$,故所求特解为

$$s=(4+2t)e^{-t}.$$

例 4.4.5 求方程$y''-4y'+13y=0$的通解.

解 由特征方程$\lambda^2-4\lambda+13=0$,解出特征根

$$\lambda_1=2+3i,\quad \lambda_2=2-3i,$$

所以方程的通解为

$$y=e^{2x}(c_1\cos 3x+c_2\sin 3x).$$

二阶常系数齐次线性微分方程的上述解法可推广至n阶常系数齐次线性微分方程

$$y^{(n)}+a_1y^{(n-1)}+\cdots+a_{n-1}y'+a_ny=0,$$

其相应的特征方程为

$$\lambda^n+a_1\lambda^{n-1}+\cdots+a_{n-1}\lambda+a_n=0.$$

此时微分方程通解的构成,见表 4-2.

表 4-2 n 阶常系数齐次线性微分方程通解的组成函数

特征根情况	方程通解中对应的项
单实根λ	对应一项$ce^{\lambda x}$
一个k重根λ	对应k项$(c_1+c_2x+\cdots+c_kx^{k-1})e^{\lambda x}$
单重共轭复根$\alpha\pm i\beta$	对应两项$e^{\alpha x}(c_1\cos\beta x+c_2\sin\beta x)$
k重共轭复根$\alpha\pm i\beta$	对应$2k$项$e^{\alpha x}[(c_1+c_2x+\cdots+c_kx^{k-1})\cos\beta x+(c_1'+c_2'x+\cdots+c_k'x^{k-1})\sin\beta x]$

例 4.4.6 求方程$y^{(5)}+2y'''+y'=0$的通解.

解 因特征方程$\lambda^5+2\lambda^3+\lambda=0$的特征根为

$$\lambda_1=0,\quad \lambda_2=\lambda_3=\mathrm{i},\quad \lambda_4=\lambda_5=-\mathrm{i},$$

故通解为

$$y=c_1+(c_2+c_3x)\cos x+(c_4+c_5x)\sin x.$$

例 4.4.7　求初值问题 $9y'''-3y''-5y'-y=0, y(0)=1, y'(0)=y''(0)=0$ 的解.

解　特征方程为 $9\lambda^3-3\lambda^2-5\lambda-1=0$,因式分解得

$$(\lambda-1)(9\lambda^2+6\lambda+1)=0,$$

由此可知,特征根为

$$\lambda_1=1,\quad \lambda_{2,3}=-\frac{1}{3}(\text{二重根}),$$

故通解为

$$y=c_1\mathrm{e}^x+\mathrm{e}^{-\frac{1}{3}x}(c_2+c_3x).$$

再由初值条件可得 $c_1=\frac{1}{16}, c_2=\frac{15}{16}, c_3=\frac{1}{4}$,故初值问题的解为

$$y=\frac{1}{16}\mathrm{e}^x+\mathrm{e}^{-\frac{1}{3}x}\left(\frac{15}{16}+\frac{1}{4}x\right).$$

4.4.3　高阶常系数非齐次线性微分方程的解法

下面重点讨论二阶常系数非齐次线性微分方程的求解问题.二阶常系数非齐次线性微分方程的一般形式为

$$y''+py'+qy=f(x), \tag{4.4.10}$$

其中,p,q 为常数,$f(x)$是连续函数.

二阶常系数非齐次线性微分方程

根据非齐次线性微分方程通解的结构,为求该方程的通解,只需求它的一个特解和它相应的齐次微分方程的通解,而齐次微分方程通解的问题前面已解决,因此这里只需求非齐次微分方程的一个特解.显然特解与方程右边的非齐次项函数 $f(x)$有关.在工程技术中,$f(x)$常以多项式、指数函数和三角函数,或它们之间的某种组合形式出现,对于这些函数可以用所谓待定系数法求出特解.下面介绍当 $f(x)$取以下两种常见形式时特解的求法.

第一种形式:$f(x)=\mathrm{e}^{\alpha x}P_m(x)$.

这里 α 是常数,$P_m(x)$是 m 次多项式,$P_m(x)=b_0x^m+b_1x^{m-1}+\cdots+b_{m-1}x+b_m$.根据方程具有常系数和 $f(x)$的形式特点,考虑到多项式与指数函数的乘积的导数仍是多项式与指数函数的乘积,因而可设方程 $y''+py'+qy=\mathrm{e}^{\alpha x}P_m(x)$的特解形式为

$$y^*=\mathrm{e}^{\alpha x}Q(x),$$

其中,$Q(x)$为多项式,于是

$$y^{*\prime}=\mathrm{e}^{\alpha x}[Q'(x)+\alpha Q(x)],$$
$$y^{*\prime\prime}=\mathrm{e}^{\alpha x}[Q''(x)+2\alpha Q'(x)+\alpha^2Q(x)],$$

代入方程(4.4.10)并消去 $\mathrm{e}^{\alpha x}$ 得

$$Q''(x)+(2\alpha+p)Q'(x)+(\alpha^2+p\alpha+q)Q(x)$$
$$=P_m(x)=b_0x^m+b_1x^{m-1}+\cdots+b_{m-1}x+b_m. \tag{4.4.11}$$

注意到上式右边是一个 m 次多项式,左边也必须是 m 次多项式.

(1) 若 α 不是特征方程 $\lambda^2+p\lambda+q=0$ 的根,即 $\alpha^2+p\alpha+q\neq 0$,那么可令 $Q(x)$ 是 m 次多项式

$$Q_m(x)=a_0x^m+a_1x^{m-1}+\cdots+a_{m-1}x+a_m.$$

代入(4.4.11)式并比较两边 x 同次幂的系数,可以得到以 $a_0,a_1,\cdots,a_m$ 为未知数的 $m+1$ 个方程联立的方程组,从而解出 $a_0,a_1,\cdots,a_m$,并得到所求特解 $y^*=Q_m(x)\mathrm{e}^{\alpha x}$.

(2) 若 α 是特征方程 $\lambda^2+p\lambda+q=0$ 的单根,即 $\alpha^2+p\alpha+q=0$,而 $2\alpha+p\neq 0$,那么此时 $Q'(x)$ 为 m 次多项式,则可令 $Q(x)=xQ_m(x)$,并用同样的方法解出 $Q_m(x)$ 中的各个系数.

(3) 若 α 是特征方程 $\lambda^2+p\lambda+q=0$ 的二重根,即 $\alpha^2+p\alpha+q=0$,且 $2\alpha+p=0$,那么此时 $Q''(x)$ 应为 m 次多项式,则可令 $Q(x)=x^2Q_m(x)$,同样用上面的方法确定出 $Q_m(x)$.

综上讨论,$y''+py'+qy=\mathrm{e}^{\alpha x}P_m(x)$ 具有形如

$$y^*=x^kQ_m(x)\mathrm{e}^{\alpha x}$$

的特解,其中 $Q_m(x)$ 与 $P_m(x)$ 均为 m 次多项式,而 k 根据 α 不是特征根,是特征方程的单根或二重根的情况,分别取 0,1 或 2.

上面的结论可以推广到非齐次项 $f(x)=\mathrm{e}^{\alpha x}P_m(x)$ 的 n 阶常系数非齐次线性微分方程,其特解仍可设为 $y^*=x^kQ_m(x)\mathrm{e}^{\alpha x}$ 的形式,其中 k 是特征方程含根 α 的重数,即若 α 不是特征根,则 k 取 0;若 α 是 s 重特征根,则 k 取 s.

例 4.4.8 求方程 $2y''+y'+5y=x^2+3x+2$ 的一个特解.

解 非齐次项函数 $f(x)=x^2+3x+2=\mathrm{e}^{0x}(x^2+3x+2)$,而 $\alpha=0$ 不是特征方程 $2\lambda^2+\lambda+5=0$ 的根,故可设特解为

$$y^*=ax^2+bx+c.$$

将 $y^{*\prime}=2ax+b$, $y^{*\prime\prime}=2a$ 及 $y^*=ax^2+bx+c$ 代入原方程,整理得

$$5ax^2+(2a+5b)x+(4a+b+5c)=x^2+3x+2.$$

比较 x 同次幂的系数,得联立方程

$$\begin{cases}5a=1,\\2a+5b=3,\\4a+b+5c=2,\end{cases}$$

解之,得

$$a=\frac{1}{5},\quad b=\frac{13}{25},\quad c=\frac{17}{125}.$$

由此得原方程的一个特解为 $y^*=\dfrac{1}{5}x^2+\dfrac{13}{25}x+\dfrac{17}{125}$.

例 4.4.9 求方程 $y''-3y'+2y=x\mathrm{e}^x$ 的通解.

解 方程相应的齐次微分方程为 $y''-3y'+2y=0$,其特征方程为

$$\lambda^2-3\lambda+2=0,$$

特征根为 $\lambda_1=1$ 和 $\lambda_2=2$.

由于 $\alpha=1$ 是特征方程的单根，故设原方程的一个特解为

$$y^*=x(ax+b)e^x,$$

将其代入原方程，整理得

$$-2ax+2a-b=x.$$

于是有 $-2a=1,2a-b=0$，解得 $a=-\dfrac{1}{2},b=-1$，所以

$$y^*=-\left(\frac{x^2}{2}+x\right)e^x,$$

从而所求通解为

$$y=c_1e^x+c_2e^{2x}-\left(\frac{x^2}{2}+x\right)e^x.$$

例 4.4.10 求解微分方程 $y'''-3y''+4y'-2y=e^x$.

解 这是一个三阶常系数非齐次线性微分方程，其对应的齐次微分方程的特征方程为 $\lambda^3-3\lambda^2+4\lambda-2=0$，解出特征根 $\lambda_1=1,\lambda_2=1+i,\lambda_3=1-i$.

原方程的非齐次项为 e^x，$\alpha=1$ 为特征方程的单根，故设特解为

$$y^*=Axe^x,$$

从而

$$y^{*\prime}=A(x+1)e^x,\quad y^{*\prime\prime}=A(x+2)e^x,\quad y^{*\prime\prime\prime}=A(x+3)e^x,$$

代入原方程，可解得 $A=1$，于是得原方程的通解为

$$y=c_1e^x+e^x(c_2\cos x+c_3\sin x)+xe^x.$$

第二种形式：$f(x)=e^{\alpha x}[A_l(x)\cos\beta x+B_n(x)\sin\beta x]$.

这里 α,β 为常数，$A_l(x)$ 和 $B_n(x)$ 分别是 l 次和 n 次多项式.

由 Euler 公式可以把 $e^{\alpha x}[A_l(x)\cos\beta x+B_n(x)\sin\beta x]$ 表示为

$$\frac{A_l(x)-iB_n(x)}{2}e^{(\alpha+i\beta)x}+\frac{A_l(x)+iB_n(x)}{2}e^{(\alpha-i\beta)x}.$$

因此，原方程变为

$$y''+py'+qy=\frac{A_l(x)-iB_n(x)}{2}e^{(\alpha+i\beta)x}+\frac{A_l(x)+iB_n(x)}{2}e^{(\alpha-i\beta)x}. \tag{4.4.12}$$

再根据非齐次线性微分方程解的叠加原理，可知方程

$$y''+py'+qy=\frac{A_l(x)-iB_n(x)}{2}e^{(\alpha+i\beta)x} \tag{4.4.13}$$

与

$$y''+py'+qy=\frac{A_l(x)+iB_n(x)}{2}e^{(\alpha-i\beta)x} \tag{4.4.14}$$

的解之和必为方程(4.4.12)的解.

因此，对方程(4.4.13)和方程(4.4.14)利用第一种形式的有关结果可知方程(4.4.12)有如下形式的特解：

$$y^{*}=x^{k}\mathrm{e}^{\alpha x}[P_{m}(x)\cos\beta x+Q_{m}(x)\sin\beta x],$$

其中，k 是 $\alpha+\mathrm{i}\beta$ 作为特征方程 $\lambda^{2}+p\lambda+q=0$ 的根的重数，即当 $\alpha+\mathrm{i}\beta$ 是特征根时，取 $k=1$. 当 $\alpha+\mathrm{i}\beta$ 不是特征根时，取 $k=0$. $m=\max\{l,n\}$，$P_{m}(x)$ 和 $Q_{m}(x)$ 均是 x 的 m 次多项式，其系数待定.

特解 y^{*} 形式的导出过程，需要较多的复变函数的知识，这里从略.

上面的结果可以推广到 n 阶常系数非齐次线性微分方程，其特解形式仍是

$$y^{*}=x^{k}\mathrm{e}^{\alpha x}[P_{m}(x)\cos\beta x+Q_{m}(x)\sin\beta x],$$

但要注意 k 是特征方程的根 $\alpha+\mathrm{i}\beta$ 的重数.

例 4.4.11 方程 $y''-2y'+2y=\mathrm{e}^{x}(x\cos x+2\sin x)$ 具有什么形式的特解？

解 因特征方程 $\lambda^{2}-2\lambda+2=0$ 的特征根为

$$\lambda=1\pm\mathrm{i},$$

$\alpha=1,\beta=1,\alpha+\mathrm{i}\beta=1+\mathrm{i}$ 是一重特征根，故 $k=1$；$A_{l}(x)=x$，$l=1$，$B_{n}(x)=2$，$n=0$，$m=\max\{l,n\}=1$，故设 $P_{m}(x)=a_{0}x+a_{1}$，$Q_{m}(x)=b_{0}x+b_{1}$. 于是，特解形式为

$$y^{*}=x\mathrm{e}^{x}[(a_{0}x+a_{1})\cos x+(b_{0}x+b_{1})\sin x].$$

例 4.4.12 求微分方程 $y''+y=x\cos 2x$ 的一个特解.

解 因特征方程 $\lambda^{2}+1=0$ 的特征根为

$$\lambda=\pm\mathrm{i},$$

而 $\alpha=0,\beta=2,\alpha+\mathrm{i}\beta=2\mathrm{i}$ 不是特征根，故 $k=0$.

又

$$A_{l}(x)=x,\quad B_{n}(x)=0,\quad m=\max\{l,n\}=1,$$

故特解可设为

$$y^{*}=(ax+b)\cos 2x+(cx+d)\sin 2x,$$

代入原方程得

$$(-3ax-3b+4c)\cos 2x-(3cx+3d+4a)\sin 2x=x\cos 2x.$$

先比较 $\cos 2x$，$\sin 2x$ 的同类项系数，得

$$\begin{cases}-3ax-3b+4c=x,\\ 3cx+3d+4a=0.\end{cases}$$

再比较 x 的同次幂系数，得

$$\begin{cases}-3a=1,\\ -3b+4c=0,\\ 3c=0,\\ 3d+4a=0,\end{cases}$$

解得 $a=-\dfrac{1}{3}$，$b=0$，$c=0$，$d=\dfrac{4}{9}$. 于是求得一个特解为

$$y^{*}=-\frac{1}{3}x\cos 2x+\frac{4}{9}\sin 2x.$$

例 4.4.13 求微分方程 $y''+y=x+\cos x$ 的通解.

解 方程右边 $f(x)=x+\cos x$ 是由两项组成的.根据 4.4.1 小节定理 4.7 的叠加原理，可分别求出方程

$$y''+y=x \text{ 和 } y''+y=\cos x$$

相应的特解 y_1^* 与 y_2^*.

因特征方程 $\lambda^2+1=0$ 的特征根为 $\lambda_1=\mathrm{i},\lambda_2=-\mathrm{i}$，故原方程对应的齐次微分方程的通解为

$$c_1\cos x+c_2\sin x.$$

设方程 $y''+y=x$ 的特解为 $y_1^*=Ax+B$，代入方程可解得 $B=0,A=1$.从而 $y_1^*=x$.

设方程 $y''+y=\cos x$ 的特解为 $y_2^*=Ex\cos x+Dx\sin x$，将其代入方程，可得 $E=0$，$D=\frac{1}{2}$.因而 $y_2^*=\frac{1}{2}x\sin x$.

于是原方程的一个特解为

$$y^*=y_1^*+y_2^*=x+\frac{1}{2}x\sin x,$$

故所求方程的通解为

$$y=c_1\cos x+c_2\sin x+x+\frac{1}{2}x\sin x.$$

4.4.4 某些变系数线性微分方程的解法

变系数线性微分方程在应用中是经常遇到的，可惜没有一般的解法.这里只能介绍几类特殊的变系数线性微分方程的解法.

1. Euler 方程

Euler 方程

形如

$$x^n y^{(n)}+a_1x^{n-1}y^{(n-1)}+\cdots+a_ny=f(x)$$

的微分方程称为 **Euler 方程**，其中，$a_1,a_2,\cdots,a_n$ 是常数.它的特点是，y 的 k 阶导数（$k=0,1,\cdots,n$；规定 $y^{(0)}=y$）的系数是 x 的 k 次幂乘常数.

从形式上看，Euler 方程很像 n 阶常系数线性微分方程.由此猜想能否找到一个变换，使方程仍保持线性，且将变系数化为常系数.作变量代换

$$x=\mathrm{e}^t \quad \text{或} \quad t=\ln x \text{①}$$

就可达到此目的.事实上

$$\frac{\mathrm{d}y}{\mathrm{d}x}=\frac{\mathrm{d}y}{\mathrm{d}t}\cdot\frac{\mathrm{d}t}{\mathrm{d}x}=\frac{1}{x}\frac{\mathrm{d}y}{\mathrm{d}t},$$

---

① 这里设 $x>0$.当 $x<0$ 时，取 $x=-\mathrm{e}^t$，以后为确定起见，假定 $x>0$.

$$\frac{d^2y}{dx^2}=\frac{1}{x^2}\left(\frac{d^2y}{dt^2}-\frac{dy}{dt}\right),$$

$$\frac{d^3y}{dx^3}=\frac{1}{x^3}\left(\frac{d^3y}{dt^3}-3\frac{d^2y}{dt^2}+2\frac{dy}{dt}\right),\cdots.$$

若引用微分算子符号 $D=\frac{d}{dt}$,则上述结果可简记为

$$xy'=Dy,$$

$$x^2y''=\frac{d^2y}{dt^2}-\frac{dy}{dt}=(D^2-D)y=D(D-1)y,$$

$$x^3y'''=\frac{d^3y}{dt^3}-3\frac{d^2y}{dt^2}+2\frac{dy}{dt}=(D^3-3D^2+2D)y=D(D-1)(D-2)y,\cdots.$$

一般地

$$x^ky^{(k)}=D(D-1)\cdots(D-k+1)y,$$

将上述结果代入原方程,就可以得到关于 $y(t)$ 的常系数线性微分方程,进而求解.

例 4.4.14 求解方程 $x^2y''+xy'-y=x^2$.

解 这是 Euler 方程.令 $x=e^t$ 或 $t=\ln x$,并利用上面引入的微分算子符号,可直接将变换后的方程写成

$$D(D-1)y+Dy-y=e^{2t},$$

即

$$D^2y-y=e^{2t}$$

或

$$\frac{d^2y}{dt^2}-y=e^{2t}.$$

这是关于 $y(t)$ 的二阶常系数非齐次线性微分方程,求得通解为

$$y=c_1e^t+c_2e^{-t}+\frac{1}{3}e^{2t},$$

再将 t 换成 $\ln x$,即得

$$y=c_1x+c_2\frac{1}{x}+\frac{1}{3}x^2.$$

例 4.4.15 求解方程 $t^3x'''-3t^2x''+6tx'-6x=0$.

解 这是 Euler 方程.令

$$t=e^{\tau} \quad 或 \quad \tau=\ln t,$$

则原方程可写成

$$D(D-1)(D-2)x-3D(D-1)x+6Dx-6x=0,$$

即

$$(D^3-6D^2+11D-6)x=0$$

或

$$x''' - 6x'' + 11x' - 6x = 0.$$

这是关于 $x(\tau)$的三阶常系数齐次线性微分方程，容易求出通解为

$$x = c_1 e^{\tau} + c_2 e^{2\tau} + c_3 e^{3\tau},$$

把 τ 换成 $\ln t$，得

$$x = c_1 t + c_2 t^2 + c_3 t^3.$$

2. 降阶法

考虑 n 阶变系数齐次线性微分方程

$$\frac{d^n y}{dx^n} + a_1(x)\frac{d^{n-1} y}{dx^{n-1}} + \cdots + a_n(x) y = 0,$$

其中，$a_i(x)(i=1,2,\cdots,n)$是区间$[a,b]$上的连续函数.当 $n\geqslant 2$ 时，变系数微分方程一般不能用初等积分法求解，而且阶数越高越困难.我们联想一下一元 n 次代数方程，如果知道它的 k 个根($k<n$)，则可提出 k 个因式，使 n 次方程降低 k 次，化为 $n-k$ 次方程.微分方程与代数方程，甚至其他方程，有很多基本思想方法是一脉相通的.如果能知道该 n 阶方程的 k 个线性无关的解，则可选择一系列同类型的变换，使方程降低 k 阶，并且新得到的 $n-k$ 阶方程仍是齐次线性的，这种方法称为**降阶法**.对于二阶微分方程，如果知道它的一个解(猜出来也可)，就可将其化为一阶线性微分方程，从而能求出通解.下面以二阶微分方程为例说明这种方法.

设有二阶线性微分方程

$$y'' + P_1(x)y' + P_2(x)y = 0,$$

其中，$P_1(x)$，$P_2(x)$是$[a,b]$上的连续函数.设 $y_1(x)$是方程的一个不恒为零的解，为寻找与 $y_1(x)$线性无关的另一个解，作变量代换

$$y = y_1(x)z,$$

求导数得

$$y' = y_1' z + y_1 z',$$
$$y'' = y_1'' z + 2y_1' z' + y_1 z''.$$

代入方程，整理得

$$y_1 z'' + [2y_1' + P_1(x)y_1]z' + [y_1'' + P_1(x)y_1' + P_2(x)y_1]z = 0.$$

注意到 $y_1(x)$是方程的解，故上式化简为

$$y_1 z'' + [2y_1' + P_1(x)y_1]z' = 0.$$

令 $z' = u$，则上式变为

$$u' + \frac{2y_1' + P_1(x)y_1}{y_1}u = 0.$$

这是一个一阶可分离变量方程，求出其通解

$$u = c_1 e^{-\int \frac{2y_1' + P_1(x)y_1}{y_1} dx} = \frac{c_1}{y_1^2} e^{-\int P_1(x) dx},$$

再积分，得

$$z=c_1\int\frac{1}{y_1^2(x)}\mathrm{e}^{-\int P_1(x)\mathrm{d}x}\mathrm{d}x+c_2.$$

最后得到方程的通解

$$y=y_1(x)\left[c_1\int\frac{1}{y_1^2(x)}\mathrm{e}^{-\int P_1(x)\mathrm{d}x}\mathrm{d}x+c_2\right],$$

其中 c_1,c_2 是任意常数.

例 4.4.16 容易验证 $y_1(x)=\mathrm{e}^x$ 是齐次线性微分方程

$$(2x-1)y''-(2x+1)y'+2y=0$$

的一个解,求此方程的通解.

解 令 $y=\mathrm{e}^x z$,则

$$y'=\mathrm{e}^x z+\mathrm{e}^x z',\quad y''=\mathrm{e}^x z+2\mathrm{e}^x z'+\mathrm{e}^x z'',$$

代入原方程,并整理,得

$$(2x-1)z''+(2x-3)z'=0.$$

令 $z'=u$,则上式变为

$$(2x-1)u'+(2x-3)u=0,$$

这是一阶可分离变量方程,易知其通解为

$$u=c(2x-1)\mathrm{e}^{-x}.$$

再积分,得

$$z=\int c(2x-1)\mathrm{e}^{-x}\mathrm{d}x=c_1[(2x-1)\mathrm{e}^{-x}+2\mathrm{e}^{-x}]+c_2\quad(c_1=-c),$$

所以原方程通解为

$$y=c_1(2x+1)+c_2\mathrm{e}^x,$$

其中 c_1, c_2 为任意常数.

习题 4.4

(A)

1. 验证 $y_1=x-1,y_2=x^2-x+1$ 是方程

$$(2x-x^2)y''+2(x-1)y'-2y=0$$

的两个线性无关的解,并写出方程的通解.

2. 若二阶非齐次线性微分方程的两个解为 e^{-x},$x^2+\mathrm{e}^{-x}$,而对应的齐次微分方程的一个解为 x,试写出该非齐次线性微分方程的通解.

3. 试验证 $y_1(x)=\ln(x+1)+1,y_2(x)=\ln(x+1)$ 都是非线性微分方程 $y''=-y'^2$ 的解,但 $y(x)=y_1(x)+y_2(x)$ 却不是它的解.

4. 求解下列常系数线性微分方程:

(1) $y''-4y'=0$. (2) $y''+y'-2y=0$.

(3) $y'''-3ay''+3a^2y'-a^3y=0$. (4) $y''+2y'+10y=0$.

(5) $y''+y'+y=0$. (6) $y^{(4)}+2y''+y=0$.

(7) $y''-a^2y=x+1$.

(8) $y''-5y'+4y=x^2-2x+1$.

(9) $y''+2y'+y=xe^x$.

(10) $y''+y'-2y=8\sin 2x$.

(11) $y'''-y=e^x$.

(12) $y''+2ay'+a^2y=e^x$.

(13) $y''+6y'+5y=e^{2x}$.

(14) $y''-2y'+3y=e^{-t}\cos t$.

(15) $y''+y=\sin x-\cos 2x$.

(16) $y''+9y=x\sin 3x$.

5. 求下列初值问题的解：

(1) $y''+9y=6e^{3x}, y(0)=y'(0)=0$.

(2) $y^{(4)}+y=2e^x, y(0)=y'(0)=y''(0)=y'''(0)=1$.

6. 求解下列 Euler 方程：

(1) $x^2y''+xy'-y=0$.

(2) $x^2y''-xy'+2y=x\ln x$.

(3) $t^3x'''-t^2x''+2tx'-2x=t^3+3t$.

(B)

1. 已知 $y''+\frac{x}{1-x}y'-\frac{1}{1-x}y=0$ 有解 $y=x$，试求它的通解.

2. 已知 $y=e^x$ 是方程 $xy''-2(x+1)y'+(x+2)y=0$ 的一个特解，求方程的通解.

3. 方程 $t^3x'''-3t^2x''+7tx'-8x=0$ 的哪一条积分曲线在点(1,0)处有水平切线，且点(1,0)为曲线拐点？

4. 已知 $y_1^*=-e^{x^2}, y_2^*=e^{x^2}(e^x-1)$是方程

$$y''-4xy'-(3-4x^2)y=e^{x^2}$$

的两个特解，试求此方程的通解.

* § 4.5 线性微分方程组

4.5.1 线性微分方程组通解的结构

考察形如

$$\begin{cases} y_1'=a_{11}(x)y_1+a_{12}(x)y_2+\cdots+a_{1n}(x)y_n+f_1(x), \\ y_2'=a_{21}(x)y_1+a_{22}(x)y_2+\cdots+a_{2n}(x)y_n+f_2(x), \\ \cdots\cdots\cdots\cdots \\ y_n'=a_{n1}(x)y_1+a_{n2}(x)y_2+\cdots+a_{nn}(x)y_n+f_n(x) \end{cases} \tag{4.5.1}$$

的一阶线性微分方程组，其中已知函数 $a_{ij}(x)(i,j=1,2,\cdots,n)$ 和 $f_i(x)(i=1,2,\cdots,n)$ 是连续函数.

其初值条件为

$$y_i(x_0)=y_i^0 \quad (i=1,2,\cdots,n).$$

方程组(4.5.1)的解是如下一组函数：

$$y_i=y_i(x) \quad (i=1,2,\cdots,n). \tag{4.5.2}$$

为了方便，引入向量函数及矩阵函数的记号：

$$\boldsymbol{y}=\begin{pmatrix}y_1\\y_2\\\vdots\\y_n\end{pmatrix},\quad \boldsymbol{A}(x)=\begin{pmatrix}a_{11}(x)&a_{12}(x)&\cdots&a_{1n}(x)\\a_{21}(x)&a_{22}(x)&\cdots&a_{2n}(x)\\\vdots&\vdots&&\vdots\\a_{n1}(x)&a_{n2}(x)&\cdots&a_{nn}(x)\end{pmatrix},\quad \boldsymbol{f}(x)=\begin{pmatrix}f_1(x)\\f_2(x)\\\vdots\\f_n(x)\end{pmatrix}.$$

为了下面研究的需要，我们给出矩阵函数 $\boldsymbol{A}(x)=(a_{ij}(x))_{n\times m}(x\in[a,b])$ 连续、可导、可积的概念及其运算.

如果 $\boldsymbol{A}(x)$ 的每个元素 $a_{ij}(x)(i=1,2,\cdots,n;j=1,2,\cdots,m)$ 均在区间 $[a,b]$ 上连续，则称矩阵函数 $\boldsymbol{A}(x)$ 在 $[a,b]$ 上连续.

如果 $\boldsymbol{A}(x)$ 的每个元素 $a_{ij}(x)$ 均在区间 $[a,b]$ 上可导、可积，则称矩阵函数 $\boldsymbol{A}(x)$ 在 $[a,b]$ 上可导、可积，且定义

$$\frac{\mathrm{d}\boldsymbol{A}(x)}{\mathrm{d}x}=\left(\frac{\mathrm{d}a_{ij}(x)}{\mathrm{d}x}\right)_{n\times m},\quad x\in[a,b],$$

$$\int_a^b\boldsymbol{A}(x)\mathrm{d}x=\left(\int_a^b a_{ij}(x)\mathrm{d}x\right)_{n\times m}.$$

特别地，当 $m=1$ 时，矩阵函数则为向量函数.

例如，若

$$\boldsymbol{A}(x)=\begin{pmatrix}x+1&x^2\\1&\sin x\end{pmatrix},$$

则

$$\frac{\mathrm{d}\boldsymbol{A}(x)}{\mathrm{d}x}=\begin{pmatrix}1&2x\\0&\cos x\end{pmatrix},\quad \int_0^1\boldsymbol{A}(x)\mathrm{d}x=\begin{pmatrix}\dfrac{3}{2}&\dfrac{1}{3}\\1&1-\cos 1\end{pmatrix}.$$

利用上述记号，方程组(4.5.1)可写为

$$\boldsymbol{y}'=\boldsymbol{A}(x)\boldsymbol{y}+\boldsymbol{f}(x).\tag{4.5.3}$$

若 $\boldsymbol{f}(x)\neq\boldsymbol{0}$，则称方程组(4.5.3)为**非齐次线性微分方程组**；若 $\boldsymbol{f}(x)\equiv\boldsymbol{0}$，则称方程组

$$\boldsymbol{y}'=\boldsymbol{A}(x)\boldsymbol{y}\tag{4.5.4}$$

为**齐次线性微分方程组**.

同高阶线性方程一样，作为研究基础，我们也不加证明地给出方程组(4.5.3)的解的存在唯一性定理.

定理 4.8 若矩阵函数 $\boldsymbol{A}(x)$ 及向量函数 $\boldsymbol{f}(x)$ 在区间 $[a,b]$ 上连续，则对任一 $x_0\in[a,b]$ 及任意的常向量 $\boldsymbol{y}^0$，方程组(4.5.3)存在唯一解 $\boldsymbol{\varphi}(x)$，$\boldsymbol{\varphi}(x)$ 定义在整个区间 $[a,b]$ 上，且满足初值条件 $\boldsymbol{\varphi}(x_0)=\boldsymbol{y}^0$.

从上面看到，将方程组表示为矩阵和向量形式后，结论的表述更简洁，而且还会看到线性方程组与单个线性方程的基本理论的共性.因而可以用类似于研究高阶线性方程的方法来讨论线性方程组的通解问题.

设齐次线性微分方程组(4.5.4)有如下 n 个解：

$$\boldsymbol{y}_1(x),\boldsymbol{y}_2(x),\cdots,\boldsymbol{y}_n(x),\tag{4.5.5}$$

这 n 个解能否构成(4.5.4)的通解呢？同高阶线性方程一样，先给出几个与4.4.1小节类似的基本概念.

定义 4.2 设 $\boldsymbol{y}_1(x),\boldsymbol{y}_2(x),\cdots,\boldsymbol{y}_n(x)$ 是定义在 $[a,b]$ 上的一组 n 维向量函数，如果存在一组不全为零的常数 $k_1,k_2,\cdots,k_n$，使得

$$k_1\boldsymbol{y}_1(x)+k_2\boldsymbol{y}_2(x)+\cdots+k_n\boldsymbol{y}_n(x)\equiv\boldsymbol{0},\quad x\in[a,b],$$

则称 $\boldsymbol{y}_1(x),\boldsymbol{y}_2(x),\cdots,\boldsymbol{y}_n(x)$ 在 $[a,b]$ 上是**线性相关**的；否则称此向量函数组在 $[a,b]$ 上是**线性无关**的.

定义 4.3 设有 n 个定义在区间 $[a,b]$ 上的 n 维向量函数 $\boldsymbol{y}_i(x)(i=1,2,\cdots,n)$，依次以其分量 $y_{ij}(x)(i,j=1,2,\cdots,n)$ 为列所构成的行列式

$$\begin{vmatrix} y_{11} & y_{21} & \cdots & y_{n1} \\ y_{12} & y_{22} & \cdots & y_{n2} \\ \vdots & \vdots & & \vdots \\ y_{1n} & y_{2n} & \cdots & y_{nn} \end{vmatrix}$$

称为这个向量函数组的 **Wronski(朗斯基)行列式**，记为 $W[\boldsymbol{y}_1(x),\boldsymbol{y}_2(x),\cdots,\boldsymbol{y}_n(x)]$ 或 $W(x)$.

与齐次线性方程的情形类似，齐次线性微分方程组(4.5.4)的任一解组(4.5.5)在 $[a,b]$ 上是线性无关的充要条件是存在一点 $x_0\in[a,b]$，使得这 n 个解的 Wronski 行列式在 x_0 处的值 $W(x_0)\neq 0$.

由方程组(4.5.4)的 n 个线性无关的解构成的解组称为(4.5.4)的一个**基本解组**.以 n 个解的分量为列所构成的矩阵称为**解矩阵**，记为

$$\boldsymbol{Y}(x)=\begin{pmatrix} y_{11}(x) & y_{21}(x) & \cdots & y_{n1}(x) \\ y_{12}(x) & y_{22}(x) & \cdots & y_{n2}(x) \\ \vdots & \vdots & & \vdots \\ y_{1n}(x) & y_{2n}(x) & \cdots & y_{nn}(x) \end{pmatrix}.$$

由基本解组构成的解矩阵称为方程组(4.5.4)的**基解矩阵**.

有了上述基础知识，可得出下面通解的结构定理.

定理 4.9(齐次线性微分方程组通解的结构) 设 $\boldsymbol{y}_1(x),\boldsymbol{y}_2(x),\cdots,\boldsymbol{y}_n(x)$ 是齐次线性微分方程组(4.5.4)的基本解组，则方程组(4.5.4)的通解为

$$\boldsymbol{y}(x)=c_1\boldsymbol{y}_1(x)+c_2\boldsymbol{y}_2(x)+\cdots+c_n\boldsymbol{y}_n(x),$$

其中，$c_1,c_2,\cdots,c_n$ 为任意常数，且通解包含了方程组(4.5.4)的所有解.

定理 4.10(非齐次线性微分方程组通解的结构) 方程组(4.5.3)的通解等于它的任一特解 $\boldsymbol{y}^*(x)$ 与对应的齐次线性微分方程组的通解之和，即

$$\boldsymbol{y}(x)=c_1\boldsymbol{y}_1(x)+c_2\boldsymbol{y}_2(x)+\cdots+c_n\boldsymbol{y}_n(x)+\boldsymbol{y}^*(x),$$

其中，$c_1,c_2,\cdots,c_n$ 为任意常数，且通解包含了方程组(4.5.3)的所有解.

定理 4.9 和定理 4.10 的证明与高阶方程的情形类似，读者可自行完成.若使用基解矩阵，则方程组(4.5.4)的通解可写为

$$\boldsymbol{y}=\boldsymbol{Y}(x)\boldsymbol{c}.$$

方程组(4.5.3)的通解可写为

$$\boldsymbol{y}=\boldsymbol{Y}(x)\boldsymbol{c}+\boldsymbol{y}^*(x),$$

其中,常数向量 $\boldsymbol{c}=(c_1,c_2,\cdots,c_n)^{\mathrm{T}}$.

可以证明齐次线性微分方程组(4.5.4)的解的集合构成一个 n 维线性空间,此结论的证明留作习题,基本解组就是解空间的一组基.

4.5.2 常系数齐次线性微分方程组的解法

我们采用向量和矩阵的记号,则常系数非齐次线性微分方程组的一般形式为

$$\boldsymbol{y}'=\boldsymbol{A}\boldsymbol{y}+\boldsymbol{f}(x), \tag{4.5.6}$$

其中 $\boldsymbol{A}$ 是 n 阶常数矩阵,$\boldsymbol{f}(x)$为区间$(-\infty,+\infty)$上的 n 维连续向量函数,$\boldsymbol{y}$ 是未知的 n 维向量函数.当 $\boldsymbol{f}(x)\equiv\boldsymbol{0}$ 时,

$$\boldsymbol{y}'=\boldsymbol{A}\boldsymbol{y} \tag{4.5.7}$$

称为**非齐次方程组(4.5.6)对应的齐次方程组**.

由于采用了向量与矩阵的记号,方程组与单个方程在形式上是类似的;特别在解法思路上也是类似的,但本质上是不同的.因此,在学习方程组的解法时,既要看到它与单个方程的类似之处,又要掌握它与单个方程的不同之点.下面先讨论齐次方程组(4.5.7)的解法,在此基础上,再讨论非齐次方程组(4.5.6)的解法.

由定理 4.9 知,求方程组(4.5.7)的通解归结为求它的基本解组.与常系数齐次线性方程类似,我们仍采用 Euler 待定指数函数法,猜想方程组(4.5.7)有形如

$$\boldsymbol{y}=\boldsymbol{a}\mathrm{e}^{\lambda x}$$

的解,其中 $\boldsymbol{a}=(a_1,a_2,\cdots,a_n)^{\mathrm{T}}$ 为常数向量,$\mathrm{e}^{\lambda x}$是数值函数,数 λ 和向量 $\boldsymbol{a}$ 均为待定的.将 $\boldsymbol{y}=\boldsymbol{a}\mathrm{e}^{\lambda x}$代入方程组(4.5.7),得

$$\boldsymbol{a}\lambda\mathrm{e}^{\lambda x}=\boldsymbol{A}\boldsymbol{a}\mathrm{e}^{\lambda x}.$$

在上式中消去 $\mathrm{e}^{\lambda x}$,整理得

$$(\boldsymbol{A}-\lambda\boldsymbol{E})\boldsymbol{a}=\boldsymbol{0}, \tag{4.5.8}$$

其中,$\boldsymbol{E}$ 是 n 阶单位矩阵.(4.5.8)式是关于 $a_1,a_2,\cdots,a_n$ 的 n 元齐次线性代数方程组,它有非零解 $\boldsymbol{a}$ 的充要条件是系数行列式为零,即 λ 满足如下的代数方程:

$$|\boldsymbol{A}-\lambda\boldsymbol{E}|=0. \tag{4.5.9}$$

称(4.5.9)为矩阵 $\boldsymbol{A}$ 的**特征方程**,其根 λ 称为**特征根**,或称为**矩阵 $\boldsymbol{A}$ 的特征值**.与 λ 对应的(4.5.8)式的非零解 $\boldsymbol{a}$ 称为**特征向量**.

欲求方程组(4.5.7)的基本解组,也就是求 n 个线性无关的解向量,使它们构成解空间的一组基,为此,给出下面的定理:

定理 4.11 如果矩阵 $\boldsymbol{A}$ 有 n 个线性无关的特征向量 $\boldsymbol{a}^1,\boldsymbol{a}^2,\cdots,\boldsymbol{a}^n$,它们对应的特征值分别为 $\lambda_1,\lambda_2,\cdots,\lambda_n$(不必各不相同),则矩阵

$$\boldsymbol{\Phi}(x)=(\boldsymbol{a}^1\mathrm{e}^{\lambda_1 x},\boldsymbol{a}^2\mathrm{e}^{\lambda_2 x},\cdots,\boldsymbol{a}^n\mathrm{e}^{\lambda_n x})$$

是方程组(4.5.7)的一个基解矩阵.

证明 由于每一个向量函数 $\boldsymbol{a}^i e^{\lambda_i x}(i=1,2,\cdots,n)$ 都是方程组(4.5.7)的一个解,所以矩阵 $\boldsymbol{\Phi}(x)$ 是(4.5.7)的一个解矩阵.它们所构成的 Wronski 行列式在某点 x_0(如取 $x_0=0$)的值为

$$W(0)=\begin{vmatrix} a_1^1 & a_1^2 & \cdots & a_1^n \\ a_2^1 & a_2^2 & \cdots & a_2^n \\ \vdots & \vdots & & \vdots \\ a_n^1 & a_n^2 & \cdots & a_n^n \end{vmatrix}.$$

因 $\boldsymbol{a}^1,\boldsymbol{a}^2,\cdots,\boldsymbol{a}^n$ 线性无关,故 $W(0)\neq 0$,因此 $\boldsymbol{\Phi}(x)$ 是方程组(4.5.7)的一个基解矩阵. □

现在的问题是如何得到方程组(4.5.7)的 n 个线性无关的解向量.显然这一点与特征值 λ 有关,因此下面根据特征值的两种情况分别给出基本解组.

情形 1 矩阵 $\boldsymbol{A}$ 有 n 个互异的特征值

设互异的特征值为 $\lambda_1,\lambda_2,\cdots,\lambda_n$,它们所对应的特征向量分别为 $\boldsymbol{a}^1,\boldsymbol{a}^2,\cdots,\boldsymbol{a}^n$,根据线性代数的定理:任何 n 个不同特征值所对应的 n 个特征向量都是线性无关的,再由定理 4.11 可知,此时方程组(4.5.7)的一个基解矩阵为

$$\boldsymbol{\Phi}(x)=(\boldsymbol{a}^1 e^{\lambda_1 x},\boldsymbol{a}^2 e^{\lambda_2 x},\cdots,\boldsymbol{a}^n e^{\lambda_n x}).$$

例 4.5.1 求解方程组

$$\frac{d\boldsymbol{y}}{dx}=\begin{pmatrix}1 & 2\\ 4 & 3\end{pmatrix}\boldsymbol{y},$$

其中,$\boldsymbol{y}=(y_1,y_2)^{\mathrm{T}}$.

解 特征方程为

$$\det(\boldsymbol{A}-\lambda\boldsymbol{E})=\begin{vmatrix}1-\lambda & 2\\ 4 & 3-\lambda\end{vmatrix}=\lambda^2-4\lambda-5=0,$$

特征值为 $\lambda_1=-1,\lambda_2=5$.

当 $\lambda_1=-1$ 时,它对应的特征向量 $\boldsymbol{a}^1=(a_1^1,a_2^1)^{\mathrm{T}}$ 满足 $2a_1^1+2a_2^1=0$;取 $a_1^1=1$,则 $a_2^1=-1$,所以特征向量 $\boldsymbol{a}^1=(1,-1)^{\mathrm{T}}$.

当 $\lambda_2=5$ 时,它对应的特征向量 $\boldsymbol{a}^2=(a_1^2,a_2^2)^{\mathrm{T}}$ 满足 $-4a_1^2+2a_2^2=0$;取 $a_1^2=1$,则 $a_2^2=2$,所以特征向量 $\boldsymbol{a}^2=(1,2)^{\mathrm{T}}$.

由此可知,方程组的通解为

$$\begin{pmatrix}y_1\\ y_2\end{pmatrix}=c_1\begin{pmatrix}1\\ -1\end{pmatrix}e^{-x}+c_2\begin{pmatrix}1\\ 2\end{pmatrix}e^{5x},$$

或写为

$$\begin{cases} y_1=c_1 e^{-x}+c_2 e^{5x},\\ y_2=-c_1 e^{-x}+2c_2 e^{5x},\end{cases}$$

其中,c_1,c_2 为任意常数.

定理 4.11 对于矩阵 $\boldsymbol{A}$ 有互异复特征值的情形也是成立的.不过这时可能会出现复向量

值的解.应用上常常希望避免复运算,这就需要用实向量解来代替复向量解.因为矩阵 $\boldsymbol{A}$ 是实矩阵,所以若有复特征值必共轭成对出现.不妨设有一对复特征值 $\alpha\pm \mathrm{i}\beta$,对应的复向量解为 $\boldsymbol{y}_1^*$ 和 $\boldsymbol{y}_2^*$.与高阶常系数齐次线性方程有复根的情形类似,这时

$$\boldsymbol{y}_1=\frac{\boldsymbol{y}_1^*+\boldsymbol{y}_2^*}{2}\quad 和 \quad \boldsymbol{y}_2=\frac{\boldsymbol{y}_1^*-\boldsymbol{y}_2^*}{2\mathrm{i}}$$

也是齐次方程组(4.5.7)的解,但它们都是实向量解,同常系数齐次线性方程一样,可以证明,用后者代替前者并不改变 Wronski 行列式的值是否为零的特性,因而所得的矩阵仍是方程组(4.5.7)的基解矩阵.

例 4.5.2 求解初值问题

$$\frac{\mathrm{d}\boldsymbol{y}}{\mathrm{d}x}=\begin{pmatrix}1 & -5\\ 2 & -1\end{pmatrix}\boldsymbol{y},\quad \boldsymbol{y}(0)=\begin{pmatrix}1\\ 0\end{pmatrix}.$$

解 特征方程为

$$\det(\boldsymbol{A}-\lambda\boldsymbol{E})=\begin{vmatrix}1-\lambda & -5\\ 2 & -1-\lambda\end{vmatrix}=\lambda^2+9=0,$$

特征值为 $\lambda_1=3\mathrm{i}$,$\lambda_2=-3\mathrm{i}$.求出对应的特征向量分别为 $\boldsymbol{a}^1=(5,1-3\mathrm{i})^{\mathrm{T}}$,$\boldsymbol{a}^2=(5,1+3\mathrm{i})^{\mathrm{T}}$.对应的解为

$$\boldsymbol{y}_1^*=\begin{pmatrix}5\\ 1-3\mathrm{i}\end{pmatrix}\mathrm{e}^{3\mathrm{i}x}=\begin{pmatrix}5\cos 3x\\ \cos 3x+3\sin 3x\end{pmatrix}+\mathrm{i}\begin{pmatrix}5\sin 3x\\ \sin 3x-3\cos 3x\end{pmatrix},$$

$$\boldsymbol{y}_2^*=\begin{pmatrix}5\\ 1+3\mathrm{i}\end{pmatrix}\mathrm{e}^{-3\mathrm{i}x}=\begin{pmatrix}5\cos 3x\\ \cos 3x+3\sin 3x\end{pmatrix}-\mathrm{i}\begin{pmatrix}5\sin 3x\\ \sin 3x-3\cos 3x\end{pmatrix}.$$

为了求实向量解,取基本解组:

$$\boldsymbol{y}_1=\frac{1}{2}(\boldsymbol{y}_1^*+\boldsymbol{y}_2^*)=\begin{pmatrix}5\cos 3x\\ \cos 3x+3\sin 3x\end{pmatrix},$$

$$\boldsymbol{y}_2=\frac{1}{2\mathrm{i}}(\boldsymbol{y}_1^*-\boldsymbol{y}_2^*)=\begin{pmatrix}5\sin 3x\\ \sin 3x-3\cos 3x\end{pmatrix}.$$

于是通解为

$$\boldsymbol{y}=c_1\boldsymbol{y}_1+c_2\boldsymbol{y}_2=c_1\begin{pmatrix}5\cos 3x\\ \cos 3x+3\sin 3x\end{pmatrix}+c_2\begin{pmatrix}5\sin 3x\\ \sin 3x-3\cos 3x\end{pmatrix}.$$

代入初值条件得

$$\begin{cases}5c_1=1,\\ c_1-3c_2=0.\end{cases}$$

解得 $c_1=\dfrac{1}{5}$,$c_2=\dfrac{1}{15}$.故初值问题的解为

$$\boldsymbol{y}=\frac{1}{5}\begin{pmatrix}5\cos 3x\\ \cos 3x+3\sin 3x\end{pmatrix}+\frac{1}{15}\begin{pmatrix}5\sin 3x\\ \sin 3x-3\cos 3x\end{pmatrix}=\begin{pmatrix}\cos 3x+\dfrac{1}{3}\sin 3x\\ \dfrac{2}{3}\sin 3x\end{pmatrix}.$$

情形 2 矩阵 A 有重特征值

为叙述简单，不妨设矩阵 $\boldsymbol{A}$ 有一个 k 重特征值 λ，其余 $n-k$ 个特征值均为单的.下面分两种情况讨论.

(1) 若对应于 λ 恰有 k 个线性无关的特征向量 $\boldsymbol{a}^1,\boldsymbol{a}^2,\cdots,\boldsymbol{a}^k$，则由线性代数知识可知，这 k 个特征向量与其余 $n-k$ 个特征值所对应的特征向量 $\boldsymbol{a}^{k+1},\boldsymbol{a}^{k+2},\cdots,\boldsymbol{a}^n$ 的全体构成矩阵 $\boldsymbol{A}$ 的 n 个线性无关的特征向量.再由定理 4.11 可知，此时齐次方程组(4.5.7)的一个基解矩阵为

$$\boldsymbol{\Phi}(x)=(\boldsymbol{a}^1\mathrm{e}^{\lambda x},\boldsymbol{a}^2\mathrm{e}^{\lambda x},\cdots,\boldsymbol{a}^k\mathrm{e}^{\lambda x},\boldsymbol{a}^{k+1}\mathrm{e}^{\lambda_{k+1}x},\cdots,\boldsymbol{a}^n\mathrm{e}^{\lambda_n x}). \tag{4.5.10}$$

例 4.5.3 求解方程组

$$\frac{\mathrm{d}\boldsymbol{y}}{\mathrm{d}x}=\begin{pmatrix}0&1&1\\1&0&1\\1&1&0\end{pmatrix}\boldsymbol{y}.$$

解 特征方程为

$$\det(\boldsymbol{A}-\lambda\boldsymbol{E})=\begin{vmatrix}-\lambda&1&1\\1&-\lambda&1\\1&1&-\lambda\end{vmatrix}=-\lambda^3+3\lambda+2=0,$$

特征值为 $\lambda_1=2,\lambda_2=-1$(二重).

对应于 $\lambda_1=2$ 的特征向量为 $\boldsymbol{a}^1=(a_1,a_2,a_3)^{\mathrm{T}}=(1,1,1)^{\mathrm{T}}$.

对应于 $\lambda_2=-1$ 的特征向量满足方程

$$\begin{cases}a_1+a_2+a_3=0,\\a_1+a_2+a_3=0,\\a_1+a_2+a_3=0.\end{cases}$$

由于矩阵 $\boldsymbol{A}-(-1)\boldsymbol{E}$ 的秩为 1，故得到两个线性无关的特征向量

$$\boldsymbol{a}^2=(1,-1,0)^{\mathrm{T}},\quad \boldsymbol{a}^3=(1,0,-1)^{\mathrm{T}}.$$

从而由(4.5.10)式可得此方程组的通解为

$$\begin{aligned}\boldsymbol{y}&=c_1\boldsymbol{a}^1\mathrm{e}^{2x}+c_2\boldsymbol{a}^2\mathrm{e}^{-x}+c_3\boldsymbol{a}^3\mathrm{e}^{-x}\\&=c_1\begin{pmatrix}1\\1\\1\end{pmatrix}\mathrm{e}^{2x}+c_2\begin{pmatrix}1\\-1\\0\end{pmatrix}\mathrm{e}^{-x}+c_3\begin{pmatrix}1\\0\\-1\end{pmatrix}\mathrm{e}^{-x},\end{aligned}$$

其中，c_1,c_2,c_3 为任意常数.

(2) 若对应于 λ 的线性无关的特征向量个数 n_k 小于 k，则仍可得到对应于 λ 的 k 个线性无关的解.这种情形的解法很多，其中待定系数法是一种较为常用的易于掌握的方法.由于证明要用到较多的线性代数知识，故略去，这里只写出它的解题步骤.

步骤 1° 对应于 λ，设有形如

$$
\boldsymbol{Y}(x)=\begin{pmatrix} y_1(x) \\ y_2(x) \\ \vdots \\ y_n(x) \end{pmatrix}=\begin{pmatrix} p_1(x) \\ p_2(x) \\ \vdots \\ p_n(x) \end{pmatrix}\mathrm{e}^{\lambda x} \tag{4.5.11}
$$

的解，其中，$p_1(x),p_2(x),\cdots,p_n(x)$是系数待定的 x 的 $k-1$ 次多项式.

步骤 2° 将(4.5.11)式代入方程组(4.5.7)，比较等式两边 x 的同次幂的系数，得到关于 $p_1(x),p_2(x),\cdots,p_n(x)$的系数方程组.

步骤 3° 求解上述线性代数方程组，得到这些多项式的系数，从而确定出这些多项式.

需要注意的是，关于 $p_1(x),p_2(x),\cdots,p_n(x)$的系数方程组线性无关的解的个数有 k 个，于是得到方程组(4.5.7)形如(4.5.11)的 k 个线性无关的解.

步骤 4° 这 k 个解与其他 $n-k$ 个特征值对应的线性无关的解的全体恰好构成方程组(4.5.7)的一个基本解组.

为了叙述简明，下面仅讨论 $k=2$ 的情形.

例 4.5.4 求方程组$\dfrac{\mathrm{d}\boldsymbol{y}}{\mathrm{d}x}=\begin{pmatrix} 3 & -4 \\ 1 & -1 \end{pmatrix}\boldsymbol{y}$ 的通解.

解 特征方程为

$$
\det(\boldsymbol{A}-\lambda\boldsymbol{E})=\begin{vmatrix} 3-\lambda & -4 \\ 1 & -1-\lambda \end{vmatrix}=\lambda^2-2\lambda+1=0.
$$

特征值为 $\lambda=1$(二重)，故 $k=2$.

步骤 1° 设 $\boldsymbol{Y}(x)=\begin{pmatrix} y_1(x) \\ y_2(x) \end{pmatrix}=\begin{pmatrix} a_1+a_2x \\ b_1+b_2x \end{pmatrix}\mathrm{e}^{x}$.

步骤 2° 将上述解的表达式代入方程组得

$$
(4b_2-2a_2)x+(2a_1-a_2-4b_1)=0,
$$
$$
(a_2-2b_2)x+(a_1-2b_1-b_2)=0.
$$

比较 x 的同次幂的系数，得到关于 a_1,a_2,b_1,b_2 的四元线性代数方程组

$$
\begin{cases} 4b_2-2a_2=0, \\ a_2-2b_2=0, \\ 2a_1-a_2-4b_1=0, \\ a_1-2b_1-b_2=0. \end{cases}
$$

步骤 3° 求解此线性代数方程组.其系数矩阵的秩为 2，故有两个线性无关的解

$$
\begin{pmatrix} a_1 \\ a_2 \\ b_1 \\ b_2 \end{pmatrix}=\begin{pmatrix} 2 \\ 0 \\ 1 \\ 0 \end{pmatrix} 和 \begin{pmatrix} 1 \\ 2 \\ 0 \\ 1 \end{pmatrix}.
$$

取 $a_1=2,a_2=0,b_1=1,b_2=0$，得微分方程组的一个解为$\begin{pmatrix} 2 \\ 1 \end{pmatrix}\mathrm{e}^{x}$；取 $a_1=1,a_2=2,b_1=0,b_2=1$，

得微分方程组另一线性无关的解为$\begin{pmatrix}1+2x\\x\end{pmatrix}e^x$.

步骤 4° 写出通解为

$$\boldsymbol{y}(x)=c_1\begin{pmatrix}2\\1\end{pmatrix}e^x+c_2\begin{pmatrix}1+2x\\x\end{pmatrix}e^x,$$

其中,c_1,c_2 为任意常数.

4.5.3 常系数非齐次线性微分方程组的解法

由定理 4.10 可知,求解常系数非齐次线性方程组,只要求出对应的齐次方程组(4.5.7)的一个基本解组和非齐次方程组(4.5.6)的一个特解即可.而前面已解决求齐次方程组(4.5.7)的基本解组问题,现在只需研究如何求出非齐次方程组(4.5.6)的一个特解即可.类似于求解一阶非齐次线性方程的方法,仍采用常数变易法.

设 $\boldsymbol{Y}(x)$是齐次方程组(4.5.7)的基解矩阵,则方程组(4.5.7)的通解可表示为

$$\boldsymbol{y}=\boldsymbol{Y}(x)\boldsymbol{c}.$$

其中 $\boldsymbol{c}$ 为任意 n 维常数向量.现将向量 $\boldsymbol{c}$ 变易为未知向量函数 $\boldsymbol{u}(x)$,设想方程组(4.5.6)的特解为

$$\boldsymbol{y}^*=\boldsymbol{Y}(x)\boldsymbol{u}(x).$$

将其代入方程组(4.5.6),得

$$\boldsymbol{Y}'(x)\boldsymbol{u}(x)+\boldsymbol{Y}(x)\boldsymbol{u}'(x)=\boldsymbol{A}\boldsymbol{Y}(x)\boldsymbol{u}(x)+\boldsymbol{f}(x).$$

因 $\boldsymbol{Y}(x)$是方程组(4.5.7)的基解矩阵,所以 $\boldsymbol{Y}'(x)=\boldsymbol{A}\boldsymbol{Y}(x)$,于是得

$$\boldsymbol{u}'(x)=\boldsymbol{Y}^{-1}(x)\boldsymbol{f}(x),$$

积分得

$$\boldsymbol{u}(x)=\int\boldsymbol{Y}^{-1}(x)\boldsymbol{f}(x)\,dx+\boldsymbol{C}.$$

上式也可用定积分表示,这时假定 $\boldsymbol{u}(x_0)=\boldsymbol{0}$,则上式变为

$$\boldsymbol{u}(x)=\int_{x_0}^{x}\boldsymbol{Y}^{-1}(\xi)\boldsymbol{f}(\xi)\,d\xi,\quad x_0\in[a,b].$$

于是非齐次方程组(4.5.6)的通解为

$$\boldsymbol{y}(x)=\boldsymbol{Y}(x)\boldsymbol{C}+\boldsymbol{Y}(x)\int_{x_0}^{x}\boldsymbol{Y}^{-1}(\xi)\boldsymbol{f}(\xi)\,d\xi.$$

例 4.5.5 求解初值问题

$$\frac{d\boldsymbol{y}}{dx}=\begin{pmatrix}0&1\\-1&0\end{pmatrix}\boldsymbol{y}+\begin{pmatrix}0\\1\end{pmatrix},\quad \boldsymbol{y}(0)=\begin{pmatrix}0\\1\end{pmatrix}.$$

解 特征方程

$$\begin{vmatrix}-\lambda&1\\-1&-\lambda\end{vmatrix}=\lambda^2+1=0$$

的特征值为 $\lambda_1=i$,$\lambda_2=-i$.对应的特征向量分别为

$$\boldsymbol{a}^1=(1,\mathrm{i})^{\mathrm{T}},\quad \boldsymbol{a}^2=(1,-\mathrm{i})^{\mathrm{T}}.$$

复的基解矩阵为

$$\boldsymbol{Y}^*(x)=\begin{bmatrix}\mathrm{e}^{\mathrm{i}x} & \mathrm{e}^{-\mathrm{i}x}\\ \mathrm{i}\mathrm{e}^{\mathrm{i}x} & -\mathrm{i}\mathrm{e}^{-\mathrm{i}x}\end{bmatrix},$$

化为实的基解矩阵为

$$\boldsymbol{Y}(x)=\begin{pmatrix}\cos x & \sin x\\ -\sin x & \cos x\end{pmatrix},$$

其逆矩阵

$$\boldsymbol{Y}^{-1}(x)=\begin{pmatrix}\cos x & -\sin x\\ \sin x & \cos x\end{pmatrix}.$$

特解为

$$\boldsymbol{y}^*(x)=\begin{pmatrix}\cos x & \sin x\\ -\sin x & \cos x\end{pmatrix}\int_0^x\begin{pmatrix}\cos\xi & -\sin\xi\\ \sin\xi & \cos\xi\end{pmatrix}\begin{pmatrix}0\\1\end{pmatrix}\mathrm{d}\xi=\begin{pmatrix}1-\cos x\\ \sin x\end{pmatrix}.$$

所以通解为

$$\boldsymbol{y}(x)=\begin{pmatrix}\cos x & \sin x\\ -\sin x & \cos x\end{pmatrix}\begin{pmatrix}\bar{c}_1\\ \bar{c}_2\end{pmatrix}+\begin{pmatrix}1-\cos x\\ \sin x\end{pmatrix},$$

其中 $\bar{c}_1,\bar{c}_2$ 为任意常数.若令 $c_1=\bar{c}_1-1,c_2=\bar{c}_2$,则上式可写成

$$\begin{cases}y_1=c_1\cos x+c_2\sin x+1,\\ y_2=-c_1\sin x+c_2\cos x.\end{cases}$$

代入初值条件得

$$\begin{cases}c_1+1=0,\\ c_2=1,\end{cases}$$

解得 $c_1=-1,c_2=1$.所以初值问题的解为

$$\begin{cases}y_1=-\cos x+\sin x+1,\\ y_2=\sin x+\cos x.\end{cases}$$

本题也容易用待定系数法求出非齐次方程组的一个特解,读者可作为练习自行求之.

习题 4.5

(A)

1. 求解下列方程组:

(1) $\begin{cases}\dfrac{\mathrm{d}x}{\mathrm{d}t}+3x-y=0,\\ \dfrac{\mathrm{d}y}{\mathrm{d}t}-8x+y=0,\end{cases}$ $x(0)=1,y(0)=4.$

(2) $\begin{cases}\dfrac{\mathrm{d}x}{\mathrm{d}t}=y,\\ \dfrac{\mathrm{d}y}{\mathrm{d}t}=-x,\end{cases}$ $x(0)=0,y(0)=1.$

(3) $\begin{cases}\dfrac{\mathrm{d}x}{\mathrm{d}t}=5x+4y,\\ \dfrac{\mathrm{d}y}{\mathrm{d}t}=-x+y.\end{cases}$

2. 求解方程组 $\boldsymbol{y}'=\boldsymbol{A}\boldsymbol{y}+\boldsymbol{Q}(x)$，其中

$$\boldsymbol{A}=\begin{pmatrix}2&3\\3&2\end{pmatrix},\quad \boldsymbol{Q}(x)=\begin{pmatrix}5x\\8\mathrm{e}^{x}\end{pmatrix}.$$

3. 求解初值问题 $\boldsymbol{y}'=\boldsymbol{A}\boldsymbol{y}+\boldsymbol{Q}(x)$，$\boldsymbol{y}(0)=\boldsymbol{y}_0$，其中

$$\boldsymbol{A}=\begin{pmatrix}1&2\\4&3\end{pmatrix},\quad \boldsymbol{Q}(x)=\begin{pmatrix}-\mathrm{e}^{-x}\\4\mathrm{e}^{-x}\end{pmatrix},\quad \boldsymbol{y}_0=\begin{pmatrix}-1\\1\end{pmatrix}.$$

4. 求解方程组 $\dfrac{\mathrm{d}\boldsymbol{x}}{\mathrm{d}t}=\begin{pmatrix}5&-28&-18\\-1&5&3\\3&-16&-10\end{pmatrix}\boldsymbol{x}$.

(B)

1. 求解方程组 $\begin{cases}x'=y+z\\y'=x+z.\\z'=x+y\end{cases}$

2. 设有两种物质，其数量分别为 $x(t)$，$y(t)$，此两种物质的数量因相互影响而减少，其减少的速度与另一种物质的数量成正比，设比例系数分别为正常数 k_1 和 k_2，且当 $t=0$ 时，$x=x_0$，$y=y_0$.试求这两种物质数量的变化规律，并分析当初值条件分别满足何种关系时，(1) 第一种物质最终将消失，(2) 第二种物质最终将消失，(3) 这两种物质最终都将消失.

3. 设有两种生物群体是互惠关系，它们在时刻 t 的个数分别为 $x(t)$，$y(t)$，并已知 $x(t)$，$y(t)$满足的方程组为

$$\begin{cases}\dfrac{\mathrm{d}x}{\mathrm{d}t}=-2x+4y,\\[2mm]\dfrac{\mathrm{d}y}{\mathrm{d}t}=x-2y.\end{cases}$$

当 $t=0$ 时，$x=1\ 000$，$y=2\ 000$.试求出 $x(t)$，$y(t)$，并画出它们的图形.

4. 挑流消能问题：设水射出时的初速 v_0 为已知，v_0 和 x 轴所成之角为 θ.据实验得知，如果忽略空气阻力、风速和风向等影响，则水质点在只受重力作用下，其水平方向的运动是匀速直线运动，铅直方向的运动是匀加速直线运动.如将水抛出的时刻记为零，并以 $x(t)$，$y(t)$分别表示水质点在任何时刻 t 的水平位移和铅直位移，则它们应满足什么样的初值问题？并求出水质点的运动规律和运动轨迹，由此确定水抛射的水平距离 x_A 及入射角 β_A（图 4－11）.

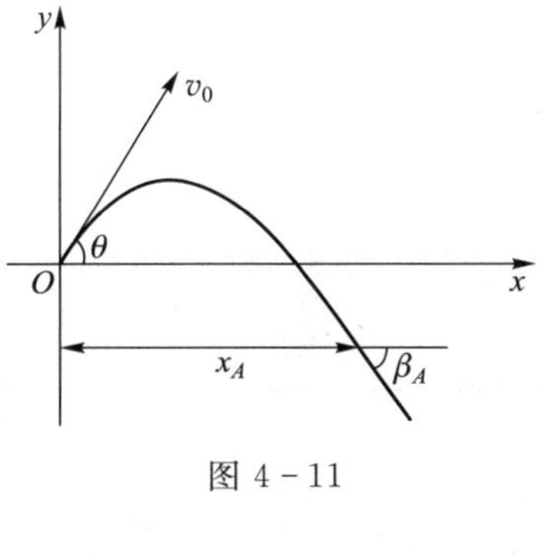

图 4－11

§ 4.6 微分方程的数值解

不是每个微分方程都有解.但是,有些时候即使可以证明微分方程的解存在,我们也可能写不出显式解或隐式解.在很多情况下,我们只能求得解的近似值.如果解存在,那么它表示直角坐标平面上的一个点集合.本节构造出微分方程的一些算法,以得到精确解曲线上点坐标的近似值.

本章我们讨论的中心主要是一阶初值问题$\frac{dy}{dx}=f(x,y)$,$y(x_0)=y_0$.在§4.5中我们看到,一阶方程的数值解法可以扩展到一阶方程组上,因此我们也可以通过把高阶微分方程写成一阶微分方程组的形式,来求解高阶微分方程的近似解.本章最后给出了求解线性二阶边界值问题近似解的方法.

4.6.1 Euler 方法与误差分析

在§4.2中,我们给出了求形如$y'=f(x,y)$,$y(x_0)=y_0$的一阶初值问题近似解的一个最简单的例子.回顾Euler方法最主要的部分是公式

$$y_{n+1}=y_n+hf(x_n,y_n), \tag{4.6.1}$$

这里f是从微分方程$y'=f(x,y)$中得到的.由(4.6.1)式的递归方法可以得到解曲线的连续"切线"在$x_1,x_2,x_3,\cdots$或$x_n=x_0+nh$处对应的y坐标$y_1,y_2,y_3,\cdots$,这里h为常数,也是x_n和x_{n+1}之间的步长.可以用$y_1,y_2,y_3,\cdots$来近似初值问题的解$y(x)$在$x_1,x_2,x_3,\cdots$处的值.但是(4.6.1)式这种简化形式的近似值过于粗糙.

一个比较 如果用Euler方法求初值问题$y'=2xy$,$y(1)=1$的解在$y(1.5)$处的近似值,我们可以得到解析解$y=e^{x^2-1}$以及类似于表4-3和表4-4中所给的数值.

表 4-3 Euler 方法,$h=0.1$

x_n	y_n	真值	绝对误差	相对误差/%
1.00	1.000 0	1.000 0	0.000 0	0.00
1.10	1.200 0	1.233 7	0.033 7	2.73
1.20	1.464 0	1.552 7	0.088 7	5.71
1.30	1.815 4	1.993 7	0.178 3	8.94
1.40	2.287 4	2.611 7	0.324 3	12.42
1.50	2.927 8	3.490 3	0.562 5	16.11

表 4-4 Euler 方法，$h=0.05$

x_n	y_n	真值	绝对误差	相对误差/%
1.00	1.000 0	1.000 0	0.000 0	0.00
1.05	1.100 0	1.107 9	0.007 9	0.71
1.10	1.215 5	1.233 7	0.018 2	1.48
1.15	1.349 2	1.380 6	0.031 4	2.27
1.20	1.504 4	1.552 7	0.048 3	3.11
1.25	1.684 9	1.755 1	0.070 2	4.00
1.30	1.895 5	1.993 7	0.098 2	4.93
1.35	2.141 9	2.276 2	0.134 3	5.90
1.40	2.431 1	2.611 7	0.180 6	6.92
1.45	2.771 4	3.011 7	0.240 3	7.98
1.50	3.173 3	3.490 3	0.317 1	9.08

在这种情况下，令步长 $h=0.1$，$y(1.5)$的近似值的相对误差大于 16%，这是不可接受的. 把计算量加大一倍，可令步长 $h=0.05$ 以提高精度.

数值方法的误差 在选择和使用数值方法解初值问题时，我们必须意识到各种可能的误差来源.各种不断传递的误差会降低近似计算的精度，以致使近似计算显得毫无意义.另一方面，基于数值方法的计算，没有必要要求非常高的精度，那样只会耗费资源，增加复杂程度.

误差的一个来源是计算过程中产生的舍入误差.这个误差的来源是因为任何计算器或计算机只能利用有限位数来存储数据.这里只是为了说明这个情况，假定一个十进制的计算器只能存储 4 位数字，因此在计算器中$\frac{1}{3}$表示为 0.333 3，$\frac{1}{9}$表示为 0.111 1.若我们用这个计算器计算当 $x=0.333\ 4$ 时$\left(x^2-\frac{1}{9}\right)\Big/\left(x-\frac{1}{3}\right)$的值，则可以得到

$$\frac{0.333\ 4^2-0.111\ 1}{0.333\ 4-0.333\ 3}=\frac{0.111\ 2-0.111\ 1}{0.333\ 4-0.333\ 3}=1.$$

然而，利用代数知识可以得到

$$\frac{x^2-\frac{1}{9}}{x-\frac{1}{3}}=\frac{\left(x-\frac{1}{3}\right)\left(x+\frac{1}{3}\right)}{x-\frac{1}{3}}=x+\frac{1}{3},$$

因此，当 $x=0.333\ 4$ 时，$\left(x^2-\frac{1}{9}\right)\Big/\left(x-\frac{1}{3}\right)\approx 0.333\ 4+0.333\ 3=0.666\ 7$.这个例子说明舍

入误差的影响是很大的，使用时必须多加注意.减少舍入误差影响的一种方法是使数值计算量减到最少.另一种计算机技术是使用双精度十进制表示结果.一般来说，舍入误差是不可预测并且很难分析的，所以在接下来的误差分析中我们将忽略它.我们将集中分析用公式或四则运算求解近似值时所产生的误差.

Euler 方法的截断误差 在由(4.6.1)式所产生的序列值 $y_1, y_2, y_3, \cdots$ 中，通常 y_1 的值和精确解在 x_1 处的值(即 $y(x_1)$)不一致，因为四则运算只给出了解的线性近似.这种误差称为**局部截断误差**、**公式误差**或**离散误差**.每一步都会产生截断误差；也就是说若假设 y_n 是精确值，则 y_{n+1} 将会包括局部截断误差.

为了推导 Euler 方法的局部截断误差的计算公式，我们使用带余项的 Taylor 公式.如果函数 $y(x)$ 有 $k+1$ 阶导数，这些导数在一个包含 a 和 x 的开区间上是连续的，那么

$$y(x)=y(a)+y'(a)\frac{x-a}{1!}+\cdots+y^{(k)}(a)\frac{(x-a)^k}{k!}+y^{(k+1)}(c)\frac{(x-a)^{k+1}}{(k+1)!},$$

其中 c 是 a 和 x 之间的某个数.令 $k=1, a=x_n, x=x_{n+1}=x_n+h$，可以得到

$$y(x_{n+1})=y(x_n)+y'(x_n)\frac{h}{1!}+y''(c)\frac{h^2}{2!}$$

或

$$y(x_{n+1})=\underbrace{y_n+hf(x_n, y_n)}_{y_{n+1}}+y''(c)\frac{h^2}{2!}.$$

Euler 方法利用的是上一个公式中去除最后一项的公式；因此，y_{n+1} 的局部截断误差为

$$y''(c)\frac{h^2}{2!},\quad 其中\ x_n<c<x_{n+1}.$$

c 的值通常是未知的(理论上讲是存在的)，所以准确的误差是不能计算出来的，但是误差的绝对值的上界为

$$M\frac{h^2}{2!},\quad 其中\ M=\max_{x_n<x<x_{n+1}}|y''(x)|.$$

在讨论由数值方法产生的误差时，使用记号 $O(h^n)$ 是有帮助的.为了定义这个概念，令 $e(h)$ 表示依赖于 h 的数值误差.如果存在常数 C 和一个正整数 n 使得 $|e(h)|\leqslant Ch^n$ 在 h 充分小时成立，那么 $e(h)$ 称为是 h^n 阶的，用符号 $O(h^n)$ 来表示.因此 Euler 方法的局部截断误差为 $O(h^2)$.我们注意到，一般来说如果数值方法中的 $e(h)$ 是 h^n 阶的，并且当 h 取其一半时，新的误差近似于 $C\left(\frac{h}{2}\right)^n=\frac{Ch^n}{2^n}$；也就是说误差通过因子 $\frac{1}{2^n}$ 减少了.

例 4.6.1(局部截断误差的误差界) 求用 Euler 方法求解 $y'=2xy, y(1)=1$ 时产生的局部截断误差的误差界.

解 从解 $y=\mathrm{e}^{x^2-1}$，我们可以得到 $y''=(2+4x^2)\mathrm{e}^{x^2-1}$，因此局部截断误差为

$$y''(c)\frac{h^2}{2}=(2+4c^2)\mathrm{e}^{c^2-1}\frac{h^2}{2},$$

这里 c 是 x_n 和 x_n+h 之间的一个值.特别地，$h=0.1$ 时，我们可以用 1.1 代替 y_1 中的 c，然

后求得其局部截断误差的上界为

$$(2+4\times1.1^2)e^{1.1^2-1}\frac{0.1^2}{2}=0.042\ 2.$$

从表 4－3 中我们可以看到，第一次计算后的绝对误差为 0.033 7，比上界值小.

类似地，我们可以用 1.5 代替 c（这个 c 值给出了每步 $y''(c)$ 的最大值，不过可能对前几步来说有点过大），得到表 4－3 前五步中任何一步的局部截断误差.计算后得到

$$(2+4\times1.5^2)e^{1.5^2-1}\frac{0.1^2}{2}=0.192\ 0 \tag{4.6.2}$$

作为每步局部截断误差的上界.

注意，当例 4.6.1 中的 h 取 0.05 时，误差界为 0.048 0，大约只有(4.6.2)的四分之一.这和预测的一样，因为 Euler 方法的局部截断误差为 $O(h^2)$.

在以上的分析中，我们假设在计算 y_{n+1} 时 y_n 的值是精确的，这并不是因为它包含了前一步的局部截断误差.y_{n+1} 中的总误差是前面步骤中的误差的积累值.这个总误差称为全局截断误差.全局截断误差的完整分析超出了本书讨论的范围，但是可以证明 Euler 方法的全局截断误差是 $O(h)$.

我们期望对于 Euler 方法来说，如果步长减半，则误差也近似减半.这个结论在表 4－3 和表 4－4 中给出，在这两个表中，步长 $h=0.1$ 时，在 $x=1.50$ 处的绝对误差是 0.562 5，$h=0.05$ 时绝对误差是 0.317 1，近似减半.

一般地，可以证明如果求微分方程数值解的方法有局部截断误差 $O(h^{\alpha+1})$，那么全局截断误差为 $O(h^{\alpha})$.

本小节余下来的部分以及下一小节我们将学习一个比 Euler 方法明显精确的方法.

改进的 Euler 方法　用公式

$$y_{n+1}=y_n+h\frac{f(x_n,y_n)+f(x_{n+1},y_{n+1}^*)}{2} \tag{4.6.3}$$

定义的数值方法一般称为改进的 Euler 方法，其中

$$y_{n+1}^*=y_n+hf(x_n,y_n). \tag{4.6.4}$$

为了用(4.6.3)式计算 $y_{n+1}(n=0,1,2,\cdots)$，我们必须在进行每一步时先用 Euler 方法(4.6.4)得到初始估计值 y_{n+1}^*.例如，令(4.6.4)中的 $n=0$，可以得到 $y_1^*=y_0+hf(x_0,y_0)$，则利用(4.6.3)式可知 $y_1=y_0+h\dfrac{f(x_0,y_0)+f(x_1,y_1^*)}{2}$，其中 $x_1=x_0+h$.这些方程非常容易识别.在图 4－12 中，观察到 $m_0=f(x_0,y_0)$ 和 $m_1=f(x_1,y_1^*)$ 分别是通过点 (x_0,y_0) 和 (x_1,y_1^*) 的直线的斜率.利用这些斜率，可以得到 $m_{\text{ave}}=\dfrac{f(x_0,y_0)+f(x_1,y_1^*)}{2}$，我们可以得到与之平行的虚线的斜率.我们用通过 (x_0,y_0) 且斜率为 m_{ave} 的虚线来代换通过改进点 (x_1,y_1^*) 且斜率为 m_{ave} 的虚线，直到到达 x_1.从图形来看，y_1 和 y_1^* 是改进的.

一般来说，改进的 Euler 方法是**预测真值法**的一个特例.由(4.6.4)给出的 y_{n+1}^* 的值可以预测 $y(x_n)$ 的值，但是公式(4.6.3)所定义的 y_{n+1} 的值修正了这个估计.

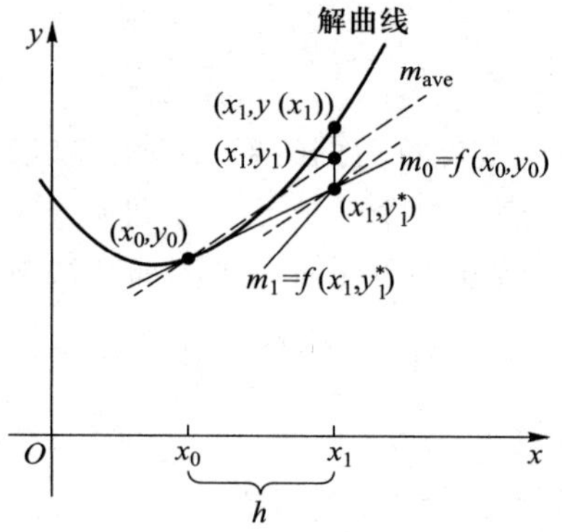

图 4-12

4.6.2 Runge-Kutta(龙格-库塔)法

也许解初值问题 $y'=f(x,y),y(x_0)=y_0$ 近似解的最流行且最精确的一种数值方法是**四阶 Runge-Kutta 法**.恰如其名,有解不同阶的 Runge-Kutta 法.这些方法可以用余项为 $y(x)$ 的Taylor 公式推得.

一阶 Runge-Kutta 法 在上一小节中,我们看到,如果函数 $y(x)$ 有 $k+1$ 阶导数,这些导数在一个含有 a 和 x 的开区间上连续,那么可以记

$$y(x)=y(a)+y'(a)\frac{x-a}{1!}+y''(a)\frac{(x-a)^2}{2!}+\cdots+y^{(k+1)}(c)\frac{(x-a)^{k+1}}{(k+1)!},$$

其中 c 是 a 和 x 之间的某个数.如果用 x_n 代替 a,用 $x_{n+1}=x_n+h$ 代替 x,那么上述公式可以写为

$$y(x_{n+1})=y(x_n+h)=y(x_n)+hy'(x_n)+\frac{h^2}{2!}y''(x_n)+\cdots+\frac{h^{k+1}}{(k+1)!}y^{(k+1)}(c),$$

这里 c 是 x_n 和 x_{n+1} 之间的某个数.在这种情况下,当 $k=1$ 和余项 $\frac{h^2}{2}y''(c)$ 很小时,我们可以得到一个很熟悉的公式

$$y_{n+1}=y_n+hy'_n=y_n+hf(x_n,y_n).$$

换言之,基本 Euler 方法也就是一阶 Runge-Kutta 法.

二阶 Runge-Kutta 法 现在考虑二阶 Runge-Kutta 法.这个方法需要确定常数 a,b,α 和 β,因此这个公式为

$$y_{n+1}=y_n+ak_1+bk_2, \tag{4.6.5}$$

其中

$$k_1=hf(x_n,y_n),$$
$$k_2=hf(x_n+\alpha h,y_n+\beta k_1),$$

这和二阶 Taylor 多项式是一致的.可以证明,只要常数满足

$$a+b=1,\quad b\alpha=\frac{1}{2},\quad b\beta=\frac{1}{2},\tag{4.6.6}$$

则(4.6.5)式成立.这是由含四个未知量的三个方程组成的方程组,它有无穷多个解.注意到当 $a=b=\frac{1}{2}$,$\alpha=\beta=1$ 时,(4.6.5)式变为改进的 Euler 方法的公式.因为这个公式和二阶 Taylor 多项式是一致的,这个方法的局部截断误差是 $O(h^3)$,全局截断误差为 $O(h^2)$.

注意到(4.6.5)式中的和式 ak_1+bk_2 是 k_1 和 k_2 的加权平均,因为 $a+b=1$.k_1 和 k_2 是解曲线 $y(x)$在区间 x_n 到 x_{n+1}上两个不同点处的斜率的近似值.

四阶 Runge-Kutta 法 四阶 Runge Kutta 法需要求下面公式中的常数:

$$y_{n+1}=y_n+ak_1+bk_2+ck_3+dk_4,$$

其中

$$\begin{gathered}k_1=hf(x_n,y_n),\\ k_2=hf(x_n+\alpha_1 h,y_n+\beta_1 k_1),\\ k_3=hf(x_n+\alpha_2 h,y_n+\beta_2 k_1+\beta_3 k_2),\\ k_4=hf(x_n+\alpha_3 h,y_n+\beta_4 k_1+\beta_5 k_2+\beta_6 k_3),\end{gathered}$$

它和四阶 Taylor 多项式是一致的.这些常数可以通过含有 13 个变量.11 个方程的方程组解出.这些常数最常使用的值是从下面的公式中求出的:

$$\begin{gathered}y_{n+1}=y_n+\frac{1}{6}(k_1+2k_2+2k_3+k_4),\\ k_1=hf(x_n,y_n),\\ k_2=hf\left(x_n+\frac{1}{2}h,y_n+\frac{1}{2}k_1\right),\\ k_3=hf\left(x_n+\frac{1}{2}h,y_n+\frac{1}{2}k_2\right),\\ k_4=hf(x_n+h,y_n+k_3).\end{gathered}\tag{4.6.7}$$

请读者仔细阅读公式(4.6.7);注意到 k_2 依赖于 k_1,k_3 依赖于 k_2,k_4 依赖于 k_3.同时,k_2 和 k_3 是近似解在 x_n 和 x_{n+1}之间中点处的斜率的近似值.

例 4.6.2(Runge-Kutta 法) 当 $h=0.1$ 时,用 Runge-Kutta 法求解 $y(1.5)$的近似值,$y(1.5)$是$y'=2xy$,$y(1)=1$ 的解.

解 出于举例的目的,我们计算 $n=0$ 时的情形.由(4.6.7)式可以求出

$$\begin{aligned}k_1&=0.1\cdot f(x_0,y_0)=0.1\times 2x_0y_0=0.2,\\ k_2&=0.1\cdot f\left(x_0+\frac{1}{2}\times 0.1,y_0+\frac{1}{2}\times 0.2\right)\\ &=0.1\times 2\left(x_0+\frac{1}{2}\times 0.1\right)\left(y_0+\frac{1}{2}\times 0.2\right)=0.231,\\ k_3&=0.1\cdot f\left(x_0+\frac{1}{2}\times 0.1,y_0+\frac{1}{2}\times 0.231\right)\end{aligned}$$

$$=0.1\times 2\left(x_0+\frac{1}{2}\times 0.1\right)\left(y_0+\frac{1}{2}\times 0.231\right)=0.234\ 255,$$

$$k_4=0.1\cdot f(x_0+0.1,y_0+0.234\ 255)$$

$$=0.1\times 2(x_0+0.1)(y_0+0.234\ 255)=0.271\ 536\ 1.$$

同时,因为

$$y_1=y_0+\frac{1}{6}(k_1+2k_2+2k_3+k_4)$$

$$=1+\frac{1}{6}(0.2+2\times 0.231+2\times 0.234\ 255+0.271\ 536\ 1)$$

$$=1.233\ 674\ 35.$$

余下的计算结果在表 4-5 中给出,其结果四舍五入到四位小数.

表 4-5 Runge-Kutta 法, $h=0.1$

x_n	y_n	真值	绝对误差	相对误差/%
1.00	1.000 0	1.000 0	0.000 0	0.00
1.10	1.233 7	1.233 7	0.000 0	0.00
1.20	1.552 7	1.552 7	0.000 0	0.00
1.30	1.993 7	1.993 7	0.000 0	0.00
1.40	2.611 6	2.611 7	0.000 1	0.00
1.50	3.490 2	3.490 3	0.000 1	0.00

仔细观察表 4-5,说明为什么四阶 Runge-Kutta 法如此流行.若四位小数的精确度足够满足我们的需要,那就没有必要用更小的步长了.表 4-6 比较了用 Euler 方法、改进的 Euler 方法以及四阶 Runge-Kutta 法解初值问题 $y'=2xy,y(1)=1$ 的结果.

表 4-6 $y'=2xy,y(1)=1$

几种方法的比较, $h=0.1$					几种方法的比较, $h=0.05$				
x_n	Euler 方法	改进的 Euler 方法	Runge-Kutta 法	真值	x_n	Euler 方法	改进的 Euler 方法	Runge-Kutta 法	真值
1.00	1.000 0	1.000 0	1.000 0	1.000 0	1.00	1.000 0	1.000 0	1.000 0	1.000 0
1.10	1.200 0	1.232 0	1.233 7	1.233 7	1.05	1.100 0	1.107 7	1.107 9	1.107 9
1.20	1.464 0	1.547 9	1.552 7	1.552 7	1.10	1.215 5	1.233 2	1.233 7	1.233 7
1.30	1.815 4	1.983 2	1.993 7	1.993 7	1.15	1.349 2	1.379 8	1.380 6	1.380 6
1.40	2.287 4	2.590 8	2.611 6	2.611 7	1.20	1.504 4	1.551 4	1.552 7	1.552 7

续表

几种方法的比较，$h=0.1$					几种方法的比较，$h=0.05$				
x_n	Euler 方法	改进的 Euler 方法	Runge-Kutta 法	真值	x_n	Euler 方法	改进的 Euler 方法	Runge-Kutta 法	真值
1.50	2.927 8	3.450 9	3.490 2	3.490 3	1.25	1.684 9	1.753 1	1.755 1	1.755 1
					1.30	1.895 5	1.990 9	1.993 7	1.993 7
					1.35	2.141 9	2.272 1	2.276 2	2.276 2
					1.40	2.431 1	2.606 0	2.611 7	2.611 7
					1.45	2.771 4	3.003 8	3.011 7	3.011 7
					1.50	3.173 3	3.479 5	3.490 3	3.490 3

Runge-Kutta 法的截断误差　因为(4.6.7)式中的第一个方程和四阶 Taylor 多项式是一致的，所以该方法的局部截断误差为 $y^{(5)}(c)\dfrac{h^5}{5!}$ 或 $O(h^5)$，全局截断误差为 $O(h^4)$.现在很明显地可以看出为什么这个方法叫做四阶 Runge-Kutta 法.

4.6.3　精细积分法

中国科学院院士、计算力学专家、大连理工大学钟万勰教授，提出可用于求解线性常微分方程组的“精细积分法”，能获得计算机上的精确解.

一阶线性常系数齐次微分方程组的初值问题

$$\frac{\mathrm{d}\boldsymbol{X}(t)}{\mathrm{d}t}=\boldsymbol{A}\boldsymbol{X}(t),\quad \boldsymbol{X}(0)=(x_1(0),x_2(0),\cdots,x_n(0))^{\mathrm{T}}$$

在$[t_0,\ t]$上的精确解为 $\boldsymbol{X}(t)=\mathrm{e}^{\boldsymbol{A}t}\boldsymbol{X}(0)$.

现在令时间步长为 τ，一系列等步长 τ 的时刻为

$$t_0=0,\quad t_1=\tau,\quad \cdots,\quad t_k=k\tau,$$

于是有 $\boldsymbol{X}(\tau)=\boldsymbol{X}_1=\boldsymbol{T}\boldsymbol{X}_0$，并记 $\boldsymbol{T}=\mathrm{e}^{\boldsymbol{A}\tau}$.则有递推公式

$$\boldsymbol{X}_1=\boldsymbol{T}\boldsymbol{X}_0,\quad \boldsymbol{X}_2=\boldsymbol{T}\boldsymbol{X}_1,\quad \cdots,\quad \boldsymbol{X}_{k+1}=\boldsymbol{T}\boldsymbol{X}_k,\quad \cdots.$$

于是问题就归结为 $\boldsymbol{T}$ 矩阵的计算问题，应当非常精确地算出 $\boldsymbol{T}$ 矩阵，然后就只是一系列的矩阵、向量乘法了.

$$\mathrm{e}^{\boldsymbol{H}\tau}=[\mathrm{e}^{\boldsymbol{H}(\tau/m)}]^m,\tag{4.6.8}$$

其中可选用 $m=2^N$，例如 $N=20$，则 $m=1\ 048\ 576$.

由于 τ 本来是不大的时间区段，则 $\Delta t=\tau/m$ 将是非常小的一个时间区段.因此对于 Δt 的区段，有

$$\begin{aligned}\mathrm{e}^{\boldsymbol{H}\Delta t}&\approx\boldsymbol{E}+\boldsymbol{H}\Delta t+(\boldsymbol{H}\Delta t)^2/2!+(\boldsymbol{H}\Delta t)^3/3!+(\boldsymbol{H}\Delta t)^4/4!\\&=\boldsymbol{E}+\boldsymbol{H}\Delta t+(\boldsymbol{H}\Delta t)^2[\boldsymbol{E}+(\boldsymbol{H}\Delta t)/3+(\boldsymbol{H}\Delta t)^2/12]/2\end{aligned}$$

由于 Δt 很小，幂级数的五项展开式应已足够，此时指数矩阵 $\boldsymbol{T}$ 与单位矩阵 $\boldsymbol{E}$ 相差不

远,因此

$$e^{\boldsymbol{H}\Delta t}\approx \boldsymbol{E}+\boldsymbol{T}_a,$$

$$\boldsymbol{T}_a=\boldsymbol{H}\Delta t+(\boldsymbol{H}\Delta t)^2[\boldsymbol{E}+(\boldsymbol{H}\Delta t)/3+(\boldsymbol{H}\Delta t)^2/12]/2, \tag{4.6.9}$$

其中 $\boldsymbol{T}_a$ 是一个元素数值很小的矩阵,简称小元素矩阵.

在计算中至关重要的一点是指数矩阵的存储只能是(4.6.9)式的 $\boldsymbol{T}_a$,而不是 $\boldsymbol{E}+\boldsymbol{T}_a$.因为 $\boldsymbol{T}_a$ 是小元素矩阵,当它与单位矩阵 $\boldsymbol{E}$ 相加时该矩阵的元素就成为其尾数,在计算机的舍入操作中其精度将丧失殆尽.

为计算 $\boldsymbol{T}$ 矩阵,应先将(4.6.8)式作分解,

$$\boldsymbol{T}=(\boldsymbol{E}+\boldsymbol{T}_a)^{2^N}=(\boldsymbol{E}+\boldsymbol{T}_a)^{2^{N-1}}(\boldsymbol{E}+\boldsymbol{T}_a)^{2^{N-1}}. \tag{4.6.10}$$

这种分解一直做下去共 N 次.其次应注意,对任意 $\boldsymbol{T}_b,\boldsymbol{T}_c$ 有

$$(\boldsymbol{E}+\boldsymbol{T}_b)(\boldsymbol{E}+\boldsymbol{T}_c)=\boldsymbol{E}+\boldsymbol{T}_b+\boldsymbol{T}_c+\boldsymbol{T}_b\boldsymbol{T}_c, \tag{4.6.11}$$

将 $\boldsymbol{T}_b,\boldsymbol{T}_c$ 都看成为 $\boldsymbol{T}_a$,则

$$\boldsymbol{T}_a=2\boldsymbol{T}_a+\boldsymbol{T}_a\boldsymbol{T}_a. \tag{4.6.12}$$

当循环结束后,再做

$$\boldsymbol{T}=\boldsymbol{E}+\boldsymbol{T}_a. \tag{4.6.13}$$

(4.6.9)式,(4.6.12)式和 (4.6.13)式便是指数矩阵 $\boldsymbol{T}$ 的精确计算公式.这是一种 2^N 类的算法.

精细积分法程序:

```
function x = jingxi(A,x0,h,t0,t1)
% 计算 dx(t)/dt = Ax(t)的近似解,初值条件为 x(t0) = x0
% 输入:矩阵 A,初值 x0,时间步长 h,区间[t0,t1]
% 输出:近似解 x
n =  length(x0); % 未知数个数
E = eye(n);
x(1:n,1) = x0; % 初值
N = 20;
dt = h/2^N; % 精细化步长
At = A * dt;
BigT = At * (E + At * (E + At/3 * (E + At/4))/2);
for k = 1:N
    BigT = 2 * BigT + BigT^2;
end
BigT = E + BigT;
for k = 1:m
    x(:,k+1) = BigT * x(:,k);
```

end

钟万勰,1934 年生,浙江德清人.他提出可用于求解线性常微分方程组的“精细积分法”能获得计算机上的精确解.这是一个精度高、稳定性好的算法,解决了现代控制论中的关键性难点.精细积分法现已被扩展到广泛的工程和科学领域.钟万勰为中国科学院技术科学部副主任、国际计算力学协会常务执行委员,曾任中国力学学会副理事长,1993 年当选为中国科学院院士.钱学森曾致信钟万勰说:“是您使弹性力学的工程计算体系适应了电子计算机的要求,真是立了大功!”

习题 4.6

(A)

在 1—4 题中构造一个表格,比较用 Euler 方法、改进的 Euler 方法以及 Runge-Kutta 法计算 $y(x)$ 值.计算保留四位小数.依次令 $h=0.1$,$h=0.05$.

1. $y'=2\ln xy$,$y(1)=2$;$y(1.1)$,$y(1.2)$,$y(1.3)$,$y(1.4)$,$y(1.5)$.
2. $y'=\sin x^2+\cos y^2$,$y(0)=0$;$y(0.1)$,$y(0.2)$,$y(0.3)$,$y(0.4)$,$y(0.5)$.
3. $y'=\sqrt{x+y}$,$y(0.5)=0.5$;$y(0.6)$,$y(0.7)$,$y(0.8)$,$y(0.9)$,$y(1.0)$.
4. $y'=xy+y^2$,$y(1)=1$;$y(1.1)$,$y(1.2)$,$y(1.3)$,$y(1.4)$,$y(1.5)$.
5. 用 Euler 方法求 $y(0.2)$的近似值,其中 $y(x)$是初值问题 $y''-(2x+1)y=1$,$y(0)=3$,$y'(0)=1$ 的解.先用单步法计算,令 $h=0.2$,再用两步法计算,令 $h=0.1$.

第四章部分习题参考答案或提示

参考文献

[1] 大连理工大学应用数学系. 工科微积分:上[M]. 2 版. 大连:大连理工大学出版社,2007.

[2] 大连理工大学应用数学系. 工科数学分析:上[M]. 大连:大连理工大学出版社,2007.

[3] 欧维义,陈维钧. 高等数学:第一册[M]. 修订版. 长春:吉林大学出版社,2000.

[4] 欧维义,陈维钧. 高等数学:第二册[M]. 修订版. 长春:吉林大学出版社,2000.

[5] 吉林大学数学系. 数学分析:上[M]. 北京:人民教育出版社,1978.

[6] 吉林大学数学系. 数学分析:中[M]. 北京:人民教育出版社,1978.

[7] 吉林大学数学学院 李辉来,王国铭,白岩. 大学数学——微积分:上[M]. 3 版. 北京:高等教育出版社,2014.

[8] 常庚哲,史济怀. 数学分析教程:上[M]. 3 版. 合肥:中国科学技术大学出版社,2012.

[9] 吴赣昌. 高等数学(理工类):上[M]. 北京:中国人民大学出版社,2006.

[10] 吴良森,毛羽辉,韩士安,等. 数学分析学习指导书:上[M]. 北京:高等教育出版社,2004.

[11] 邵剑. 高等数学新生突破——一元函数微分学[M]. 上海:上海远东出版社,2019.

[12] 邵剑. 高等数学新生突破——一元函数积分学[M]. 上海:上海远东出版社,2019.

[13] 王绵森,马知恩. 工科数学分析基础:上[M]. 3 版. 北京:高等教育出版社,2017.

[14] 菲赫金哥尔茨.微积分学教程:第一卷,第 8 版[M]. 北京:高等教育出版社,2006.

[15] 菲赫金哥尔茨.微积分学教程:第二卷,第 8 版[M]. 北京:高等教育出版社,2006.

[16] 同济大学数学系. 高等数学:上[M]. 7 版. 北京:高等教育出版社,2014.

[17] 北京大学数学系 方企勤. 数学分析 1[M]. 北京:高等教育出版社,2014.

[18] 北京大学数学系 沈燮昌. 数学分析 2[M]. 北京:高等教育出版社,2014.

[19] 韩云瑞,扈志明,张广远. 微积分教程:上[M]. 2 版. 北京:清华大学出版社,2006.

[20] 刘智新,闫浩,章纪民. 高等微积分教程:上[M]. 北京:清华大学出版社,2014.

[21] 肖义珣. 高等数学:上[M]. 北京:高等教育出版社,1989.

[22] 陈纪修,於崇华,金路. 数学分析:上[M]. 2 版. 北京:高等教育出版社,2004.

读者意见反馈

为收集对教材的意见建议，进一步完善教材编写并做好服务工作，读者可将对本教材的意见建议通过如下渠道反馈至我社。

咨询电话　400-810-0598

反馈邮箱　hepsci@pub.hep.cn

通信地址　北京市朝阳区惠新东街4号富盛大厦1座
　　　　　高等教育出版社理科事业部

邮政编码　100029

防伪查询说明

用户购书后刮开封底防伪涂层，使用手机微信等软件扫描二维码，会跳转至防伪查询网页，获得所购图书详细信息。

防伪客服电话　(010)58582300